"十三五"职业教育规划教材

普通生物学

PUTONG SHENGWUXUE

第二版

员冬梅　　徐启红　　主编

U0229181

化学工业出版社

·北京·

《普通生物学》（第二版）以生物体的基本结构和生命活动的基本规律为重点，以生物的进化为主线贯穿始终。编写内容由生物的基本特征和生命的起源切入，从微观的生命物质、细胞结构，深入到生物体的组成、代谢、生殖、遗传变异与进化，最后到宏观的生物世界、生态系统，包括了细胞生物学、个体生物学和生态学等内容。本书内容简明、新颖、图文并茂，既重视基础性和科学性，又适应高职高专发展方向，突出知识的应用性、实用性和实践性。

　　每章章前设有"学习目标"，章后有针对关键性问题提出的具有启发性的"思考题"，以引导学生明确学习目的，掌握重点知识，提高分析能力。本书还安排了一定量的实训内容，以便加深学生对理论知识的理解，并培养学生的实验操作能力。

　　本教材可供高职高专生物技术类各专业以及农林院校、医学院校专科学生使用，同时也可作为相关领域科研工作人员的参考书。

图书在版编目（CIP）数据

　　普通生物学/员冬梅，徐启红主编. —2 版. —北京：
化学工业出版社，2020.1（2023.7重印）
　　"十三五"职业教育规划教材
　　ISBN 978-7-122-35500-3

　　Ⅰ.①普… Ⅱ.①员…②徐… Ⅲ.①普通生物学-职业教育-教材 Ⅳ.①Q1

　　中国版本图书馆 CIP 数据核字（2019）第 235690 号

责任编辑：迟　蕾　李植峰　张春娥　　　　装帧设计：王晓宇
责任校对：王鹏飞

出版发行：化学工业出版社（北京市东城区青年湖南街 13 号　邮政编码 100011）
印　　刷：北京云浩印刷有限责任公司
装　　订：三河市振勇印装有限公司
787mm×1092mm　1/16　印张 18　字数 451 千字　　2023 年 7 月北京第 2 版第 4 次印刷

购书咨询：010-64518888　　　　　　　　　售后服务：010-64518899
网　　址：http://www.cip.com.cn
凡购买本书，如有缺损质量问题，本社销售中心负责调换。

定　　价：45.00 元

《普通生物学》(第二版)编写人员

主　　编　员冬梅　徐启红

副 主 编　赵俊杰　贺立虎　张　海

编写人员　(以姓名笔画为序)

员冬梅 (三门峡职业技术学院)

张　海 (呼和浩特职业学院)

陈　玮 (三门峡职业技术学院)

赵俊杰 (濮阳职业技术学院)

贺立虎 (杨凌职业技术学院)

徐启红 (漯河职业技术学院)

常立峻 (郑州职业技术学院)

前　言

　　普通生物学是研究生命现象和生命规律的一门基础科学，它包含生物学的多个分支学科，是生物学的一个缩影和通论。生物学作为一门基础科学，传统上一直是农业和医学的基础，涉及种植业、畜牧业、养殖业、医疗、制药、卫生等。随着生物学理论与方法的不断进步，它的应用领域也在不断扩大。现在，生物学的影响已经扩展到食品、化工、环境保护、能源、冶金以及机械、电子技术、信息技术等诸多领域。了解和学习生物学知识是认识生物界的前提，只有认识和了解生物界的客观规律，才能更好地促进人与自然的和谐统一，推动社会和经济的可持续发展。

　　《普通生物学》（第二版）是在一版的基础上进行了部分修订，该书是定位于高职高专生物技术类专业的专业基础课教材，适用于以能力培养为目标的高职高专教育。其目的是使学生了解生物界的基本概貌、普遍规律以及生物科学的发展动态，掌握生物科学的基本知识和基本技能，为学生学好专业知识、形成职业能力打下坚实的基础；同时树立进化的、辩证的、发展的和相互联系的观点，有利于提高学生独立思考问题、分析问题的能力，为全面提高学生的素质服务。

　　本教材的编写依据教育部高职高专人才培养目标和生物技术类专业培养方案的要求，坚持以就业为导向、以能力为本位的指导思想，以"应用"为主旨和特征构建课程和教学内容，突出知识的应用性、实用性和实践性，充分体现高等职业教育特色，实现职业能力培养和学生的可持续发展。

　　本教材以生物体的基本结构和生命活动的基本规律为重点，以生物的进化为主线贯穿始终。具体内容由生物的基本特征和生命的起源切入，从微观的生命物质、细胞结构深入到生物体的组成、代谢、生殖、遗传变异与进化，最后到宏观的生物世界、生态系统，包括了细胞生物学、个体生物学和生态学等内容。本教材在编写中力求简明扼要、内容新颖、图文并茂，既重视基础性和科学性，又适应高职高专发展方向，具有以下特点。

　　1. 本教材在内容取舍上进行了精心的选择，突出"基础、必需、够用"，并注重与生物技术类各专业相关课程的衔接，兼顾了学生的可持续发展。

　　2. 坚持科学性和思想性相统一的原则，编写内容突出科学性，并力求反映当代生物学研究的先进科学成果。坚持辩证唯物主义思想贯穿教材始终，如生物体结构与功能的统一性观点、分类教学的进化观点、解剖教学的动态观点等。

　　3. 强化传授知识和培养能力相结合。教材编写立足于教学改革，加强知识的具体应用，强化学生的技能训练。结合教学内容，安排相应的实训内容，教师可根据教学实际，选择安排实训任务，以培养学生创造性的思维能力和实践能力。

　　4. 在编写内容上，突出高职特色，内容新颖，按职业岗位标准所需要的知识、能力要求选择教学内容，突出知识的应用性、实用性和实践性，并充分体现本学科所涉及的新知识、新内容和新方法。

5. 每章章前设有"学习目标"，章后有针对关键性问题提出的具有启发性的"思考题"，以引导学生明确学习目的、掌握重点知识、提高分析能力。

6. 注重可读性，文字简明扼要，深入浅出，图文并茂。

本教材是在一版基础上进行了修订，主要是对新的内容及方法以及新的标准、规范进行了更新。

本教材绪论、第一章、第三章（植物部分）和实训 1、4、5、6 由漯河职业技术学院徐启红编写；第二章、第八章（第一、二、三节）和实训 2、3 由三门峡职业技术学院员冬梅编写；第四章和实训 7～10 由呼和浩特职业学院张海编写；第五章由郑州职业技术学院常立峻编写；第六章和实训 11、12 由濮阳职业技术学院赵俊杰编写；第七章的第一、二、三节由杨凌职业技术学院贺立虎编写；第三章（动物部分）、第七章的第四和第五节、第八章的第四节由三门峡职业技术学院陈玮编写。全书由员冬梅、徐启红统稿。在本书编写过程中，得到有关院校领导和专家的大力支持和帮助，化学工业出版社对本书进行了认真的审核，并提出了许多宝贵的建议，在此一并表示衷心的感谢。

由于水平有限，不当之处在所难免，恳请广大读者和专家批评指正。

编者

2020 年 1 月

目 录

第六章　生物的遗传、变异和进化

第七章　生物的多样性及其保护

第八章　生物与环境

第九章　实训指导

参考文献

绪　论

🌱 学习目标
1. 掌握生命科学的定义，了解生物学的研究内容；
2. 掌握生命的基本特征；
3. 了解生物学的发展趋势及生物学与人类的关系。

一、生物学的研究对象与内容

1. 生命科学的定义

生物学（Biology）是研究自然界所有生物的起源、演化、生长发育、遗传变异等生命活动的规律和生命现象的本质，以及各种生物之间、生物与环境之间的相互关系的科学。生物学又称生命科学（Life Science），它是自然科学的基础学科之一。广义的生命科学还包括生物技术、生物与环境以及生物学与其他学科交叉的领域。

地球上现在已知的生物已达到 200 多万种，据估计实际应有 200 万～450 万种；已经灭绝的种类更多。从北极到南极，从高山到深海，从冰雪覆盖的冻原到高温的矿泉，都有生物的存在。这些生物具有多种多样的形态结构，其生活方式也变化多端。

从生物的基本结构单位——细胞的水平来考察，有的生物还不具备细胞形态；在已经具有细胞形态的生物中，有原核细胞构成的，也有真核细胞构成的；从组织结构看，有单细胞生物和多细胞生物。而多细胞生物又根据组织器官的分化和发展分为多种类型：从营养方式来看，有光合自养、吸收异养、腐蚀性异养、吞食异养等；从生物在生态系统的作用看，有生产者、消费者、分解者等。

生物学家根据生物的发展历史、形态结构特征、营养方式以及它们在生态系统中的作用等，将生物分成若干界。对于生物界的划分历史上也有多种提法，现在比较通用的是 1969 年生态学家魏泰克（R. H. Whittaker）提出的将生物界划分为五界，即原核生物界（Kingdom Monera）、原生生物界（Protista）、真菌界（Fungi）、植物界（Plantae）、动物界（Animalia）。这种划分法没有将病毒纳入其中，但从现代生物学的角度不应忽略它，因此在本书中也将病毒界列入其中，见表 0-1。

病毒是一种非细胞生命形态，它由一个核酸长链和蛋白质外壳构成，病毒没有自己的代谢机构，没有酶系统。因此病毒离开了宿主细胞，就成为了没有任何生命活动，也不能独立进行自我繁殖的化学物质。一旦进入宿主细胞，它就可以利用细胞中的物质和能量以及自身具有的复制、转录和翻译的能力，按照它自身核酸所包含的遗传信息产生与它同样的新一代

表 0-1　生物谱系表

界	性质	说明
病毒界	非细胞生物	含有自我复制遗传结构,一种病毒只有一种核酸
原核生物界	原核生物	细胞结构水平低,无核、膜、仁,除少数外,多为营寄生或腐生
原生生物界	真核生物	细胞有核、膜、仁,多为单细胞生物,少量为简单多细胞生物
真菌界	真核生物	细胞有核、膜、仁,由单细胞或多细胞的菌丝体组成
植物界	真核生物	由若干有细胞壁的细胞群构成,绝大多数行光合作用
动物界	真核生物	由若干无细胞壁的细胞群构成,是能主动获取食物的类群

病毒。病毒基因同其他生物的基因一样,也可以发生突变和重组,因此也是可以演化的。因为病毒没有独立的代谢机构,不能独立的繁殖,因此被认为是一种不完整的生命形态。近年来发现了比病毒还要简单的类病毒,它是小的 RNA 分子,没有蛋白质外壳,但它可以在动物身上造成疾病。这些不完整的生命形态的存在说明无生命与有生命之间没有不可逾越的鸿沟。

除病毒界和原核生物界外,其他四界都是真核生物。原核细胞和真核细胞是细胞的两大基本形态,它们反映了细胞进化的两个阶段。把具有细胞形态的生物划分为原核生物和真核生物,是现代生物学的一大进展。原核细胞的主要特征是没有线粒体、质体等膜细胞器,染色体只是一个环状的 DNA 分子,不含组蛋白及其他蛋白质,没有核膜。原核生物主要是细菌。

真核细胞是结构更为复杂的细胞。它有线粒体等膜细胞器,有包以双层膜的细胞核把核内的遗传物质与细胞质分开。DNA 是长链分子,与组蛋白以及其他蛋白质组合成染色体。真核细胞可以进行有丝分裂和减数分裂,分裂的结果是复制的染色体均等地分配到子细胞中。原生生物是最原始的真核生物。

从类病毒、病毒到植物、动物,各种生物拥有众多特征鲜明的类型。各种类型之间又有一系列的中间环节,形成连续的谱系。同时由营养方式决定的三大进化方向,在生态系统中呈现出相互作用的空间关系。因而,进化既是时间过程,又是空间发展过程。生物从时间的历史渊源和空间的生活关系上都是一个整体。

2. 生命的基本特征

虽然生物种类多、数量大,并且生物间存在着千差万别,然而生物和非生物之间还是存在着本质的区别,归纳起来,生命的基本特征有以下几点。

(1) 化学成分的同一性　从构成生命体的元素成分看,都是由普遍存在于无机界的 C、H、O、N、P、S、Ca 等元素构成,并没有生命所特有的元素。而组成生物体的生物大分子的结构和功能,在本质上也是相同的。例如各种生物的蛋白质的单体都是氨基酸,种类不过 20 种左右,它们的功能对所有的生物都是相同的,并且在不同的生物体内其基本代谢途径也是相同的。再如 DNA(脱氧核糖核酸)是已知几乎全部生物的遗传物质(少数为 RNA,即核糖核酸),由 DNA 组成的遗传密码在生物界一般是通用的。还有各种生物都是以高能化合物 ATP(腺苷三磷酸)作为传能分子等。所有这些都是生物体化学成分同一性的体现。化学成分的同一性同时也深刻地揭示了生物的统一性。

(2) 严整有序的结构　生物体不是由各种化学成分随机堆砌而成的,而是具有严整并且有序的多层次结构。病毒以外的一切生物都是由细胞组成的,细胞是由大量原子和分子所组成的非均质系统。除细胞外，生物体还有其他结构单位。细胞之下有各种细胞器以及分子、原子等，细胞之上有组织、器官、器官系统、个体、生态系统、生物圈等。生物的各种结构单位按照复杂程度和逐级结合的关系而排列成一系列的等级，这就是结构层次。较高层次上会出现许多较低层次所没有的性质和规律。每一层次的各个结构单元都有自己特定的结构与功能，它们有机协调构成复杂的生命系统。

(3) 新陈代谢　生命体是一个开放的系统，任何生物都在时刻不停地与周围环境进行着物质交换和能量转换，一些物质被生物体吸收并经一系列的变化后成为代谢产物而排出体外，从而实现生物体自身的不断更新，以适应体内外环境的变化，这一过程就是新陈代谢。新陈代谢包括两个作用相反但又相互依赖的过程，即合成代谢与分解代谢。前者是生物体从外界摄取物质和能量，将其转化为生命本身的物质，并把能量储存起来；后者是分解生命物质，释放出其中的能量以供生命活动所需，并把废物排出体外。新陈代谢是一切生物赖以生存的基本条件。新陈代谢失调生命就会受到威胁，新陈代谢一旦停止，生命即告结束。

(4) 生长发育　生物能通过新陈代谢的作用而不断地生长发育。一方面，每一细胞从产生开始要经历一系列的发育过程，另一方面，生物体的生长通常要依靠细胞的分裂、增长而得以实现。多细胞生物的受精卵经过反反复复的细胞分裂过程变成一个幼小的个体，而后又不断地长大成为成熟的个体。

(5) 遗传、变异及进化　任何生物个体都不可能长期生存，它们必须通过生殖产生子代而使生命得以延续。生物不仅能繁殖出其后代，而且亲代的各种性状还可以在子代中得到重现，这种现象就是遗传。但亲代与子代之间、子代的个体与个体之间各种性状的改变也时有发生，此即变异。生物的遗传是由基因决定的，而基因就是 DNA 片段。基因的改变（基因突变）或基因组合的改变（基因重组）都会导致生物体表型的变异。

生物体还表现出明确的不断演变和进化的趋势。地球上的生命从原始的单细胞生物开始，经过了多细胞生物形成，各生物物种产生，以及高等智能生物——人类出现等重要的发展阶段后，从而形成了今天庞大的生物体系。

(6) 应激性和适应性　生物体在生活过程中都能够对外界环境的刺激产生相应的反应，这就是应激性。外界环境中的光、电、声、温度、化学物质等的变化等，都能够成为刺激源。藻类的趋光性、植物根的向水性和向地性等都属于应激反应，应激反应能使生物趋利避害，有利于个体和种族的生存与繁衍。

每一种生物都有自身特有的生活环境，它的结构和功能总是适合于在这种环境条件下的生存与延续。当外界环境条件发生变化时，生物体能随之改变自身的特性或生活方式，借以维持正常的生命，生物的这种特性叫做适应性。如沙漠干旱地带的仙人掌类植物的叶变成了针刺状，而茎则变成了肥厚肉质，从而很好地保持了体内的水分。

应激性和适应性是生命的基本特性，这些特性一旦消失，生物将很难生存。

二、生命科学的发展

1. 生命科学的发展概况

生命科学的发展大致经历了以下三个主要阶段。

① 从古代到 16 世纪左右是生命科学的准备和奠基时期。在远古年代，人们对生命现象的认识常常是和与疾病斗争、农牧业、禽畜生产以及宗教迷信活动（如古代木乃伊的制作）联系在一起的，由此人们积累了动物、植物和人类自身的解剖、生长、发育与繁殖等方面的

知识。到古希腊时代，人们已开始了对生命现象进行深入专题性的研究。亚里士多德在《动物志》一书中详细地记述了他对动物解剖结构、生理习性、胚胎发育和生物类群的观察，并对生命现象作出了许多深刻的思考。亚里士多德的观点和方法集中反映了那个时代的特点，观察和哲学参半、描述和思辨混合。其后西方进入了漫长的中世纪年代，科学的发展受到了极大的阻滞。

中国古代有神农尝百草的传说。古代贾思勰的《齐民要术》、明代李时珍的《本草纲目》，以及历代花、竹、茶栽培和桑蚕技术书籍等，均记录了大量的对动物、植物的观察和分类研究。但总体看，这些工作突出的是在生产和医疗中的应用，并没有形成真正的科学体系。

② 从 16 世纪到 20 世纪中叶是系统生命科学创立和发展的时期。目前，普遍认为现代生命科学系统的建立始于 16 世纪。其基本特征是人们对生命现象的研究牢固地植根于观察和实验的基础上，以生命为对象的生物分支学科相继建立，逐渐形成一个庞大的生命科学体系。现代生命科学可以说是从形态学创立开始的。1543 年比利时医生维萨里（Andreas Vesalius）出版了《人体结构》一书，这标志着解剖学的建立，并直接推动了以血液循环研究为先导的生理分支学科的形成。1628 年，英国医生哈维（William Harvey）发表了他的名著《心血循环论》。解剖学和生理学的建立为人们对生命现象的全面研究奠定了基础。

18 世纪以后，随着自然科学全面蓬勃地发展，生命科学也进入了辉煌发展阶段。生命科学各个重要分支已相继建立，其中以细胞学、进化论和遗传学为主要代表，构成了现代生命科学的基石。1665 年英国的物理学家罗伯特·胡克（Robert Hooke）用自制的简陋的显微镜观察了软木薄片，发现了许多呈蜂窝状的小室，并将其命名为"cell"。瑞典科学家林奈于 18 世纪 50 年代创立了科学的分类体系，廓清了当时生物分类的混乱局面。19 世纪初，在法国一些生物著作中正式出现了"生物学"一词。1838 年德国植物学家施莱登（M. J. Schleiden）提出细胞是一切植物结构的基本单位，并且是一切植物赖以发展的根本实体。1839 年德国动物学家施旺（Theodor Schwann）把这一学说扩大到动物学界，从而形成了细胞学说，即：一切植物、动物都是由细胞组成的，细胞是一切动植物结构和功能的基本单位。1859 年 11 月 24 日，达尔文（Charles Robert Darwin）《物种起源》的正式出版标志着生物进化论的产生和确立。细胞学说、生物进化论是 19 世纪生物科学史上的重大事件，它们共同揭示了生物界的统一性及其发展规律，是生物发展史上的里程碑。恩格斯将它们和能量守恒与转换定律并称为 19 世纪人类自然科学的三大发现。在 19 世纪中期，法国科学家巴斯德（Louis Pasteur）创立了微生物学。微生物学直接导致了医学疫苗的发明和免疫学的建立，推动了生物化学的进展，并为分子生物学的出现准备了条件。19 世纪中后期到 20 世纪初期孟德尔（Gregor Johann Mendel）遗传定律的发现和摩尔根（Thomas Hunt Morgan）的基因论宣告了现代遗传学的创立。遗传学科学地解释了生物的遗传现象，将细胞学发现的染色体结构和进化论解释的生物进化现象联系起来，指出了遗传物质定位在染色体上，进而推动了 DNA 双螺旋结构和中心法则的发现，为分子生物学的建立奠定了基础。

③ 20 世纪中叶以后，生命科学出现了不同分支学科与跨学科间的大交汇、大渗透、大综合的局面，由此人们获得了进入"大科学"发展历史阶段的认识。1953 年沃森（J. D. Watson）和克里克（F. Crick）发现了 DNA 双螺旋结构，标志着分子生物学的建立。分子生物学的建立是生命科学进入 20 世纪最伟大的成就。从此，以基因组成、基因表达和遗传控制为核心的分子生物学的思想和研究方法迅速地深入到生命科学的各个领域，极大地

推动了生命科学的发展。由此于 1990 年启动了"人类基因组计划",它和"曼哈顿工程""阿波罗登月计划"并称 20 世纪三大科学计划。到 2003 年,人类基因组 30 多亿个碱基序列已全部被测定,接着人类进入了破译遗传密码、研究基因功能的后基因组时代。

2. 现代生命科学的发展趋势

生命科学与人类生存、健康及社会发展密切相关。现代生命科学基础研究中最活跃的前沿主要包括分子生物学、细胞生物学、神经生物学、生态学,并由这些活跃的前沿引申出诸如基因组学、蛋白质组学、结构基因组、克隆、脑与认知、生物多样性等重要领域。未来 20～30 年内,科学家将解读大量生物物种的遗传密码,在生命科学的主要领域(例如神经、免疫、胚胎发育和农业生物技术等方面)取得突破性进展,并使人类认识自身和生命起源与演化的知识超过过去数百年。各国对生物学研究的投入越来越大,生命科学对社会的产出也在迅速增加。

① 未来 10～20 年分子生物学仍然是生命科学的主导力量,基因组学及其后续研究将成为生命科学的战略制高点。分子生物学的诞生使传统生物学研究转变为现代实验科学。分子生物学在微观层次对生物大分子的结构和功能正深入到对细胞、发育和进化以及脑功能的分子机制探索。细胞周期、细胞凋亡和程序化死亡、蛋白质降解是近几年关注的焦点。随着人类基因组计划等"大科学工程"的实施,生物学界出现了大规模的集约型研究,步入了大规模、高通量研究的时代。

② 对生命科学的研究必将出现多学科的融合。数学、理论与实验物理、化学、信息科学和仪器工程等与生命科学的交叉融合将推动生物学自身以及自然科学其他学科的发展。今后的生物学研究对技术和设备将有更为迫切的需求,方法与仪器的创新将仍是揭示生命奥秘的窗户和突破口。在"后基因组时代",许多在过去被视为基础研究的工作刚开始就与应用紧密联系在一起,企业也更多地介入前期研究工作,研究成果向产业化转化的速度会更快。

③ 生命科学的飞速发展必将带动许多相应的技术和应用研究的发展。基因工程、蛋白质工程、发酵工程、酶工程、细胞工程、胚胎工程等生物工程将趋于成熟并逐渐普及。这些技术的新进展将会给农业、医疗与保健带来根本性的变化,并对信息、材料、能源、环境与生态科学带来革命性的影响。

④ 生命科学的研究是大规模的跨单位、跨地区、跨国家的联合研究。现代生物学家研究的视野已经从一两个基因或蛋白质的行为扩展到了成千上万个基因或蛋白质的表现,关注的对象已不再停留于一条代谢途径或信号转导通路,而是提升到了细胞活动的网络和生物大分子之间复杂的相互作用关系。生命科学研究内容的深入和范围的加大,使多个实验室间的合作研究方式成为当前的主要潮流,大规模的跨单位、跨地区、跨国家的联合研究成为主要方式。

此外,复杂系统理论和非线性科学的发展,正促使生物学思想和方法论从局部观向整体观拓展,从线性思维走向复杂性思维,从注重分析转变为分析与综合相结合。新兴的学科增长点不断涌现,一个理论上的大综合和大发展的时期即将来临。

3. 21 世纪生命科学发展展望

生命科学是在分子、细胞、整体以及系统等各个层次水平上探讨生物体生长、发育、遗传、进化以及脑、神经、认知活动等生命现象本质并探索其规律的科学,是自然科学中最具挑战性的学科。20 世纪后叶分子生物学的突破性成就,使生命科学在自然科学中的地位起了革命性的变化,现已聚集起更大的力量、酝酿着更大的突破走向 21 世纪。生命科学的发展和进步也向数学、物理学、化学、信息、材料及许多工程科学提出了很多新问题、新思路和新挑战，带动了其他学科的发展和提高，生命科学将成为 21 世纪的带头学科。从现在起到今后的 10～15 年内，生物学在其本身发展和其他学科的影响下，必将经历重大转变。一方面在微观层次上对生物大分子的结构和功能，特别是基因组的研究取得重大突破后，正深入到后基因组学时代，通过功能基因组学和比较基因组学的研究，对基因、细胞、遗传、发育、进化和脑功能的探索正在形成一条主线，随之而来的转录组学、蛋白质组学、代谢组学、结构生物学、计算生物学、生物信息学、系统生物学等方面的研究也将在生命科学中成为重要角色。另一方面，在宏观层次上对生命的起源与进化、分类学、生态学、生物资源与可持续发展以及生物复杂性等方面的研究也将取得重要进展。特别是通过微观与宏观、分析与综合、单个基因与整体、个体与群体等多方面的结合，以及多种新技术的应用，生命科学的发展正面临着一个新的高峰。可以预见，今后生物学的重点发展领域将是：基因组与蛋白质组研究；生物大分子的结构与功能研究；计算生物学与生物信息学；代谢组学与代谢工程；生物防御系统的细胞和分子基础；生命的起源与进化；系统生物学；可持续生物圈的生态学基础等。建立在生物学基础研究上的生物技术正在成为发展最快、应用最广、潜力最大、竞争最为激烈的领域之一，也是最有希望孕育关键性突破的学科之一。

三、生物与人类的关系

1. 生物资源是人类赖以生存的物质基础

人类生存离不开生物。人类和生物不断地从空气中吸收氧气，呼出二氧化碳，以维持生命；工厂和家庭燃烧煤和煤气时，也都是消耗氧气，产生二氧化碳。而绿色植物则能够进行光合作用，吸收二氧化碳，产生氧气，从而使空气中的氧气和二氧化碳的含量大致保持平衡，保证人的正常呼吸，使人类得以生存。

人类生活离不开生物。人类吃的粮食、蔬菜和水果来自植物，肉、奶、蛋则来自动物。人们穿着衣物所用的棉、麻和丝、毛、皮等分别来自植物和动物，而建筑房子、制造家具所用的木材都是来源于植物。

人类生产活动离不开生物。工农业生产需要的主要能源——煤来自植物，而石油主要来自动物；造纸、纺织、橡胶、酿造等工业生产都是以植物或动物为原料的。

人类健康与生物有关。一些有害的细菌、真菌和病毒等微生物能引起人们生病，有防病、治病功效的中药大多数来自植物，少数来自动物、微生物和矿物质。而抗生素类药物是微生物生命活动的产物。

由此可见，人类的生存、生活、生产和健康都离不开生物。没有生物，就没有人类的一切。

2. 生物与农业的关系

生物与农业的关系极为密切。从农业的总体来分析，农业技术措施可以区分为两大部分：一是适应和改善农业生物生长的环境条件，二是提高农业生物自身的生产能力。中国传统农业精耕细作体系包含上述两方面的技术措施。如何提高农业生物的生产能力，其技术措施也可以区分为两个方面，一是努力获取高产、优质或适合人类某种需要的家养动植物种类和品种；二是根据农业生物特性采取相应的措施，两者都是以日益深化的对各种农业生物特性的正确认识和巧妙利用为基础。

先秦时代人们在农业生产实践中积累了相当丰富的农业生物学知识。我们的祖先已经不是孤立地考察单个的生物体，而是从农业生物体内部和外部的各种关系中考察它，并把从这种考察中得来的知识应用于农业生产中。

近几十年来，生物技术对农业的影响更是巨大。农作物品种改良如抗病、抗灾害、抗除草剂作物的研究都取得了突出成绩。遗传育种方面更是成果斐然，如墨西哥小麦、菲律宾水稻和我国的杂交水稻，都在以增产粮食为目标的"绿色革命"中起到了极为重要的作用。我国著名科学家袁隆平教授还被称为"杂交水稻之父"。

3. 生物与环境的关系

生物与环境是一个统一而不可分割的整体。环境能影响生物，生物适应环境，同时也在不断地影响环境。如陆生植物的蒸腾作用是对陆地生活的一种适应；但同时，陆生植物在进行蒸腾作用的时候能把大量的水分散失到大气中，这样就增加了空气的湿度，又对气候起到了调节作用。再如大气中 O_2 和 CO_2 的平衡，主要是依靠光合自养生物来维持。还有其他的一系列的物质和能量的转换也是由自然界的生物来完成的。

然而，随着人类社会的发展，特别是进入到工业化发展阶段以来，人类对自然界的影响已经远远超出了自然界本身的自我调节和平衡能力。现在，大量的生物物种灭绝，生物多样性急剧降低，自然环境急剧恶化，长此以往，后果不堪设想。

4. 生物与医学的关系

生物与医学密不可分。在远古时期，我们的祖先就已开始采用草药治病。当今，生物技术更是在医学上发挥了极为重要的作用。自 1977 年美国第一次用改造的大肠杆菌生产出有活性的人生长激素释放抑制因子以来，已有人生长激素、胰岛素、干扰素等 30 多种基因工程药品上市，在糖尿病、恶性肿瘤等疾病的治疗方面发挥了重要作用。此外，在疾病预防和诊断上，生物技术也为医学带来了极大的变化。各种疫苗的研制成功和使用对预防疾病及抑制疾病蔓延意义重大。单克隆抗体技术、聚合酶链式反应（PCR）技术等的运用，使疾病的诊断更为快速和准确。

四、学习普通生物学的意义和要求

生物与人类生活的许多方面都有着非常密切的关系。生物学作为一门基础科学，传统上一直是农业和医学的基础，涉及种植业、畜牧业、养殖业、医疗、制药、卫生等。随着生物学理论与方法的不断进步，它的应用领域也在不断扩大。现在，生物学的影响已经扩展到食品、化工、环境保护、能源、冶金等方面。如果考虑仿生学的因素，它还影响到了机械、电子技术、信息技术等诸多领域的发展。尤其是以生物学研究成果为基础的生物技术迅速发展，将世界带入一个全新的历史时期，在解决人类面临的重大问题如粮食、健康、环境和能源等方面拥有广阔的前景，生物技术产业已成为 21 世纪的支柱产业。因此，学习生物学可为后继课程和专业课程提供必要的生物学理论知识和实践技能。

由于普通生物学是一门实验性较强的课程，因此学习时一定要注重实验和理论知识的结合，并注意科学地观察和寻找规律性。同时，还要善于提出问题、思考问题，富于想象。要把握好生命的层次，由微观到宏观依次为原子、分子、细胞器、细胞、组织、器官、个体、种群、群落、生态系统、生物圈。此外，学习普通生物学还应有浓厚的兴趣。

树立正确的生物学观点是学习生物学的重要目标之一，正确的生物学观点又是学习、研究生物学的有力武器，有了正确的生物学观点，就可以更迅速、更准确地理解生物学知识。所以在生物学学习中，要注意树立生命物质性、结构与功能相统一、生物的整体性、生命活动对立统一、生物进化和生态学等观点。

 思考题

1. 什么是生物学？其研究内容是什么？
2. 原核生物与真核生物的主要区别有哪些？
3. 生命的基本特征有哪些？
4. 简述生物学与人类的关系。
5. 为什么说生物资源是人类赖以生存的物质基础？

第一章

生命的起源与生命的物质基础

学习目标

1. 了解生命的起源过程；
2. 掌握生物体的物质组成及功能。

第一节 生命的起源

有关地球上生命起源的问题，一直是人们感兴趣的话题，也是生命科学研究中重要的理论课题之一。根据对古生物化石的研究以及对现存生物进化痕迹分析和大量相关实验，现在对生命起源问题的研究已经进入了实质性的阶段。

一、原始的地球和最早出现的生物

地球是地球生命赖以生存的天体。有关地球的起源问题至今只是一些猜测和假设，还没有确切的答案。自哥白尼提出日心说后的 200 多年间，针对太阳系的形成和地球的起源先后出现了 30 多种假说，其中以德国哲学家康德和法国科学家拉普拉斯提出的星云说最具代表性。该学说认为太阳系是由一个庞大的旋转着的原始星云形成的。原始星云是由气体和固体微粒组成，它在自身引力作用下不断收缩。星云体中的大部分物质聚集成质量很大的原始太阳。与此同时，环绕在原始太阳周围的稀疏物质微粒旋转加快，向原始太阳的赤道面集中，密度逐渐增大，在物质微粒间相互碰撞和吸引的作用下渐渐形成团块，大团块再吸引小团块就形成了行星。地球就是这些行星之一。行星周围的物质按同样的过程形成了卫星。地球从形成之时起，一直处于不断地发展演变之中。据放射性同位素测定，地球约诞生于 46 亿年前，其初期的演变已无迹可寻，只能借助天文学、地球物理、地球化学以及地质学等方面的研究来模拟重现。原始地球模拟图如图 1-1 所示。

地球形成之初是由热的氢和氦以及一些固体尘埃聚合而成的内核和外部包围的一层气体构成的。此时的地球根本没有生命。随着地球逐渐收缩，温度也随之升高，氢和氦迅速进入到宇宙空

图 1-1 原始地球

间，地球开始由外往内慢慢冷却，产生了一层薄薄的硬壳——地壳，这时候地球内部还是呈现炽热的状态。地球内部喷出大量气体，通过火山活动喷射出地表，其中带有大量的水蒸气，这些水蒸气就形成了一圈包围在地球外围的原始大气层，其成分主要是 CO_2、CO、CH_4、NH_3、H_2S 等。地球距离太阳的位置不会太近而致使水蒸气被太阳蒸干，地球本身的大小又有足够的引力将大气层拉住，所以地球才会有得天独厚的大气环境，大气层中的饱和水蒸气冷却凝结成雨水，降落至地表下陷及低落处而形成了原始的海洋与河流。在原始海洋里积累了许多溶解到雨水中的大气以及地壳表层的一些物质，包括最原始的有机化合物，如 CH_4 等，原始海洋就成了原始生命的诞生地。

从无生命物质到生命的转化是一个极为缓慢的过程，在太阳的紫外线、大气的电击雷鸣、地下的火山熔岩等作用下，原始大气中的 CH_4、NH_3、H_2O 和 H_2 转化成简单的有机物，如氨基酸、核苷酸、单糖、脂肪酸以及卟啉等，最终在海洋中产生了生命。

大约 40 亿年前，诞生了最早的生命——异养细菌，它们主要依靠水中有机物进行无氧呼吸。当发展到 35 亿年前，产生了具有光合作用的原核生物，它们利用太阳能吸收矿质营养和 CO_2，放出氧气。原核生物对地球自然环境的发展产生了重大影响：原始大气成分发生改变，氧的含量增加；原始生物从嫌氧发展成喜氧，逐渐形成生物圈；有机体的发展增加了太阳能在地球表面的存储，改变了地球表层的组成和结构。

二、生命化学演化学说

关于生命的起源，古代就有很多假说，如神创论、宇生论、自生论等。其中比较盛行的就是自生论，这种学说认为生命能从非生命物质中自然产生。19 世纪 60 年代，法国微生物学家巴斯德（Louis Pasteur）通过精确的"鹅颈瓶"实验，真正证明了生命不能自己产生，但是仍然不能回答"最早的生命是从哪里来的"这一关键问题。

现在普遍认为原始生命的起源与发展需要经过化学演化和生物进化两个阶段，从而生命起源的最早阶段是化学演化阶段。生命的化学演化学说的提出开始于 20 世纪 20 年代，它认为最初的原始生命是由地球上非生命物质通过化学作用，逐步从简单物质进化到复杂物质，进而形成原始生命。化学演化过程可分成以下三个阶段。

1. 从无机小分子到有机小分子

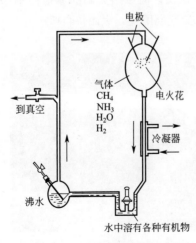

图 1-2 米勒模拟实验装置示意图

原始大气中主要是 CO_2、CO、CH_4、NH_3、H_2、H_2S 以及气态的 H_2O 等还原性的气体，没有游离的 O_2。它们在强烈的紫外线作用下，不断合成氨基酸、核苷酸和糖类等有机物质。1953 年，美国科学家米勒（S. L. Miller）设计了一个实验，模拟在原始还原性大气条件下氨基酸产生的过程，并取得了成功。米勒等人设计的实验装置如图 1-2 所示。他们首先把 200mL 水加入 500mL 的烧瓶中，抽出空气，然后模拟原始大气成分通入 CH_4、NH_3、H_2 等混合气体。将入口玻璃管熔化封闭，然后把烧瓶内的水煮沸，使水蒸气驱动混合气体在玻璃管内流动，进入容积为 5L 的烧瓶中，并在其中连续进行火花放电 7d，模拟原始地球条件下的闪电现象，再经冷凝器冷却后，产生的物质沉积在 U 形管中，结果得到 20 种小分子有机化合物，其中有 11 种氨基酸。这 11 种氨基酸中，有 4 种氨基酸——甘氨酸、丙氨酸、天冬氨酸和谷氨酸是天然蛋白质中所含有的。继米勒的工作后，不少学者利用多种能源（如火花放电、紫外线、冲击波、丙种射线、电子束或加热等）模拟原始地球大气成分，均先后合成了各种氨基酸，以及组成生物高分子的其他重要原料，如嘌呤、嘧啶、核糖、脱氧核糖、核苷、核苷酸、脂肪酸等。由此可以看出：在原始地球条件下，原始大气成分在一定能量的作用下，完全可以完成从无机物向简单有机物的转化。

2. 从有机小分子到生物大分子

氨基酸和核苷酸等有机小分子形成后，自然界化学演化仍在继续进行着。原始地球的火山和放射性物质释放出大量热能，使原始地球普遍存在于高于水沸点的环境中，这极大地促进了有机小分子聚合成蛋白质和核酸等生物大分子，而生命的物质基础就是蛋白质和核酸。

美国科学家福克斯（F. Fox）的模拟实验很好地验证了这一点。他把各种氨基酸混合在一起，在无水条件下，加热至 $150 \sim 170 ℃$，经过 $1 \sim 2h$ 就能得到分子量为 $3000 \sim 20000$ 的类蛋白质。我国科学家于 1965 年 9 月 7 日在世界上首次人工合成结晶牛胰岛素，开创了人工合成蛋白质的新纪元，这也在一定程度上证明了蛋白质可以由非生命的物质合成。

3. 多分子体系的建立和原始生命的诞生

单独的蛋白质、核酸等生物大分子还不是生命，它们必须精巧地组合成高度有序的独立多分子体系，才能表现出新陈代谢、生长、繁殖、复制等生命现象。关于蛋白质和核酸怎样形成多分子体系有两种学说。一种是苏联学者奥巴林提出的团聚体学说，他通过实验发现，把天然的蛋白质、核酸、多肽和多核苷酸溶液放在一定的温度和酸碱度条件下，能形成有代谢现象的团聚体，这些团聚体还能生长和繁殖。据此，奥巴林认为团聚体的形成过程是最早的多分子体系形成过程。另一种则是福克斯提出的微球体学说，他认为干热聚合的类蛋白被雨水冲入原始海洋，会聚结成大小一致、直径为 $1 \sim 2 \mu m$ 的微球体，微球体有双层结构的外膜，从而和水分开，并有新陈代谢现象，能出芽繁殖。

多分子体系形成后出现了生命特征，如能够进行不断的自我更新、自我繁殖和自我调节，原始生命即告诞生。最初的原始生命是非细胞形态，经过漫长的历史演变，逐渐发展成为具有细胞形态的原核生物，进而再进化产生真核生物，由真核单细胞进化到真核多细胞。

第二节　生命的物质基础

一、组成生物体的化学元素

1. 生物体的化学元素组成及其重要性

生命的世界也是物质的世界，组成生物体的基本成分是化学元素，所有的生命形态，其化学元素组成基本相同。

目前已知的化学元素有 100 多种，其中有 92 种为自然界存在的，其余为实验室合成的。在这 92 种元素中有 25 种为生命所不可缺少的。这些元素在生物体内含量不同，含量占生物体总量万分之一以上的元素为大量元素，例如 C、H、O、N、P、S、K、Ca、Mg 等，在组成生物体的大量元素中 C 是最基本的元素，C、H、O、N 是基本元素，C、H、O、N、P、S 是主要元素，大约共占原生质总量的 97%，它们是生物体组成的主要物质；而通常生物需要量很少，但却是生命活动所必需的一些元素被称作微量元素，例如 Fe、Mn、Zn、Cu、I、B、Mo 等。微量元素含量虽低，在生物体内含量不足 0.01%，但在生命活动中却起着重要作用，许多微量元素是酶的激活剂或是酶的辅助因子，如铁是血红蛋白的主要成分，碘则是甲状腺素不可缺少的成分。

组成生物体的化学元素的重要作用是：①它们可进一步组成各种化合物，而这些化合物是生物体生命活动的物质基础；②这些化学元素能够影响生物体的生命活动，例如硼能够促进花粉的萌发和花粉管的伸长，有利于受精作用的顺利进行。

2. 生物界与非生物界的统一性和差异性

生物界和非生物界都是由化学元素组成的，组成生物体的化学元素在无机自然界中都可以找到，没有一种元素是生物界所特有的；生命起源于非生物界；组成生物体的基本元素可以在生物界与非生物界之间循环往复运动。这些都说明生物界和非生物界具有统一性的一面。

但是生物和非生物又存在着本质的区别，组成生物体的化学元素在生物体内和无机自然界中的含量相差很大；无机自然界中的各种化学元素不能表现出生命现象，只有在生物的机体中有机地结合在一起，才能表现出生命现象，因此生物界和非生物界又存在着差异性的一面。

二、组成生物体的化合物

组成生物体的化学元素一般都是以化合物的形式存在，而这些化合物又可以分为无机物和有机物两大类。无机物主要有水和无机盐。有机物主要有糖类、脂类、蛋白质和核酸等。

1. 水

在生物体的化学组成中，水的含量是最高的，占生物体质量的 65%～95%。不同生物体或者同一生物体的不同器官中，水的含量差异极大。一般来说，水生生物和生命活动旺盛的器官中含水量较高，而陆生生物和生命活动不活跃的器官中含水量较低。如水母体内含水量可占其体重的 98%，而休眠的种子含水量则不足 10%。

水是所有生命中最简单又最重要的无机分子，在生命活动中起着不可替代的作用。地球上最早的生命是在原始海洋中孕育的，生命从一开始就离不开水。水是生命的介质，没有水就没有生命。

水在生命中的作用主要有以下几个方面。

(1) 水是代谢物质的良好溶剂和运输载体 游离水是良好的溶剂，可溶解很多的物质，并且能够在细胞间自由流动，将溶解在其中的营养物质运输到各个组织，同时再将各组织产生的代谢废物运输到排泄器官排出体外。生物体代谢过程中的各种物质交换、转移，都需要其机体体液中的水运输。一般来说，细胞代谢越旺盛，其含水量越大。

(2) 水是促进代谢反应的物质 水是极性分子，能使溶解于其中的多种物质解离，从而促进体内化学反应的进行。同时，水的介电常数较高，能够促进各种电解质离解，加速化学反应。此外，水还直接参与水解、氧化还原反应，一切生物氧化和酶促反应都需要水的参加。

(3) 水参与细胞结构的形成 结合水是细胞结构的重要组成成分，不能溶解其他物质，不参与代谢作用。但是结合水能够使各种组织、器官维持一定的形状、弹性和硬度。

(4) 水有调节各种生理作用的功能 水分子具有很强的极性，其沸点高、比热容和蒸发热大，并且能溶解许多物质，这些特性对于维持生物体正常的生理活动有着极为重要的意义。水的流动性能使血液迅速分布全身，对于维持机体温度的稳定有很大的作用。同时，通过体液的循环作用，水还可以加强各器官的联系，从而减少器官间的摩擦和损害。

2. 无机盐

无机盐在生物体内通常以离子状态存在，常见的阳离子有 K^+、Na^+、Ca^{2+}、Mg^{2+}、Fe^{2+}、Fe^{3+} 等；常见的阴离子有 Cl^-、SO_4^{2-}、PO_4^{3-}、HPO_4^{2-}、$H_2PO_4^-$、HCO_3^- 等。

生物体中无机盐的含量很少，仅占身体干重的 $2\%\sim5\%$，但其在生物体的结构组成和维持正常生命活动中起着非常重要的作用。各种无机盐离子在体液中的浓度是相对稳定的，其主要作用有维持渗透压、维持酸碱平衡以及其他特异作用等。此外，有些无机盐还参与生物大分子的形成，如 PO_4^{3-} 是合成磷脂、核苷酸的成分，Fe^{2+} 是组成血红蛋白的主要成分。还有一些无机盐是构成生物体结构的成分，如 Ca^{2+} 是组成动物骨骼和牙齿的成分等。任何一种无机盐在含量上和与其他无机盐含量的比例上过多或者过少，都会导致生命活动失常、疾病的发生，甚至死亡。

3. 糖类

糖类是生物界最重要的有机化合物之一，广泛存在于动物、植物和微生物体内。尤其植物体中糖类的含量极为丰富，占其干重的 $85\%\sim90\%$。植物的骨架组织主要是由纤维素组成；植物种子和块茎中则储存有大量的淀粉；还有些植物体内含有丰富的水溶性糖类等。在微生物中，糖类占其干重的 $10\%\sim30\%$。在人类和动物体内糖类含量较少，一般在其干重的 2% 以下。

糖类化合物是多羟基醛和多羟基酮及其缩聚物和衍生物的总称。其主要组成元素为 C、H、O，部分糖类还含有 N、S、P 等。按照组成情况，可以把糖类分为单糖、二糖和多糖。

(1) 单糖 单糖是不能水解的最简单的糖类，其分子中只含有一个多羟基醛或一个多羟基酮，如葡萄糖、果糖、核糖、脱氧核糖。葡萄糖和果糖都是含 6 个碳原子的己糖，分子式都是 $C_6H_{12}O_6$，但结构式不同，在化学上叫做同分异构体。图 1-3 所示为葡萄糖与果糖的结构图。

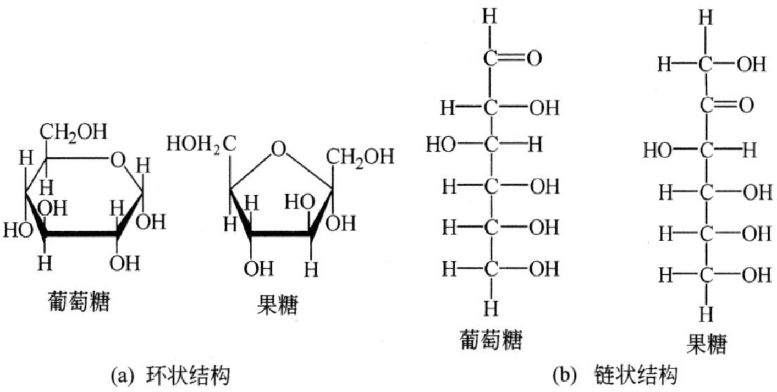

图 1-3　葡萄糖与果糖的结构图

葡萄糖是生物体的直接能源物质，细胞生命活动所需的能量主要依靠葡萄糖提供。许多植物果实中都富含葡萄糖，人的血液中也含有丰富的葡萄糖。

核糖（$C_5H_{10}O_5$）和脱氧核糖（$C_5H_{10}O_4$）都是含有 5 个碳原子的戊糖，两者都是构成生物遗传物质（DNA 或 RNA）的重要组成成分。

（2）二糖 二糖是由两个单糖分子脱去一分子水缩合而成的。最重要的二糖是人类日常食用的蔗糖、麦芽糖和乳糖。前两者多存在于植物体内，后者则多见于动物体中。它们都溶于水，便于在生物体中运输，当生物体需要能量时，它们又可水解成为各自组成的单糖。

蔗糖是最为常见的二糖，它是由葡萄糖和果糖形成的。蔗糖的形成过程如图1-4所示。蔗糖是植物组织中含量最为丰富的二糖之一，是植物体内运送的主要养分，同时也是人类需要量最大的二糖之一，食用的蔗糖主要是从甘蔗和甜菜中获得的。

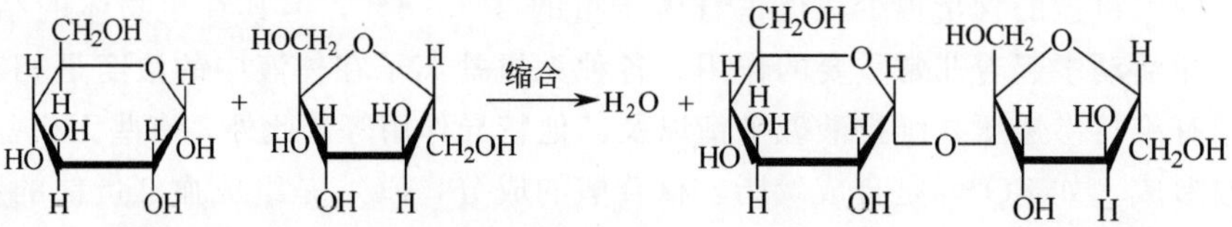

图1-4 蔗糖的形成过程

（3）多糖 多糖是由多个单糖分子通过脱水缩合而成的多聚体。天然的糖类绝大多数是以多糖的形式存在，广泛分布于动植物和微生物组织中，具有许多重要的作用。最重要的多糖有三种，即淀粉、糖原和纤维素。植物中最重要的储藏多糖是淀粉；动物体内最重要的储藏多糖则是糖原。当生物体生命活动需要能量时，淀粉和糖原都可以水解提供能量，最终成为葡萄糖。纤维素是重要的结构多糖，植物细胞细胞壁的主要成分就是纤维素。纤维素对生物体有重要的支撑作用，可以很好地保持生物体的形态和坚韧性。

（4）糖类的主要功能 糖类是一切生物体所需能量的主要来源，为生物体提供能量以维持生命活动，如肌肉收缩所需能量的提供；糖类能够作为生物体的结构组分参与各种组织，如植物的茎、动物的结缔组织等；糖类还是生物体合成其他化合物的重要碳源，如蛋白质、脂类以及核酸的合成等；糖类有时还作为抗原性结构物质存在，在细胞识别、免疫活性等多种生理活动中有重要意义。此外，糖类还是一种重要的信息分子，并能和蛋白质、脂类物质形成复合糖，在生物体内发挥重要作用。

4. 脂类

脂类是生物体的重要组成成分和储能物质，广泛分布于生物界。脂类共同特点是：主要由C、H两种元素以非极性共价键组成，其分子都是非极性的，不溶于水，但溶于乙醚、氯仿、丙酮等非极性有机溶剂。脂类主要包括脂肪、类脂和类固醇等。

（1）脂肪 脂肪也叫中性脂，一分子脂肪是由一个甘油分子中的三个羟基分别与三个脂肪酸的末端羟基脱水连成酯键形成的。脂肪是动植物体内的储能物质。当动物体内直接能源过剩时，首先转化成糖原，然后转化成脂肪；而在植物体内主要转化成淀粉，有的也能转化成脂肪。

在人体和动物体中，脂肪组织广泛分布于皮下和各内脏器官的周围，可减少相互摩擦、撞击等，起着保护垫和缓冲机械撞击的作用。脂肪组织不易导热，还能起着热垫的保温作用。

（2）类脂 类脂包括磷脂和糖脂，这两者除了包含醇、脂肪酸外，还包含磷酸、糖类等非脂性成分。含磷酸的脂类衍生物叫做磷脂（图1-5），含糖的脂类衍生物叫做糖脂。磷脂和糖脂都参与细胞结构特别是膜结构的形成，是脂类中的结构大分子。

（3）固醇 固醇又叫甾醇，是含有四个碳环和一个羟基的烃类衍生物，是合成胆汁及某些激素的前体，如肾上腺皮质激素、性激素等。有的固醇类化合物在紫外线作用下会转变成维生素 D。在人和动物体内最常见也是最重要的固醇为胆固醇（图 1-6）。固醇类化合物对人体和动物的生长、发育和代谢等生理过程有着重要的调节作用。然而如果体内固醇含量过高或代谢失调，则会导致动脉硬化、血管阻塞，引起高血压、心脏病和中风等。

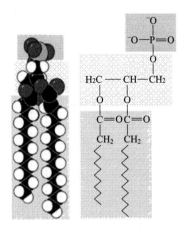

图 1-5　磷脂分子结构

图 1-6　胆固醇

（4）脂类的主要功能　脂类是构成生物膜的重要成分，是动植物的储能物质；在机体表面的脂类有防止机械损伤和水分过度散失的作用；脂类与其他物质相结合，构成了细胞之间的识别物质和细胞免疫的成分；某些脂类具有很强的生物活性。

5. 蛋白质

蛋白质是生命最基本的物质之一。组成生物体的有机物中，蛋白质的含量比较高，约占身体干重的 50%。蛋白质是细胞中结构最复杂的生物大分子之一，最简单的蛋白质的分子量也在 6000 左右。

（1）组成元素和基本组成单位　蛋白质主要由 C、H、O、N 四种元素组成，多数还含有 S。基本组成单位是氨基酸，其通式为 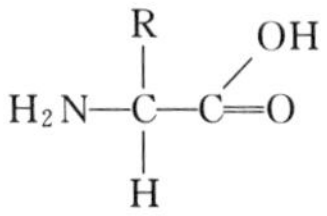 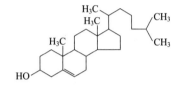。组成天然蛋白质的氨基酸约有 20 种，并且都是 L 型的 α-氨基酸。它们分别是精氨酸（Arg）、赖氨酸（Lys）、组氨酸（His）、谷氨酸（Glu）、天冬氨酸（Asp）、丝氨酸（Ser）、苏氨酸（Thr）、天冬酰胺（Asn）、谷氨酰胺（Gln）、半胱氨酸（Cys）、甘氨酸（Gly）、脯氨酸（Pro）、丙氨酸（Ala）、亮氨酸（Leu）、异亮氨酸（Ile）、甲硫氨酸（Met）、苯丙氨酸（Phe）、色氨酸（Trp）、酪氨酸（Tyr）、缬氨酸（Val）。这 20 种氨基酸又可分为链状氨基酸、芳香族氨基酸、杂环氨基酸，其代表如图 1-7 所示。

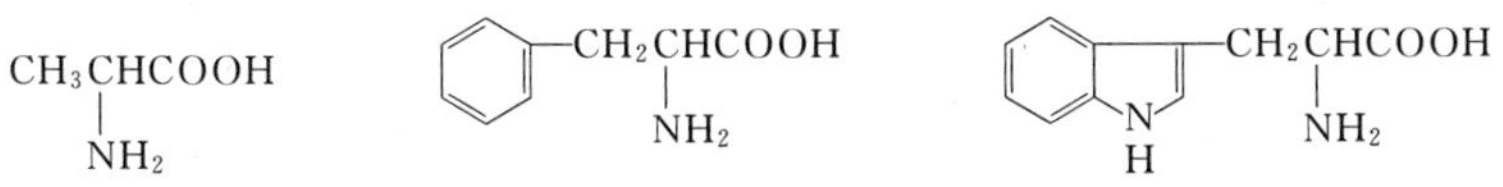

$$CH_3CHCOOH$$
$$\qquad\ NH_2$$
Ala（丙氨酸）

CH_2CHCOOH
$\quad$ NH_2
Phe（苯丙氨酸）

CH_2CHCOOH
$\quad$ NH_2
Trp（色氨酸）

图 1-7　几种氨基酸的结构

氨基酸与氨基酸之间可以发生缩合反应，形成的键为肽键。肽是两个以上氨基酸连接起来的化合物。两个氨基酸连接起来的肽叫二肽（图 1-8），三个氨基酸连接起来的肽叫三肽，多个氨基酸连接起来的肽叫多肽。多肽都有链状排列的结构，叫多肽链。蛋白质就是由一条多肽链或几条多肽链集合而成的复杂的大分子。

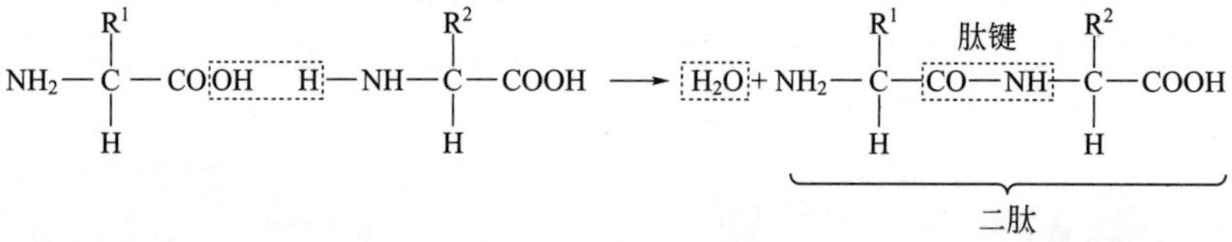

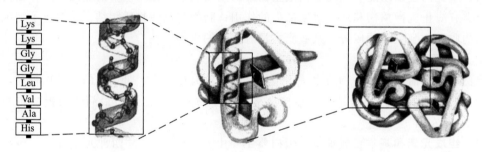

图 1-8 二肽的形成反应式

(2) 蛋白质的结构 蛋白质结构可分为一级、二级、三级、四级结构，呈现多样性。在蛋白质分子中，组成蛋白质的各种氨基酸以一定数目和排列顺序通过肽键（—CO—NH—）连接在一起形成的多肽链是蛋白质的一级结构。一级结构中部分肽链卷曲（α-螺旋）或者折叠（β-片层）产生二级结构。三级结构表示的是一条多肽链总的三维形状，一般都是球状或纤维状。三级结构的形成主要是由于多肽链中 R 基团间的相互作用。由两条或多条肽链组成的蛋白质，还有四级结构。组成这种蛋白质的各个多肽叫做亚基，四级结构就是依靠各亚基之间形成的键来维持。蛋白质分子的高级结构决定于它的一级结构，其天然构象（四级结构）是在一定条件下的热力学上最稳定的结构。蛋白质的结构及其关系如图 1-9、图 1-10 所示。

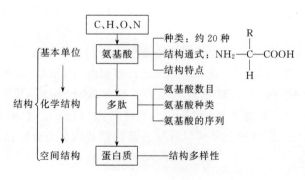

图 1-9 蛋白质的一级、二级、三级和四级结构图

图 1-10 蛋白质结构的多样性

(3) 蛋白质的生物学功能 蛋白质的生物学功能多种多样，几乎所有的生命现象都直接或间接地与蛋白质有关。其主要功能有如下几个方面：①催化作用。生物体内能够进行新陈代谢是生命现象的基本特征之一，而新陈代谢所要进行的所有生化反应，几乎都是在生物催化剂——酶的作用下才能够完成。酶在生物体内的作用有高效性、特异性和多样性的特点，能够维持生物体正常的生长、发育和活动。到目前为止，所发现的生物体内存在的酶除少数外，其余都是蛋白质。②运输作用和储存作用。如脊椎动物红细胞中的血红蛋白，能随血液

循环运送氧气到组织中并带走 CO_2；肌肉中的肌红蛋白具有储存氧气的功能等。③结构和机械支持作用。如高等动物的肌腱、韧带、软骨以及昆虫的外表皮等。④收缩或运动功能。肌肉收缩是由肌球蛋白和肌动蛋白的相对滑动来实现的。⑤免疫防护功能。机体识别外来异物抗原后，免疫系统会产生相应的高度特异性抗体蛋白（即免疫球蛋白），它可以识别和结合外来抗原并消除异物的毒害，从而起到保护机体防御外物入侵的作用。⑥调节作用。动物体内很多在代谢调节中起重要作用的激素就是蛋白质或多肽。此外，蛋白质还在凝血、营养、动物的记忆活动以及控制生长和分化等方面发挥重要作用。

（4）蛋白质的变性 蛋白质受到某些物理或化学因素作用时引起生物活性的丧失、溶解度降低以及其他物理化学因素的改变，这种变化称为蛋白质的变性。变性的实质是由于维持高级结构的次级键遭到破坏而造成天然构象的解体，但未涉及共价键的破坏。有些变性是可逆的（能复性），有些则不可逆。

6. 核酸

核酸是一种重要的生物大分子，也是生命的基本物质之一。由于它最早是从细胞核中提取出来的，并且呈酸性，故名为核酸。生物体内存在两大类核酸，即脱氧核糖核酸（DNA）和核糖核酸（RNA）。前者主要存在于细胞核中，后者则主要存在于细胞质中。核酸是生物的遗传物质。

（1）组成元素及其基本组成单位 核酸是由 C、H、O、N、P 等元素组成的高分子化合物。其基本组成单位是核苷酸。每个核酸分子是由几百个到几千个核苷酸互相连接而成的。每个核苷酸由一分子碱基、一分子戊糖（RNA 为核糖，DNA 为脱氧核糖）及一分子的磷酸组成，图 1-11 所示为核苷酸结构式。

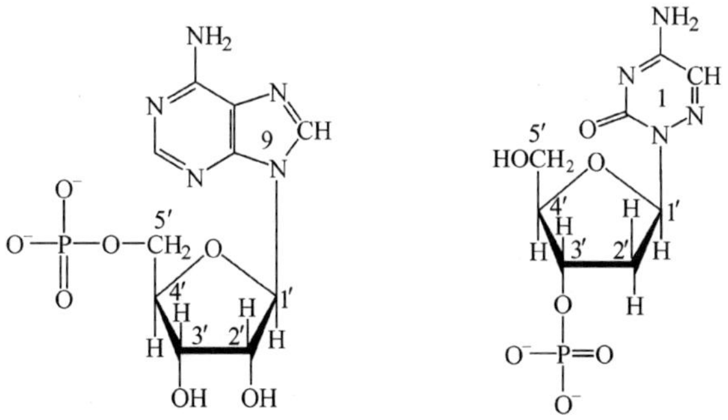

(a) 5'-腺嘌呤核苷酸 (5'-AMP)　　(b) 3'-胞嘧啶脱氧核苷酸 (3'-dCMP)

图 1-11　核苷酸结构式

组成 DNA 的碱基有四种：腺嘌呤（A）、鸟嘌呤（G）、胞嘧啶（C）、胸腺嘧啶（T），RNA 的碱基也有四种：A、G、C、尿嘧啶（U）。这五种碱基的结构式如图 1-12 所示，

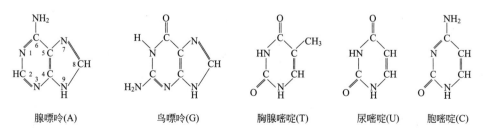

腺嘌呤(A)　　　　鸟嘌呤(G)　　　　胸腺嘧啶(T)　　　　尿嘧啶(U)　　　　胞嘧啶(C)

图 1-12　五种碱基的结构式

DNA 中碱基的百分含量一定是 A＝T、G＝C，不同种生物的碱基含量不同。RNA 中 A-U、G-C 之间并没有等比例的关系。

（2）核酸的结构　核酸分子是由单体核苷酸通过 $3',5'$-磷酸二酯键聚合而成的多核苷酸长链。多核苷酸链是有方向的，一端叫 $3'$-末端，另一端叫 $5'$-末端。$3',5'$-磷酸二酯键如图 1-13 所示。

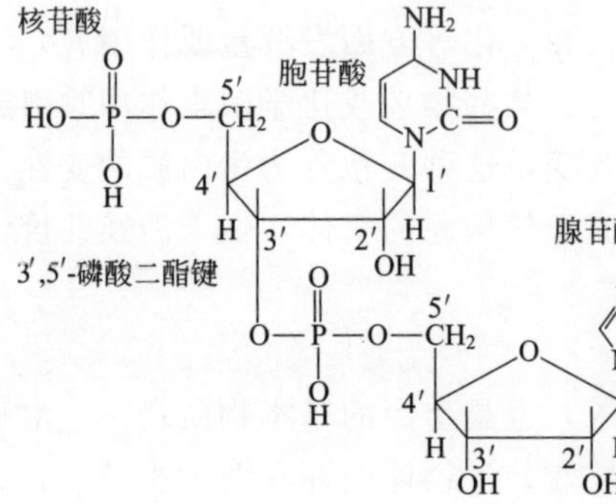

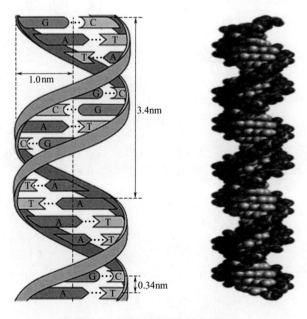

图 1-13　$3',5'$-磷酸二酯键形成示意图

DNA 的一级结构是直线形或环形的结构。DNA 的二级结构是由两条反向平行的多核苷酸链绕同一中心轴构成双螺旋结构。而在 DNA 分子中，不同碱基之间按一定的规律形成氢键，还可以构成双螺旋的三维空间结构。1953 年沃森（J. D. Watson）和克里克（F. Crick）发现了 DNA 双螺旋结构，标志着分子生物学的建立。沃森和克里克阐明的双螺旋结构如图 1-14 所示，其具有以下特点：①DNA 分子是由两条方向相反的平行多核苷酸链构成，两条链的主链都是右手螺旋，螺旋表面有大沟和小沟；②碱基均在主链内侧，A 与 T 配对、G 与 C 配对，依靠碱基之间的氢键结合在一起，"半保留复制"；③成对碱基处于同一平面，与螺旋轴垂直，双螺旋的平均直径为 2nm，核苷酸之间的夹角为 $36°$，每转 1 周有 10 个碱基

图 1-14　DNA 双螺旋结构模型

对，螺距为 3.4nm。

　　RNA 的螺旋结构与 DNA 不同，其结构如图 1-15 所示。RNA 的螺旋结构具有如下特点：①RNA 是单链分子，通常较短；②RNA 螺旋区的两条链也是沿相反方向平行，A 与 U、G 与 C 配对，但碱基既不彼此平行，也不垂直于螺旋轴；③RNA 分子的非螺旋区呈不规则单链形式存在，或自由弯曲成"环"。

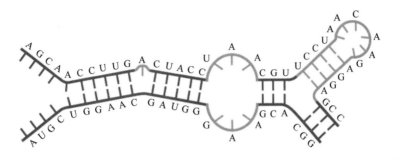

图 1-15　RNA 的螺旋结构模型

　　(3) 生物学功能　核酸是遗传信息的载体，存在于每一个细胞中。核酸也是一切生物的遗传物质，对于生物体的遗传性、变异性和蛋白质的生物合成有着极其重要的作用。

 思考题

1. 简述生命的起源过程。
2. 生物体的物质组成有哪些？
3. 简述水在生命中的作用。
4. 简述核酸的组成元素及其基本组成单位。
5. 简述生命的化学演化学说。

第二章

生命的基本单位——细胞

学习目标

1. 了解细胞的结构特点，理解真核细胞结构与功能的关系；
2. 了解细胞代谢与酶及 ATP 的关系，理解细胞呼吸和光合作用的实质；
3. 理解细胞分裂与分化的原理及应用，了解细胞衰老及癌细胞的特性。

第一节　细胞的形态结构和功能

一、细胞的基本概述

1. 细胞学说

细胞（cell）是由英国的罗伯特·胡克（Robert Hooke）于 1665 年观察软木（栎树皮）薄片结构时提出的。荷兰学者列文虎克（Antony van Leeuwenhoek）是世界上最早观察到细菌等活细胞的人。然而经过 170 余年后，直到 19 世纪 30 年代细胞学说的诞生，人们才认识到细胞是生物体进行生命活动的基本结构和功能单位。

1838～1839 年，德国植物学家施莱登（M. J. Schleiden）和动物学家施旺（Theodor Schwann）在总结前人的知识的基础上，通过对植物细胞和动物细胞的深入研究，提出了细胞学说，认为生物有机体是由细胞构成的，细胞是构成有机体的基本单位。1858 年德国病理学家魏尔肖（R. Virchow）提出了"一切细胞来源于细胞"的著名论断，继而进一步完善了细胞学说。概括细胞学说，可以归纳为：①所有生物都是由细胞和细胞产物所构成的；②新细胞来源于已存在细胞的分裂；③每个细胞作为一个相对独立的基本单位，它们既有"自己的"生命，又与其他细胞相互联系、彼此协作，构成生命的整体，按共同的规律发育，有共同的生命过程。

由此可见，细胞是生物体结构和功能的基本单位，是生命存在的最基本形式和生命活动的基础，即可以概括为：细胞是生命活动的基本单位，可以从以下几方面去理解。

（1）细胞是生物体的基本结构单位　除病毒以外，一切生物体都是由细胞构成的。单细胞生物仅由一个细胞组成，一切生命活动都由这一个细胞来承担，如细菌、衣藻、草履虫等；多细胞生物体一般由数以万计的形态和功能不同的细胞组成，如成人的有机体大约含有 10^{14} 个细胞。在整体中，各个细胞虽然进行分工并各自行使特定的功能，但又相互依存、彼此协作，共同完成生命活动。

（2）**细胞是代谢和功能的基本单位**　细胞是独立有序、能够进行代谢的自我调控的结构与功能体系，每一个细胞都具有一整套完备的装置以满足自身生命代谢的需要。即使在多细胞生物体中，各种组织也都是以细胞为基本单位来执行特定的功能。细胞作为一个开放的系统，不断与周围环境进行着物质、能量和信息的交换，同时细胞之间也存在着广泛的联系和通信联络，表现出精细的分工和巧妙的配合，使生物的各种代谢活动有序地进行。例如，当人们在观看物体时，首先是眼球视网膜的感光细胞接受光刺激，产生神经冲动，之后此信号通过神经细胞传递给大脑视觉中枢，从而形成视觉。因此，生物体的一切生命活动都是以细胞为单位来实现的。

（3）**细胞是生物体生长和发育的基础**　众所周知，多细胞生物都是从一个受精卵分裂、分化而来的，生物体的生长是依靠细胞体积的增大、数目的增加来实现的。因此，生物体的生长与发育主要是通过细胞分裂、细胞分化与凋亡来完成的。

（4）**细胞是遗传的基本单位，具有遗传的全能性**　生物体的每一个细胞都包含着全套的遗传信息，经过无性或有性繁殖而延续后代。植物的组织培养、动物的细胞克隆都足以说明细胞具有遗传的全能性，是生物遗传的基本单位。

已有无数的实验证明，任何的破坏细胞结构的完整性都不能使生物持续生存，因此我们说没有细胞就没有完整的生命，细胞是生命活动的基本单位。

2. 细胞的形态

细胞的形态多种多样，有球形、星形、扁平形、立方形、长柱形、梭形等。形态的多样性与细胞的功能特点和分布位置有关。如起支持作用的网状细胞呈星形，在血液中活动的白细胞多呈球形，能收缩的肌细胞呈长梭形或长圆柱状，具有接受刺激和传导冲动的神经细胞则有多处突起呈不规则状。这些不同的形状一方面取决于对功能的适应，另一方面也受细胞的表面张力、胞质的黏滞性、细胞膜的坚韧程度以及微管和微丝骨架等因素的影响。

细胞一般都很小，直径在 $1\sim100\mu m$ 之间，要用显微镜才能观察到。大多数动植物细胞在 $20\sim30\mu m$ 之间。鸟类的卵细胞最大，鸡蛋的蛋黄就是一个卵细胞，其卵黄中含有大量的营养物质，可以满足早期胚胎发育的需要。一些植物纤维细胞可长达 $10cm$，人体有的神经元可长达 $1m$ 以上，这和神经细胞的传导功能相一致。可见，细胞的大小与生物的进化程度和细胞功能是相适应的。细胞的大小与细胞核质比、细胞的相对表面积及细胞内物质代谢等有密切关系。细胞的体积越小，其表面积与体积比相对就越大，越有利于代谢物质出入细胞，加快细胞的新陈代谢。一般来说，多细胞生物体的大小与细胞的数目成正比，而与细胞的大小关系不大。

3. 原核细胞与真核细胞

按照结构的复杂程度及进化顺序，细胞可归并为两类，即原核细胞与真核细胞。真核细胞中按照细胞的营养类型，可将大部分真核细胞分为自养的植物细胞和异养的动物细胞。真菌也是真核细胞，它既有植物细胞的某些特征，如有细胞壁，又进行动物细胞的异养生长。

（1）**原核细胞**　原核细胞的主要特征是缺乏膜包被的细胞核。细胞较小，直径为 $1\sim10\mu m$，内部结构较简单，主要由细胞膜、细胞质、核糖体和拟核组成（图 2-1）。拟核由一环状 DNA 分子构成，

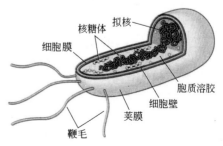

图 2-1　典型的细菌细胞形态结构模式图

分布于细胞的一定区域，也称核区，无核膜包被，遗传信息量小。原核细胞中没有线粒体、质体等以膜为基础的具有特定结构与功能的细胞器，即使是能进行光合作用的蓝藻，也只有由外膜内折形成的光合片层，能量转化反应就发生在这些膜片层上。有些原核细胞（如细菌）还有紧贴细胞膜外的细胞壁，其化学成分主要是肽聚糖，区别于以纤维素为主的植物细胞壁。

自然界中由原核细胞构成的生物称为原核生物。原核生物一般是单细胞的，主要包括支原体、细菌和蓝藻等。

(2) 真核细胞 真核细胞直径为 $10\sim100\mu m$，结构复杂。细胞内有由核膜包被的典型的细胞核，其核内具有结构复杂的染色质和核仁等。除细胞膜外，还有许多由膜包被形成的具有特定功能的细胞器，包括细胞核、线粒体、质体、内质网、高尔基体、溶酶体、微体、液泡等。此外，还有核糖体、中心体、微管、微丝等非膜结构的细胞器等。原核细胞与真核细胞在形态结构特征、细胞分裂方式等方面都存在明显的差别（表 2-1）。

表 2-1   原核细胞与真核细胞比较

项目	原核细胞	真核细胞
代表生物	细菌、蓝藻和支原体	原生生物、真菌、植物和动物
细胞大小	较小($1\sim10\mu m$)	较大(一般 $10\sim100\mu m$)
细胞膜	有(多功能性)	有
核糖体	70S(由 50S 和 30S 两个大小亚基组成)	80S(由 60S 和 40S 两个大小亚基组成)
细胞器	极少	有细胞核、线粒体、叶绿体、内质网、溶酶体等
细胞核	无核膜和核仁	有核膜和核仁
染色体	一个细胞只有一条双链 DNA，DNA 不与或很少与组蛋白结合	一个细胞有两条以上的染色体，DNA 与蛋白质联结在一起
DNA	环状，存在于细胞质	很长的线状分子，含有很多非编码区，并被核膜所包裹

真核细胞构成的生物体为真核生物。一些单细胞原生生物、多细胞的植物和动物，以及特殊的真菌类等含有各种真核细胞。这些真核细胞在结构上存在明显的差异，植物细胞与动物细胞（图 2-2）之间的差别可归纳为表 2-2。

表 2-2   动物细胞与植物细胞的比较

项目	动物细胞	植物细胞	项目	动物细胞	植物细胞
细胞壁	无	有	中心体	有	无
叶绿体	无	有	通讯连接方式	间隙连接	胞间连丝
液泡	无	有	胞质分裂方式	收缩环	细胞板
溶酶体	有	无			

无论是原核细胞还是真核细胞、动物细胞还是植物细胞（图 2-2），它们都具有共同的特性，即具有细胞质膜、DNA 和 RNA、核糖体以及以一分为二的分裂方式进行增殖，使生命得以延续。

二、真核细胞的结构与功能

真核细胞具有结构复杂、遗传信息量大的特点。其细胞中不仅有由膜包被的较为复杂的细胞核，还有许多由膜分隔成的各种细胞器，从而将细胞分成许多功能区，其结果是使细胞的代谢效率大大提高。

1. 细胞膜和细胞壁

(1) 细胞膜 细胞膜又称质膜，是细胞表面的界膜，厚度一般为 $7\sim8nm$。细胞膜主要

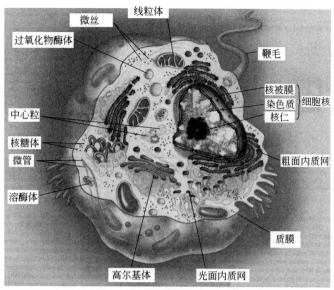

(a) 动物细胞

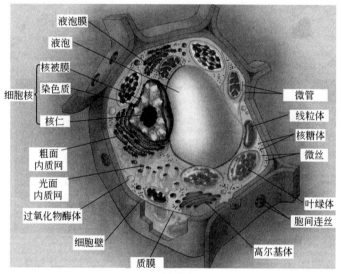

(b) 植物细胞

图 2-2 细胞结构模式图

由脂质双分子层和蛋白质构成（图 2-3）。脂质分子的特性和排列方式，以及膜上的一些作为特殊分子或离子进出细胞的载体蛋白和通道蛋白，使细胞膜对细胞内外物质的通过具有选择性，因此细胞膜是一种半透性或选择透过性膜，可有选择性地让物质通过，从而控制了细胞内外的物质交换，维持细胞内微环境的相对稳定。大多数细胞膜上还有一些识别和接收信息作用的蛋白质，即膜受体，它能接受外界信息并诱导细胞内发生相应的变化或反应，因此细胞膜具有细胞识别、免疫反应、信息传递和代谢调控等重要作用。

真核细胞除细胞膜外，细胞质中还有许多由膜分隔成的多种细胞器，这些细胞器的膜结构与质膜相似，只是功能有所不同，这些膜称为内膜。内膜包括细胞核膜、内质网膜、高尔基体膜等。

细胞的质膜和内膜统称为生物膜。生物膜的结构和功能是现代生命科学最重要的研究领域之一，其相关内容在后文介绍。

（2）细胞壁　植物细胞在质膜外还有细胞壁，它是无生命的结构，其组成成分如纤维素等，都是细胞分泌的产物。细胞壁的功能是支持和保护细胞内的原生质体，同时还能防止细胞因吸水而破裂，保持细胞的正常形态。

细胞壁是在细胞分裂过程中形成的，先在分裂细胞之间形成胞间层（图 2-4），其主要成分是果胶质，将相邻细胞粘连在一起；之后，在胞间层与质膜之间形成有弹性的初生壁，主要由纤维素、半纤维素和果胶质等组成，能随着细胞的生长而延伸。有些细胞为了执行特殊的功能，于初生壁内侧继续积累原生质体的分泌物而形成厚而坚硬的次生壁，其成分除纤维素、半纤维素外，还含有大量的木质素、木栓质等，可使细胞具有较大的机械强度和抗张能力。植物细胞壁产生了地球上最多的天然聚合物：木材、纸与布的纤维。细胞壁的某些部位有间隙，原生质可以由此沟通，形成胞间连丝。

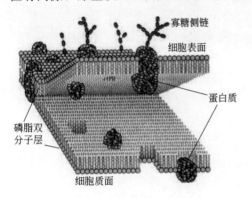

图 2-3　细胞膜的结构

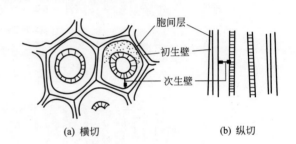

(a) 横切　　　　(b) 纵切

图 2-4　植物细胞壁

（引自陈阅增，1997）

2. 细胞核

细胞核是细胞中最显著和最重要的细胞器，是细胞遗传性和细胞代谢活动的控制中心。所有真核细胞，除高等植物韧皮部成熟的筛管和哺乳动物成熟的红细胞等极少数特例外，都含有细胞核。如果失去细胞核，一般说最终将导致细胞死亡。

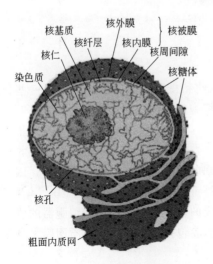

图 2-5　细胞核示意图

细胞核的大小一般为直径 $1\sim10\mu m$，最小的不到 $1\mu m$，通常一个细胞一个核，也有部分细胞融合后形成多核细胞，如肌细胞。

细胞核主要有两个功能，一是通过遗传物质的复制和细胞分裂保持细胞世代间的连续性（遗传）；二是通过基因的选择性表达控制细胞的活动。

细胞核包括核膜、核纤层、核基质、染色质和核仁等部分（图 2-5），它们相互联系和依存，使细胞核作为一个统一的整体发挥其重要的生理功能。

（1）核膜与核纤层　核膜也称核被膜，是细胞核与细胞质之间的界膜，由内、外两层膜构成。核外膜面向细胞质基质，其上常附有核糖体，有些部位还与内质网相连，因此核外膜可以看成是内质网膜的一个特化区。核内膜面向核基质，与核外膜平行排列，其表面没有核糖体颗粒。两层膜之间是间隔为 20～40nm 的核周间隙。核膜上还嵌有核孔复合物，它由核孔与周围的环状结构组成，是一些蛋白质、RNA 及核糖体亚基等出入的通道。

核纤层是核膜内表面的一层致密纤维网络结构，厚 30～160nm，其成分是一种网络状蛋白，称为核纤层蛋白，对核被膜具有支持作用。

（2）染色质　染色质是细胞核中由 DNA 和蛋白质组成并可被苏木精等染料染色的物质，染色质 DNA 含有大量的基因，是生命的遗传物质，因此细胞核是细胞生命活动的控制中心。

分裂间期核内染色质分散在核液中呈细丝状，光学显微镜下不能分辨。当核进入分裂期时，这些染色质丝经过几级螺旋化，形成光镜下可见的染色体。当分裂结束，染色体便解螺旋，扩散成染色质。因此，染色质和染色体实际上是同一物质在细胞的不同时期表现出的不同形态。每一种真核生物的细胞中都有特定数目的染色体，从而保持物种的稳定性。

（3）核仁　核仁是细胞核中的纤维和颗粒结构，富含蛋白质和 RNA 及少量的 DNA。核仁是核糖体亚单位发生的场所，涉及 rRNA（核糖体中的 RNA）的转录加工和核糖体大小亚基的装配。核仁所形成的核糖体亚单位经核孔于细胞质中装配成完整的核糖体。由于核糖体是合成蛋白质的机器，只要控制了核糖体的合成和装配就能有效地控制细胞内蛋白质的合成速度，调节细胞生命活动的节奏。所以，从某种意义上说，核仁实际上控制着蛋白质合成的速度。

（4）核基质　核基质是指在细胞核内，除了核膜、核纤层、染色质及核仁以外的网络状结构体系。由于其形态与细胞质骨架很相似，故又称核骨架。核基质的主要成分是纤维蛋白，它布满细胞核，网孔中充满液体。核基质是核的骨架，为核中的染色体以及 DNA、RNA 代谢相关的酶类提供支撑点和锚定位点，与 DNA 复制、基因表达和染色体构建等有关。近年来，核基质的研究取得了很大进展，但仍有许多方面，如核基质的生化功能、结构组分等均有待进一步研究。

3. 内膜系统

真核细胞的细胞膜以内、细胞核以外的部分均属细胞质。细胞质中有透明黏稠可流动的细胞质基质，还有各种结构复杂、执行一定功能的细胞器。其中，在结构、功能乃至发生上相关的，由膜围绕的细胞器或细胞结构称为内膜系统。内膜系统是真核细胞所特有的结构，是由膜分隔形成的具有连续功能的系统，主要包括内质网、高尔基体、溶酶体和分泌泡等（图 2-6）。

（1）内质网　内质网是由一层单位膜围成的小管、小囊和扁囊所构成的网状结构。其膜厚 5～6nm。通常情况下，这些小管、小囊或扁囊相互连接，形成一个连续的、封闭的网状膜系统，其内腔是相连通的（图 2-6）。

内质网广泛存在于细胞质基质中，增大了细胞内的膜面积，以利于许多酶类的分布和各种生化反应高效率进行。内质网与核膜、高尔基体和溶酶体等在发生和功能上相联系。

根据内质网表面有无核糖体，可分为粗面内质网（RER）和光面内质网（SER）两种类型。粗面内质网多呈扁囊状，排列较为整齐，膜的外表面附着有大量颗粒状的核糖体，是内质网与核糖体共同形成的复合机能结构，其主要的功能是参与分泌性蛋白及多种膜蛋白的合成和运输；光面内质网多为分支小管或小囊构成，膜表面没有核糖体附着，是脂类合成和代谢的重要场所，它还可以将内质网上合成的蛋白质和脂类转运到高尔基体。此外，内质网还

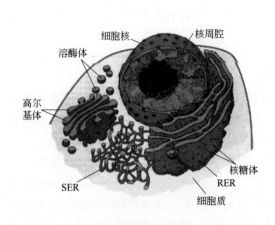

图 2-6　内膜系统模式图

(引自王金发，2006)

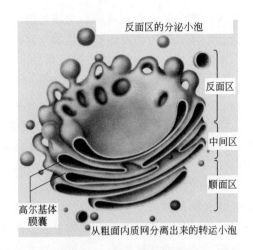

图 2-7　高尔基体的结构

与糖类代谢、解毒作用、物质储运等密切相关。

(2)　高尔基体　高尔基体是由一些排列有序的扁平膜囊堆叠而成，在扁平膜囊的周围常结合有一些小管、小囊和许多大小不等的囊泡。高尔基体是一种具有极性的细胞器：面向内质网，接受内质网转运小泡的一面称为形成面或称顺面；面向细胞膜并释放分泌泡的一面称为成熟面或反面（图 2-7）。

高尔基体是内质网合成产物和细胞分泌物的加工、包装、分选和转运的场所。内质网上合成的蛋白质和脂类等经过膜囊包被并脱落，形成转运小泡，转运小泡与高尔基体形成面融合，并且转运小泡中的物质要经过高尔基体的加工、修饰、包装和分类，之后在高尔基体的成熟面形成各种分泌泡，分泌泡脱离高尔基体向细胞外周移动，最后将分泌物选派到细胞中的特殊部位（如溶酶体中的水解酶）或与细胞膜融合排出分泌物（如激素）。因此可以说，高尔基体是细胞内大分子运输的一个主要交通枢纽（图2-8）。此外，高尔基体内也可合成一些生物大分子（如多糖）；在植物细胞中，高尔基体还与细胞分裂时新细胞膜和细胞壁的形成有关。

(3)　溶酶体　溶酶体普遍存在于动物细胞中，是由一层单位膜包围的球形囊状结构，它的大小差异很大，直径一般在 $0.2\sim0.8\mu m$，最小的为 $0.05\mu m$，最大的可达几微米。溶酶体内含有多种酸性水解酶，可催化蛋白质、核酸、脂类、多糖等生物大分子分解，能溶解和消化进入细胞的外源性物质及细胞自身一些衰老或损伤的结构，因此有人将溶酶体比喻为细胞内的"消化器官"，它对细胞营养、免疫防御、消除有害物质等具有重要作用。

溶酶体来源于内质网和高尔基体分离的小泡。在正常情况下，溶酶体所含的水解酶只能在

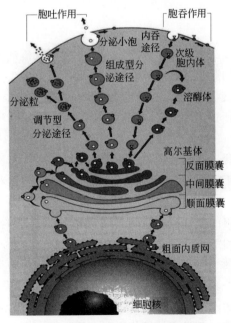

图 2-8　高尔基体在细胞内膜泡蛋白
运输中起重要的枢纽作用

溶酶体内起作用，但是在某些异常情况下，例如当细胞受伤或死亡时，溶酶体膜破裂，而酶进入细胞质使细胞发生自溶，可及时将这些细胞清除掉，为新细胞的产生创造条件。

4. 其他细胞器

除内膜系统的细胞器外，细胞中还含有其他重要的细胞器，如线粒体、叶绿体、核糖体、液泡以及微管、微丝、中间纤维等。

（1）线粒体　　线粒体是细胞中重要和独特的细胞器，除成熟的红细胞外普遍存在于真核细胞中。线粒体是细胞内糖类、脂肪、蛋白质最终氧化分解的场所，通过氧化磷酸化作用将其中储存的能量逐步释放，并转化为 ATP 为细胞提供能量，故称之为细胞的"能量工厂"。线粒体含有 DNA，可复制及合成自己的 RNA 和少量蛋白质，遗传上具有一定的自主性，属于半自主性的细胞器。

光镜下，线粒体多呈颗粒状或短柱状，通常直径为 $0.5\sim1.0\mu m$、长度为 $2\sim3\mu m$。线粒体的数目随细胞的不同而有差异，极少数情况下一个细胞只有一个线粒体，多数情况一个细胞中含有几十、几百到几千个线粒体。细胞中线粒体的数目与其生物代谢活动正相关，新陈代谢旺盛、需要能量多的细胞，线粒体的数目就较多。

在电镜下观察，线粒体是由双层单位膜套叠而成的封闭的囊状结构，主要由外膜、内膜、膜间隙和基质组成（图 2-9）。外膜是包围在线粒体最外面的界膜，将线粒体与周围的细胞质分开。内膜位于外膜内侧，把膜间隙与基质分开，其渗透性很差，能严格地控制分子和离子通过；内膜向线粒体腔内凸出折叠形成嵴，嵴的存在大大扩增了内膜的表面积，有利于生化反应的进行；内膜面上有许多带柄的小颗粒即基粒，是 ATP 酶复合体，它与分布在内膜面上的电子传递系统共同完成氧化磷酸化，合成 ATP。线粒体内外膜之间封闭的腔隙为膜间隙，其中充满无定形液体，含有许多可溶性酶、底物和辅助因子等。内膜和嵴所围成的空隙内充满的较致密的胶状物

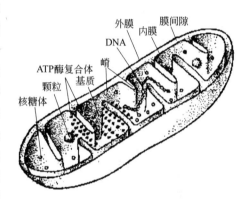

图 2-9　线粒体的三维结构模式图
（引自刘凌云，1997）

质即为基质，它不仅含有催化三羧酸循环、丙酮酸和脂肪酸氧化等的酶类，还含有线粒体基因组 DNA、特定的线粒体核糖体、tRNA、线粒体基因表达和蛋白质合成需要的多种酶类；基质是细胞有氧呼吸中进行三羧酸循环的场所。由此可见，线粒体含有细胞呼吸所需要的各种酶和电子传递载体，是细胞呼吸和能量代谢的中心。

（2）叶绿体　　叶绿体属于质体。质体是植物细胞的细胞器，包括白色体和有色体。植物根或茎细胞中的白色体含有淀粉、油类或蛋白质。植物色彩丰富的花和果实的细胞中具有有色体，有色体富含各种色素。叶绿体是最重要的有色体，是植物进行光合作用同化 CO_2 产生有机分子的细胞器。

叶绿体的形状、大小及数目因植物种类不同而有很大差别，尤其是藻类植物的叶绿体变化更大。大多数高等植物的叶细胞中一般含有 $50\sim200$ 个叶绿体，可占细胞质体积的 $40\%\sim90\%$。典型的叶绿体形状为透镜形，长径为 $5\sim10\mu m$，短径为 $2\sim4\mu m$，厚 $2\sim3\mu m$，其体积比线粒体大 $2\sim4$ 倍。

在电子显微镜下可以看到，叶绿体是由叶绿体膜或称叶绿体被膜、类囊体和基质三部分

构成（图 2-10）。叶绿体表面也由内外双层单位膜组成，外膜的渗透性大，内膜则对通过的物质选择性很强，是细胞质和叶绿体基质间的功能屏障。叶绿体膜内有许多由单位膜封闭形成的扁平小囊，称为类囊体。许多圆饼状的类囊体叠在一起形成基粒；贯穿在两个或两个以上基粒之间没有发生垛叠的类囊体，称为基质类囊体。各个基粒类囊体通过基质类囊体彼此相连通，因而一个叶绿体的全部类囊体实际上是一个完整的、连续的封闭膜囊。植物光合作用的色素和电子传递系统以及 ATP 酶复合体均位于类囊体的膜上，因此类囊体是进行光合磷酸化的场所。叶绿体内膜与类囊体之间充满着胶状的基质，其主要成分为可溶性蛋白质和其他代谢活跃物质，其中核酮糖-1,5-二磷酸羧化酶是催化糖类合成的重要酶，因而同化 CO_2 合成有机物的暗反应于基质中进行。此外，基质中含有一套特有的核糖体、RNA 和 DNA，使得叶绿体在遗传上具有一定的自主性。

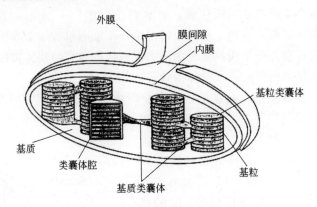

图 2-10　叶绿体的结构模式图

（引自刘凌云，1997）

（3）核糖体　核糖体又称核糖核蛋白体或核蛋白体，它几乎存在于一切细胞内，目前，仅发现在哺乳动物成熟的红细胞等极个别高度分化的细胞内没有核糖体。细胞内的细胞核、线粒体和叶绿体中也含有核糖体，因此，核糖体是细胞不可缺少的重要结构。

核糖体呈不规则的颗粒状，其表面没有被膜包裹，直径为 15～30nm，主要成分是蛋白质和 RNA，每个核糖体由大小两个亚单位组成一定的三维结构（图 2-11）。核糖体以游离核糖体（游离于细胞质基质中）和附着核糖体（附着于内质网膜和核膜上）两种形式存在，其唯一的功能是按照 mRNA 的指令由氨基酸高效且精确地合成多肽链，即核糖体是合成蛋白质的场所。

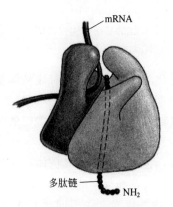

图 2-11　核糖体的结构模式图

（4）液泡　液泡是植物细胞中由一层单位膜包被的囊泡。年幼的细胞中有许多分散的小液泡，随着细胞的逐渐成熟，这些小液泡不断扩大融合成一个大的中央液泡，占据了细胞总体积的 90%。

植物液泡中的液体称为细胞液，其主要成分是水，其中还溶有无机盐、可溶性蛋白、糖类、多种水解酶以及各种色素，特别是花青素等。液泡还是植物细胞代谢废物囤集的场所，这些废物以晶体状态沉积于液泡中。细胞液是高渗的，所以植物细胞才能经常处于吸胀饱满的状态。细胞液中的花青素与植物颜色有关，花、果实和叶的紫色、深红色等都决定于花青素。液泡还参与细胞中的一些生物大分子的降解，促使细胞质组成物质的再循环，与动物细胞的溶酶体有类似的功能。

（5）微体　微体是一种与溶酶体很相似的小体，也是由单层膜包围的泡状体，但所含的酶却和溶酶体不同，包括过氧化物酶体和乙醛酸体。

过氧化物酶体存在于动物、植物细胞内，含有多种氧化酶和过氧化氢酶，促使细胞内一些物质氧化和 H_2O_2 分解。细胞中大约有 20% 的脂肪酸是在过氧化物酶体中被氧化分解的。氧化反应的结果产生的对细胞有毒的 H_2O_2 则被过氧化氢酶分解而解毒，因此过氧化物酶体具有解毒作用。例如人们饮入的酒精几乎有一半是以这种方式被氧化而解毒性的。此外，高等植物细胞中的一些过氧化物酶体还与光呼吸密切相关。

乙醛酸体只存在于植物细胞内，特别是含油分高的子叶和胚乳细胞中，它能将脂类转化为糖。动物细胞中没有乙醛酸体，故不能将脂类直接转化成糖。

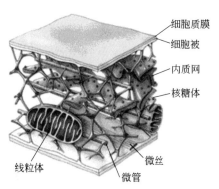

图 2-12　细胞骨架系统
（引自王金发，2006）

（6）细胞骨架　细胞骨架普遍存在于各类真核细胞中，是细胞内以蛋白纤维为主要成分的立体网络结构（图 2-12）。细胞骨架不仅在维持细胞形态、承受外力、保持细胞内部结构的有序性方面起重要作用，而且还参与细胞分裂（牵引染色体分离）、物质运输（各类小泡和细胞器可沿着细胞骨架定向转运）、白细胞的迁移、精子的游动等许多重要的生命活动。另外，在植物细胞中的细胞骨架还指导细胞壁的合成。狭义的细胞骨架是指细胞质骨架，即微管、微丝和中间纤维。细胞骨架是现代生命科学最重要的研究领域之一。

综上所述，可知真核细胞是以生物膜的进一步分化为基础，使细胞内部构建成许多更为精细的具有专门功能的结构单位。真核细胞虽然结构复杂，但是可以在亚显微结构水平上划分为三大基本结构体系：以脂质及蛋白质成分为基础的生物膜结构系统，包括质膜、核膜及各种膜围成的细胞器等；以核酸（DNA 或 RNA）与蛋白质为主要成分的遗传信息表达系统，包括染色质、核仁、核糖体等；由特异蛋白分子装配构成的细胞骨架系统，包括微管、微丝、中间纤维、核基质及核纤层等。这三大基本结构体系构成了细胞内部结构精密、分工明确、职能专一的各种细胞器，并以此为基础而保证了细胞生命活动具有高度程序化与高度自控性。

三、生物膜与物质的跨膜运输

各种细胞器的膜和核膜、质膜在分子结构上都是类似的，它们统称为生物膜。生物膜的厚度一般为 5～10nm，真核细胞的生物膜占细胞干重的 70%～80%，其中最多的是内质网膜。生物膜是细胞进行生命活动的重要物质基础，细胞的能量转换、蛋白质合成、物质运输、信息传递、细胞运动等活动都与膜的作用有密切的关系。

1. 生物膜

（1）生物膜的结构与特性　一个多世纪以前，科学家们对膜的组成就进行了富有成就的探索。E. Overton 1895 年发现凡是溶于脂肪的物质很容易透过植物的细胞膜，而不溶于脂肪的物质不易透过细胞膜，因此推测膜是由连续的脂类物质组成。20 年后，科学家第一

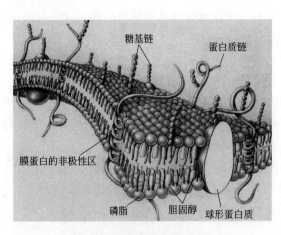

图 2-13　膜的流动镶嵌模型
(引自王金发，2006)

次将膜从红细胞中分离出来，经化学分析表明，膜的主要成分是磷脂和蛋白质。1925 年荷兰科学家 E. Gorter 和 F. Grendel 提出膜由双层磷脂分子组成。1935 年 J. Danielli 和 H. Davson 提出了"蛋白质-脂类-蛋白质"的三明治模型。1959 年 J. D. Robertson 用超薄切片技术获得了清晰的细胞膜照片，显示暗-明-暗三层结构，厚约 7.5nm，这就是所谓的"单位膜"模型。随后冰冻蚀刻技术显示双层脂膜中存在蛋白质颗粒；免疫荧光技术证明膜中的蛋白质是流动的。据此，1972 年 Singer 等科学家提出了目前广泛认可的"流动镶嵌模型"(图 2-13)。

该模型的主要特点如下。

① 磷脂双分子层构成膜的基本骨架。磷脂分子以非极性的尾部相对，向着内侧的疏水区；极性的头部朝向外侧，暴露于两侧的亲水区。膜上的各种蛋白质以不同的镶嵌形式与磷脂双分子层相结合，或嵌在脂双层表面，或嵌在其内部，或横跨整个脂双层。此外，还有部分糖类附着在膜的外侧，与膜脂类(膜脂)或蛋白质(膜蛋白)的亲水端相结合，构成糖脂和糖蛋白。这种特殊的结构体现了膜结构的有序性。

② 组成膜的磷脂双分子和嵌在其中的蛋白质分子的位置是不固定的，它们在膜的水平方向甚至在垂直方向都可以流动、翻转和变化。因此生物膜具有一定的流动性。

③ 膜的内外两侧的组分和功能有明显的差异，主要表现在组成膜脂双分子层内外侧的磷脂、蛋白质分子的种类和含量有很大的差异，同时糖脂和糖蛋白的糖基一般只分布在膜的外表面，即膜脂、膜蛋白和复合糖在膜上均呈不对称分布，导致膜功能的不对称性。

显然"流动镶嵌模型"突出了膜的有序性、流动性和不对称性，这些特性对于生物膜适应膜内外环境变化、膜的选择透性及物质的跨膜运输、细胞识别、电子传递和信号转导等具有重要的意义，因而也保证了细胞代谢即物质的交换与能量的转换在高度有序的状态下进行。

(2) 膜脂和膜蛋白

① 膜脂。组成生物膜的脂类主要包括磷脂、糖脂和胆固醇三种，其中磷脂含量最高，占整个膜脂的 50% 以上。每个磷脂分子具有一个由磷酸胆碱组成的极性头部，还有两条由脂肪酸链构成的非极性尾。极性的头部具有亲水性，非极性尾是疏水性的。膜中磷脂双分子的尾部相对排列，使得膜两侧的水溶性物质不能自由通过，起到了屏障作用。糖脂是寡糖分子与脂类分子结合而成的，并直接插入磷脂双分子层中。胆固醇在各种动物细胞中含量较高，它在调节膜的流动性、增强膜的稳定性以及降低水溶性物质的透性等方面起着重要作用。

② 膜蛋白。生物膜的特定功能主要依靠膜上的蛋白质来完成。根据膜蛋白在膜上的存在方式，可分为内在膜蛋白和外在膜蛋白。

内在膜蛋白全部或部分插入膜内，直接与脂双层的疏水区域相互作用。许多内在膜蛋白是两亲性分子，它们的疏水区域跨越脂双层的疏水区，与其脂肪酸链共价连接，而亲水的极性部分位于膜的内外两侧，这种蛋白质跨越脂双层，也叫跨膜蛋白或整合蛋白（图 2-14）。实际上，内在膜蛋白几乎都是完全穿过脂双层的蛋白质。由于存在疏水结构域，内在膜蛋白与膜的结合非常紧密，只有用去垢剂处理才能从膜上洗涤下来。

外在膜蛋白分布于膜的内外表面，又称外周蛋白（图 2-15），它不直接与脂双层疏水部分相互连接，常常通过离子键、氢键和膜脂分子的极性头部结合，或通过与内在膜蛋白的相互作用间接与膜结合，其结合力较弱。大多数外在膜蛋白为水溶性蛋白，主要由亲水性氨基酸组成，只要改变溶液的离子强度甚至提高温度，外在膜蛋白就可以从膜上分离下来。

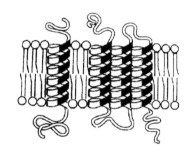

图 2-14 内在膜蛋白

（引自 Karp，1999）

图 2-15 外在膜蛋白

（引自 Karp，1999）

膜蛋白是膜功能的主要体现者，它们各自具有特殊的作用和功能。作为转运蛋白，起物质运输作用；作为酶，催化发生在膜表面的代谢反应；作为受体，接受膜表面的化学信息；作为膜表面的标志而被识别；作为细胞表面的附着连接蛋白，与其他细胞相互结合；作为锚蛋白，其具有固定细胞骨架的作用。为此，生物膜也具有了物质运输、能量转换、细胞识别、信号转导、细胞连接、细胞运动等重要功能，是生命最基础的结构，是生命活动的基本保障。

2. 物质的跨膜运输

在细胞体系中，许多物质的交换和能量的转换都要通过生物膜来实现，特别是物质交换均要涉及物质的跨膜运输。物质的跨膜运输主要有三种途径，即被动运输、主动运输和胞吞作用与胞吐作用。

（1）被动运输 被动运输是物质顺浓度梯度或电化学梯度运输的跨膜运动方式，不需要细胞提供代谢能量。被动运输分为简单扩散和协助扩散两种。

① 简单扩散。简单扩散也叫自由扩散，是物质由高浓度一侧向低浓度一侧运动的跨膜转运，不需要细胞提供能量，也没有膜蛋白的协助。分子量小的疏水分子、小的不带电荷的极性分子可以进行自由扩散。如 O_2、CO_2、N_2、H_2O、乙醇、甘油、尿素、苯等。

特点：a. 沿浓度梯度（或电化学梯度）扩散；b. 不需要提供能量；c. 没有膜蛋白的协助。

② 协助扩散。协助扩散也称促进扩散，是各种极性分子和无机离子，如糖、氨基酸、核苷酸以及细胞代谢物等，在膜转运蛋白的协助下，顺其浓度梯度或电化学梯度的跨膜转运。该过程不需要细胞提供能量，但需要特异的膜蛋白的协助。

膜转运蛋白主要有载体蛋白和通道蛋白两种类型（图 2-16）。

a. 载体蛋白。它是一种跨膜蛋白，可溶于脂双层，能与特定的分子或离子进行暂时性

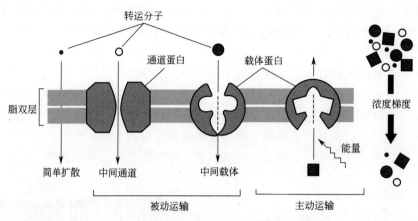

图 2-16　物质的跨膜运输

的可逆的结合和分离，通过自身构象的改变，将某种物质由膜的一侧运向另一侧，且不用提供任何能量。这类载体蛋白具有酶的性质，但与酶不同的是载体蛋白不对转运分子做任何共价修饰。载体蛋白具有高度的特异性，一种载体蛋白只能运输一类甚至一种分子或离子。另外，载体蛋白既参与被动的物质运输，也参与主动的物质运输。

b. 通道蛋白。它是横跨质膜的亲水性通道，允许适当大小的分子和带电荷的离子顺浓度梯度通过，故又称离子通道。有些通道蛋白形成的通道通常处于开放状态，如钾泄漏通道，允许钾离子不断外流。有些通道蛋白平时处于关闭状态，即"门"不是连续开放的，仅在特定刺激下才打开，而且是瞬时开放瞬时关闭，在几毫秒的时间里，一些离子、代谢物或其他溶质顺着浓度梯度自由扩散通过细胞膜，这类通道蛋白又称为门通道。目前发现的通道蛋白已有 50 多种，主要是离子通道。通道蛋白具有离子选择性，转运速率高，只介导被动运输。

（2）主动运输　主动运输是由载体蛋白所介导的物质逆浓度梯度或电化学梯度由浓度低的一侧向高浓度的一侧进行跨膜转运的方式。它不仅需要载体蛋白，而且还需要消耗能量。根据主动运输过程所需能量来源的不同可归纳为由 ATP 直接提供能量和间接提供能量（协同运输）两种基本类型。

① ATP 直接提供能量的主动运输——钠-钾泵（Na^+-K^+ 泵）。在细胞质膜的两侧存在很大的离子浓度差，特别是阳离子浓度差。如海藻细胞中碘的浓度比周围海水高 200 万倍，但它仍然可以从海水中摄取碘；人红细胞中 K^+ 浓度比血浆中高 30 倍，而 Na^+ 浓度则是血浆比红细胞中高 6 倍等。一般的动物细胞要消耗 1/3 的总 ATP 来维持细胞内低 Na^+ 高 K^+ 的离子环境，神经细胞则要消耗 2/3 的总 ATP，这种特殊的离子环境对维持细胞内正常的生命活动、神经冲动的传递、维持细胞的渗透平衡以及恒定细胞的体积都是非常必要的。K^+ 和 Na^+ 的逆浓度与电化学梯度的跨膜转运是一种典型的主动运输方式，它是由 ATP 直接提供能量，通过细胞质膜上的 Na^+-K^+ 泵来完成的。

Na^+-K^+ 泵实际上就是镶嵌在质膜脂双层中具有运输功能的 ATP 酶，即 Na^+-K^+ ATP 酶，它本身是一种载体蛋白。Na^+-K^+ ATP 酶是由 2 个 α 大亚基、2 个 β 小亚基组成的四聚体。Na^+-K^+ ATP 酶通过磷酸化和去磷酸化过程发生构象的变化，导致与 Na^+、K^+ 的亲和力发生变化。在膜内侧 Na^+ 与酶结合，激活 ATP 酶活性，使 ATP 分解并将所产生的高能磷酸基团与酶结合，酶被磷酸化，导致构象发生变化，引起与 Na^+ 结合的部位转向膜外侧，这种磷酸化的酶对 Na^+ 的亲和力低，而对 K^+ 的亲和力高，因而在膜外侧释放出 Na^+ 并与 K^+ 结合；K^+ 与磷酸化酶结合后促使酶去磷酸化，酶的构象恢复原状，于是与 K^+ 结合的部位转向膜内侧，此时 K^+ 与酶的亲和力降低，使 K^+ 在膜内被释放，而又与 Na^+ 结合。如此反复，细胞膜不断逆浓度梯度将 Na^+ 转出细胞外、K^+ 转入细胞内。其每循环一次，消耗 1 个 ATP，转出 3 个 Na^+，转进 2 个 K^+（图 2-17）。

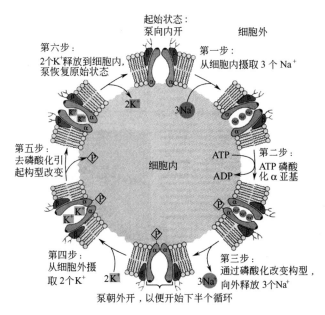

图 2-17 Na^+-K^+ 泵工作原理示意图

(引自王金发，2006)

Na^+-K^+ 泵通常分布在动物细胞膜上，而在植物、细菌和真菌的细胞膜上分布的是质子泵（H^+-泵），能将 H^+ 泵出细胞，建立跨膜的 H^+ 电化学梯度，驱动转运溶质进入细胞。其作用原理与 Na^+-K^+ 泵相同。此外，与之相类似的还有钙泵等。

② 协同运输。协同运输是一类由 Na^+-K^+ 泵（或 H^+-泵）与载体蛋白协同作用，靠间接消耗 ATP 所完成的主动运输方式，又称偶联运输。物质跨膜运输所需要的直接动力来自膜两侧离子电化学浓度梯度，而维持这种离子电化学浓度梯度则是通过 Na^+-K^+ 泵（或 H^+-泵）消耗 ATP 所实现的。动物细胞是利用膜两侧的 Na^+ 电化学梯度来驱动的，而植物细胞和细菌常利用 H^+ 电化学梯度来驱动。

协同运输可分为同向协同（共运输）和反向协同（对向运输）两种类型（图 2-18）。当物质运输方向与离子转运方向相同时，称为同向协同（共运输），如动物细胞的葡萄糖和氨基酸就是与 Na^+ 同向协同运输；否则为反向协同（对向运输）。

(3) 胞吞作用与胞吐作用 大分子和颗粒物质（如蛋白质、多糖等）进出细胞时都是由膜包围，形成小膜泡，在转运过程中，物质包裹在脂双层膜围绕的囊泡中，因此称为膜泡运输。膜泡

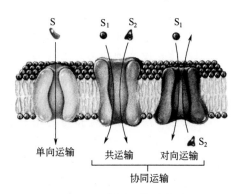

图 2-18 协同运输示意图

运输分为胞吞作用和胞吐作用（图 2-19）。

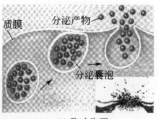

(a) 胞饮作用　　　　(b) 吞噬作用　　　　(c) 胞吐作用

图 2-19　胞吞作用和胞吐作用示意图

① 胞吞作用。外界进入细胞的大分子物质先附着在细胞膜的外表面，此处的细胞膜凹陷入细胞内，将该物质包围形成小泡，最后小泡与细胞膜断离而进入细胞内的过程称为胞吞作用。

固态的物质进入细胞内，称为吞噬作用，吞入的小泡叫吞噬体。液态的物质进入细胞内称为胞饮作用，吞入的小泡叫胞饮泡。

② 胞吐作用。大分子物质由细胞内排到细胞外时，被排出的物质先在细胞内被膜包裹，形成小泡，小泡渐与细胞膜相接触，并在接触处出现小孔，该物质经小孔排到细胞外的过程称为胞吐作用。

胞吞作用和胞吐作用都伴随着膜的运动，主要是膜本身结构的融合、重组和移位，这都需要能量的供应，属于主动运输。有实验证明，如果细胞氧化磷酸化被抑制，肺巨噬细胞的吞噬作用就会被阻止。在分泌细胞中，如果 ATP 合成受阻，则胞吐作用不能进行，分泌物无法排到细胞外。

质膜在完成物质跨膜运输的同时，还进行着信息的跨膜传递。质膜上的各种受体蛋白能接受各种外源性刺激，经酶的调控产生信号，再激活酶的活性，使细胞内发生各种生物化学反应和生物学效应。

四、细胞连接

细胞连接是指细胞间或细胞与细胞基质之间的连接结构。多细胞生物体中，细胞间通过细胞连接而形成组织，并使其在功能上处于高度的协调状态。动物和植物的细胞连接迥然不同。

1. 动物的细胞连接

大多数动物细胞外都覆盖有一层黏性的多糖和蛋白质，它们有助于将组织中的细胞牢牢地黏在一起，并保护细胞免受酸或酶的消化。同时在许多动物组织中，相邻细胞的细胞膜之间产生特化的连接装置，构成细胞连接。动物的细胞连接主要有紧密连接、锚定连接和通讯连接三种（图 2-20）。

(1) 紧密连接　紧密连接是将相邻细胞的质膜密切地连接在一起，阻止溶液中的分子沿细胞间隙渗入体内。一般存在于上皮细胞之间。电镜观察显示，紧密连接处的相邻的细胞质膜紧紧地靠在一起，没有间隙，似乎融合在了一起。冰冻断裂复型技术显示出它是由围绕在细胞四周的焊接线网络而成。焊接线也称嵴线，一般认为它由成串排列的特殊跨膜蛋白组成，相邻细胞的嵴线相互交联封闭了细胞之间的空隙。

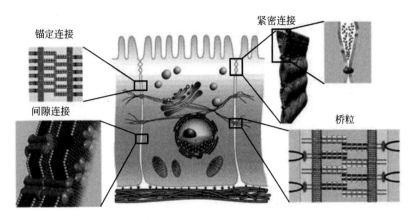

图 2-20 动物细胞连接的几种方式

（2）锚定连接 锚定连接是通过细胞质骨架的中间纤维或肌动蛋白纤维将细胞与另一个相邻细胞或胞外基质连接起来的连接方式。参与连接的跨膜糖蛋白像钉子一样将相邻细胞"钉"在一起。其中与中间纤维相关的锚定连接包括桥粒和半桥粒；与肌动蛋白纤维相关的锚定连接主要有黏着带和黏着斑。锚定连接在上皮组织、心肌和子宫颈等组织中含量丰富，具有抵抗外界压力与张力的作用。锚定连接仍然可以使物质从两细胞间的空隙通过。

（3）通讯连接 通讯连接是细胞间的一种连接通道，除连接作用外，其主要功能是通过细胞间小分子物质的交流介导细胞通讯。动物细胞中常见的通讯连接有间隙连接和化学突触连接。

间隙连接是指相邻两细胞通过连接子对接形成通道，允许小分子物质直接通过这种通道从一个细胞流向另一个细胞。每个连接子由 6 个跨膜蛋白围成，中心为直径约 1.5nm 的孔道。相邻细胞质膜上的两个连接子对接便形成一个间隙连接单位。间隙连接能够允许小分子代谢物和信号分子通过是细胞间代谢偶联的基础。间隙连接分布非常广泛，几乎所有的动物组织中都存在间隙连接。

化学突触是存在于神经元和神经元之间、神经元和效应器细胞之间的细胞连接方式，由突触前膜、突触间隙和突触后膜构成，通过释放神经递质传导神经冲动。在信息传递过程中，需要将电信号转化为化学信号，再将化学信号转化为电信号。在哺乳动物中，进行突触传递的几乎都是化学突触。

2. 植物的细胞连接——胞间连丝

植物细胞有坚硬的细胞壁，相邻细胞壁之间有一层黏性多糖可以将细胞紧紧黏在一起。但真正将细胞连接在一起的只有胞间连丝。胞间连丝是植物细胞特有的通讯连接。除极少数特化的细胞外，高等植物细胞之间通过胞间连丝相互连接，完成细胞间的通讯联络。

胞间连丝穿越细胞壁，是由相互连接的相邻细胞的细胞质膜共同组成的直径为 20～40nm 的管状结构，中央是由光面内质网延伸形成的链管（连丝微管）结构（图 2-21）。在链管与管状质膜之间是由胞液构成的环带，环带的两端狭窄，可能用以调节细胞间的物质交换。因此胞间连丝介导的细胞间的物质运输也是有选择性的，并且是可以调节的。正常情况下，胞间连丝是在细胞分裂时形成的，然而在非姊妹细胞之间也存在胞间连丝，而且在细胞生长过程中胞间连丝的数目还会增加。

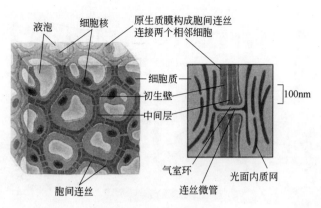

图 2-21　胞间连丝的结构

第二节　细胞的新陈代谢

细胞是生物新陈代谢的基本单位，在细胞极其微小的空间内发生着数千种生物化学反应。生物代谢简称代谢，是生物体内所有生物化学反应和能量转换过程的总称。生物体将简单小分子合成复杂大分子并消耗能量的过程称为同化作用或合成代谢；生物体将复杂化合物分解为简单小分子并放出能量的反应，称为异化作用或分解代谢。同化作用与异化作用组成了新陈代谢的两个方面。细胞呼吸是最重要的异化作用过程，光合作用是最典型的同化作用过程。在细胞或生物体内，异化作用释放的能量常常被用来供给同化作用，这种能量的转移、转化称为能量代谢的偶联。因此，新陈代谢可以分为物质代谢和能量代谢两个方面。伴随着能量的流动，这些代谢反应基本都发生在生物膜（如类囊体膜和线粒体膜）上，还都需要酶的催化作用。

一、酶——生物催化剂

1. 酶与酶的特性

（1）酶的化学本质　酶是一种生物催化剂，活细胞内全部的生物化学反应都是在酶的催化作用下进行的。如果离开了酶，新陈代谢就不能进行，生命就会停止。多年来，科学家们一直认为"酶是活细胞产生的具有催化功能的蛋白质"，酶的化学本质都是蛋白质。然而，20 世纪 80 年代以来的科学研究表明，一些 RNA 分子也具有酶的催化作用，即核酶。这样，酶是蛋白质的经典概念就被打破了。因此，酶可以定义为：酶是活细胞产生的一类具有催化功能的生物分子了。概括地说，绝大多数的酶是蛋白质，少数的酶是 RNA。

根据酶的组成情况，可以将酶分为单纯蛋白酶和结合蛋白酶两大类。单纯蛋白酶只由氨基酸组成，不含任何其他物质（如胃蛋白酶），其本身具有催化活性。结合蛋白酶是由蛋白质（酶蛋白）与非蛋白的辅酶及金属离子组成，通常将无机金属离子（如 Mg^{2+}、Mn^{2+} 等）称为辅助因子，将有机化合物称为辅酶。有些辅助因子或辅酶与酶蛋白的活性部位结合紧密，有的则结合疏松，但只有两者结合后才具有催化活性。大多数氧化-还原酶类的辅酶是一些具有核苷酸结构的维生素，如烟酰胺腺嘌呤二核苷酸（NAD^+，又称辅酶Ⅰ）、烟酰胺腺嘌呤二核苷酸磷酸（$NADP^+$，又称辅酶Ⅱ）、黄素腺嘌呤二核苷酸（FAD）、黄素单核苷酸（FMN）等都是一些特别重要的辅酶，这些辅酶同时可以传递 H^+ 和电子，在细胞呼吸代谢和光合作用反应中都发挥着重要的作用。

（2）酶的特性 酶是生物催化剂，它除了具有化学催化剂的特性以外，还具有一些不同于化学催化剂的特性，其最突出的特点是高效率和特异性。

① 酶的催化效率高。酶催化反应的反应速度比非催化反应高 $10^8 \sim 10^{20}$ 倍，比其他催化反应高 $10^7 \sim 10^{13}$ 倍。例如，每个碳酸酐酶分子每秒能够催化 6×10^5 个 CO_2，使它们与相同数量的 H_2O 结合，形成相同数量的 H_2CO_3，其反应的速度比非酶催化的反应速度快 10^7 倍。

② 酶的作用具有高度的特异性。一种酶只能作用于某一类或某一种特定的物质，即酶作用的特异性或专一性。通常把被酶作用的物质称为该酶的底物。所以也可以说一个酶能特异性地识别其特定底物，从而催化专一的反应。如蔗糖酶只能作用于蔗糖，对于其他二糖则不起任何作用。

此外，同一般的催化剂相比，酶显得很脆弱，很容易失去活性。凡使蛋白质变性的因素，如强酸、强碱、高温等条件都能使酶破坏而完全失去活性。所以，酶作用一般都要求比较温和的条件，如常温、常压、接近中性的酸碱度等。

2. 酶的催化机理

研究表明，酶之所以具有高效的催化能力，根本原因在于酶可以降低活化一个反应所需的能量。即使是一个放能反应，在它放出能量之前，也存在着化学反应启动的能量障碍，因为新的化学键形成之前，存在着必须首先断开的键，这就是能障。用于克服能障、启动反应进行所需要的能量叫活化能。酶的催化作用实际上就是降低了化学反应所需要的活化能，从而提高了反应的速率。

酶的中间产物学说及诱导契合假说解释了酶的催化原理。认为酶在催化某一底物时，先与底物结合形成一种不稳定的中间产物，这种中间产物极为活泼，很容易发生化学反应而变成反应产物，并且释放出酶。由实验得知，经过中间产物反应所需的活化能比由底物直接生成产物所需的活化能小很多，因此当酶与底物结合后，降低了化学反应所需要的活化能，使参与反应的活化状态分子的数量大大增加，结果反应速度加快。

$$S（底物）+E（酶）\longrightarrow SE（中间产物）\xrightarrow{很快分解} E+P（反应产物）$$

酶蛋白具有特殊的三维空间结构和构象，其大分子的特殊部位可以与底物相结合，这一部位称为酶的活性中心。酶的活性中心通常由少数几个氨基酸残基或是这些残基上的某些基团组成，酶分子的其他部分为活性中心提供骨架并保持其特定的空间构象。一般认为活性中心有两个功能部位：第一个是结合部位，一定的底物靠此部位结合到酶分子上；第二个是催化部位，底物的键在此处被打断或形成新的键，从而发生一定的化学变化。酶的特异性在于酶的活性中心形状与底物分子的形状具有特殊的匹配合作关系，如蔗糖酶的催化作用（图2-22）。酶的活性中心部位是一种柔性结构，当酶分子与底物分子接近时，酶蛋

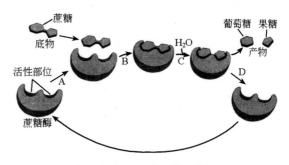

图 2-22 蔗糖酶的催化作用

（引自陆瑶华，2001）

底物

酶

酶-底物复合物

产物

酶恢复原来构象

图 2-23 酶与底
物诱导契合图解
（引自陆瑶华，2001）

白受底物分子的诱导，其构象发生有利于与底物结合的变化，使酶活性中心与底物互补契合（图 2-23）。这种诱导契合关系促进了酶与底物相互作用，使活性中心化学基团有最佳的定位，从而导致底物分子特定的化学键伸直或弯曲和化学键的断开，启动了化学反应的发生，即打破了"能障"，从而降低了化学反应所需要的活化能。

3. 影响酶活性的因素

酶的催化作用受到温度、pH 和某些化合物等因素的影响。

（1）温度的影响 在一定的温度范围（0～40℃）内，酶的催化作用速度随着温度的升高而加快。一般地说，温度每升高 10℃，反应速度大约提高 1 倍。但是，温度太高，酶蛋白易变性使酶失活；温度太低，酶活性下降。酶活性最高时的温度即为酶的最适温度。人体中大多数酶的最适温度为 35～40℃；某些生长在温泉中的细菌所含的酶的最适温度高达 70～80℃。

（2）pH 的影响 酶对环境的 pH 十分敏感，每种酶只在一定的pH 范围内才能表现出活性，而且有一个最适 pH，超过这个范围，酶就会失活。一般来说，酶的最适 pH 在 4～8 之间，但不同酶的最适pH 差别很大。如胃蛋白酶的最适 pH 为 1.9，而胰蛋白酶的最适 pH为 8.1。pH 对酶活性的影响主要是因为 pH 会影响酶与底物的解离，也会影响底物的极性基团。

（3）激活剂和抑制剂的影响 有些物质（大多是离子或简单的有机化合物）能够增强酶的活性，这些物质叫做酶的激活剂。例如，经过透析的唾液淀粉酶的活性不高，如果加入少量的 NaCl，这种酶的活性就会大大增强。因此 NaCl（更准确地说是其中的 Cl^-）就是唾液淀粉酶的激活剂。有些物质能够抑制酶的活性，这类物质叫做酶的抑制剂。例如，氰化物可以抑制细胞色素氧化酶的活性。抑制剂或与底物竞争性地与酶的活性中心结合，产生竞争性抑制；或结合在酶的非活性中心，导致酶构象的改变，使之不能与底物分子相匹配而结合，产生非竞争性抑制。

一切代谢反应都要有酶参加，酶在代谢反应中所起作用的大小与酶的活性密切相关，因此控制酶的合成和控制影响酶活性的因素，是机体调节代谢的重要措施。

二、细胞呼吸

1. 细胞呼吸与 ATP

（1）细胞呼吸的概念 生物体在细胞内将糖类、脂类和蛋白质等有机物氧化分解并产生能量的过程叫做细胞呼吸，也称生物氧化。细胞呼吸包括有氧呼吸和无氧呼吸两类。有氧呼吸是在氧气的参与下，细胞将有机物彻底氧化分解，生成 CO_2 和 H_2O，并逐步释放大量能量的过程；无氧呼吸是指细胞在缺氧的环境条件下，将有机物分解成不彻底的氧化产物，同时释放出较少能量的过程。微生物的无氧呼吸习惯上称为发酵。

无论是有氧呼吸还是无氧呼吸，其本质都是将细胞内能提供能量的有机物氧化分解，产生能量，其根本意义在于为生物体提供可利用的能量。研究表明，细胞内有机物氧化分解产生的能量中，一部分以热能的形式散失，一部分的能量储存在高能磷酸化合物 ATP 之中。

（2）ATP 与能量 ATP 是腺苷三磷酸的英文缩写，是普遍存在于各种活细胞中的一种高能磷酸化合物。ATP 分子由腺嘌呤、核糖和三个磷酸基构成，其结构式如图 2-24 所示，简写为：A—P～P～P，其中第二个和第三个磷酸基上的磷酸键是高能键（～），不稳定易被水解。当 ATP 水解时，一个高能磷酸键断裂，同时释放出能量并形成较 ATP 稳定的腺苷二磷酸（ADP）。在标准状态下，1mol ATP 水解形成 ADP 可产生 30.54kJ 的能量。在一定条件下，ADP 还可以进一步水解形成腺苷一磷酸（AMP），并进一步释放能量。相反，AMP 在能量的供应和酶的作用下，与一个磷酸结合可形成 ADP，ADP 再结合一个磷酸可形成 ATP，两步反应都需要吸收能量。

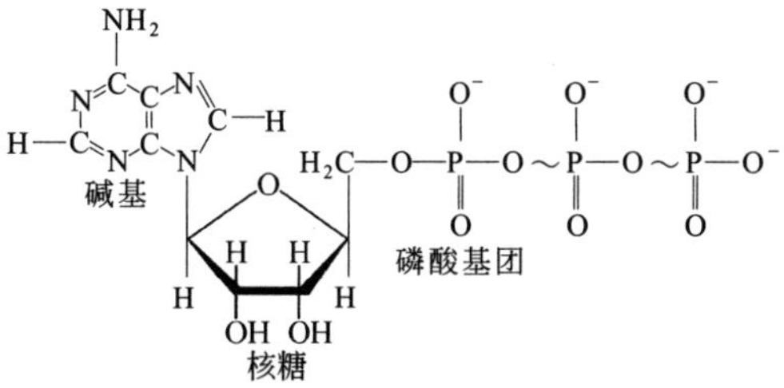

图 2-24　ATP 的结构示意图

　　细胞内 ATP 水解的放能反应往往在特定酶的催化下直接与某些吸能反应相偶联。例如，由谷氨酸与氨合成谷氨酰胺的反应是一种吸能反应，它不能自发地进行，在 ATP 提供能量的情况下，ATP 的一个高能磷酸键断开，磷酸基团被转移到谷氨酸分子上，形成极不稳定的、具有高能量的磷酸化化合物，该物质能自发地与氨分子反应生成谷氨酰胺。同样，ATP 合成的吸能反应往往与许多放能反应相偶联，促使 ADP 生成 ATP。

　　在生物体中，ATP 与 ADP 在不断地进行着转化，ATP 不断地消耗与再生，维持着生命的高度有序状态。一个人每天大约需要消耗 45kg ATP，但每一时刻储存在人体内的 ATP 不到 1g，即每个细胞每秒大约可形成一千万个 ATP，同时有同样量的 ATP 被水解，产生出能量供给生命活动所需要，如肌肉的收缩、细胞的生长与分裂、物质的运输、腺体的分泌、神经的传导等生命活动都需要消耗 ATP。因此，ATP 是生物能量转换、储存和利用的关键性化合物，是生物体内各种代谢反应的直接能源，被称为细胞的能量货币。

　　细胞呼吸是合成 ATP 的主要来源。植物通过光合作用，将无机物转变为有机物（同时产生 ATP）。这些有机物可直接或间接地为植物和其他生物提供细胞呼吸的原料，经细胞呼吸有机物氧化分解释放能量，生成 ATP 以满足生命活动的需要。如一个成年人每天摄入的有机养料经细胞呼吸形成的 ATP，可提供大约 9200kJ 的能量，这些能量可基本满足其一天活动的需要。

2. 细胞呼吸的代谢过程

　　细胞呼吸是一个复杂的、有多种酶参与的多步骤过程。细胞中富含能量的有机物如糖类、脂类和蛋白质首先降解为葡萄糖、甘油和脂肪酸、氨基酸，然后再进一步氧化分解，释放能量并产生 ATP。葡萄糖是生物体内基本的能量来源，以下将以葡萄糖氧化为例来阐述细胞呼吸的过程及能量的释放，无论是有氧呼吸还是无氧呼吸，其分解的第一步是糖酵解。

　　（1）糖酵解　由葡萄糖形成丙酮酸的一系列反应称为糖酵解。除蓝藻外，糖酵解是一切生物体共同的代谢途径。糖酵解发生在细胞质中，是在无氧条件下经过一系列相关酶的作用，使 1 分子葡萄糖逐步氧化形成 2 分子丙酮酸，其主要步骤如图 2-25 所示。

　　由图 2-25 可以看出，糖酵解的起始阶段需要消耗 2 分子的 ATP 来启动。参与糖酵解的

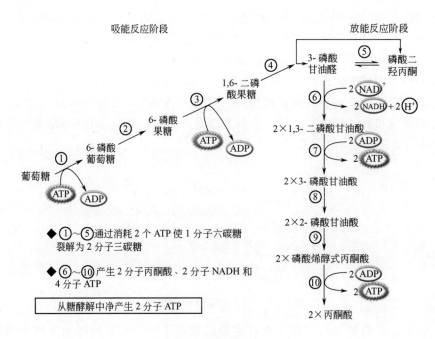

图 2-25　糖酵解过程示意图

(引自周国庆，2004)

化合物有葡萄糖、ADP 和磷酸、氧化型辅酶 I（NAD^+）。反应的结果是形成 2 分子丙酮酸、净得 2 个 ATP，还生成 2 分子高能化合物 NADH。

糖酵解的总反应式是：葡萄糖 $+2ADP+2Pi+2NAD^+ \longrightarrow$ 2 丙酮酸 $+2ATP+2NADH$ $+2H^+$

丙酮酸是呼吸过程中的一个重要中间物。在有氧条件下，它进入三羧酸循环，进行有氧呼吸；在无氧条件下，它被 $NADH_2$ 还原成为乳酸，或者再脱去羧基，放出 CO_2 以后转变成为乙醛，乙醛再被还原成为乙醇，即进行无氧呼吸。

（2）有氧途径　在有氧条件下，丙酮酸进入线粒体内进行最终氧化分解生成 CO_2 和 H_2O 并释放更多的能量，合成大量的 ATP。此过程经过丙酮酸氧化脱羧、三羧酸循环和氧化磷酸化三个阶段。

① 丙酮酸氧化脱羧——乙酰辅酶 A 的生成。丙酮酸进入线粒体后，在丙酮酸脱氢酶的作用下，首先氧化脱羧释放出 1 分子 CO_2，剩余的二碳片段与维生素来源的辅酶 A 结合形成乙酰辅酶 A（乙酰 CoA），同时 NAD^+ 接受该反应放出的氢和电子形成 NADH。这个过程发生在线粒体的基质中，为不可逆反应，其反应式如下：

$$CH_3-\overset{O}{\underset{}{C}}-\overset{O}{\underset{}{C}}-OH \quad \xrightarrow[CoA-SH]{NAD^+ \quad NADH+H^+} \quad CH_3-\overset{O}{\underset{}{C}}\sim S-CoA + CO_2$$

丙酮酸　　　　　　　　　　　　　　　　乙酰辅酶A

② 三羧酸循环。三羧酸循环是在细胞线粒体基质内进行的。乙酰辅酶 A 和草酰乙酸在柠檬酸合成酶催化下缩合形成柠檬酸，这是最初的中间产物。因为柠檬酸是一种三羧基酸，所以这个过程叫做三羧酸循环，也叫柠檬酸循环。此循环过程如图 2-26 所示。

三羧酸循环的每一步反应都需要相应酶的催化作用，每一轮循环放出 2 分子 CO_2 和 8

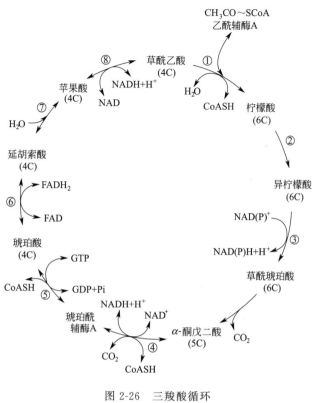

图 2-26　三羧酸循环

(引自顾德兴，2000)

个 H，产生 3 分子 NADH 和 1 分子 $FADH_2$，还直接产生 1 分子 ATP。这样，一个葡萄糖分子经过糖酵解和三羧酸循环后，共产生 6 个 CO_2、10 个 NADH、2 个 $FADH_2$ 和 4 个 ATP。

储存于 NADH 和 $FADH_2$ 的高能电子，沿分布于线粒体内膜上的电子传递链（呼吸链）进行传递，并通过氧化磷酸化形成 ATP。

③ 电子传递链与氧化磷酸化。电子传递链又称呼吸链，是典型的多酶体系，是包含了一系列电子传递体（如 FMN、CoQ 和各种细胞色素等）的蛋白质复合体。在真核细胞中，电子传递链位于线粒体的内膜中；在原核细胞中，则位于质膜中。组成电子传递链的蛋白质复合体有以下几种。

a. 复合体 I，即 NADH-CoQ 还原酶，又称 NADH 脱氢酶，含有黄素单核苷酸（FMN）和至少 6 个铁硫中心，其作用是催化 NADH 的 2 个电子通过铁硫蛋白传给辅酶 Q，同时发生质子的跨膜输送，故复合体 I 既是电子传递体又是质子移位体。

b. 复合体 II，即琥珀酸-CoQ 还原酶，又称琥珀酸脱氢酶，含有黄素腺嘌呤二核苷酸（FAD）、铁硫中心和细胞色素 b。其作用是催化电子从琥珀酸通过 FAD 和铁硫中心传给辅酶 Q。复合体 II 不能使质子跨膜移位。

c. 复合体 III，即 CoQ-细胞色素 c 还原酶，含有细胞色素 b、细胞色素 c_1 和铁硫中心。其作用是催化电子从辅酶 Q 传给细胞色素 c，同时发生质子的跨膜输送，故复合体 III 既是电子传递体，又是质子移位体。

d. 复合体 IV，即细胞色素氧化酶，含有细胞色素 a 和 a_3 及 2 个铜原子（Cu_A，Cu_B）。

其作用是催化电子从细胞色素 c 传递给 O_2，将 O_2 还原成 H_2O，同时发生质子的跨膜输送，故复合体Ⅳ既是电子传递体，又是质子移位体。

另外，辅酶 Q 和细胞色素 c 是两种非固定在复合体内的载体，可在内膜上自由流动，在复合体间传递电子。上述所有的电子载体呈高度有序排列，在电子传递过程中协同作用。复合体Ⅰ、Ⅲ、Ⅳ组成主要的 NADH 呼吸链，催化 NADH 的氧化；复合体Ⅱ、Ⅲ、Ⅳ组成 $FADH_2$ 呼吸链，催化琥珀酸的氧化（图 2-27）。

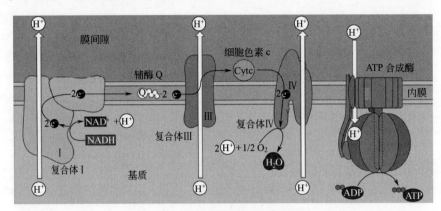

(a) NADH 呼吸链

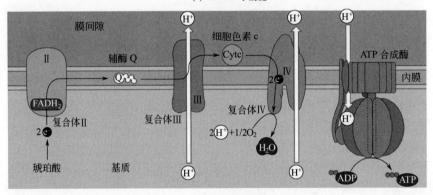

(b) $FADH_2$ 呼吸链

图 2-27　两条主要的呼吸链

电子传递链通过一系列的氧化-还原反应，将高能电子从 NADH 和 $FADH_2$ 最终传递给了分子氧，氧在接受电子后便结合周围溶液中的 2 个 H^+ 形成了细胞呼吸的最终产物 H_2O。呼吸链中电子传递的每一步骤都产生能量，但只有经过复合体Ⅰ、Ⅲ、Ⅳ时，释放出的能量能使传递链中的蛋白质复合体将 H^+ 从内膜基质侧泵至膜间隙。由于膜对 H^+ 是不通透的，从而使膜间隙的 H^+ 浓度高于基质，因而在内膜的两侧形成电化学梯度，也称为质子动力势。在这个梯度驱动下，H^+ 穿过内膜上的 ATP 合成酶流回到基质，其能量促使 ADP 和 Pi 合成 ATP。这种伴随着电子传递过程而产生的磷酸化作用称为氧化磷酸化。研究得知，每流回 2 个 H^+ 可驱动合成接近 1 个 ATP 分子。1 个 NADH 分子经过电子传递链后，可积累 6 个质子，因此共可生成 2.5 个 ATP（以前认为是 3 个）；而 1 个 $FADH_2$ 分子经过电子传递链后，可积累 4 个质子，共可生成 1.5 个 ATP（以前认为是 2 个）。这样，1 个葡萄糖分子经过糖酵解、三羧酸循环和氧化磷酸化，生成 6 个 CO_2、6 个 H_2O 和 32 个 ATP（一个葡萄糖分子经过糖酵解和三羧酸循环后，共产生 10 个 NADH、2 个 $FADH_2$、4 个 ATP）。由于糖酵解发生于线粒体外，NADH 必须进入线粒体内才能被氧化。有的细胞要利用相当于 2 个 ATP 的能量把 NADH 运入线粒体内，这样所产生的 ATP 总数就是 30 而不是 32 了。但是许多细胞利用的是不需要消耗能量的办法将 NADH 运入线粒体内，所以产生的 ATP 总数仍然为 32。所以 1 分子葡萄糖产生的 ATP 总数一般为 30～32。

可见，细胞的有氧呼吸包括了糖酵解、三羧酸循环和氧化磷酸化三个阶段，其主要特点是有机物氧化分解彻底，可产生大量的能量。有氧呼吸为生物体的各种生命活动提供能量保障。

(3) 无氧途径 在缺氧环境中生活的一些生物如厌氧细菌和酵母菌等，在无氧条件下，通过糖酵解产生的丙酮酸被 $NADH_2$ 还原成为乳酸，或者脱去羧基，放出 CO_2 并进一步转化成乙醇，即进行无氧呼吸。无氧呼吸实际上是细胞在无氧条件下获取能量的一种方式，由于其有机物氧化分解不彻底，因此产生的能量很少。微生物的无氧呼吸通常称为发酵。常见的无氧呼吸有以下两种（图 2-28）。

① 酒精发酵。酵母菌和其他一些微生物，甚至一些高等植物，在缺氧条件下，都以酒精发酵的形式进行无氧呼吸。

酒精发酵的前一阶段与糖酵解的所有步骤完全相同。在缺氧条件下，丙酮酸在丙酮酸羧化酶的作用下，脱羧成为乙醛。但是，乙醛不与乙酰辅酶 A 起反应，也不参加三羧酸循环，而是在乙醇脱氢酶的作用下，被糖酵解产生的 $NADH_2$ 还原为酒精（乙醇）。

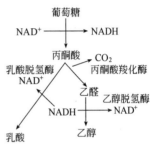

图 2-28 酒精发酵和乳酸发酵过程简图

酒精发酵所提供的可利用能量只是在糖酵解阶段净得的 2 分子 ATP。葡萄糖分子中原有的大部分键能则存留在不能被酵母菌或高等植物利用的酒精中。因此，无氧呼吸是产生 ATP 的一种低效途径。但是，酒精发酵的产物在工农业生产中占有很重要的地位，例如啤酒、果酒、工业酒精等都是利用不同来源的酵母菌发酵制得的。

酒精发酵的总反应式是：$C_6H_{12}O_6 + 2ADP + 2Pi \longrightarrow 2C_2H_5OH + 2CO_2 + 2ATP$

② 乳酸发酵。乳酸发酵也不需要氧的参与，1 分子葡萄糖经乳酸发酵后，形成 2 分子乳酸，所提供的可利用的能量，同样只是糖酵解过程中净得的 2 分子 ATP。葡萄糖经糖酵解所产生的丙酮酸，在乳酸脱氢酶的作用下还原成乳酸，同时还原型辅酶Ⅰ（NADH）被氧化成氧化型辅酶Ⅰ（NAD^+），从而保证了乳酸发酵的持续进行。

乳酸发酵的总反应式是：$C_6H_{12}O_6 + 2ADP + 2Pi \longrightarrow 2C_3H_6O_3 + 2ATP$

乳酸菌可以使牛奶发酵而成酸牛奶或奶酪。此外，泡菜、酸菜、青贮饲料能够较长时间地保存，也都是利用乳酸发酵积累的乳酸抑制了其他微生物活动的缘故。

人体内也会发生乳酸发酵，例如剧烈运动或进行强体力劳动时，肌肉细胞中氧的供应不足，就会通过乳酸发酵获取 ATP，所产生的乳酸则被血流带入肝脏，并在肝脏被氧化成丙酮酸而进入有氧呼吸途径。

3. 其他物质的氧化分解

(1) 脂肪的氧化 脂肪是细胞内十分重要的能源物质，其氧化分解产生的 ATP 是糖类的 2 倍。生物体内的脂肪首先被水解生成脂肪酸和甘油，然后进入细胞被进一步氧化分解。

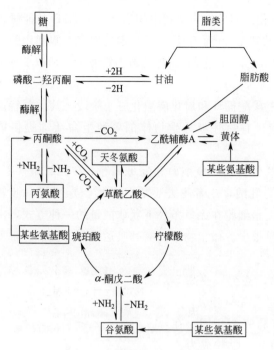

图 2-29　生物体内糖、脂类和
蛋白质代谢之间的关系
(引自顾德兴，2000)

其中，甘油经磷酸基的活化和酶促反应转化为磷酸二羟丙酮而进入糖酵解过程；脂肪酸利用 ATP 提供的能量与辅酶 A 结合生成乙酰辅酶 A，继而进入三羧酸循环（图 2-29）。

(2) 氨基酸的氧化　一般情况下，细胞吸收的氨基酸是用来合成其自身的蛋白质，但是氨基酸也可以被氧化而提供能量。氨基酸经过脱氨基后可转变为丙酮酸、乙酰辅酶 A 或三羧酸循环中的某种有机酸，最终进入三羧酸循环。例如，丙氨酸脱氨生成丙酮酸、谷氨酸脱氨生成 α-酮戊二酸、天冬氨酸脱氨生成草酰乙酸等。

可见，细胞呼吸是从有机物中捕获能量的过程，同时细胞呼吸产生的代谢产物是生物大分子的合成及细胞、组织和生物体组成的原料。细胞内有机物的分解与合成及能量的产生与消耗是相互作用与联系的，从而为生命的代谢活动及保持高度有序的状态提供了保证。

三、光合作用

绿色植物、藻类和某些细菌利用体内叶绿素吸收光能，将 CO_2 和水转化成有机物，并释放氧气的过程称为光合作用。通过光合作用使 CO_2 还原为富含能量的糖类，所以光合作用的本质是光能转换为化学能、无机物转化成有机物的过程。绿色植物的光合作用是地球上有机体生存、繁殖和发展的根本源泉。

对于绿色植物来说，叶片是进行光合作用的主要器官，而叶绿体是进行光合作用的场所，光合作用离不开叶绿体中的光合色素。

1. 叶绿体的色素

被子植物体内的叶绿体色素有叶绿素和类胡萝卜素两类，包括叶绿素 a、叶绿素 b、胡萝卜素和叶黄素四种色素。藻类植物还有藻胆素，包括藻红素和藻蓝素两种色素。

(1) 叶绿素　叶绿素是叶绿酸与醇结合的酯，具有酯的化学性质，不溶于水，但能溶于酒精、丙酮和石油醚等有机溶剂。其化学组成包括叶绿素 a（$C_{55}H_{72}O_5N_4Mg$）、叶绿素 b（$C_{55}H_{70}O_6N_4Mg$）。叶绿素 a 能最有效地利用红光和蓝光，是光合作用中的主要色素。

(2) 类胡萝卜素　类胡萝卜素包括胡萝卜素（$C_{40}H_{56}$）、叶黄素（$C_{40}H_{56}O_2$）两类，它们也不溶于水，可溶于有机溶剂。类胡萝卜素利用红光和蓝光之间波长的光，从而吸收叶绿素不能吸收的光，提高了光合作用效率，因此被称为辅助色素。除此之外，它还有防护强光伤害叶绿素的功能，使叶绿素在强光下不致被光氧化而破坏。

2. 光合作用过程

光合作用过程包括很多复杂的反应，根据现代资料研究，可以将它们归属于两类范畴，即光反应和暗反应。

（1）光反应　光反应是在类囊体膜上由光引起的光化学反应，是通过叶绿素等光合色素分子吸收、传递光能，并将光能转换为电能，进而转换为活跃的化学能，形成 ATP 和 NADPH 的过程。它包括原初反应、电子传递及光合磷酸化过程。

① 原初反应。原初反应是指叶绿素分子从被光激发到引起第一个光化学反应的过程，它包括光能的吸收、传递与转换，现已公认在光反应中包括两个原初光化学反应，并分别由光系统 PSⅠ和 PSⅡ完成。

光系统 PSⅠ和 PSⅡ含有捕光色素和反应中心色素。捕光色素只具有吸收聚集光能和传递激发能给反应中心色素的作用，而无光化学活性，故又称为天线色素，由全部的叶绿素 b 和大部分的叶绿素 a、胡萝卜素及叶黄素等所组成。反应中心色素是由一种特殊状态的叶绿素 a 分子组成，按其最大吸收峰的不同分为两类：吸收峰为 700nm 者称为 P700，它是 PSⅠ的中心色素；吸收峰为 680nm 者称为 P680，是 PSⅡ的中心色素。反应中心色素既是光能的捕捉器，又是光能的转换器，具有光化学活性，在直接吸收光量子或从其他色素分子传递来的激发能被激发后，产生电荷分离，将光能转换为电能。一般认为 200～250 个捕光色素分子所聚集的光能传给一个反应中心色素分子（图 2-30）。因此捕光色素和反应中心色素构成了光合作用单位，它是进行光合作用的最小结构单位。

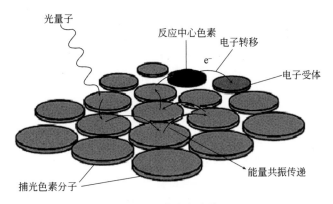

图 2-30　集光复合体

反应中心色素还有与这些色素分子结合的光反应中心蛋白，即 PSⅠ有三种电子载体——A_0（一个 Chla 分子）、A_1（为维生素 K_1）及 3 个不同的铁硫蛋白等；PSⅡ有 D_1 和 D_2 蛋白、去镁叶绿素（Ph）及质体醌（PQ）等（Q_A、O_B、QH_2 为 PQ 的不同状态）（图 2-31），它们具有传递电子的作用。

当 PSⅠ和 PSⅡ中的捕光色素吸收光能后呈激发态，并发生激发的共振传递，最后传递到反应中心色素 Chl（即 P680 和 P700）。反应中心色素 Chl 被激发而成激发态 Chl^*，产生电荷分离，放出电子，这时 Chl 被氧化为带正电荷的 Chl^+，完成了光能转换为电能的过程。

② 电子传递和光合磷酸化。反应中心色素 Chl 被激发而成激发态 Chl^* 后，发生一系列的电子传递。

在 PSⅡ中激发态的 P680 将电子传递给去镁叶绿素（Ph），$P680^*$ 带正电荷，从原初电子供体 Z（反应中心 D_1 蛋白上的一个酪氨酸侧链）得到电子而还原；Z^+ 再从放氧复合体（含 Mn 的蛋白质复合物，用 MnC 表示）上获取电子；氧化态的放氧复合体从水中获取电子，使水光解：$2H_2O \longrightarrow O_2 + 4H^+ + 4e^-$。同时去镁叶绿素中的电子经过还原性质体醌

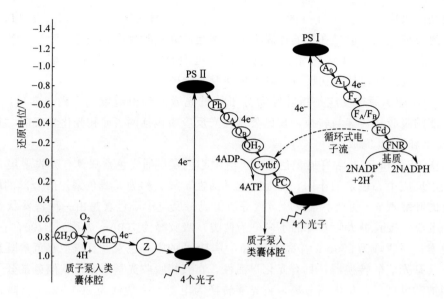

图 2-31   光反应的电子传递途径图解

(引自 J. Stenesh，1998)

（QH_2）、细胞色素 bf 复合体（Cytbf）、质体蓝素（PC）等将电子传递到 PS I。

在 PS I 中，P700 被光能激发后释放出来的高能电子沿着 $A_0 \rightarrow A_1 \rightarrow$ 铁硫蛋白的方向依次传递，由类囊体腔一侧传向类囊体基质一侧的铁氧还蛋白（Fd）。最后在铁氧还蛋白-NADP 还原酶的作用下，将电子传给 $NADP^+$，形成 NADPH。失去电子的 P700 从 PC 处获取电子而还原（图 2-31）。

由于两个光系统吸收了能量，导致形成两个高能电子给予两个受体，而引起水中电子最终传递到 $NADP^+$，这种电子流是非循环式电子流。当植物在缺乏 $NADP^+$ 时，由 P700 给出的高能电子传到 Fd 后，经细胞色素 bf 复合物传到 PC，最后电子又回到 P700，故这种电子流称为循环式电子流。

由光照所引起的电子传递与磷酸化作用相偶联而生成 ATP 的过程称之为光合磷酸化。在非循环式电子流中偶联磷酸化形成 ATP 的过程称为非循环式光合磷酸化，其产物除 ATP 外还有 NADPH 及分子氧的形成；在循环式电子流中偶联磷酸化形成 ATP 的过程称为循环式光合磷酸化，其产物仅有 ATP，不伴随 NADPH 的生成，PS II 也不参加，所以不产生氧。

光合磷酸化的作用机理（以化学渗透学说为例）与氧化磷酸化类似，两者在电子传递和 ATP 形成之间起偶联作用的都是由于 H^+ 的跨膜移动所构成的质子动力势。在光合磷酸化中，合成 ATP 的质子梯度是在电子传递途径中的两处反应产生 H^+ 而形成的。一处为水的光解，即类囊体腔中的水分子发生光解，释放出氧分子、质子和电子，引起电子从水传递到 $NADP^+$ 的电子流，但 H^+ 仍留在类囊体腔中，使类囊体膜内的 H^+ 浓度增加；另一处是 PQ（质体醌）与细胞色素 bf 复合物发生反应，即 PQ 接受电子时，从基质中摄取 2 个质子，还原为 PQH_2，PQH_2 移到膜的内侧，将 2 个质子释放到类囊体腔中，而把电子交给细胞色素 bf，可见此反应将基质中的 H^+ 泵入类囊体腔内。以上两处反应的结果均使类囊体膜内侧的 H^+ 浓度增加，因而形成了类囊体膜内外两侧的 H^+ 浓度差，即质子动力势，从而推动 H^+ 通过膜中的 CF_0（ATP 合成酶的基部）而到膜外的 CF_1（ATP 合成酶的头部）发生磷酸化

作用，使 ADP 与 Pi 形成 ATP（图 2-32）。由于 CF₁ 在类囊体膜的基质侧，所以新合成的
ATP 立即被释放到基质中。同样 PS I 所形成的 NADPH 也在基质中，这样光合作用的光反
应产物 ATP 和 NADPH 都处于基质中，便于被随后进行的碳同化的暗反应所利用。

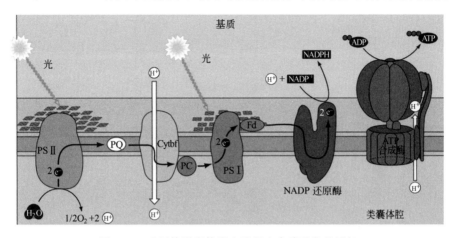

图 2-32　叶绿体类囊体膜中进行光合磷酸化的图解

(2) 暗反应——碳同化产生葡萄糖　暗反应是在叶绿体基质中进行的不需光（也可在光
下）的酶促化学反应，是利用光反应生成的 ATP 和 NADPH，将 CO_2 还原为糖类等有机
物，即将活跃的化学能最后转换为稳定的化学能，积存于有机物中的过程，也称为碳同化。
该过程之所以被称为暗反应是因为它们需要光反应产生的 ATP 及 NADPH，而与光无直
接关系。但是，研究者在 20 世纪 80 年代初即确定该循环中的某些酶的活性是受光调
节的。

现已阐明高等植物的碳同化有三条途径，即卡尔文循环、C_4 途径和景天科酸代谢途径。
其中卡尔文循环是碳同化最重要最基本的途径，只有这条途径才具有合成淀粉等产物的能
力。其他两条途径只能起固定和转运 CO_2 的作用，不能单独形成淀粉等产物。

① 卡尔文循环。卡尔文循环是由 M. Calvin 等人发现并提出的。由于固定 CO_2 的最初
产物是 3-磷酸甘油酸（三碳化合物），故也称 C_3 途径。卡尔文和他的同事从 20 世纪 40 年代
到 50 年代中期研究了 CO_2 同化的途径，他们以小球藻作为主要研究材料，应用 $^{14}CO_2$ 示踪
方法，历经 10 年的研究，揭示了 CO_2 的同化途径，并由此获得了 1961 年的诺贝尔化学奖。

C_3 途径是所有植物进行光合碳同化所共有的基本途径。它包括一系列复杂的反应，但
可概括为三个阶段，即羧化、还原和 RuBP 再生阶段（图 2-33）。

a. 羧化阶段：CO_2 在叶绿体中必须经过羧化固定成羧酸才能被还原。叶绿体中的 1,5-
二磷酸核酮糖（RuBP）是 CO_2 的接受体，在 RuBP 羧化酶的催化下，CO_2 与 RuBP 反应形
成 2 分子的 3-磷酸甘油酸（PGA）。

b. 还原阶段：PGA 在 3-磷酸甘油酸激酶催化下被 ATP 磷酸化，形成 1,3-二磷酸甘油酸，
然后在甘油醛磷酸脱氢酶催化下被 NADPH 还原形成 3-磷酸甘油醛。这一阶段是一个吸能反应，
光反应中形成的 ATP 和 NADPH 主要是在这一阶段被利用。所以，还原阶段是光反应与
暗反应的连接点。一旦 CO_2 被还原成 3-磷酸甘油醛，光合作用的储能过程便完成。之后，一
部分 3-磷酸甘油醛用于 RuBP 的再生；一部分 3-磷酸甘油醛可通过糖酵解途径，逆转形成磷酸
葡萄糖，用于合成多糖，也可通过糖酵解途径生成丙酮酸，用于脂肪和氨基酸的合成。

c. RuBP 再生阶段：利用已形成的 3-磷酸甘油醛经一系列的相互转变，最终再生成 5-磷

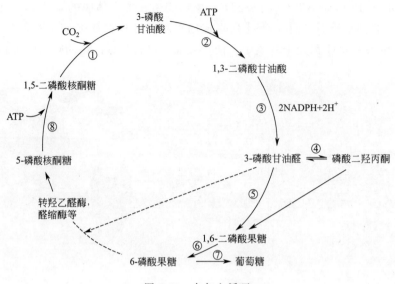

图 2-33 卡尔文循环

(虚线表示未写出的反应；引自顾德兴，2000)

酸核酮糖。然后在磷酸核酮糖激酶的催化下发生磷酸化作用形成 RuBP，并消耗 1 分子 ATP。

综上所述，C_3 途径是以光反应合成的 ATP 及 NADPH 为动力，推动 CO_2 的固定、还原。每循环一次只能固定 1 个 CO_2 分子，循环 6 次才能把 6 个 CO_2 分子同化成 1 个己糖分子。

② C_4 途径。20 世纪 60 年代发现，某些热带或亚热带起源的植物中，除了具有卡尔文循环外，还存在着另一个独特的固定 CO_2 的途径，它们固定 CO_2 的最初产物是草酰乙酸（四碳化合物），所以称为 C_4 途径。具有这种途径的植物称为 C_4 植物，如甘蔗、玉米、高粱等。C_4 植物的叶脉周围有一圈含叶绿体的维管束鞘细胞，其外面又有环列着的叶肉细胞，C_4 植物对 CO_2 的净固定是由这两类细胞密切配合而完成的，其利用 CO_2 的效率特别高，即使 CO_2 浓度很低时，还可固定 CO_2。因此，这类植物积累干物质的速度很快，为高产型植物。

③ 景天科酸代谢途径。生长在干旱地区的景天科等肉质植物的叶子，气孔白天关闭、夜间开放，因而夜间吸进 CO_2，在磷酸烯醇式丙酮酸羧化酶（PEPC）催化下，与磷酸烯醇式丙酮酸（PEP）结合，生成草酰乙酸，进一步还原为苹果酸。白天 CO_2 从储存的苹果酸中经氧化脱羧释放出来，参与卡尔文循环，形成淀粉等。所以植物体在夜间有机酸含量很高，而糖含量下降；白天则相反，有机酸含量下降，而糖分增多。这种有机酸日夜变化的类型，称为景天科酸代谢（crassulaceae acid metabolism，CAM），这些植物称为 CAM 植物，如景天、落地生根等。CAM 途径与 C_4 途径相似，只是 CO_2 固定与光合作用产物的生成在时间及空间上与 C_4 途径不同而已。

总之，细胞代谢的全过程是十分复杂的。在细胞代谢过程中，旧的结构和物质不断地分解，新的结构和物质不断地合成。这就是说，全部代谢过程包含分解代谢和合成代谢两个过程，两者的相互联系和共同作用是细胞各项生命活动高度有序并可以控制和调节的保证。

第三节 细胞分裂、分化、衰老与凋亡

一、细胞分裂

细胞分裂是细胞繁殖的方式，生物通过细胞繁殖以维持其生长、发育和繁衍后代。单细胞生物（如酵母）以细胞分裂的方式产生新的个体，导致生物个体数量的增加，保持了物种的延续；多细胞生物，包括动物和植物也是由一个单细胞（即受精卵或合子）经过细胞的分裂和分化发育而成的，并且在其生长、生殖、新陈代谢过程中需要通过细胞分裂增加细胞数目、产生生殖细胞和替代不断衰老或死亡的细胞以及用于组织损伤的修复，如骨髓细胞不断再生出新的血细胞。

细胞分裂并非只是母细胞简单地一分为二，而是一个比较复杂的过程，它涉及细胞内遗传物质的复制与分配、细胞周期控制等复杂过程。

1. 细胞周期与有丝分裂

（1）细胞周期 细胞的生命开始于母细胞的分裂，结束于子代细胞的形成或是细胞的自身死亡。当子代细胞形成后，又将经过由小到大的生长、物质的积累，并准备下一轮的细胞分裂，如此周而复始。通常将细胞的这种周而复始的生长分裂周期称为细胞周期，即具有分裂能力的细胞，从一次分裂结束到下一次分裂结束所经历的一个完整过程称为一个细胞周期。

典型的细胞周期包括分裂间期和分裂期两部分（图 2-34）。每部分都包括几个连续的时期，细胞周期中各个时期的变化特点称为时相。

分裂间期是细胞分裂前重要的物质准备和积累阶段，是细胞代谢、DNA 复制旺盛时期，包括 DNA 合成期（S 期）以及 S 期前后两个间隔期 G_1 期和 G_2 期。

G_1 期是从上次有丝分裂完成到 DNA 复制前的一段时期。此期主要进行旺盛的物质合成，合成 rRNA、某些专一性的蛋白质（如组蛋白、非组蛋白及一些酶类）、脂类和糖类等，为进入 S 期做各种准备。

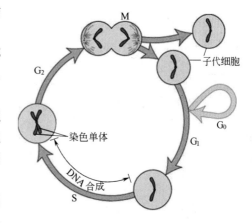

图 2-34 细胞周期

S 期即 DNA 合成期，主要进行 DNA 的复制和有关组蛋白的合成，并将合成的 DNA 和组蛋白组装成染色质。S 期是细胞周期中最重要的一个时期，其长短差异是由复制单位多少决定的。

G_2 期是为细胞进入分裂期进行物质和能量的准备，包括染色体凝集因子的合成、纺锤体形成所需的微管蛋白的合成及成熟促进因子（MPF）的合成和 ATP 能量的积累等。

分裂期包括核分裂和胞质分裂两个主要过程，分别称为 M 期和 C 期。M 期是一个涉及细胞核及其染色体分裂的复杂过程，它将遗传物质载体平均分配到两个子细胞中，使新形成的两个子细胞具有与母细胞完全相同的染色体形态和数目。C 期则是细胞质分裂形成两个新的子细胞的过程。

细胞经过分裂间期和分裂期，完成一个细胞周期，细胞数量也相应地增加一倍。在一个细胞周期内，这两个阶段所占的时间相差较大，一般分裂间期占细胞周期的 90%～95%；分裂期占细胞周期的 5%～10%。细胞的种类不同，细胞周期持续的时间也不相同。

真核细胞的分裂方式有 3 种，即有丝分裂、无丝分裂和减数分裂。有丝分裂和减数分裂是细胞的两种主要分裂形式。体细胞一般进行有丝分裂，产生两个含有相同全套染色体的子细胞。有丝分裂是真核生物进行细胞分裂的主要方式，用于增加体细胞的数量；而成熟过程中产生生殖细胞时进行减数分裂，产生在遗传上有变异的单倍体细胞，用于有性生殖，从本质上看这是一种特殊形式的有丝分裂。

(2) 有丝分裂 有丝分裂是真核细胞分裂最普遍的一种形式。最初称这种分裂方式为核分裂，因为在分裂过程中出现纺锤丝和染色体等一系列变化，所以称为有丝分裂。

有丝分裂是一连续的复杂动态过程，根据染色体形态的变化特征，可分为前期、中期、后期、末期四个时期。在后期和末期亦包括了细胞质的分裂（图 2-35）。

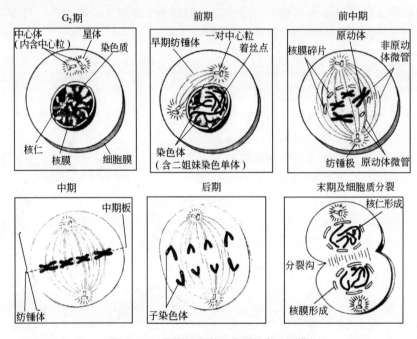

图 2-35　动物细胞有丝分裂的各个时期
(引自陆瑶华，2001)

① 前期。染色质的凝聚是前期开始的第一个特征，实际上是染色质丝螺旋盘曲，逐步缩短变粗，成为光学显微镜下明显可见的染色体。此时染色体已经完成了复制，每条染色体含有两条并列的染色单体（姊妹染色单体）并由着丝粒相连。着丝粒为染色体特化的部分（也称原动体），其外侧附着有着丝点，是纺锤丝穿插的位置。之后，核仁逐渐解体，核膜逐渐消失，由微管构成的纺锤丝和蛋白质共同形成纺锤体。着丝粒与纺锤体微管相连，这些纺锤体微管从染色体的两侧分别向相反方向延伸而达到细胞两极。在动物细胞中，中心粒与纺锤体的形成、细胞两极的确定及染色体运动密切相关。植物细胞的两极则是纺锤体的两端。

② 中期。纺锤丝牵引着染色体运动，使每条染色体的着丝粒排列在细胞中央的一个平面上。这个平面与纺锤体的中轴相垂直，类似于地球上赤道的位置，所以称为赤道板。此时染色体的形态比较固定，数目比较清晰，为观察染色体形态、数目的最佳时期。

③ 后期。着丝粒分裂，两条姊妹染色单体相互分离成为两条染色体，并且依靠纺锤体微管的作用分别向细胞的两极移动。这时细胞核内的全部染色体就平均分配到了细胞的两极，使细胞的两极各有一套染色体。这两套染色体的形态和数目也是完全相同的，每一套染色体与分裂以前的亲代细胞中染色体的形态和数目也是相同的。

④ 末期。到达两极的染色体解螺旋又成为纤细的染色质，纺锤丝也逐渐消失，核仁核膜重新出现，伴随着子细胞核的重建。

⑤ 胞质分裂。在分裂的后期或末期，随着染色体的分离，细胞质开始分裂。在动物细胞中，细胞膜在细胞的中部形成一个由微丝（肌动蛋白）构成的环带，微丝收缩使细胞膜以垂直于纺锤体轴的方向内陷，形成环沟，随细胞由后期向末期转化，环沟逐渐加深，最后把细胞缢裂成了两个子细胞。而植物细胞则是在细胞的赤道板上，形成由微管、细胞壁前体物质的高尔基体或内质网囊泡融合的细胞板，然后由细胞板逐渐形成了新的细胞壁，最终将一个细胞分裂成两个子细胞（图 2-36）。

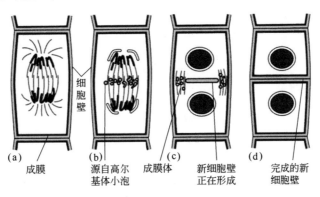

图 2-36　植物细胞的胞质分裂
（引自王金发，2006）

可见，有丝分裂是通过纺锤丝的形成和运动，把亲代细胞的染色体经过复制以后精确地平均分配到两个子细胞中。因此，由一个亲代细胞产生的两个子细胞各具有与亲代细胞在数目和形态上完全相同的染色体，母细胞与子细胞携带的遗传信息也相同。这样保证了遗传的连续性和稳定性，对于生物的遗传具有重要的意义。

(3) 细胞周期的控制　从细胞增殖的角度来看，细胞可分为周期性细胞、G_0 期细胞和终端分化细胞 3 类。周期性细胞是能持续进行正常分裂的细胞（如造血干细胞），G_0 期细胞是暂时不进行分裂但具潜在分裂能力的细胞（如肝细胞、肾细胞、淋巴细胞），终端分化细胞是终生处于 G_1 期而不再分裂的细胞（如神经细胞、红细胞）。在胚胎发育早期，所有的细胞均为周期性细胞，随着发育成熟，某些细胞进入了 G_0 期，某些细胞分化后丧失分裂能力。

周期性细胞能持续进行细胞分裂，沿细胞周期 $G_1 \to S \to G_2 \to M \to C$ 持续运转而不断产生新细胞。细胞在此单向有序的各时相停留多少时间以及是否能顺利进入下一个时相主要取决于细胞周期的控制系统。在典型的细胞周期中，控制系统是通过细胞周期的检验点来进行调节的。控制系统中有三个检验点是至关重要的，即 G_1 期检验点（靠近 G_1 末期）、G_2 期检验点（在 G_2 期结束点）、M 期检验点（在分裂中期末）。在每一个检验点，由细胞所处的状态和环境决定细胞能否通过此检验点，进入下一阶段。

研究表明，周期性细胞能否顺利通过 G_1 期和 G_2 期检验点进入下一时相，关键取决于细胞内部周期蛋白和周期蛋白依赖性激酶（cyclin-dependent kinase，Cdk）组成的引擎分子的周期性变化。周期蛋白是在细胞周期中呈周期性地合成和降解并起调控作用的特殊蛋白，它能激活 Cdk，引导 Cdk 作用于不同底物。目前从酵母和各类动物中分离出的周期蛋白有 30 余种，在脊椎动物中为 A1-2、B1-3、C、D1-3、E1-2、F、G、H 等。Cdk 是一种蛋白激酶家族，目前已经发现并命名的 Cdk 包括 Cdk1、Cdk2、Cdk3、Cdk4、Cdk5、Cdk6、Cdk7和 Cdk8 等。Cdk 活性受到多种因素的综合调节，而周期蛋白与 Cdk 结合是 Cdk 活性表现的

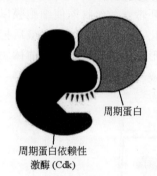

周期蛋白

周期蛋白依赖性
激酶（Cdk）

图 2-37 周期蛋白-Cdk
复合的组成

先决条件（图 2-37）。如 G_2 期的周期蛋白与 Cdk 家族成员结合后，可导致 Cdk 一级结构 N 端的第 160 位苏氨酸残基磷酸化，使其成为有活性的引擎分子，在被激活的引擎分子作用下，周期性细胞便可通过 G_1 期或 G_2 期检验点的检查，进入下一时相。

不同的生物细胞中，每一种 Cdk 结合不同类型的周期蛋白，分别在细胞周期不同时相的检验点产生作用。例如：在酵母细胞中，当细胞进入 G_1 期到达 G_1 期检验点时，检验点通过比较细胞质体积与基因组的大小，决定是否让新合成的 G_1 周期蛋白与 Cdk 结合，激活称为启动点激酶的二聚体引擎分子。当细胞的体积增大到一定程度而 DNA 总量仍保持稳定，G_1 周期蛋白便与 Cdk 结合，激活启动点激酶，使周期性细胞通过 G_1 期检验点进入 S 期，DNA 的复制开始启动，同时 G_1 周期蛋白便解离和自我降解。完成了 DNA 复制后进入 G_2 期的细胞首先积累 M 周期蛋白，该周期蛋白与 Cdk 结合形成的二聚体为成熟促进因子（MPF，又称有丝分裂促进因子）。MPF 的磷酸化可增强催化 MPF 磷酸化的酶活性，促进细胞内被激活的 MPF 浓度急剧增加，最终导致细胞通过 G_2 期检验点进入 M 期。细胞进入 M 期以后，MPF 可进一步催化核小体组蛋白 H_1 磷酸化而导致染色体凝缩，再使核纤层蛋白和微管结合蛋白磷酸化，促进核膜解体和纺锤体组装及染色单体的分离等，从而保证一系列有丝分裂事件的正常进行。由于 MPF 本身会使二聚体上的周期蛋白自我降解，因此随着有丝分裂的进行，活性 MPF 的浓度降低，当 MPF 的浓度降低到一定程度，M 期结束，有丝分裂过程完成，细胞又开始下一次以 G_1 期为起点的周期循环。

多细胞真核生物的细胞周期控制要比酵母细胞复杂得多，除周期蛋白和 Cdk 之外，还涉及细胞生长因子的作用、信号转导通路等多方面复杂过程。另外，肿瘤细胞的形成与细胞周期控制密切相关。

2. 减数分裂及配子的形成

减数分裂是一种特殊的有丝分裂，是发生在有性生殖特定时期的一种特殊细胞分裂。动植物的生殖细胞或配子（精子和卵细胞）就是由配子母细胞经过减数分裂而产生的。减数分裂的特点是 DNA 复制一次，细胞连续分裂两次，结果子细胞内染色体数目减少一半，成为单倍性的生殖细胞。例如，人的精原细胞和卵原细胞中各有 46 条染色体，而经过减数分裂形成的精子和卵细胞中，只含有 23 条染色体。

减数分裂过程中相继的两次分裂分别称为减数分裂 I 和减数分裂 II（图 2-38）。染色体只在第一次减数分裂前的间期复制了一次，在两次分裂之间的短暂间歇期内不进行 DNA 的合成，因而也不发生染色体的复制。

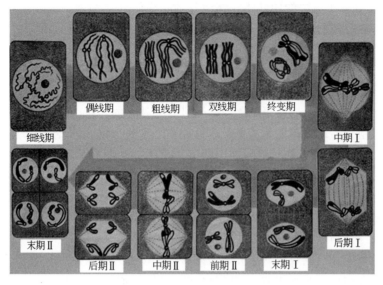

图 2-38　植物细胞的减数分裂图解

(1) 减数分裂期Ⅰ　减数分裂期Ⅰ与体细胞有丝分裂期有许多相似之处。其过程也可划分为前期Ⅰ、中期Ⅰ、后期Ⅰ、末期Ⅰ和胞质分裂Ⅰ等阶段。但减数分裂期Ⅰ又有其鲜明的特点，呈现许多减数分裂的特征性变化，主要表现是一对同源染色体在分开前要通过配对发生交换和重组，并分别进入两个子细胞；另外，在染色体组中，同源染色体的分离是随机的，也就是说染色体组要发生重新组合。

① 前期Ⅰ。前期Ⅰ变化最为复杂，呈现出减数分裂的许多特征，包括细线期、偶线期、粗线期、双线期、终变期等 5 个阶段。

a. 细线期：发生染色质凝集，染色质纤维逐渐折叠螺旋化，变短变粗，在显微镜下可以看到细纤维样染色体结构。复制后的每条染色体都含有两条姊妹染色单体，且并列在一起由同一个着丝粒连接着。

b. 偶线期：染色质进一步凝集。来自父本、母本各自相对应的染色体，其形态结构相似，称为同源染色体。此时同源染色体两两靠拢进行配对，也称为联会。配对后的同源染色体之间形成一个复合结构即联会复合体。

c. 粗线期：染色体进一步浓缩，变粗变短，每对同源染色体含有四条染色单体，形成明显的四分体；在此过程中，同源染色体仍紧密结合，并发生等位基因之间部分 DNA 片段的交换和重组，产生新的等位基因的组合，这在遗传学上有着重要意义。

d. 双线期：染色体长度进一步变短，在纺锤丝牵引下，配对的同源染色体将彼此分离，但仍有几处相连。同源染色体的四分体结构变得清晰可见，且在非姊妹染色单体之间的某些部位上，可见相互间有接触点，称为交叉。交叉被认为是粗线期交换发生的细胞形态学证据。

e. 终变期：染色体凝集成短棒状结构，同源染色体交叉的部位逐步向染色体臂的端部移动，此过程称为端化。最后，四分体之间只靠端部交叉使其结合在一起，姊妹染色单体通过着丝粒相互联结。

当前期即将结束时，中心粒已经加倍，中心体移向两极，并形成纺锤体，核被膜破裂和消失。

② 中期Ⅰ。分散于核中的四分体在纺锤丝的牵引下移向细胞中央，排列在细胞的赤道板上。此时同源染色体的着丝粒只与从同一极发出的纺锤体微管相联结。

③ 后期Ⅰ。同源染色体在两极纺锤体的作用下相互分离并逐渐向两极移动，移向两极的同源染色体均是含有两条染色单体的二价体。这样，到达每个极的染色体的数量为细胞内染色体总数量的一半。因此，减数分裂过程中染色体数目的减半发生在减数第一次分裂中。

不同的同源染色体对分向两极的移动是随机的、独立的，所以父方、母方来源的染色体此时会发生随机组合，即染色体组的重组，这种重组有利于减数分裂产物的基因组变异。

④ 末期Ⅰ。胞质分裂Ⅰ和减数分裂间期。染色体到达两极后逐渐进行去凝集。在染色体的周围，核被膜重新装配，形成两个子细胞核。细胞质也开始分裂，完全形成两个间期子细胞，它们虽具有一般间期细胞的基本结构特征，但不再进行 DNA 复制，也没有 G_1 期、S 期和 G_2 期之分。间期持续时间一般较短，有的仅作短暂停留或者进入末期后不是完全恢复到间期阶段，而是立即准备进行第二次减数分裂。

(2) 减数分裂期Ⅱ   减数第一次分裂结束后，紧接着开始减数第二次分裂。第二次减数分裂过程与有丝分裂过程非常相似，即经过分裂前期Ⅱ、中期Ⅱ、后期Ⅱ、末期Ⅱ和胞质分裂Ⅱ等几个过程。每个过程中细胞形态变化也与有丝分裂过程相似。

经过这次分裂，共形成 4 个子细胞。在雄性动物中，4 个子细胞大小相似，称为精子细胞，将进一步发展为 4 个精子。而在雌性动物中，第一次分裂为不等分裂，即第一次分裂后产生一个大的卵母细胞和一个小的极体，称为第一极体。第一极体将很快死亡解体，有时也会进一步分裂为两个小细胞（极体），但没有功能。接着，卵母细胞进行减数第二次分裂，也为不等分裂，形成一个卵细胞和一个第二极体。第二极体也没有功能，很快解体。因此，雌性动物减数分裂仅形成一个有功能的卵细胞（图 2-39）。高等植物减数分裂与动物减数分裂类似。

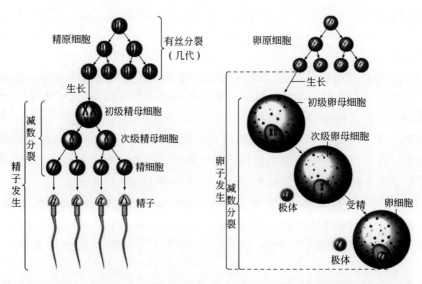

图 2-39   精子（左）和卵细胞（右）形成过程中的减数分裂

在生物体的有性生殖过程中，精子和卵细胞通常要融合在一起才能发育成新个体。当精细胞核与卵细胞核相遇，彼此的染色体汇合在一起后，受精卵中的染色体数目又恢复到体细胞中的数目，其中有一半的染色体来自精子（父方），另一半来自卵细胞（母方）。因此减数分裂的意义在于，既有效地获得父母双方的遗传物质，保持后代的遗传性，又可以增加更多的变异机会，确保生物的多样性，增强生物适应环境变化的能力。对于进行有性生殖的生物来说，减数分裂和受精作用对于维持每种生物前后代体细胞中染色体数目的恒定，以及对于生物的遗传、生物的进化变异和生物的多样性都具有重要意义。

减数分裂与有丝分裂的共同点都是通过纺锤体与染色体的相互作用进行细胞的分裂，但两者之间有许多差异：有丝分裂是体细胞的分裂方式，减数分裂是性母细胞产生配子的过程（生殖细胞也有有丝分裂）；有丝分裂中 DNA 复制一次，细胞分裂一次，染色体保持不变（$2n \rightarrow 2n$），而减数分裂中 DNA 复制一次，细胞分裂两次，染色体数目减半（$2n \rightarrow n$）；有丝分裂中每个染色体是独立活动，减数分裂中染色体要配对联会、交换和交叉等。

3. 无丝分裂

无丝分裂比较简单，分裂过程不出现染色体和纺锤体等结构。细胞分裂时，先是核仁拉长分裂为二，接着细胞核拉长，核仁向核的两端移动，然后核由中部缢裂而成为两个子细胞核，最后细胞质也从中部收缩一分为二，于是一个细胞分裂为两个子细胞（图 2-40）。

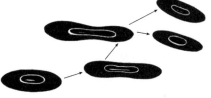

图 2-40 蛙红细胞的无丝分裂

无丝分裂常出现在低等生物和高等动植物生活力旺盛、生长迅速的器官和组织中。无丝分裂的速度快，物质和能量消耗少，细胞分裂时仍进行正常的生理活动。另外，当细胞处于不利环境时，以无丝分裂作为一种适应性分裂而使细胞得以增殖。

二、细胞的分化与全能性

1. 细胞分化

（1）细胞分化的概念 多细胞有机体在个体发育过程中，由同一种相同的细胞类型经细胞分裂后逐渐在形态、结构和生理功能上形成稳定性差异，产生不同的细胞群的过程称为细胞分化。细胞分化是生物界中普遍存在的一种生命现象。对多细胞生物来说，仅仅有细胞的增殖而没有细胞的分化，生物体是不能进行正常的生长发育的。也正是由于细胞的分化，才导致了组织、器官和系统的形成以及生物体的复杂化。

多细胞生物的发育起点是一个细胞（受精卵），细胞分裂只能增殖出许多相同的细胞，只有经过细胞分化才能形成胚胎、幼体，并发育成成体。细胞的分化是一个渐变的过程，在胚胎发育的早期，细胞外观上尚未出现明显变化前，各个细胞彼此相似，但是细胞分化结果就已经确定，各类细胞将沿着特定类型进行分化的能力已经稳定下来，以后依次渐变，一般不能逆转。例如在胚胎早期先有外、中、内三胚层的发生，然而在细胞形状上并没有什么差别。但是，各个胚层却预定要分化出一定的组织，例如中胚层将分化出肌细胞、软骨细胞、骨细胞和结缔组织的成纤维细胞等。

（2）细胞分化机制 通过体细胞的有丝分裂，细胞的数量越来越多，同时这些细胞又逐渐向不同方向发生了分化。从分子水平看，分化细胞间的主要差别是合成的蛋白质的种类不同，如红细胞合成血红蛋白、胰岛细胞合成胰岛素等。而蛋白质是由基因编码的，所以合成蛋白质的不同，主要是表达的基因不同，细胞分化的分子基础在于基因表达的控制。因此，细胞分化是基因选择性表达的结果，不同类型的细胞在分化过程中表达一套特异的基因，其产物不仅决定细胞的形态结构，而且执行各自的生理功能。

　　根据基因同细胞分化的关系，可以将基因分为两大类，一类是管家基因，是维持细胞最低限度功能所不可缺少的基因，如编码组蛋白基因、核糖体蛋白基因、线粒体蛋白基因、糖酵解酶的基因等，这类基因在所有类型的细胞中都进行表达，因为这些基因的产物对于维持细胞的基本结构和代谢功能是必不可少的；另一类是组织特异性基因或称奢侈基因，这类基因与各类细胞的特殊性有直接的关系，是在各种组织中进行不同的选择性表达的基因，如表皮的角蛋白基因、肌细胞的肌动蛋白基因和肌球蛋白基因、红细胞的血红蛋白基因等。

　　细胞分化的关键是细胞按照一定程序发生差别基因表达，开放某些基因，关闭某些基因。另外，分化细胞间的差异往往是一群基因表达的差异，而不仅仅是一个基因表达的差异。在基因的差异表达中，包括结构基因和调节基因的差异表达，差异表达的结构基因受组织特异性表达的调控基因的调节。此外，细胞分化还受细胞内外环境等诸多因素的影响。

　　2. 细胞的全能性

　　（1）细胞全能性的概念　由于已分化的细胞一般都有一整套与受精卵相同的染色体，即分化细胞保留着全部的核基因组，都携带决定本物种性状的 DNA 分子，能够表达本身基因库中的任何一种基因。因此，已分化的细胞仍具有发育成完整新个体的潜能，即保持着细胞的全能性。也就是说在适合的条件下，有些已分化的细胞仍具有恢复分裂、重新分化发育成完整新个体的能力。

　　高度分化的植物细胞仍然具有全能性，例如花药离体培养及胡萝卜根组织的细胞在适宜的条件下可以发育成完整的新植株（图2-41），这不仅是细胞全能性的有力证据，重要的是已广泛地应用在植物基因工程的实践中。

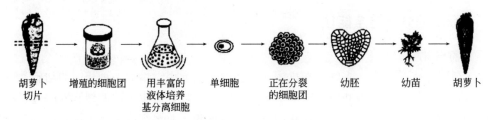

胡萝卜　　增殖的细胞团　　用丰富的　　单细胞　　正在分裂　　幼胚　　幼苗　　胡萝卜
切片　　　　　　　　　　液体培养　　　　　　　的细胞团
　　　　　　　　　　　　基分离细胞

图 2-41　胡萝卜分化细胞再生成完整的植株

（引自 Alberts et al，1994）

　　1997 年，人们将羊的乳腺细胞的细胞核植入去核的羊卵子中，成功地克隆了"多莉"羊，进一步证明了即使是终末分化的动物细胞，其细胞核也具有全能性。然而与植物细胞不同，高等动物的体细胞至今仍不能形成一个完整的个体，它不仅显示高等动物细胞分化的复杂性，也说明已分化细胞的细胞核必须经过重新编程处理，才能重现其全能性。

　　（2）干细胞　对于高度特化的动物细胞，随着胚胎的发育，细胞逐渐丧失了发育成个体的能力，仅具有分化成有限的细胞类型和构建组织的潜能，这种潜能称为多潜能性。具有多潜能性的细胞称为干细胞。也就是说，干细胞是一类具有自我更新能力的多潜能细胞，在一定条件下可以分化成多种功能细胞。

　　干细胞包括胚胎干细胞和成体干细胞。胚胎干细胞是指具有分化发育为几乎所有类型组织和细胞能力的细胞，主要由早期胚胎中获得，如小鼠胚胎发育的囊胚期的原始内层细胞；成体干细胞是指成体组织内具有分化成一种或一种以上类型组织和细胞能力的未成熟细胞，如造血干细胞、神经干细胞、皮肤干细胞、生殖干细胞等。

　　干细胞经过培养后分化形成的特异细胞可以用于组织和器官的修复再生。如用神经干细胞治疗神经变性疾病帕金森综合征、用胰岛干细胞治疗糖尿病、利用心肌干细胞修复坏死的心肌等。胚胎干细胞具有发育分化为所有类型组织细胞的能力，是一种全能干细胞。基于胚胎干细胞具有的全能性和由此而带来的潜在应用价值，目前胚胎干细胞已成为干细胞研究的热点。近年来，在体外由胚胎干细胞诱导分化成造血干细胞、肌肉干细胞以及神经干细胞，可进一步诱导分化成各种血细胞等一系列的研究结果，不仅加深了对细胞全能性和细胞分化机制的了解，而且在细胞治疗以及组织与器官移植等工程的研究与实践中也都具有重要意义。

三、细胞的衰老与凋亡

1. 细胞衰老

（1）细胞衰老及特征 细胞也同生物体一样，有一定的寿命，在生命后期能力自然减退直至最后丧失的不可逆过程，即为细胞衰老。在生物体内，大多数细胞都要经历未分化、分化、衰老到死亡的历程。因此，细胞总体的衰老反映了机体的衰老，而机体的衰老是以总体细胞的衰老为基础的。生物体内的细胞不断地衰老与死亡，同时又有细胞的增殖与新生进行补充。这不仅发生在胚胎发育过程中，在成年体内的各组织器官中也有细胞的死亡。所以，细胞的衰老和死亡是正常的发育过程，也是生物体发育的必然结果。

细胞衰老过程是细胞的生理与生化发生复杂变化的过程，如呼吸速率下降、酶活性降低，最终反映在细胞的形态、结构和功能上发生了变化，衰老细胞具有的主要特征有：水分减少，导致细胞硬度增加，新陈代谢的速度减慢而趋于老化；色素逐渐积累增多，阻碍了细胞内物质的交流和信息的传递；细胞膜的流动性降低，物质运输功能下降，细胞的兴奋性降低；线粒体体积增大而数量减少，严重影响细胞的有氧呼吸；核膜内折，染色质固缩化，染色体端粒的缩短以及内质网上核糖体脱落、高尔基体崩溃等。

（2）细胞衰老的理论 近十余年来，随着细胞生物学和分子生物学的飞速发展，人们开始从分子层次探讨细胞衰老的原因和本质。虽然细胞衰老机制的研究是当今生命科学研究的一个热点领域，也取得了不少进展，但是由于衰老的原因非常复杂，许多研究至今还是停留在假说阶段。

① 氧化损伤学说。早在 20 世纪 50 年代，就有科学家提出衰老的自由基理论，以后该理论又不断发展。自由基是一类瞬时形成的含不成对电子的原子或功能基团，普遍存在于生物体内，种类多且数量大，是活性极高的过渡态中间产物（如·OH、·Cl、·CH 等）。自由基的化学性质活泼，可攻击生物体内的 DNA、蛋白质和脂质等大分子物质，造成氧化性损伤，结果导致 DNA 断裂、交联、碱基羟基化和蛋白质变性失活、膜脂中不饱和脂肪酸氧化而流动性降低等。正常细胞内存在清除自由基的防御系统，包括酶系统和非酶系统，前者如超氧化物歧化酶（SOD）、过氧化氢酶（CAT）、谷胱甘肽过氧化物酶等；非酶系统有维生素 E、醌类物质等。实验证明，SOD 与 CAT 的活性升高能延缓机体的衰老。

② 端粒钟学说。端粒是染色体末端的一种特殊结构，其 DNA 由简单的重复序列组成。在细胞分裂过程中，端粒由于不能为 DNA 聚合酶完全复制而逐渐变短。1990 年，科学家测定了不同年龄段人成纤维细胞染色体的端粒长度，结果发现端粒长度随年龄增长而下降；在体外培养的成纤维细胞中，端粒长度也随分裂次数的增加而下降。在这些研究基础上，科学家提出了端粒钟学说，认为端粒随着细胞的分裂不断缩短，当端粒长度缩短到一定阈值时，细胞就进入衰老过程。后来其他科学家又提出了更为令人信服的证据。此外，对提前衰老的克隆羊"多莉"的研究发现，它的细胞中端粒的长度比同龄羊短 20%。这些研究表明，端

粒长度的确与衰老有着密切的关系。

③ 基因转录或翻译差错学说。随着年龄的增长，机体细胞内不但 DNA 复制效率下降，而且常常发生核酸、蛋白质、酶等大分子的合成差错，这种与日俱增的差错最终导致细胞功能下降，并逐渐衰老、死亡。

④ 遗传决定学说。此学说认为衰老是遗传上的程序化过程，其推动力和决定因素是基因组。控制生长发育和衰老的基因都在特定时期有序地开启或关闭。控制机体衰老的基因或许就是"衰老基因"。长寿者、早老症患者往往具有明显的家族性，后者已被证实是染色体隐性遗传病。这些都促使人们推测，衰老在一定程度上是由遗传决定的。

此外，还有自身免疫学说、线粒体 DNA 与衰老学说、代谢废物累积学说等。

2. 细胞凋亡

(1) 细胞凋亡的概念及生物学意义　细胞凋亡也称为程序性细胞死亡，是指为了维持细胞内环境稳定，由基因控制的细胞自主地有序性死亡。它涉及一系列基因的激活、表达以及调控等的作用，是一个由基因决定的自动结束生命的过程，因而具有生理性和选择性。

细胞凋亡普遍存在于动物和植物的生长发育过程中，对于多细胞生物个体发育的正常进行起着非常重要的作用，在生物体的发育过程中，在成熟个体的组织中，细胞的自然更新就是通过细胞凋亡来完成的。例如在健康人体的骨髓和肠组织中，细胞发生凋亡的数量是惊人的，每小时约有 10 亿个细胞凋亡。在胚胎发育过程中，细胞凋亡对形态建成也起着重要的作用，如手和足的成形过程实际上就伴随着细胞的凋亡，手指和脚趾在发育的早期是连在一起的，通过细胞凋亡使一部分细胞进入自杀途径才逐渐发育为成形的手和足。

生物发育成熟后一些不再需要的结构也是通过细胞凋亡加以缩小和退化，例如蝌蚪的尾巴就是靠细胞凋亡消除的。

细胞凋亡不仅参与形态的建成，而且能够调节细胞的数量和质量。例如在神经系统的发育过程中，神经细胞必须通过竞争获得生存的机会。在胚胎中产生的神经细胞一般是过量的，只有通过竞争获得足够生存因子的神经细胞才能生存下去，而其他的神经细胞将会经过细胞凋亡而消失。在淋巴细胞的克隆选择过程中，细胞凋亡更是起着关键的作用。当然，细胞凋亡的失调（即不恰当的激活或抑制）也会导致疾病，如各种肿瘤、艾滋病以及自身免疫性疾病等。

(2) 细胞凋亡的特征　形态学观察细胞凋亡的变化是多阶段的。首先出现的是细胞体积缩小，连接消失，与周围的细胞脱离，然后是细胞质密度增加，核 DNA 在核小体连接处断裂成核小体片段，并浓缩成染色质块，随着染色质不断凝聚，核纤层断裂消失，核膜在核孔处断裂成核碎片。整个细胞通过发芽、起泡等方式形成一些由完整核膜和质膜包被的球形突起，并在其基部绞断而脱落，从而产生了大小不等的内含胞质、细胞器及核碎片的凋亡小体。最后，凋亡小体被吞噬细胞清除，其内含物不泄漏，不会引起周围细胞的炎症损伤（图 2-42）。

可见细胞凋亡有典型的形态学与生物化学特征，其中包括细胞体积缩小、胞质皱缩、DNA 在核小体间断裂并浓缩成染色质块以及凋亡小体的出现等。

(3) 细胞凋亡与坏死　细胞死亡的一般定义是细胞生命现象不可逆的停止。细胞死亡有两种形式：一种为坏死性死亡，通常是由细胞损伤或细胞毒物作用而造成的细胞崩溃裂解；另一种为程序性死亡即细胞凋亡，是细胞在一定的生理或病理条件下按照自身的程序结束其生存。

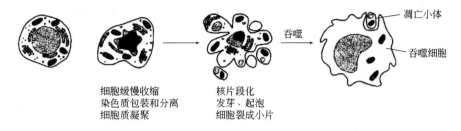

细胞缓慢收缩
染色质包装和分离
细胞质凝聚

核片段化
发芽、起泡
细胞裂成小片

凋亡小体

吞噬细胞

图 2-42 凋亡细胞的形态结构变化

(引自 Karp，1999)

细胞坏死与凋亡有着本质的区别（图 2-43），坏死细胞的早期变化是细胞和线粒体肿胀，继而细胞膜发生裂解渗漏使内容物（多为蛋白水解酶）释放到胞外，导致周围组织的炎症反应，并在愈合过程中常伴随组织器官的纤维化形成瘢痕。

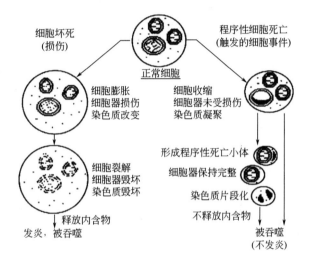

图 2-43 细胞的两种死亡方式及其比较

(引自 Alberts et al，1998)

细胞凋亡是具有复杂调控机制的过程，凋亡过程的紊乱可能与许多疾病的发生有直接或间接的关系，如肿瘤、自身免疫性疾病等。近年来细胞凋亡已迅速成为现代生物学最热门的研究领域之一。

四、脱离正常轨道的细胞——癌细胞

癌细胞实际上是一些细胞不能正常地完成分化，不受有机体控制而连续进行分裂的恶性增殖细胞。具体地说，动物体内细胞分裂调节失控而无限增殖的细胞称为肿瘤细胞；具有侵袭和转移能力的肿瘤称为恶性肿瘤；上皮细胞来源的恶性肿瘤称为癌。目前癌细胞已作为恶性肿瘤细胞的通用名称。

1. 癌细胞的特征

癌细胞的主要特征概述如下。

（1）无限地分裂增殖 在适宜的条件下，癌细胞能够无限增殖，细胞的生长与分裂失去了控制。在人的一生中，体细胞能够分裂 50～60 次，而癌细胞却不受限制，可以长期增殖下去形成恶性肿瘤。结果破坏了正常组织的结构与功能，打破了正常机体中稳定的动态平衡。

（2）癌细胞的形态结构发生了变化　癌细胞细胞核的显著变化就是染色体的变化。正常细胞在生长和分裂时能够维持二倍体的完整性，而癌细胞常常出现非整倍性，有染色体的缺失或增加。一般而言，正常细胞中染色体整倍性的破坏会激活导致细胞凋亡的信号，引起细胞的程序性死亡。但是癌细胞染色体整倍性的破坏，对细胞凋亡的信号已不再敏感。这也是癌细胞区别于正常细胞的一个重要指标。

（3）癌细胞膜上的糖蛋白等物质减少　一些恶性肿瘤常常会合成和分泌一些蛋白酶，降解细胞的某些表面结构，使细胞表面蛋白减少，从而降低了细胞彼此之间的黏着性。正因为癌细胞失去了黏着特性，导致癌细胞具有在有机体内分散和转移的能力。这是癌细胞的基本特征。

（4）细胞间失去了间隙连接，相互作用改变　癌细胞的间隙连接减少，癌细胞之间的通信连接有了缺陷。这样，同一组织内的细胞间就失去了通信联系，逃避了免疫监视作用，丧失了防止天然杀伤细胞的识别和攻击能力，整个组织失去了协调性。

（5）细胞死亡特性改变　当正常细胞在生长因子不足、受到毒性物质伤害、受到 X 射线照射、DNA 损伤等不良因素情况时，就会启动程序性细胞死亡，让这些细胞进入死亡途径，避免分裂产生缺陷细胞。但是，癌细胞丧失了程序化死亡机制，这也是导致癌细胞过度增殖的主要原因之一。

（6）失去生长的接触抑制　正常细胞在体外培养时，细胞通过分裂增殖形成彼此相互接触的单层，只要铺满培养皿后就停止分裂，此现象称接触抑制或称作对密度依赖性生长抑制。在相同条件下培养的恶性细胞对密度依赖性生长抑制失去敏感性，因而不会在形成单层时停止生长，而是相互堆积形成多层生长的聚集体。这说明恶性细胞的生长和分裂已经失去了控制，调节细胞正常生长和分裂的信号对于恶性细胞已不再起作用。

2. 癌基因与抑癌基因

大量的研究表明，环境中的化学致癌物质、放射性物质、病毒等是导致癌症发生的主要因素。现代分子生物学的研究进一步证实，控制细胞生长与分裂的基因可以发生随机突变，这些突变在更多的情况下是一些环境因素作用的结果。现已知癌的发生涉及两类基因，即抑癌基因（肿瘤抑制基因）与癌基因。

抑癌基因是细胞的制动器，它们编码的蛋白质抑制细胞生长，并阻止细胞癌变。在正常的二倍体细胞中，每一种肿瘤抑制基因都有两个拷贝，只有当两个拷贝都丢失了或两个拷贝都失活了才会使细胞失去增殖的控制，只要有一个拷贝是正常的，就能够正常调节细胞的周期。从该意义上说，抑癌基因的突变是功能丧失性突变。

癌基因是细胞加速器，它们编码的蛋白质使细胞生长不受控制，并促进细胞癌变。大多数癌基因都是由与细胞生长和分裂有关的正常基因（原癌基因）突变而来。现代研究表明，在生物体细胞中，普遍存在着原癌基因，在正常情况下，原癌基因处于抑制状态，表达水平较低，但却是正常细胞生长、增殖必不可少的，但在某些致癌因子的影响下（如紫外线照射），使原癌基因过度表达或蛋白质产物功能改变，就有可能从抑制状态转变为激活状态成为癌基因，结果正常的细胞就会发生癌变（图 2-44）。癌症作为人类健康的"杀手"，是一种死亡率很高的疾病，其发生的原因和机理很复杂，迄今仍是医学界面临的重大课题。

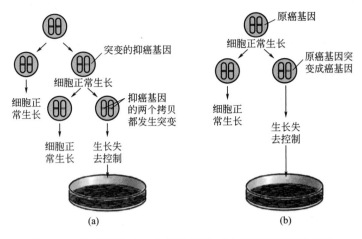

图 2-44　抑癌基因（a）与原癌基因（b）突变对细胞的影响

思考题

1. 为什么说细胞是生命活动的基本单位？

2. 简述真核细胞各组成部分的结构和功能。

3. 试分别比较真核细胞与原核细胞、植物细胞与动物细胞、线粒体与叶绿体，它们之间有哪些相同点与不同点？

4. 简述生物膜的结构与特性，说明其重要的生理功能有哪些？

5. 物质跨膜运输的方式有哪些？其特点是什么？

6. 简述 Na^+-K^+ 泵的工作原理。

7. 细胞连接的方式有哪些？其特点与功能是什么？

8. 根据酶的特性和催化作用原理说明蛋白质结构对于功能的重要性。

9. 光合作用与呼吸作用有哪些异同点？

10. 指出细胞光合作用和呼吸作用各阶段的化学反应发生的部位。

11. 细胞周期包括哪些过程？各时相的变化特点是什么？

12. 比较有丝分裂与减数分裂的异同点。

13. 简述细胞增殖、细胞分化、细胞凋亡及细胞衰老等生命活动之间的关系，以及它们在整个细胞生命活动中的生物学意义。

生物体的构成——组织、器官和系统

第一节　组　　织

细胞经过分裂、生长和分化，最后成为具有稳定形态、结构并执行相应功能的成熟细胞。所谓组织就是将形态、结构和生理机能相同或相似，并具有同一来源的细胞群组成的结构和功能单位。组织是多细胞生物的基本形态，是生物体复杂化和完善化的产物。各种器官和系统都是由各种组织以一定形式交织组成的。

一、植物组织的基本特征和功能

植物组织可分为分生组织和成熟组织两大类。

1. 分生组织

分生组织是指位于植物体的特定部位的、由能够持续性或周期性进行分裂的细胞组成的组织。它们一方面可以不断增加新细胞到植物体中，另一方面又可以保证自己继续"永存"下去。按照不同的分类方式，可以把分生组织分成不同的类型。依据在植物体上的位置，可以把分生组织区分为顶端分生组织、侧生分生组织和居间分生组织三类。

（1）顶端分生组织　顶端分生组织位于茎、根和侧枝的顶端，如图3-1所示。它们的分裂活动可以使根和茎不断伸长，并在茎上形成侧枝和叶，茎的顶端分生组织最后还将产生生殖器官。

顶端分生组织的特征是：细胞较小、等径，具有薄壁，细胞核位于中央并占有较大的体积，液泡小而分散，原生质浓

(a) 洋葱根尖

(b) 黑藻茎尖

图 3-1　顶端分生组织

厚，细胞内通常缺少内含物。

（2）侧生分生组织 侧生分生组织位于主要存在于裸子植物和木本双子叶植物根和茎的侧方的周围部分，靠近器官的边缘，与所在器官的长轴平行排列。它包括形成层和木栓形成层。形成层的活动能使根和茎不断增粗，以适应植物营养面积的扩大。木栓形成层的活动是使长粗的根、茎表面或受伤的器官表面形成新的保护组织。

草本双子叶植物中的侧生分生组织只有微弱的活动或根本不存在，在单子叶植物中侧生分生组织一般不存在，因此，草本双子叶植物和单子叶植物的根和茎没有明显的增粗生长。

侧生分生组织的细胞与顶端分生组织的细胞有明显的区别，例如形成层细胞大部分呈长梭形、原生质体高度液泡化以及细胞质不浓厚等，而且它们的分裂活动往往随季节的变化具有明显的周期性等。

（3）居间分生组织 居间分生组织主要是进行横向细胞分裂，使器官沿纵向增加细胞数量，从而使植物体伸长。典型的居间分生组织存在于许多水稻、小麦等禾本科植物的节间基部，以及葱、蒜、韭菜的基部。禾本科植物顶端分化成幼穗后，仍能借助于居间分生组织的活动进行拔节和抽穗，使茎急剧长高，而葱、蒜、韭菜的叶子剪去上部还能继续伸长，就是因为这些部位的居间分生组织活动的结果。

分生组织也可根据组织来源的性质划分为原分生组织、初生分生组织和次生分生组织。

2. 成熟组织

成熟组织是由分生组织的细胞生长和分化形成的。多数的成熟组织的细胞已不再具有分裂能力，只有分化程度较低的薄壁组织尚具有潜在的分裂能力。根据形态、结构和功能的不同，可以将成熟组织分为保护组织、薄壁组织、机械组织、输导组织和分泌组织等。

（1）保护组织 保护组织是覆盖于植物体表的组织，一般都是由一层排列紧密的细胞组成，这层细胞没有细胞间隙，而且与空气接触的纤维素细胞壁上有角质层，因此具有减少体内水分的蒸腾、控制植物与环境的气体交换以及防止病虫害侵袭和机械损伤等保护作用。依据来源及形态的不同，保护组织又可分为表皮和周皮。

① 表皮。表皮是由存在于幼嫩的根、茎以及叶、花、果实等表面的一层活细胞构成。

表皮一般只有一层细胞，但它不只是由一类细胞组成，通常含有多种不同特征和功能的细胞，其中表皮细胞是最基本的成分，其他细胞分散于表皮细胞之间。表皮细胞呈各种形状的板块状，排列十分紧密，除气孔外，不存在另外的细胞间隙。表皮细胞是生活细胞，细胞一般不具叶绿体，但常有白色体和有色体，细胞内储藏有淀粉粒和其他代谢产物如色素、单宁、晶体等。此外，在壁的表面还沉积一层明显的角质层，使表皮具有高度的不透水性，有效地减少了体内的水分蒸腾，坚硬的角质层对防止病菌的侵入和增加机械支持也有一定的作用。有些植物表皮上存在名为毛状体的附属物，以增强表皮的保护、吸收和分泌功能。需要指出的是，根的表皮不是保护组织，而是具有吸收功能的吸收组织。

② 周皮。周皮是取代表皮的次生保护组织，它们通常是由多层细胞构成，包括木栓层、木栓形成层和栓内层三部分（图3-2）。

（2）薄壁组织 薄壁组织在植物体内数量最多、分布也最广，是进行各种代谢活动的主要组织，光合作用、呼吸作用、储藏作用及各类代谢物的合成和转化都主要由它进行，故此又被称为基本组织。薄壁组

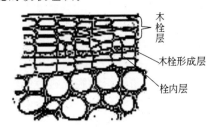

图3-2 天竺葵属茎周皮横切面

织的结构特点是细胞壁薄、质少、液泡较大、细胞间有间隙、细胞体积较大，并有潜在的分化能力。

薄壁组织因功能不同可分成同化组织、储藏组织、储水组织、通气组织和传递细胞五种不同的类型。

① 同化组织。同化组织是薄壁组织中最重要的一类，分布于植物体中的一切绿色部分，如幼茎的皮层、发育中的果实和种子中，尤其是叶的叶肉是典型的同化组织。其主要特点是原生质体中发育出大量的叶绿体，能够进行光合作用，如图 3-3 所示。

② 储藏组织。主要存在于各类储藏器官，如块根、块茎、球茎、鳞茎、果实和种子中，根、茎的皮层和髓以及其他薄壁组织也都具有储藏的功能。它是一种具有储藏营养物质功能的薄壁组织，如图 3-4 所示。

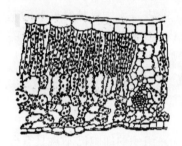

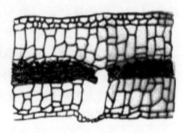

图 3-3　糖槭叶片的同化组织　　　图 3-4　马铃薯块茎的储藏组织　　　图 3-5　秋海棠叶片的储水组织

③ 储水组织。一般存在于旱生的多浆肉质植物中，如仙人掌、龙舌兰、景天、芦荟等的光合器官中。它的细胞较大、壁薄，液泡中含有大量的黏性汁液，并充满水分。当其他部分需要水分时，液泡中所积存的水分就可以转移到需要的细胞中。如图 3-5 所示。

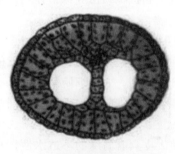

图 3-6　金鱼藻叶片的通气组织

④ 通气组织。主要存在于水生和湿生植物中，如水稻、莲、睡莲等的根、茎、叶中。这类组织细胞间隙发达，在体内形成一个相互贯通的通气系统，使叶营光合作用产生的氧气能通过它进入根中，有利于输导气体。如图 3-6 所示。

⑤ 传递细胞。这种细胞主要出现在溶质短途密集运输的部位，如普遍存在于叶的小叶脉中，在输导分子周围成为叶肉和输导分子之间物质运输的桥梁。其细胞壁内突生长，具有发达的胞间连丝，主要执行短途运输物质的功能。

(3) 机械组织　机械组织是对植物起主要支持作用的组织。细胞特点是多为细长形，细胞壁局部或全面加厚。这种组织有很强的抗压、抗张和抗曲挠的能力，植物能有一定的硬度、枝干能挺立、树叶能平展、能经受狂风暴雨及其他外力的侵袭，都与这种组织的存在有关。机械组织可分为厚角组织和厚壁组织两类。

① 厚角组织。厚角组织一般存在于幼茎、叶柄、叶片、花柄等部位的外围或直接在表皮下成束。厚角组织细胞成熟后依然是生活细胞，常含有叶绿体，厚角组织的细胞壁主要含纤维素、果胶、半纤维素，不含木质素，仅在局部部位有初生壁性质的加厚，能随植物体发育而扩展，可以发育成厚壁组织，其支持力相对较弱。

② 厚壁组织。厚壁组织细胞具有均匀增厚的次生壁，常木质化。其组成细胞的细胞腔

较小，细胞成熟时，原生质体通常死亡分解，成为只留有细胞壁的死细胞。厚壁组织细胞单个或成群、成束地分散在其他组织中，起机械支持作用。厚壁组织可分为石细胞和纤维两类。

（4）输导组织 输导组织是植物体中担负物质长途运输的主要组织。其主要特征是细胞呈长管形，细胞间以不同方式联系，在整个植物体的各器官内成为一个连续的系统。

根据运输物质的不同可以将输导组织分为两大类，一类为木质部，主要运输水分和溶解于其中的无机盐；另一类为韧皮部，主要运输有机营养物质。

① 木质部。木质部是植物体中输送水分和无机盐的复合组织，由导管、管胞、木薄壁细胞、木纤维等组成。其中导管和管胞是最重要的成员，水的运输是通过它们来实现的。

导管和管胞都是厚壁的伸长细胞，成熟时都没有生活的原生质体，次生壁具有各种式样的木质化增厚，在壁上呈现出环纹、螺纹、梯纹、网纹和孔纹的各种式样。导管分子的端壁形成穿孔，导管通过穿孔直接连通，输送效率比较高，管径一般比管胞大。管胞分子的端壁不形成穿孔，端部紧密重叠，通过纹孔输送，输送效率低。根据导管侧壁上的纹式不同，导管有环纹导管、螺纹导管、梯纹导管、网纹导管、孔纹导管等类型（图3-7）。管胞也有环纹管胞、螺纹管胞、梯纹管胞、孔纹管胞等类型（图3-8）。管胞大多具较厚的壁，且有重叠的排列方式，使它在植物体中还兼有支持的功能。被子植物中除了最原始的类型外，木质部中主要含有导管，而大多数裸子植物和蕨类植物则缺乏导管，这就是被子植物更能适应陆生环境的重要原因之一。

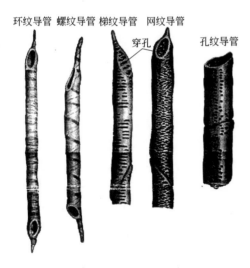

图3-7 导管分子的类型

图3-8 管胞的类型

木薄壁细胞是一种存在于木质部中生活的薄壁细胞，常含有淀粉和结晶，具有储藏和横向的运输功能。而木纤维则是存在于木质部中的具有支持功能的纤维。

② 韧皮部。韧皮部是植物体中输送有机营养物质的复合组织，由筛管、伴胞、筛胞、韧皮薄壁细胞以及韧皮纤维等组成。

筛管与伴胞主要存在于被子植物的韧皮部中。筛管分子为长形的薄壁细胞，成熟后细胞核消失。筛管的横端特化为筛板，上面有一些凹陷的区域，并分布有成群的小孔，叫做筛孔，从而形成运输有机物质的通道，筛孔间有原生质丝相通，有利于物质的运输。筛管旁边的一个或多个细胞称为伴胞，它们与筛管是由一个共同的母细胞分裂而来，两者联系紧密。

在裸子植物中没有筛管，营养物质的运输由筛胞来完成。筛胞是单个两头尖的长形细胞，细胞成熟后细胞核也消失，但细胞间不形成筛板，而是由侧壁上的筛域相通。

韧皮薄壁细胞是存在于韧皮部的薄壁细胞，具储藏及横向运输功能。韧皮纤维则是存在于韧皮部的纤维，起支持作用，如黄麻、苎麻等的韧皮纤维是麻织品的原料。

(5) 分泌组织　分泌组织是位于植物体表面或体内具有分泌功能的细胞群。它们是由一些具有分泌功能的分泌细胞组成。通常根据发生部位和分泌物的排溢方式不同，分泌结构可以分为内分泌结构和外分泌结构。外分泌结构的特征是它们的细胞能将分泌物质分泌到植物体的表面，常见的类型有腺表皮、腺毛、蜜腺和排水器等；而内分泌结构的分泌物则不排到体外，主要包括分泌细胞、分泌腔或分泌道以及乳汁管等。

二、动物组织的基本特征和功能

组织是构成动物及人体各种器官的基本成分。所谓间质是指存在于细胞之间不具有细胞形态的物质，如血浆、组织液、细胞之间的纤维等。间质不仅是细胞与细胞之间的联系物质，而且是维持细胞生命活动的重要环境。动物组织可根据其起源、形态、结构和功能上的特点，分为上皮组织、结缔组织、肌肉组织和神经组织四大类。

1. 上皮组织

上皮组织是由许多紧密排列的上皮细胞和少量的细胞间质所组成，细胞排列紧密、形状规则，通常被覆于体表和各种管、腔、囊的内表面以及某些器官的表面，并有极性。其一极朝向表面或管腔面，称为游离面，另一极附着于结缔组织上，称为基底面，基底面与结缔组织之间被一层极薄的细胞间质形成的基膜分隔开。上皮组织内缺少血管，其所需的营养物质和细胞的代谢产物是通过基膜的渗透作用与结缔组织相互交换。

上皮组织具有保护、分泌、吸收和排泄等功能，分布在身体不同部位的上皮通常以某种功能为主。如分布在体表的上皮以保护功能为主；分布在消化管内腔面的上皮除保护功能外，还有吸收和分泌功能。

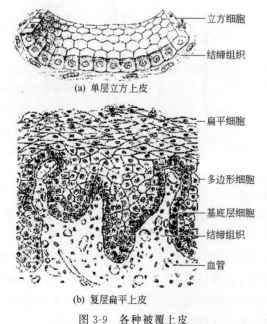

(a) 单层立方上皮

立方细胞
结缔组织

扁平细胞
多边形细胞
基底层细胞
结缔组织
血管

(b) 复层扁平上皮

图 3-9　各种被覆上皮

大部分上皮组织覆盖于体表和有腔器官的表面，称为被覆上皮，有些上皮构成腺体，称为腺上皮。有些部位的上皮细胞能感受某种物理和化学性的刺激，称为感觉上皮。

(1) 被覆上皮　被覆上皮主要分布于体表、体腔和中空性器官的内表面，即通常所指的上皮组织。根据上皮细胞排列层次及其形态结构可分为单层上皮和复层上皮两类（图 3-9）。单层上皮以吸收、分泌作用为主，例如血管管腔面为单层扁平上皮、甲状腺滤泡为单层立方上皮、胃黏膜为单层柱状上皮等。复层上皮以保护作用为主，分复层扁平上皮、复层柱状上皮和变移上皮。皮肤的表皮为复层扁平上皮。变移上皮可随其所覆盖器官的胀缩程度而改变其形态及层次，多分布于膀胱、输尿管等腔面。

（2）腺上皮　由腺细胞构成的具有分泌功能的上皮统称为腺上皮。腺细胞有的是单个分散在上皮中，如分布在胃、肠和呼吸道上皮中的杯状细胞；多数是由上皮细胞陷入深部的结缔组织中形成独立多细胞腺器官，称为腺或腺体。腺细胞的分泌物经导管排至管腔内或体表的称外分泌腺，如唾液腺、汗腺等；分泌物不经导管而直接渗入周围毛细血管内的称内分泌腺，如甲状腺、肾上腺等。

（3）感觉上皮　感觉上皮是由某些上皮细胞特化形成的具有接受特殊感觉机能的上皮组织。主要分布于特殊的感觉器官内，如嗅觉上皮、味觉上皮、视觉上皮和听觉上皮等。

2. 结缔组织

结缔组织由少量细胞和大量的细胞间质构成，是分布最广、种类最多的一类组织。根据结缔组织的性质和成分可分为疏松结缔组织、致密结缔组织、脂肪组织、网状组织、软骨组织、骨组织和血液等。结缔组织具有支持、连接、保护、防御、修复和运输等功能。

（1）疏松结缔组织　疏松结缔组织是一种柔软而富有弹性和韧性的结缔组织，其基质多，细胞数量和纤维含量少，排列疏松。疏松结缔组织在机体内分布最广泛，主要填充在器官之间或组织之间，血管、淋巴管、神经通过处均有疏松结缔组织（图 3-10）。

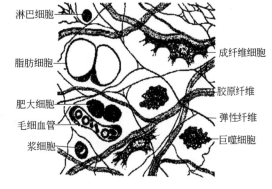

图 3-10　疏松结缔组织

疏松结缔组织细胞种类较多，主要有成纤维细胞、巨噬细胞、浆细胞、肥大细胞和间充质细胞等。疏松结缔组织的间质包括纤维和基质。纤维主要有胶原纤维、弹性纤维和网状纤维 3 种类型。基质为无定形胶状物，主要成分为蛋白质、黏多糖。

（2）致密结缔组织　致密结缔组织是以纤维为主要成分的结缔组织，纤维粗大且排列紧密，基质和细胞成分少，位于纤维之间，具有较强的支持、连接和保护作用。其可分为规则的致密结缔组织、不规则的致密结缔组织和弹性组织 3 种。

（3）脂肪组织　脂肪组织主要由大量群集的脂肪细胞构成，由疏松结缔组织分隔成小叶，主要分布于皮下、大网膜、肠系膜和一些器官的周围，具有储存脂肪、保持体温和缓冲震动、参与能量代谢等功能。根据脂肪细胞结构和功能的不同，脂肪组织分为黄（白）色脂肪组织和棕色脂肪组织两类。

（4）网状组织　网状组织是造血器官和淋巴器官的基本组织成分，由网状细胞、网状纤维和基质构成，其特点是细胞少、间质多，网状纤维交织成网（图 3-11）。网状细胞产生网状纤维。网状纤维分支交错，连接成网。网状组织一般不单独存在，主要分布于骨髓、淋巴结、肝脏、脾等造血器官和淋巴器官。网状组织具有吞噬体内的衰老死亡细胞和侵入体内的细菌等异物的功能。

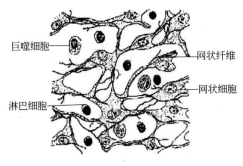

图 3-11　网状组织

（5）软骨组织　软骨组织是固态的结缔组织，由软骨细胞、纤维和基质构成，基质呈透明凝胶状态，主要成分为水和软骨黏蛋白，富有韧性和弹性，能承受压力和摩擦，有一定的支持和保护作用。软骨细胞和纤维包埋于基质内，包埋软骨细胞的小腔称软骨陷窝，一个软骨陷窝内有1～2个或多个细胞，但它们都是由一个软骨细胞分裂而成。软骨组织中没有血管、神经，其所需的营养主要靠软骨膜的血管供应。

（6）骨组织　骨组织为体内最坚硬的结缔组织，由大量钙化的骨基质、纤维和骨细胞组成。骨基质内含大量钙盐（65％），其余成分主要为骨黏蛋白。纤维是一种和胶原纤维相似的骨胶纤维，大都成密集的纤维束，规则排列成层，与基质共同形成薄板状结构，称骨板。在骨板之间和骨板内有许多椭圆形的小腔称骨陷窝。从骨陷窝周围伸出许多辐射状小管称骨小管。相邻骨陷窝借骨小管彼此相连。骨细胞由胞体和突起组成，胞体位于骨陷窝内，突起伸入骨小管中。

3. 肌肉组织

肌肉组织是由具有收缩能力的肌细胞构成，广泛分布于骨骼、内脏、心血管等处。肌细胞呈细长纤维状，又称肌纤维。肌纤维的细胞膜称肌膜，胞质称肌浆，肌浆中有许多与细胞长轴平行排列的肌原纤维，它们是肌纤维收缩的主要物质基础。肌肉组织的主要功能是收缩与舒张，各种活动都是依靠肌肉组织的收缩来实现的。

根据肌细胞的形态结构和功能不同，可将肌肉组织分为骨骼肌、平滑肌和心肌3种。

（1）骨骼肌　骨骼肌因其收缩受意识支配，故又名随意肌。骨骼肌纤维呈长圆柱形，核位于肌膜下面，每条肌纤维内含核多达100个以上。肌原纤维呈细丝状，直径为1～2μm，沿肌纤维纵轴平行排列。

每条肌原纤维上有明暗相间的条纹，分别称为明带（又叫 I 带）和暗带（又叫 A 带）。在同一条肌纤维内，所有肌原纤维的明带和暗带准确地排列在同一水平面上，而呈现明暗相间的横纹，故骨骼肌又称横纹肌（图 3-12）。在肌原纤维的暗带中间有一条着色较浅的 H 带，而 H 带的中间又有一条着色较深的细线，称为中膜（M 线）；在明带的中间也有一条色

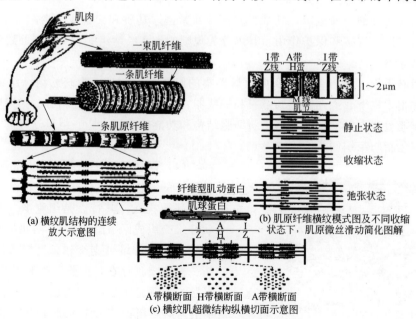

图 3-12　横纹肌结构示意图

深的线，称为间膜（Z线）。相邻两条Z线之间部分称为肌节。每一个肌节包括一个完整的暗带和两个明带的半段，沿肌原纤维的纵轴呈等距离递次重复排列成肌原纤维。肌节是肌肉收缩的形态结构和功能单位。

（2）平滑肌 平滑肌广泛分布于血管壁和众多内脏器官的肌层部分。其收缩不受意识支配，又称不随意肌，平滑肌的收缩较为缓慢和持久。平滑肌纤维呈长梭形，无横纹，细胞核一个，呈椭圆形或杆状，位于肌纤维的中央（图3-13）。肌原纤维的粗丝与横纹肌的一样，也是由肌球蛋白组成，细丝主要由肌动蛋白组成，但粗丝的数量较横纹肌的少，排列不规则，而细丝较多，排列整齐。

（3）心肌 心肌分布于心脏和邻近心脏的大血管近段。其收缩不受意识支配，也是不随意肌。心肌收缩具有自动节律性，不易疲劳。

心肌纤维呈短圆柱形，多数有分支，彼此互相连接形成合胞体。每个心肌纤维有1～2个核，位于细胞中央，在心肌纤维的连接处常有染色较深、呈阶梯状或横线的特殊结构，称闰盘，闰盘是两个心肌纤维的界限（图3-14）。肌原纤维的结构和横纹肌的相似，也有明暗相间的横纹，但不如横纹肌明显。

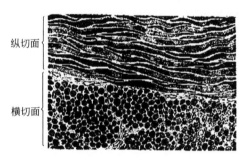

图3-13 平滑肌示意图

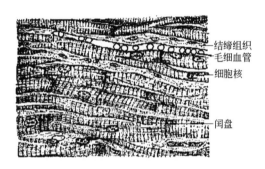

图3-14 心肌示意图

4．神经组织

神经组织是动物体内分化程度最高的一种组织，主要由神经细胞和神经胶质细胞组成。神经细胞是神经系统的基本结构和功能单位，又称神经元。神经元具有感受机体内、外刺激和传导冲动的能力。神经元之间以特殊的结构彼此连接，形成复杂的神经通路和网络，将化学信号或电信号从一个神经元传给另一个神经元，或传给其他组织的细胞，使神经系统产生感觉和调节其他各系统的活动，以适应内、外环境的瞬息变化。神经胶质细胞的数量比神经元更多，主要功能是对神经元起支持、保护、分隔、营养等作用。

（1）神经元 神经元由胞体和突起两部分组成（图3-15）。

① 胞体。胞体是神经元的营养中心，呈不规则的多角形、圆形、梭形或锥体形，中央有一个大而圆的细胞核，核周围的部分叫核周质，内有丰富的线粒体、神经元纤维、尼氏体等。神经元纤维是由直径12nm的微丝或直径25nm的微管集合而成的束，在胞质中交织成网状并伸入到突起。

② 突起。突起由胞体伸出，数量、长短和粗细不等，根据其形态和机能可以分为树突和轴突两种。树突较短，分支多，反复分支后呈树枝状，其功能是接受刺激，将神经冲动传向胞体。轴突细而长，每个神经元只有一条，粗细均匀，分支很少。轴突主干上有时分出侧支，一个神经元通过轴突及其侧支可与多个其他神经元相联系。轴突的功能是将冲动从胞体传出。

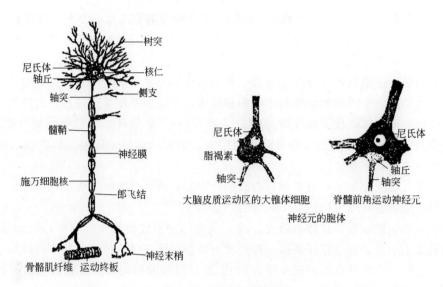

图 3-15　神经元示意图

(2) 神经胶质细胞　神经胶质细胞是一些多突起的细胞，无轴突和树突之分，胞体内无尼氏体。其主要分布于神经元和血管周围，交织成网，构成神经组织的网状支架。神经胶质细胞不能产生和传导神经冲动，主要有支持、营养、保护、修补和绝缘等功能。

第二节　被子植物的器官系统

器官（organ）是生物体内由不同的细胞和组织构成的具有一定形态特征，用来完成某些特定功能的结构，是生物结构层次中比组织高一级的层次。

植物体的器官分为营养器官和生殖器官两类。营养器官包括根、茎和叶，营养器官伴随植物体终生，分化程度低，形态上具有可塑性，易受环境影响，主要承担植物体的营养和生长；生殖器官包括种子、果实和花，只出现在生殖阶段，分化程度高，形态比较保守和稳定，担负植物体个体的繁殖。

一、植物营养器官的形态和结构

1. 根

(1) 根的来源与种类　种子萌发时，胚根首先突破种皮向地生长，形成主根，主根一直垂直向地生长，当长到一定程度，主根上就可以产生很多分支，也就是侧根，侧根上再产生侧根。来源于胚根的根称为定根；不是由胚根发生的，由茎、叶上产生的位置不定的根称为不定根。

根系是植物个体全部根的总称，定根和不定根均可以发育成根系。种子植物的根系，根据来源与形态可以划分为直根系和须根系，如图 3-16、图 3-17 所示。此外，根还可分为具有储藏作用的储藏根、生长于地面以上的气生根和寄生根等。

(2) 根的结构

① 根尖的结构及其发展。根尖是指从根的顶端到着生根毛的部位。它是根生命活动最活跃的部分，根的生长、组织的形成以及根对水分和养料的吸收，主要是依靠这部分来完

图 3-16 直根系

图 3-17 须根系

成。根尖自顶端向后分为根冠、分生区、伸长区和成熟区四部分。如图 3-18 所示为根尖纵切图。

② 根的初生构造。根的初生构造包括表皮、皮层、维管柱（中柱）三部分，如图 3-19 所示。

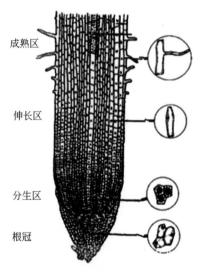

图 3-18 根尖纵切图解

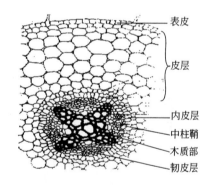

图 3-19 棉花根的初生结构（横切面）

表皮位于根成熟区的最外面，是由原表皮细胞发育而成的一层表皮细胞构成的初生保护组织。其外壁上除纤维素和果胶质外，还有一层薄的角质层。多数表皮细胞外壁向外突起伸长，形成根毛，根毛细胞中央形成大的液泡，细胞核位于根毛的前端。表皮具有吸收与保护作用。

皮层位于根表皮与维管柱之间，由许多层薄壁细胞组成，皮层的最外一层与表皮层靠近的细胞通常排列紧密、无胞间隙而成为连续的一层，叫做外皮层。外皮层细胞的细胞壁栓质化或木质化，当表皮损坏时，能够代替表皮临时起保护作用。单子叶植物根的外皮层转变为厚壁组织。皮层的最内一层细胞排列紧密、无胞间隙，叫做内皮层。这层细胞结构比较特殊，其细胞壁形成栓质化或木质化加厚成带状，环绕在细胞一周，称为凯氏带，如图 3-20 所示。凯氏带具有加强控制根的物质转移的作用。在单子叶植物中和少数双子叶植物中，内皮层还可以进一步发展，使径向壁和横向壁显著加厚并木质化，只有外切向壁比较薄。少数

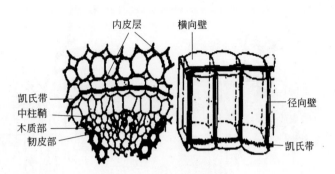

图 3-20　内皮层的构造

对着木质部位置的内皮层细胞壁不加厚，仍保持着薄壁状态，称为通道细胞，起着皮层与维管柱之间物质交流的作用。

除内皮层和外皮层以外的皮层薄壁组织部分，细胞排列疏松，有明显的胞间隙，具运输、储藏和通气作用。

维管柱是皮层以内所有结构的总称，包括中柱鞘和维管组织。有些植物如许多单子叶植物的根中还具有由薄壁组织和厚壁组织构成的髓。中柱鞘紧贴内皮层，具有潜在的分裂能力。维管组织位于中柱鞘以内，是根的中心部位。根的维管组织由辐射（间生）维管束构成，包括木质部与韧皮部，二者之间由薄壁组织隔开。具有次生生长的植物，这些薄壁组织可以恢复分裂能力形成维管形成层，单子叶植物不形成维管形成层，没有次生生长。初生构造中的维管束称为初生维管束，由初生韧皮部和初生木质部构成。

③ 侧根的形成。种子植物的侧根多起源于根毛区的中柱鞘部位，这种起源称为内起源。侧根发生时，首先中柱鞘细胞恢复分裂能力，细胞质变浓、液泡变小，发生侧根部位的中柱鞘细胞进行几次平周分裂（细胞分裂时形成的新壁与表面平行）形成侧根原基，侧根的根原基细胞再分裂、生长、分化形成侧根原始体。侧根原始体细胞分裂、生长、分化，突破皮层、表皮形成侧根。侧根发生于根毛区的中柱鞘，但是由于根尖的生长与分化，侧根突破种皮时，已经在根毛区后面部位。

④ 根的次生生长和次生结构。一年生双子叶植物和大多数单子叶植物的根都是由初生生长来完成其一生。但对于大多数双子叶植物和裸子植物而言，其根却要经过次生生长，形成次生结构。次生生长也叫加粗生长，是由次生分生组织（维管形成层和木栓形成层）产生的植物体的横向生长。植物体中由次生分生组织产生的成熟组织构成的结构，称为次生结构，如图 3-21 所示。

a. 维管形成层的产生及其活动。加粗生长是由于维管形成层细胞分裂的结果。当根初生构造发育完成后，首先在初生木质部和初生韧皮部之间的薄壁细胞（原形成层遗留部分）恢复分裂能力，形成一段维管形成层。维管形成层分裂产生少量的次生木质部和次生韧皮部以后，形成层向两侧扩展，与两束韧皮部之间的中柱鞘相连，该段中柱鞘细胞也恢复分裂能力，形

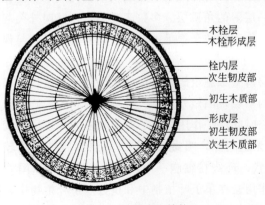

图 3-21　根的次生结构

木栓层
木栓形成层
栓内层
次生韧皮部
初生木质部
形成层
初生韧皮部
次生木质部

成维管形成层,这样维管形成层就形成了一个波状的环,不断向内产生次生木质部、向外产生次生韧皮部,由于两种来源的维管形成层在初期分裂的不均等性,逐渐地使波状的维管形成层环自动调整为圆形的维管形成层环,此时初生韧皮部被挤毁或形成木栓形成层。维管形成层除了产生次生木质部和次生韧皮部外,还产生一些薄壁细胞,分布于次生木质部和次生韧皮部中,呈横向辐射状排列,称为射线薄壁细胞,简称射线,包括存在于次生木质部的木射线和存在于次生韧皮部的韧皮射线。由维管形成层产生的射线称为次生射线。射线是韧皮部和木质部之间的横向物质运输通道。

b. 木栓形成层的产生及其活动。在根中,大多数植物最初的木栓形成层来源于中柱鞘细胞,然后向外产生木栓层、向内产生栓内层,共同构成周皮。当周皮产生后,周皮外的表皮和皮层由于木栓层的阻隔,得不到水分和营养供应,逐渐死亡脱落,周皮就覆盖于根的次生构造表面行使保护作用的功能。随着根的加粗,木栓形成层由中柱鞘逐渐向内发生,到初生韧皮部、次生韧皮部,不断产生新的周皮,而老的周皮则不断地被隔离胀破,而被新的周皮代替。

双子叶植物根中组织分化的发育顺序如下:

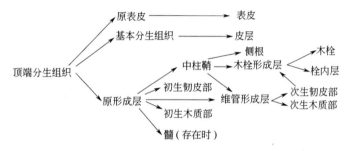

(3) 根瘤与菌根 植物的根和土壤中的微生物有着密切的关系。微生物不但存在于土壤中,影响着植物的生存,有些还进入植物体内,与植物互相提供各自所需的营养,实现共同生活。这种植物与微生物之间形成的一种互补关系叫做共生。根瘤和菌根是高等植物根系与土壤微生物之间共生关系的两种类型。

(4) 根的生理功能

① 吸收作用。根的主要功能就是吸收和输导土壤中的水分和无机物。植物体内所需要的营养物质,除少数部分由叶和幼嫩的茎从空气中吸收外,大部分都是由根自土壤中取得。

② 固着与支持作用。植物体具有反复分支并深入到土壤中的根系,这些根系固着于土壤中,有力地支持着植物体庞大的地上部分。

③ 储藏营养物质的作用。根的薄壁组织一般比较发达,是植物体很好的储藏物质的场所。

④ 合成和分泌功能。根能合成和分泌某些重要的生理物质,如多种氨基酸、细胞分裂素、植物碱等,或提供体内物质合成的原料,或将分泌物质到根系周围,创造利于根生长的外环境,利于根生长。

⑤ 繁殖功能。不少植物体的根能形成不定芽进行繁殖。

2. 茎

茎是联系根、叶,输送水分、无机盐以及有机养料的轴状结构,是植物体的重要器官,除少数生于地下外,一般是植物体地上部分的骨干。

(1) 茎的形态 茎的外形多数为圆柱形,也有些是三棱状(如莎草)、四棱形(如薄

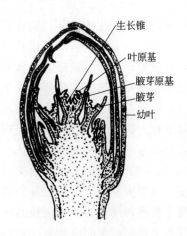

图 3-22 芽的纵切面

荷)、扁平柱状(如仙人掌)等。茎上着生叶的部位叫节,两节之间的部分叫节间。在茎的顶端和叶腋处生有芽。叶子脱落后,节上还会留有叶痕。在多年生落叶乔木和灌木的冬枝上还可以看到牙鳞痕和皮孔等。这些都是茎的形态特征,依此可以区别根和茎。很多时候,还把叶痕、牙鳞痕和皮孔等的形状作为鉴别植物种类和生长年龄的依据。

(2) 芽 芽是枝条、花或花序尚未发育的雏体,包括茎尖分生组织及其外围的附属物(叶原基、腋芽原基和幼叶等),如图 3-22 所示。

按照芽的着生位置、性质、构造以及生理状态等可以将其分为多种类型,如按照芽的位置可以划分为定芽和不定芽,定芽又包括顶芽和腋芽;按照芽的性质可以划分为花芽、枝芽和混合芽;按照芽的构造可以划分为鳞芽和裸芽;按照芽的生理状态可以划分为活动芽和休眠芽。

(3) 茎的生长习性 不同植物的茎其生活习性不尽相同,主要有 4 种生长方式,即直立茎、缠绕茎、攀援茎和匍匐茎。

(4) 茎的分枝 茎的分枝是有规律的,每种植物都有一定的分枝方式。植物的分枝方式一般有 4 种类型。

① 二叉分枝。二叉分枝是一种原始的分枝类型,分枝时顶端生长点一分为二,形成两个新枝,新枝生长后,其生长点又一分为二,形成二叉状的分枝系统。多见于低等植物和高等植物中的苔藓植物和蕨类植物。

② 假二叉分枝。具有对生叶序的种子植物,如丁香、石竹等,顶芽停止生长或分化成花芽,顶芽下的两个对生的腋芽同时发育形成叉状分枝。

③ 单轴分枝。像松柏类植物、杨树等,从幼苗开始,主茎的顶芽活动始终占优势,形成明显的主干,主干上的侧枝生长量均不及主干,形成一个明显具主轴的分枝,又叫总状分枝。

④ 合轴分枝。这是一种进化的分枝方式。当主干或侧枝的顶芽生长一段时间后,停止生长或分化成花芽,靠近顶芽的腋芽发育成新枝,而继续其主干的生长,一段时间后,又被下部的腋芽替代而向上生长,如大多数的被子植物——榆、柳、元宝枫、核桃、梨等。

禾本科植物的分枝方式与双子叶植物不同,在生长初期,茎的节短且密集于基部,每节生一叶,每个叶腋有一芽,当长到 4~5 片叶子时,有些腋芽开始活动形成分枝,同时在节处形成不定根,这种分枝方式称为分蘖,产生分枝的节称为分蘖节。新枝的基部又可以形成分蘖节进行分蘖,依次而形成第一次分蘖、第二次分蘖等。

(5) 茎尖的构造及其发展

① 茎尖的构造。茎尖和根尖基本相同,都是由分生组织组成,但没有像根尖根冠一样的冠,而是由许多幼小的叶片包裹。茎尖由上而下分为分生区、伸长区和成熟区三部分,如图 3-23 所示。茎尖分生区、伸长区的细胞特点与根尖分生区、伸长区相同

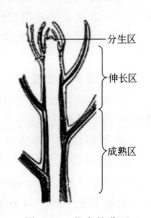

图 3-23 茎尖的分区

或类似。

② 叶和芽的起源。叶子是由顶端分生组织产生的。裸子植物和双子叶植物的叶原基一般发生于原套或周缘分生组织区的表面第二层或第三层细胞，这些细胞平周分裂，按叶序的规律在茎的侧面形成突起，然后这些突起平周或垂周分裂进一步发育成叶原基。单子叶植物的叶原基一般发生在原套的第一层细胞。

多数被子植物的腋芽原基发生在叶原基的叶腋处，一般晚于叶原基的发生，开始细胞平周分裂，形成突起，然后垂周分裂，发育为芽原基。而不定芽的发生一般与顶端分生组织无关，从位置结构上可以从表皮、形成层或维管柱的外围组织发生，因此有外起源的也有内起源的。

(6) 茎的构造　茎的顶端分生组织中的初生分生组织所衍生出来的细胞，经过分裂、生长、分化而形成的组织，叫初生组织，它们组成了茎的初生结构。然后，包括维管形成层和木栓形成层在内的茎的侧生分生组织的细胞分裂、生长和分化形成的次生分生组织组成了茎的次生结构。

① 茎的初生结构。以双子叶植物为代表，茎的初生结构由外向内包括表皮、皮层、维管柱三部分，如图 3-24 所示。

表皮位于茎的最外方，属于初生保护组织。

皮层位于表皮内方，包括厚角组织，位于皮层最外方一至数层，有增加机械支持的作用。内皮层一般不明显，但在水生植物和地下茎中明显存在，有些植物在内皮层位置上细胞含有淀粉粒，故称为淀粉鞘，如旱金莲、南瓜、蚕豆等。

维管柱位于皮层内方，一般认为茎中无中柱鞘，维管束由原形成层细胞产生，由初生韧皮部、束中形成层和初生木质部组成。双子叶植物茎的初生构造的显著特征之一就是维管束在维管柱中呈环状排列。

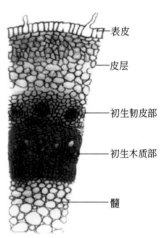

图 3-24　茎的初生结构

（图中标注：表皮、皮层、初生韧皮部、初生木质部、髓）

髓位于茎中央，由基本分生组织活动产生。多数植物髓由薄壁组织构成，储有淀粉、单宁、晶体等；少数植物由厚壁组织构成，如栓皮栎、樟树等。有些植物的髓裂成片状髓（如胡桃）、髓中空（如连翘）等。还有些植物髓外部细胞小而壁厚，与其他细胞形成明显区别的一环，称为髓鞘，如椴树科。

髓射线是由基本分生组织产生的，故称为初生射线。髓射线是位于维管柱中维管束之间，由髓部通往皮层的薄壁组织，是茎内的横向运输通道，同时具储藏作用。

② 茎的次生结构。草本双子叶植物茎一般生活期短，没有形成层或形成层活动很少，因而只有初生构造或不发达的次生构造。木本双子叶植物和裸子植物茎生活期长，有维管形成层和木栓形成层，可以进行次生加粗生长产生次生构造。

a. 形成层及其活动。当茎的初生构造形成以后，束中形成层开始活动，此时与束中形成层相连的射线薄壁细胞也恢复分裂能力，形成束间形成层。束中形成层和束间形成层连成一环，由于其产生次生维管组织，故称为维管形成层。有些植物表皮下的皮层细胞（如杨树、栗、榆等）或皮层深处或由表皮（如夹竹桃、柳树、苹果等）细胞反分化形成木栓形成层。

维管形成层细胞进行平周和垂周分裂，产生次生组织使茎加粗生长，平周分裂增加形成层自身的圈围，适应加粗生长。一般向内产生次生木质部较多，而向外产生次生韧皮部较少，日积月累，次生木质部就占据了茎的大部分。

木栓形成层向外分裂产生木栓层和皮孔，向内产生栓内层。木栓形成层的寿命因植物种类不同而异，一般生存几个月，当木栓形成层死亡，更深层的成熟组织又产生新的木栓形成层，一直到韧皮部为止。

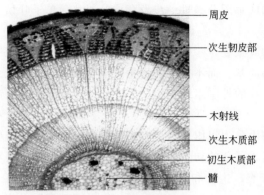

图 3-25　茎的次生构造

b. 次生构造。早期有表皮和皮层的残余。后期最外方为周皮包括木栓层、木栓形成层和栓内层。次生维管组织包括次生韧皮部、维管形成层、次生木质部和次生射线。初生木质部残余位于维管束的最内方顶端。最中央是髓，如图 3-25 所示。

③ 根、茎过渡区。植物根和茎是连在一起的，内部构造也形成了一个连续的系统，根和茎初生构造的表皮、皮层等都是互相连续的，但是根和茎的维管组织的初生构造有着很大差别：根的初生韧皮部和初生木质部都是外始式发育，辐射维管束；茎的初生韧皮部外始式发育，初生木质部内始式发育，外韧维管束。根与茎初生构造的连接部位，在结构上从根的初生维管组织类型转变为茎的初生维管组织类型，一般发生在胚轴区域，该区域称为过渡区。

（7）茎的生理功能　茎的主要功能是运输水分、无机盐类和有机营养物质到植物体的各部分去，同时又有支持枝、叶、花和果实的作用。此外，茎的基本组织有储藏功能，如甘蔗等。

3. 叶

叶是植物制造有机养料的重要器官，也是进行光合作用的主要场所。

（1）叶的形态　植物的叶一般由叶片、叶柄、托叶三部分组成，如图 3-26 所示，叶片是叶行使功能的主要部分，托叶在叶发育早期有保护幼叶的作用，叶柄有

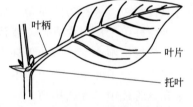

图 3-26　叶的外形

1～3 组维管束，是茎、叶之间物质运输的通道，同时支持叶片伸展、调节叶片的位置和方向，利于接受光照。

（2）叶的结构

① 叶柄的结构。叶柄由表皮、机械组织、基本组织、维管组织构成。表皮下的基本组织最外方有较多的厚角组织，有些发育成厚壁组织，这是叶柄的主要机械组织。维管组织中的维管束与茎的维管束相连，排列方式多种多样，常见者为半环形，缺口在近轴面。在每个维管束中，木质部在韧皮部上方，即木质部在近轴面、韧皮部在远轴面。

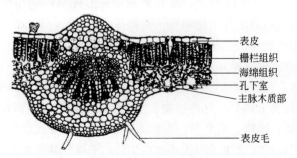

图 3-27　棉叶片的横切面

② 叶片的结构。叶片由表皮、叶肉和叶脉构成，如图 3-27 所示。

　　表皮是覆盖于叶片外表面的组织。表皮细胞为不含叶绿体的生活细胞，形状不规则，排列紧密，无胞间隙，外壁角质化，形成角质层，具有减低植物体中水分的蒸腾散失、保护叶免受细菌等病原生物侵害、防止过度日照损害的作用。有些植物的表皮上具有蜡被和各种表皮毛等附属物，具有减少蒸腾、加强保护的作用。

　　叶肉是叶片进行光合作用的主要部分，由同化薄壁组织构成，包括栅栏组织和海绵组织。栅栏组织是一列或数列靠近上表皮的长柱形薄壁组织细胞，其长轴与上表皮垂直，作栅栏状排列，细胞内含有大量叶绿体；海绵组织是位于栅栏组织与下表皮之间的薄壁组织，其细胞形状、大小常不规则，排列疏松，有较大的胞间隙，细胞内含叶绿体较少。海绵组织中较大的胞间隙和气孔构成通气系统，有利于气体交换。

　　叶脉是叶中的维管束，分布在叶肉中，成网状排列，包括主脉和侧脉。

（3）叶的功能

　　① 光合作用。这是叶的最主要的功能。植物将简单的无机物转化为复杂的有机物的过程，主要在叶片中进行。

　　② 蒸腾作用。根部吸收水分，主要通过叶片的表面和气孔以气态扩散出去，其意义在于促进植物对水分和无机盐的吸收和运输，降低叶内温度，避免太阳灼伤。

　　③ 气体交换。植物光合作用所需的二氧化碳和释放的氧气以及呼吸作用所需要的氧气和释放的二氧化碳都要通过叶片上的气孔与外界进行交换。

　　④ 繁殖作用。有些植物的叶片在一定条件下可以形成不定根和不定芽，繁殖新的植株。

　　此外，有些植物叶变态为叶刺，对植物体防遭破坏具有保护作用，如仙人掌；有些植物的叶则具有储存养分的作用，如洋葱、百合等的变态鳞片状叶；有些植物的叶变态为卷须，具攀援作用，如豌豆等。

二、植物生殖器官的形态和结构

　　花、果实和种子是被子植物的生殖器官，它们的形成和生长过程属于生殖生长。

1. 花的组成、形态和结构

　　被子植物的花变化万千，形态各异，但一朵典型的花则包括花柄、花托、花萼、花冠、雄蕊

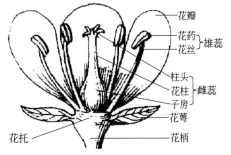

图 3-28　花的结构

群和雌蕊群，由外至内依次着生于花柄顶端的花托上。凡有花萼、花冠、雄蕊群和雌蕊群四部分组成的花称为完全花（图 3-28），缺少其中任何一部分或几部分的花为不完全花。

　　（1）花柄　花柄就是着生花的小枝，连接花与茎，起支持及输导作用。花柄（花梗）的有无及长短依植物种类而异，为茎枝向花输送养料和水分的通道。

　　（2）花托　花托为花柄顶端膨大部分。花托是花的其他部分的着生部位。

　　（3）花萼的形态及功能　花萼位于花的最外轮，由若干萼片组成。萼片各自分离的称离萼，如油菜；萼片彼此联合的称合萼，如茄子。

　　（4）花冠的形态及功能　花冠位于花萼内侧，由若干花瓣组成，排列为一轮或几轮。花瓣细胞中含有花青素或有色体，颜色绚丽多彩。花冠除了有保护内部幼小雄蕊和雌蕊的作用之外，主要作用是招引昆虫进行传粉。

花冠的形态多种多样。根据花瓣数目、形状及离合状态，以及花冠筒的长短、花冠裂片的形态等特点，通常有蔷薇形、十字形、蝶形、漏斗状、钟状、轮状、唇形、筒状、舌状等。花萼与花冠的总称为花被，二者齐备的花为双被花；缺一的为单被花，单被花中有的全呈花萼状，如甜菜，也有的全呈花冠状，如百合。有的植物花被全部退化，如杨、柳、桦木等，称为无被花。

（5）雄蕊群   雄蕊群是一朵花中所有雄蕊的总称。雄蕊是花中的雄性生殖器官，包括花药和花丝两部分。花药为花丝顶端的囊状物，是雄蕊的主要部分，也是形成花粉粒的地方；花丝是连接花药的丝状物，细长呈柄状，基部着生在花托上或贴生在花冠上，有支持花药的作用。

（6）雌蕊群   雌蕊群位于花的中央，是一朵花中所有雌蕊的总称。每个雌蕊一般可分为柱头、花柱和子房三部分。雌蕊的构成单位是心皮，它是一种具有生殖作用变态的叶。

2. 种子与果实

（1）种子的结构   被子植物的花经过传粉、受精之后，雌蕊内的胚珠逐渐发育为种子。与此同时，子房生长迅速，连同其中所包含的胚珠共同发育为果实。有些植物，花的其他部分甚至花以外的结构也参与果实的形成完成。种子是种子植物特有的器官，种子植物包括裸子植物和被子植物，裸子植物的胚珠外面没有包被，呈裸露状态，因而胚珠发育成种子后种子也是裸露的，没有包被。被子植物的胚珠外面有子房壁包被，胚珠发育成种子后，外面的子房壁发育成果皮，因而种子外有果皮包被，果实是被子植物所特有的。

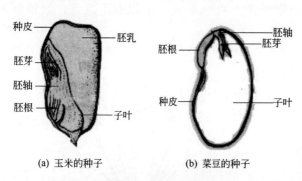

(a) 玉米的种子   (b) 菜豆的种子

图 3-29   种子的结构

种子通常由胚、胚乳和种皮三部分组成（图 3-29），它们分别由合子（受精卵）、初生胚乳核（受精极核）和珠被发育而来。在种子的形成过程中，原来胚珠内的珠心和胚囊内的助细胞、反足细胞一般均被吸收而消失。

无论双子叶植物或单子叶植物，它们种子的成熟胚都分化出胚芽、胚轴、胚根和子叶 4 个组成部分。禾本科植物在胚芽和胚根之外还有胚芽鞘和胚根鞘的特殊结构。子叶为暂时性的叶性器官，它们的数目在被子植物中相当稳定，成熟胚只有一片子叶的称为单子叶植物，如小麦、百合等；有两片子叶的称为双子叶植物，如油菜、大豆等。

种皮是由珠被发育而来的保护结构。有一些植物的种子，它们的种皮上出现毛、刺、腺体、翅等附属物，对于种子的传播具有适应意义。

（2）果实的结构   受精作用完成之后，花的各部分变化显著。多数植物的花被枯萎脱落，但也有些植物的花萼可宿存于果实之上，雄蕊和雌蕊的柱头、花柱萎谢，仅子房连同其中的胚珠生长膨大，发育为果实，这种单纯由子房发育而成的果实称为真果。真果的外面为果皮，内含种子。果皮由子房壁发育而来，通常可分为外、中、内三层果皮（图 3-30）。被子植物中，还有一些种类的植物，它们的非心皮组织也与子房一起共同参与果实的形

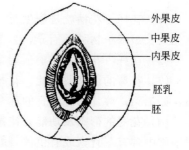

图 3-30   桃果实

成和发育，这种果实称为假果。如苹果、梨的果实中，可食用部分主要是由花筒发育而成，由子房发育而来的中央核心部分所占比例很少；瓜类的果实也属假果，其花托与外果皮结合为坚硬的果壁，中果皮和内果皮肉质；而桑葚和菠萝的果实由花序各部分共同形成。正常情况下，植物通过受精才能结实。但也有些植物不经受精也能结实，这种现象称为单性结实，单性结实的果实不产生种子，为无子果实。

三、植物系统

植物的任一器官都是由一定种类的组织构成。器官执行的功能不同，其构成的组织类型不同，组织的排列方式也不一样。然而，植物体是一个有机的整体，各个器官既在功能上相互联系，也在其内部结构上具有连续性和统一性，这就形成了植物系统。所谓植物系统，就是一个植物体上或植物体的一个器官上的一种组织或几种组织组成的具有特定功能的结构单位。

维管植物主要有皮系统、维管系统和基本系统三种。皮系统包括表皮和周皮，它们覆盖于植物各器官的表面，形成一个植物体的连续保护层。维管系统包括输导有机养料的韧皮部和输导水分的木质部，它们连续贯穿于整个植物体，把生长区、发育区、有机养料的生产区和储存区有机地连接起来。基本系统包括各类薄壁组织、厚角组织和厚壁组织，它们是植物体各部分的基本组成。在植物体中，维管系统包埋于基本系统之中，而外面又覆盖有皮系统。除表皮或周皮始终包被在最外层外，植物体各个器官的变化主要表现在维管组织和基本组织相对分布上的差异。

第三节　哺乳动物的器官系统

高等动物和人体的器官按其生理机能不同可以分为皮肤系统、运动系统、消化系统、循环系统、呼吸系统、泌尿系统、生殖系统、神经系统和内分泌系统。在机体内，这些系统相互联系、相互合作、密切配合，并在神经系统和内分泌系统的调节控制下，执行着不同的生理功能，完成整个生命活动，使生命得以生存和延续。

一、皮肤系统

1. 皮肤的结构

皮肤是一个多功能的结构系统，覆盖于体表面，具有保护、感觉、排泄、呼吸等功能。哺乳类皮肤由表皮、真皮以及皮下组织组成。如图 3-31 所示为皮肤结构模式图。

表皮位于皮肤的表层，由复层扁平上皮组织构成。最浅层是角质层，由多层扁平的角质细胞构成，不断角质化、死亡而脱落，由深层细胞不断补充。最深层是基底层细胞，由一层

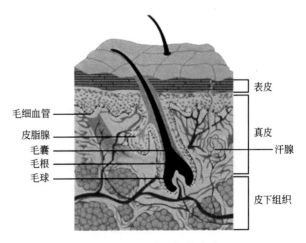

图 3-31　皮肤结构模式图

矮柱状细胞构成，能不断分裂产生新的细胞，并逐渐向浅层推移，以补充表层不断脱落死亡的角质层细胞。

真皮位于表皮深层，由致密结缔组织组成，富有胶原纤维和弹性纤维，互相交错呈网状，使皮肤具有很大的韧性和弹性。真皮内含有较多的血管、淋巴管、神经末梢、汗腺、皮脂腺、毛囊、色素细胞等。真皮的下方有一层由疏松结缔组织和脂肪组织所组成的皮下组织。皮下组织是连接皮肤与肌肉之间的组织，具有保持体温和缓冲机械压力的作用。

2. 皮肤衍生物

高等动物的皮肤在进化过程中衍生出许多不同的构造，皮肤的衍生物包括发、毛、爪、蹄、指（趾）甲、汗腺、皮脂腺、乳腺等。

（1）皮肤衍生的坚硬结构　毛由表皮角质化而成，分布于大部分体表面。露于皮肤以外的叫毛干，埋在皮肤内的叫毛根。毛根外为圆筒状的毛囊所包围，毛发是从毛囊长出来的。毛发的不断生长是由于毛囊基部的细胞迅速增殖，具有防御、保温的功能。皮肤衍生的坚硬构造还有指（趾）甲、角等，指（趾）甲是由牢固地生长在指（趾）末端背面上的角质板（甲板）及它周围的组织组成。角为有蹄类的防卫武器，为头部表面和真皮部分的特化产物。

（2）皮肤腺　哺乳类表皮衍生物还有汗腺、味腺、皮脂腺及乳腺等，具有分泌、排泄等功能。

汗腺分布于动物身体的大部分，位于真皮和皮下组织内，为弯曲的管状腺，盘曲成团，其外包以丰富的血管，导管部通过表皮开口于体表的汗孔，通过出汗，除了排泄水、电解质和代谢产物外，还起到调节体温、湿润皮肤的作用。

大多数哺乳类的皮脂腺遍及全身，人类在头皮和脸上最多。皮脂腺与毛囊紧密地联系在一起，为一种泡状腺，直接开口于表面。其分泌皮脂除了润泽皮肤及维护毛发的柔韧和光泽外，皮脂中的脂肪酸还有杀菌的作用。

味腺由汗腺或皮脂腺演化而来，能分泌带有气味的化学物质，具有招引和趋避作用。乳腺为管泡状腺，开口于乳头，分泌乳汁以哺育初生的幼体，哺乳类名称由之而来。

二、运动系统

运动系统由骨、骨联结和骨骼肌三种器官组成。骨以不同形式的骨联结联系在一起构成动物和人体的支架，称为骨骼。在运动中骨起杠杆作用，骨联结起着枢纽作用，而骨骼肌收缩则是运动的动力。骨骼肌在神经的支配下收缩，牵拉所附着的骨，以可动的骨联结为枢纽，产生各种杠杆运动。运动系统除了运动功能外，还具有维持体形、保护内脏等功能。

1. 骨

成人骨共有206块，约占体重的20%，分中轴骨和四肢骨。每一块骨都有一定的形态结构，并有血管、神经分布，故每块骨都是一个器官。全身的骨联结在一起形成骨骼，其组成如下所述。

全身骨的形态多样，其形态与所担负的功能相关，一般分为长骨、短骨、扁骨和不规则骨4类（图3-32）。

长骨主要存在于四肢，呈长管状，可分为一体两端。体又叫骨干，其外周部骨质致密，中央为容纳骨髓的骨髓腔。

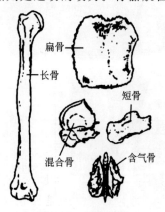

图3-32　骨的形态

扁骨
长骨
短骨
混合骨
含气骨

两端较膨大，称为骺。骺的表面有关节软骨附着，形成关节面，与相邻骨的关节面构成运动灵活的关节，以完成较大范围的运动。

短骨为形状各异的短柱状或立方形骨块，多成群分布于手腕、足的后半部和脊柱等处。短骨能承受较大的压力，常具有多个关节面与相邻的骨形成微动关节，并常辅以坚韧的韧带，构成适于支撑的弹性结构。

扁骨呈板状，主要构成颅腔和胸腔的壁，以保护内部的脏器，扁骨还为肌肉附着提供宽阔的骨面，如肢带骨的肩胛骨和髋骨。

不规则骨的形状不规则且功能多样，有些骨内还生有含气的腔洞，叫做含气骨，如构成鼻旁窦的上颌骨和蝶骨等。

2. 骨联结

骨与骨之间的联结称骨联结，因为人体各部分骨的功能不同，骨联结的方式也不同，可分为直接联结和间接联结（图3-33）。

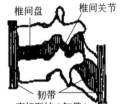

直接联结（软骨）　　直接联结（缝）

椎间盘　椎间关节

间接联结（关节）　韧带　直接联结（韧带）

图3-33　骨联结的类型

（1）直接联结　直接联结是骨与骨之间以结缔组织膜或软骨直接联结，如颅骨之间的骨缝、椎骨之间的椎间盘等。直接联结的活动范围很小。

（2）间接联结　间接联结称为关节，这是全身骨骼的主要联结方式。关节活动范围大，不同形式的关节可以做各种不同的运动。全身关节尽管有各种形式，复杂程度也不同，但都具有关节面、关节囊、关节腔等基本结构。

3. 骨骼肌

人全身肌肉共600多块，占成人体重的40%，根据部位可分为头颈肌、躯干肌和四肢肌。肌的形态多种多样，有长肌、短肌、阔肌、轮匝肌等基本类型。长肌多见于四肢，主要为梭形或扁带状，肌束的排列与肌的长轴相一致，收缩的幅度大，可产生大幅度的运动，但由于其横截面肌束的数目相对较少，故收缩力也较小；另有一些肌有长的腱，肌束斜行排列于腱的两侧，酷似羽毛名为羽状肌（如股直肌），或斜行排列于腱的一侧，叫半羽状肌（如半膜肌、拇长屈肌），这些肌肉其生理横断面肌束的数量大大超过梭形或带形肌，故收缩力较大，但由于肌束短，所以运动的幅度小。短肌多见于手、足和椎间。阔肌多位于躯干浅部，构成体腔的壁。轮匝肌则围绕于眼、口等孔裂部位。

三、消化系统

哺乳动物和人的消化系统由消化管和消化腺组成，如图3-34所示为人体消化系统组成。消化管包括口腔、咽、食道、胃、小肠、大肠和肛门。消化腺体可分大、小两种，大消化腺是独立存在的器官，如唾液腺、肝脏、胰腺，它们以导管与

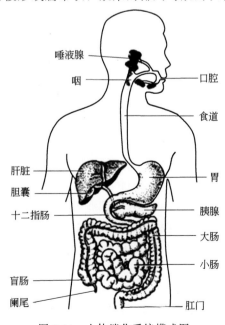

唾液腺
咽
口腔
食道
肝脏
胆囊
十二指肠
胃
胰腺
大肠
小肠
盲肠
阑尾
肛门

图3-34　人体消化系统模式图

消化管相通。小消化腺则位于消化管的管壁内，如胃腺、小肠腺等，它们直接开口于消化管管腔内。

1. 消化管

（1）消化管的一般结构　除口腔和咽外，消化管各部分的结构具有一些相似的特征，由内向外一般分为黏膜层、黏膜下层、肌层和外膜4层。

① 黏膜层。位于消化管壁的内层，由黏膜上皮、黏膜固有层和黏膜肌层组成。黏膜上皮位于最内层，因所在部位不同其结构与功能有所差异，如口腔、食道、肛门的上皮为复层扁平上皮，以运输物质和机械作用为主，起保护作用。胃、小肠、大肠等处的上皮为单层柱状上皮，有分泌、消化和吸收作用。黏膜固有层位于黏膜上皮深层，主要由疏松结缔组织构成，内有神经、血管、淋巴管及小腺体，起联结、支持、缓冲、营养作用。黏膜肌层位于黏膜固有层之下，由平滑肌构成，收缩时可引起黏膜形状改变，促进腺体分泌、血液和淋巴液的流动、营养成分的吸收等。

② 黏膜下层。黏膜下层是联结黏膜层和肌层的疏松结缔组织，含有较大的神经、血管、淋巴管及腺体、脂肪等。其在管腔扩大和缩小时起缓冲作用。

③ 肌层。肌层主要由平滑肌构成，排列成内环行和外纵行两层，环行肌和纵行肌交替收缩，使管腔缩小或管道缩短，促进食物与消化液的混合及营养物质的吸收，并将内容物向前推进。

④ 外膜。外膜由薄层结缔组织构成者称纤维膜，分布于食道、大肠末段，与周围组织分界不明显，主要起联结作用。由薄层结缔组织与间皮共同构成者称浆膜，多分布于胃、大部分小肠和大肠，表面光滑，利于胃肠的蠕动。

（2）消化管的组成

① 口腔。口腔是消化管的起始部分，内有牙齿、舌和唾液腺，具有咀嚼、吞咽、味觉、初步消化食物等作用。人的口腔中含有3对大唾液腺，即腮腺、颌下腺和舌下腺。

② 咽。咽与呼吸系统及消化系统均相关，是消化与呼吸的交叉部位。哺乳动物的咽构造完善，前接口腔，后通喉与食道。由于次生腭的形成，内鼻孔也开口达咽部，故咽部是消化管与呼吸道的交叉处。在咽部两侧还有耳咽管的开口，可调节中耳腔内的气压而保护鼓膜。咽部周围有淋巴腺体（扁桃体）分布。喉门外有一块会厌软骨，其启闭以解决咽、喉交叉部位呼吸与吞咽的矛盾。

③ 食道。食道紧接咽之后，是一细长的肌性管道，上端与咽相接，下端接胃，管径较小。食道为食物通过之通道，无消化作用。

④ 胃。胃是哺乳动物消化道的重要部分，由食道后面的消化管膨大形成，是消化管最膨大的部分，有储存食物、使食物与胃液充分混合及消化食物的功能。胃壁的肌肉层非常发达，胃黏膜内有丰富的腺体，可分泌大量胃液进行消化。哺乳动物身体较宽，胃呈囊状，大都弯曲横卧于腹腔内。胃的前端以贲门接食道，后端以幽门与肠相通。其形态常因食性的不同而变化，多数哺乳类为单胃；草食性哺乳动物为复胃，又称反刍胃，一般由4室组成，即瘤胃、蜂巢胃（网胃）、瓣胃和腺胃（皱胃）。仅腺胃为胃本体，具有腺上皮，能分泌胃液，其他3个胃室均为食道的变形。

⑤ 小肠。小肠是哺乳动物消化道中最长的部分，包括十二指肠、空肠及回肠。小肠分化程度高，由内向外有黏膜层、黏膜下层、肌层和外膜（图3-35）。其黏膜内富有绒毛、血管、淋巴和乳糜管，加强了对营养物质的吸收作用。

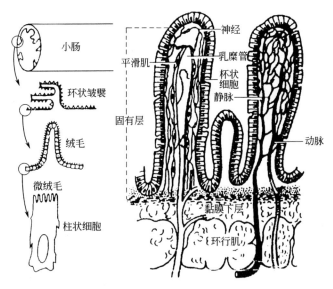

图 3-35 小肠横切及小肠绒毛构造

小肠的主要功能是消化和吸收。小肠的吸收作用就是把消化管内已消化好的简单的小分子物质透过小肠黏膜吸收入血液的过程。小肠绒毛表面为一层黏膜上皮细胞，内有毛细血管网和毛细淋巴管，绒毛里还有平滑肌纤维，能不断地收缩与舒张，可以加速营养物质进入毛细血管和毛细淋巴管。水、无机盐、葡萄糖、氨基酸和水溶性维生素等被小肠绒毛吸收后进入毛细血管，由肝门静脉运送入肝以后，再由肝静脉进入体循环，供全身组织利用。脂肪微粒以及甘油、脂肪酸被小肠绒毛吸收后，一部分进入毛细血管，由静脉入肝，大部分则进入毛细淋巴管，由淋巴管运送，最后由胸导管进入血液循环。脂溶性维生素随脂肪一起被吸收。

⑥ 大肠。大肠是消化管最后的一段，一般较小肠粗大。较小肠短，黏膜上无绒毛，其黏液腺能分泌碱性黏液保护和润滑肠壁，以利粪便排出。在大肠开始部的一盲支为盲肠，其末端有一蚓突。盲肠在单室胃的食草动物特别发达，除海象、犰狳、大食蚁兽、蹄兔等有1对盲肠外，其他哺乳动物都只有1个盲肠。哺乳动物的大肠可分为结肠与直肠，结肠又分为升结肠、横结肠和降结肠三部分，人类结肠末端呈S形弯曲，这可能是对直立行走的适应。直肠直接以肛门开口于体外（泄殖腔消失），是哺乳类与两栖类、爬行类、鸟类的显著区别。大肠的主要机能是吸收水分和形成粪便。

2. 消化腺

哺乳动物和人的消化腺包括唾液腺、胃腺、胰腺、肝脏和小肠腺。肝脏和胰腺分别分泌胆汁和胰液，注入十二指肠。

（1）唾液腺 唾液腺为泡状腺体，腺泡分泌的唾液通过导管排入口腔。唾液是无色、无味、近于中性的液体，含有淀粉酶、溶菌酶、黏蛋白、球蛋白和少量无机盐等。

（2）胃腺 胃壁固有层内布满由上皮下陷形成的胃腺。胃腺分泌一种无色且呈酸性的胃液，其成分主要是盐酸、胃蛋白酶和黏液。

（3）胰腺 胰腺为一条带状腺体，分泌胰液。胰液经由胰管输入到十二指肠，对食物消化具有重要作用。胰液是无色、无臭的碱性液体，含胰淀粉酶、胰脂肪酶、胰蛋白酶和糜蛋白酶等。

（4）**肝脏**　肝脏是最大的消化腺。它由若干个肝小叶组成。肝细胞分泌胆汁，由胆管汇入十二指肠。胆汁是黏稠而味苦的液体，它可以激活脂肪酶，促进脂肪的消化，并促进对维生素 A、维生素 D、维生素 E、维生素 K 的吸收。

肝脏的主要机能：①分泌胆汁。胆汁对脂肪的消化和吸收起重要作用。②代谢功能。肝脏是合成蛋白质的重要场所，也是分解蛋白质的场所；肝脏还是维持血糖稳定的主要器官，同时又是脂肪酸氧化与合成的场所。③解毒功能。来自体外的有毒物质和机体代谢产生的毒性物质，均在肝脏内通过各种酶的作用转变为无毒或毒性小的物质。

四、循环系统

循环系统是动物和人体内的运输系统，它将消化系统吸收的营养物质和呼吸系统交换的氧气输送到各组织器官，并将各组织器官的代谢产物及时运输到肺、肾排出体外，以维持内环境的相对稳定。由于管道内流动的液体成分不同，循环系统分为血液循环和淋巴循环。

1. 血液循环系统组成

哺乳动物的血液循环系统由心脏、血管和血液组成。

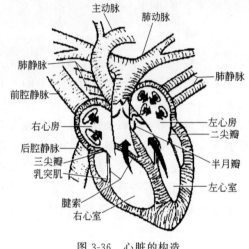

图 3-36　心脏的构造

（1）**心脏**　哺乳动物和人的心脏有四个腔即左、右心房和左、右心室，心房接受静脉回流的血液，心室射血入动脉。心脏主要由心肌组成，是血液循环的动力器官。心脏节律地收缩与舒张，不停将血液从动脉射出、由静脉吸入，推动血液在心血管内周而复始地循环流动，使机体各组织、器官能不断地吐故纳新、新陈代谢（图 3-36）。

（2）**血管**　哺乳动物的血管由动脉、静脉和毛细血管组成。动脉是由心室发出的血管，在行程中不断分支，最后移行为毛细血管。哺乳动物仅具有左体动脉弓。左体动脉弓弯向背方为背大动脉，直达身体末端。沿途发出各个分支到达全身。大动脉的弹性纤维和平滑肌成分较多，随着动脉分支逐渐变细，壁中平滑肌所占的比例越来越大。静脉是引导血液流回心房的血管。小静脉起始于毛细血管，逐渐汇合成中静脉、大静脉，直到腔静脉。静脉与同级动脉相比，管径较大，管壁较薄，弹性较小。哺乳动物静脉系统趋于简化，主要表现在：相当于低等四足动物的成对的前主静脉和后主静脉，大体上被单一的前大静脉（上腔静脉）和后大静脉（下腔静脉）所代替；肾门静脉消失。来于尾部及后肢的血液直接注入后大静脉回心。肾门静脉（以及腹静脉）的消失使尾及后肢血液回心时，减少了一次通过微细血管的步骤，有助于加快血流速度和提高血压；腹静脉在成体消失。毛细血管是最细小的血管，连于小动脉与小静脉之间，分支多，数量大，彼此连通构成网状。毛细血管管壁由一层内皮细胞构成，通透性强，血液与组织间的物质交换均通过毛细血管进行。

（3）**血液**　血液是一种广义的结缔组织，由液体的血浆和悬浮于其中的几种血细胞组成。人的血细胞包括红细胞、白细胞、血小板；血浆是由血清和纤维蛋白原组成的。血浆中含水分（90%～92%）、蛋白质（6.2%～7.9%）、无机盐（约 0.9%）及少量非蛋白含氮物质。血液具有运输、防御和保护以及维持机体内环境的稳定等功能。

2. 淋巴系统的组成

淋巴系统由淋巴管、淋巴结和脾等组成，哺乳动物的淋巴系统极为发达，身体内除脑、脊髓、骨骼肌和软骨组织外，几乎都有淋巴管分布，但淋巴管往往不易看见，因为淋巴管和其中的淋巴液都是无色透明的。

(1) 淋巴管 淋巴管是发源于组织间隙间的、先端为盲端的微淋巴管。微淋巴管是一种可变异的结构，因而管壁的缺口时开时闭，可将不能进入微血管的大分子结构（如蛋白质、异物颗粒、细菌以及抗原）从组织液中摄入，并把它们过滤掉或加以中和。

(2) 淋巴结 淋巴结为圆形或椭圆形结构，由网状内皮组织及淋巴组织所构成，遍布于淋巴系统的通路上。淋巴结的主要功能是产生淋巴细胞、浆细胞、抗体，过滤淋巴液中的细菌、异物，这种过滤功能主要是由淋巴结的巨噬细胞完成的。

(3) 脾 脾是最大的淋巴器官，能产生淋巴细胞，滤过血液并清除其中的异物和细菌等。

五、呼吸系统

哺乳动物的呼吸系统十分发达，特别在呼吸效率方面有了显著提高，保证了机体旺盛的新陈代谢对氧气的需要。呼吸系统由呼吸器官组成，包括鼻腔、咽、喉、气管和支气管以及肺（图 3-37）。

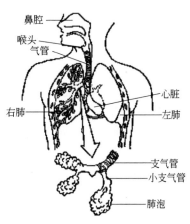

图 3-37 人的呼吸系统

(1) 鼻腔 由于硬腭和软腭的出现，哺乳动物的鼻腔和口腔完全分开，鼻腔的上端有发达的鼻甲骨，其黏膜表面布满嗅觉神经末梢，可分为上端的嗅觉部分和下端的通气部分。另外，伸入到头骨骨腔内的鼻旁窦，增强了鼻腔对空气的温暖、湿润和过滤作用，同时也是发声的共鸣器。

(2) 咽 咽前部与口腔和鼻腔相通，后部与喉和食管相连，是消化和呼吸的交叉部分。

(3) 喉 喉为气管前端的膨大部分，哺乳动物的喉构造完善，由黏膜、肌肉、软骨及韧带构成。喉部软骨除环状软骨和杓状软骨外，还具有哺乳类特有的甲状软骨和会厌软骨。

(4) 气管和支气管 气管位于食道的腹面，进入胸腔后分叉成一对支气管通入肺。气管与支气管的管壁由许多背面不相衔接的半环状气管软骨构成，缺口处有弹性纤维膜联系，当气体出入时，管壁不至于塌陷，保证了空气的畅通。管腔黏膜上皮有纤毛和气管腺，可过滤吸入的空气，气管腺分泌的黏液能黏附空气中的尘粒，纤毛可向咽喉方向摆动，将尘粒与细菌随黏液一起移至喉口，经鼻或口排出。

(5) 肺 哺乳动物的肺结构复杂，由支气管树和最盲端的肺泡组成。支气管树是支气管入肺后反复分支所形成的树枝状结构，由各级细支气管组成。肺泡由单层扁平上皮细胞组成，外面密布微血管，是气体交换的场所。肺泡数量极多，大大增加了气体交换的表面积。如羊的肺泡总面积可达 $50 \sim 90 m^2$，马的肺泡达 $500 m^2$，人的肺泡为 $70 m^2$（相当于人体表面积的 40 倍），提高了气体交换的效率。肺泡之间分布有弹性纤维，伴随呼气动作可使肺被动地回缩。

六、泌尿系统

哺乳动物和人的泌尿系统构造完善，包括肾脏、输尿管、膀胱和尿道（图 3-38）。此

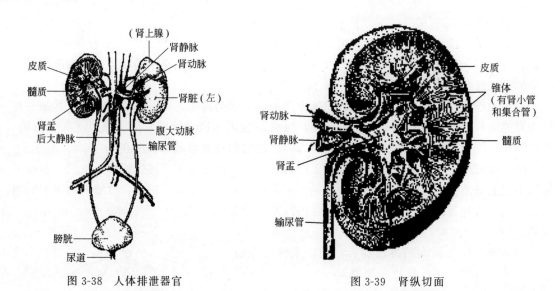

图 3-38　人体排泄器官　　　　　　　　图 3-39　肾纵切面

外，皮肤也是哺乳类特有的排泄器官。排泄系统的主要功能是排出机体代谢终产物（如尿素、尿酸、肌酐、肌酸等）、多余的水及各种电解质，同时调节水盐平衡、酸碱平衡和电解质平衡，以维持机体内环境的相对稳定性。

（1）肾脏　　肾是形成尿液的主要器官，哺乳动物的肾脏通常由一对组成，位于腹腔背面、脊柱的两侧。形似蚕豆状，内缘凹陷称肾门，是输尿管、动脉、静脉、神经、淋巴管分别出入处。在肾门部，输尿管的起端扩大成肾盂。肾由皮质和髓质两部分组成，通过肾门将肾纵切，可见肾分内、外两层。皮质在外层，颜色较深，富于血管，由无数肾小体、肾小管及血管构成。髓质在内层，颜色较浅，由许多肾锥体构成，锥体尖端开口于漏斗状的肾盂（图 3-39）。

肾单位是肾的结构和功能单位。每一肾脏有数十万甚至数百万个肾单位。每个肾单位由肾小体和与之相连的肾小管组成。肾小体位于皮质内，为肾单位的起始部，由肾小球和肾小囊组成。肾小球是由一条粗而短的入球小动脉进入肾小囊后，分成许多毛细血管弯曲盘绕而成的球状结构。最后，这些毛细血管又汇成一条出球小动脉离开肾小球，这种结构使肾小球的血压较高，是肾小球具有滤过作用的重要因素。肾小囊是由单层扁平上皮细胞构成的杯形的双层壁的囊，内层紧贴于肾小球，外层构成一完整的壁。内、外两层之间的囊腔，与肾小管相通。肾小管是一根细小而弯曲的管道，上与肾小囊相连，下与集合管相通，管壁由单层

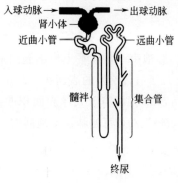

上皮细胞组成。肾小管又分成三段：第一段是近曲小管，迂曲在肾小囊附近，与肾小囊相连；第二段是髓袢，这段肾小管变细下行至髓部后，立即转回至肾小囊附近；最后一段为远曲小管，管径又变粗大，高度迂曲，末端与集合管相通（图 3-40）。

（2）输尿管　　输尿管是细长的肌性管道，上端与肾盂相连，下端开口于膀胱内。输尿管壁由平滑肌组成，可做蠕动运动，其蠕动波能促使尿液向膀胱运输。

（3）膀胱　　膀胱为囊状肌性器官，是暂时储存尿液的器官。壁由黏膜层、肌层和外膜构成，肌层由平滑肌

图 3-40　肾单位及肾小体

纤维构成，收缩时可使膀胱内压升高，压迫尿由尿道排出。

（4）尿道 尿道是从膀胱通往体外的管道，起于膀胱，止于尿道口。

七、生殖系统

生殖系统是指参与和辅助生殖过程及性活动的组织、器官的总称。生殖系统的主要功能是产生生殖细胞、繁殖后代和分泌性激素。哺乳动物和人类的生殖是由一些专门的器官来完成的，成熟的生物体能够产生与自己相似的子代个体的功能称为生殖，这是生物群体繁衍种族、延续生命的重要活动之一。

哺乳动物生殖系统的主要特征是：雌性动物的两个卵巢都有机能，卵在输卵管内受精，胚胎在子宫内充满液体的羊膜囊中发育，胚胎发育所需营养来自母体胎盘血，胎儿产出后还必须以母体乳腺分泌的乳汁哺育，胎生和哺乳大大提高了后代的成活率。

哺乳动物和人类是体内受精，因此生殖系统的结构比较复杂，主要包括性器官和附属性器官，前者主要功能是产生生殖细胞和分泌性激素，后者主要是辅助性活动、完成受精及保障胚胎的发育。

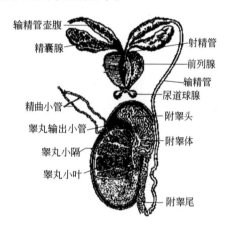

图 3-41 睾丸和附睾示意图

1. 雄性生殖系统

雄性生殖系统包括睾丸、附睾、输精管、交配器和副性腺。

（1）睾丸 睾丸是产生精子和分泌雄性激素的器官（图 3-41）。绝大多数哺乳动物的睾丸在胚胎时便从腹腔经腹股沟下降到腹腔外的阴囊内。睾丸的外面有两层被膜，即固有鞘膜和白膜。固有鞘膜是腹膜脏层的一部分；白膜为很厚的结缔组织被膜。睾丸内部实质被结缔组织的中隔分为许多锥形睾丸小叶。每个睾丸小叶内有弯曲的小管即精曲小管，精曲小管上皮由多层生精细胞构成，靠近浅层的细胞不断分裂增殖，发生变化发育成精子。在精曲小管之间有睾丸间质细胞，该细胞能合成和分泌雄性激素——睾酮。

（2）附睾 附睾是紧接睾丸的排精管道，细长弯曲，可分为附睾头、附睾体和附睾尾。精子在附睾里停留很长的时间，并经历重要的发育阶段而达生理上的完全成熟。

（3）输精管 输精管与附睾尾部相连，是一条壁很厚的肌性管道。靠近输精管的末端部分膨大，成为输精管壶腹，然后与精囊腺的导管混合成射精管，穿过前列腺开口于尿道。尿道是尿液和精液的共同通道。

（4）阴茎 阴茎是雄性的交配器官。阴茎内有阴茎海绵体一对和尿道海绵体一个，前者位于阴茎背侧，后者位于腹侧，尿道贯行其中。

（5）副性腺 哺乳动物的副性腺有精囊腺、前列腺和尿道球腺 3 种，它们的分泌物是构成精液的主体。精液中除精子和少量液体是由睾丸和附睾产生外，其余大部分是由副性腺分泌的。副性腺的分泌物构成精子活动的适宜环境、增加射出精液的总量、促进精子在雌性生殖道内的活动能力并供给精子营养、呼吸等活动的需要。

2. 雌性生殖系统

雌性生殖系统包括卵巢、输卵管、子宫、阴道和外阴等（图 3-42）。

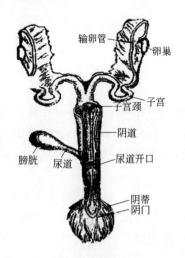

图 3-42　雌兔的生殖
系统（背侧图）

(1) 卵巢　卵巢是产生卵子和分泌雌性激素的器官，呈卵圆形，左右各一，终生留在腹腔内。卵巢表层为生殖上皮，内有由生殖上皮产生的处于不同发育时期的滤泡，每个滤泡内含有一个卵细胞，其外有滤泡液，含有雌性激素，卵成熟滤泡破裂，卵及滤泡液即排出。

(2) 输卵管　输卵管为一对细长弯曲的管道。近端与子宫相连，开口于子宫腔内；远端接近卵巢，但并不与之直接相连，而是以喇叭状开口于体腔。成熟的卵子从卵巢破裂出来后落入喇叭口，由于输卵管壁肌肉的蠕动及管壁上纤毛的运动，使卵子沿输卵管向子宫方向运行。一般受精是在输卵管上部完成。

(3) 子宫　输卵管的后部膨大称子宫，它是胎儿发育的地方。

哺乳动物子宫按照愈合程度的不同，可分为双子宫、双分子宫、双角子宫、单子宫等类型。

(4) 阴道　与子宫下面接连的是阴道。阴道位于直肠的腹侧，膀胱的背面，可分为固有阴道和阴道前庭两部。尿道开口于阴道前庭的腹侧壁上，因此，阴道前庭也是尿液排出的通道。

(5) 外阴　外阴部包括阴唇及阴蒂等部分。阴门两侧隆起形成阴唇，左右阴唇在前后侧相连，前联合呈圆形，后联合呈尖形。在前联合的地方有一个小突起称阴蒂，和阴茎为同源器官。

八、神经系统

神经系统由中枢神经系统和周围神经系统组成。中枢神经系统由位于颅腔内的脑和椎管中的脊髓组成。周围神经系统是指中枢神经系统以外的神经系统总称。

1. 中枢神经系统

(1) 脑　脑是中枢神经系统前端膨大的部分，位于颅骨围成的颅腔内，由大脑、小脑、间脑、中脑、脑桥和延髓构成，通常把中脑、脑桥和延髓三部分合称为脑干（图 3-43）。

① 大脑。大脑是中枢神经系统最高

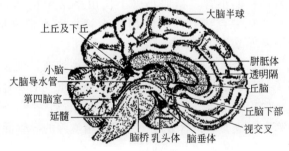

图 3-43　人脑的构造

级部分，由左、右大脑半球构成，两大脑半球之间由神经纤维所构成的胼胝体联结，这是哺乳动物特有的结构。大脑半球表面是大脑皮质，是由神经胞体组成。大量神经细胞聚集使皮质加厚出现皱褶（沟和回）。皮质的内部是由神经纤维（轴突）构成的白质，又叫髓质。大脑皮质具有调节躯体运动、条件反射等许多高级功能。它接受来自全身的各种感觉器传来的冲动，通过分析综合，并根据已建立的神经联系而产生相应的反射活动。

② 小脑。哺乳动物后脑的背侧为极为发达的小脑。两侧膨大的是小脑半球，中间为小

脑蚓部。小脑灰质覆盖在表面形成小脑皮层，这是哺乳动物所特有的结构特征之一，其白质呈树枝状深入灰质。小脑的主要机能是调节肌紧张，协调肌肉运动，维持躯体正常姿态平衡等。

③ 间脑。间脑位于中脑与大脑半球之间，被两侧大脑半球所覆盖。其顶部有松果体，为内分泌腺，可抑制性早熟和降低血糖。哺乳类的松果体趋于缩小。间脑主要分为丘脑和下丘脑。丘脑集中了多个核群，是皮质下感觉中枢，来自全身的感觉冲动（嗅觉除外）均集聚于此处，并更换神经元后再传入大脑皮质。腹面的下丘脑是皮质下自主神经的活动中枢（交感神经中枢），与内脏活动的协调密切相关，同时又是体温调节中枢。

④ 中脑。哺乳动物的中脑相对不发达，体积甚小，中脑腔狭窄呈一管，称中脑水管，与第三、第四脑室相通。中脑背方具有四叠体，前面一对为视觉反射中枢，后面一对为听觉反射中枢。中脑底部的加厚部分构成大脑脚，为下行的运动神经纤维束所构成。

⑤ 脑桥。在两小脑半球之间以横行神经纤维束构成的隆起称为脑桥。脑桥是小脑与大脑之间联络通路的中间站，而且是哺乳类所特有的结构。愈是大脑及小脑发达的种类脑桥愈发达。

⑥ 延髓。延髓又称延脑，上与脑桥相连，下与脊髓相连，两者结构相似。延脑除了构成脊髓与高级中枢联络的通路外，还具有一系列的脑神经核。脑神经核的神经纤维与相应的感觉和运动器官相联系。延髓具有调节呼吸、循环、消化、汗腺分泌以及各种防御反射（如咳嗽、呕吐、泪分泌、眨眼等）的功能，又称生命活动中枢。

(2) 脊髓 脊髓位于椎管内，呈扁圆柱形，上端与延脑相连，下端止于终丝。脊髓表面有数条平行的纵沟，前面正中的沟较深，称前正中裂；后面正中的沟较浅，称后正中沟。脊髓由灰质和白质构成。在脊髓横切面上可见"H"形区，颜色发暗的为灰质，灰质外围色淡的为白质。由脊髓灰质的两个前角和两个后角发出的神经纤维称作前根和后根，两者汇合成为脊神经。前根主要是运动神经，后根主要为感觉神经。白质中的神经纤维束有升束和降束。升束是传导冲动上行到脑，降束则由脑传送冲动到效应器。各束的传导都是交叉的，结果是左脑控制身体的右侧，接受身体右侧的神经冲动；右脑控制身体左侧，接受身体左侧的神经冲动。这种神经纤维的交叉，有的在脊髓内，有的在脑中。

脊髓作为中枢神经能够完成简单的反射，称为脊髓反射。感觉神经将冲动传入脊髓，通过脊髓直接将冲动传向运动神经引起反射活动。

2. 周围神经系统

周围神经系统是由于其分布位置在中枢神经系统的外围而得名，包括脑神经、脊神经和植物性神经。

(1) 脑神经 哺乳动物的脑神经发自脑部腹面的不同部位，共发出 12 对脑神经，分别司感觉和运动的功能或兼而有之。

(2) 脊神经 脊神经连于脊髓，共 31 对，每对脊神经由前根和后根在椎间孔处合成。前根由脊髓前角运动神经元的轴突及侧角的交感神经元或副交感神经元的轴突组成。这些纤维随脊神经分布到骨骼肌、心肌、平滑肌和腺体，支配和控制肌肉的收缩和腺体分泌，故前根神经元的功能是运动性的。后根由脊神经节内感觉神经元的轴突组成。感觉神经元的轴突随脊神经分布至身体各部，并形成各种感觉神经终末结构，感觉各种刺激。

(3) 植物性神经 植物性神经称自主神经，是指分布到心、肺、消化道及其他内脏器官的神经而言，是由交感神经系统和副交感神经系统组成。这一系统的主要特点是不受大脑控

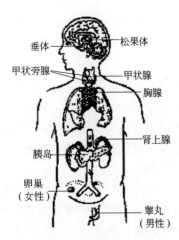

图 3-44　人体的内分泌腺

制，既不能随意地改变心跳速度，也不能让肠胃的蠕动速度改变，所以称其为自主神经系统。其另一特点是每个内脏器官同时接受交感和副交感两种神经纤维的支配，而它们的作用正好相反，一个起加强作用，另一个起减弱作用。哺乳动物的植物神经系统十分发达，其主要功能是调节内脏活动和新陈代谢过程，保持体内内环境的平衡。

九、内分泌系统

内分泌系统由许多内分泌腺和分散于某些组织器官中的内分泌细胞组成。内分泌系统对于调节机体内环境的稳定、代谢、生长发育和行为等有着十分重要的意义。哺乳动物和人的内分泌系统构成相似，包括垂体、甲状腺、肾上腺、胰岛、胸腺和性腺等（图 3-44）。

1. 垂体

垂体是人体内最重要的内分泌腺，成年人垂体重 0.5～0.6g，其结构复杂，分泌多种激素，作用广泛并调节其他内分泌腺的活动。垂体根据其结构和功能可分为腺垂体和神经垂体。

（1）腺垂体分泌的主要激素　腺垂体分泌的激素至少有 7 种，其中生长素、催乳素、促黑素细胞激素是直接作用于靶细胞和靶组织发挥作用，分别调节机体的生长、发育和代谢作用。另外一些调节其他内分泌腺活动的促激素，如促肾上腺皮质激素、促甲状腺激素、促卵泡激素和促黄体生成素，它们均有各自的靶腺，分别调节肾上腺皮质、甲状腺和性腺的活动，通过促进靶腺分泌激素而发挥作用。

① 促激素。促甲状腺激素能促进甲状腺组织增生及甲状腺激素的合成和分泌；促肾上腺皮质激素能促进肾上腺皮质分泌糖皮质激素和性激素；促性腺激素有两种即促卵泡激素和促黄体生成素，前者刺激卵巢中卵泡的发育，后者有促进卵巢黄体生成和发挥作用的功能。

② 生长素。生长素促进机体生长和体内物质的代谢，主要作用是提高蛋白质的合成、促进脂肪的分解，以及促进骨、软骨、肌肉及其他组织细胞的分裂增殖。

③ 催乳素。催乳素促使发育完全且具备泌乳条件的乳腺始动和维持分泌。

④ 促黑素细胞激素。促黑素细胞激素促使分布于皮肤、毛发、虹膜及视网膜上的黑素细胞生成黑色素。

（2）神经垂体释放的激素　神经垂体是由大量的神经纤维、垂体细胞、丰富的毛细血管和少量的结缔组织构成，由下丘脑的视上核和室旁核神经元胞体合成的抗利尿激素和催产素，经轴浆输送到神经部，在此储存或释放入血液。抗利尿激素可以促进远曲小管和集合管对水的重吸收，起到抗利尿的功能。另外，在脱水或失血情况下，该激素增多可使血管收缩，血压升高，对维持血压的恒定有一定的意义。催产素则能促进乳汁排出和刺激子宫收缩。

2. 甲状腺和甲状腺素

甲状腺（图 3-45）是人体中最大的内分泌腺，位于气管上端甲状软骨两侧，分左右两叶，呈"H"形，重 20～30g。甲状腺分泌的甲状腺素具有很强的促进物质代谢和能量代谢的功能，能加速组织内糖和脂肪的氧化分解过程，使机体的耗氧量和产热量增加。甲状腺激素能促进组织分化、生长和发育，特别是对骨骼发育有十分重要的作用。因甲状腺机能低下导致的呆小病患者，生长显著受阻，表现为骨化中心出现晚，身材矮小。甲状腺激素对促进神经系统的发育和维持神经系统的正常活动起重要作用。当甲状腺功能低下时表现为反应迟钝、记忆力减退、嗜睡等；当甲状腺功能亢进时则表现为容易激动、烦躁兴奋、失眠等。

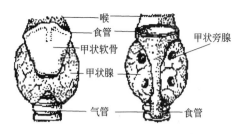

图 3-45 甲状腺及甲状旁腺

3. 甲状旁腺

人类的甲状旁腺一般贴附在甲状腺左右叶的后面，上、下各一对（图 3-45），呈棕黄色，扁椭圆形，总重约 0.1g。甲状旁腺素的功能是调节血钙浓度。甲状旁腺素有促进骨钙溶解、升高血钙作用，而甲状腺滤泡旁细胞分泌的降钙素有抑制骨钙溶解、降低血钙的作用。两者共同调节血液中钙浓度的相对稳定。

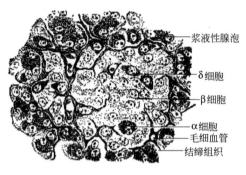

图 3-46 胰腺切片（示胰岛）

4. 胰岛

胰岛是散在于分泌胰液的腺泡组织之间的内分泌细胞团，犹如海岛一样，故称胰岛（图3-46）。人体胰腺中有 25 万～200 万个胰岛，占胰腺总体积的 1%～3%，总重约 1g。胰岛内分泌细胞主要有 α 细胞、β 细胞和 δ 细胞。α 细胞分泌胰高血糖素，β 细胞分泌胰岛素，δ 细胞分泌生长抑制素。

胰岛素是调节体内糖、蛋白质和脂肪代谢，维持血糖正常水平的一个重要激素。胰岛素分泌失调时，将引起机体代谢的严重障碍。胰高血糖素最主要的生理作用与胰岛素相反，是促进肝糖原的分解和糖的异生作用，使血糖升高。

5. 肾上腺

肾上腺位于肾的上方，左肾上腺呈半月形，右肾上腺呈三角形。肾上腺实质由外层的皮质和内层的髓质构成。

（1）肾上腺皮质分泌的激素 ①盐皮质激素。主要是醛固酮，能促进肾远曲小管和集合管对钠、水的重吸收及排出钾。②糖皮质激素。主要作用是促进蛋白质和脂肪的分解，促进糖异生，抑制葡萄糖的氧化。③性激素。肾上腺皮质的网状带细胞分泌的性激素量很少，活性低，作用不明显。

（2）肾上腺髓质激素 肾上腺髓质激素有肾上腺素和去甲肾上腺素，生理作用相似。肾上腺髓质分泌的激素生理作用与交感神经紧密联系，共同完成应急反应。当遇到紧急情况时（如恐惧、焦虑、剧痛、暴怒、窒息、过冷、过热、创伤等），肾上腺髓质激素分泌量增大，它们作用于中枢神经系统，提高其兴奋性，使机体处于警觉状态。肾上腺髓质激素引起的各种反应多是动物面临危险时所必需的。

6. 性腺

男性的性腺器官是睾丸，具有双重功能，能够产生精子，又能分泌雄性激素。睾丸分泌的雄性激素主要是睾酮，能够刺激生殖器官的生长发育和男性第二性征的出现。女性的性腺器官是卵巢，也具有双重功能，可产生卵子，并分泌多种激素，其中主要是雌激素和孕激素。雌激素能够促进女性生殖系统的发育，促进女性第二性征的出现并使之维持在成熟状态。

 思考题

1. 简述分生组织的特征、类型及其主要功能。
2. 厚壁组织和厚角组织在结构和功能上有何异同点？
3. 简述输导组织的类型及其主要功能。
4. 简述植物根的初生结构和次生结构。
5. 简述植物茎的初生结构和次生结构。
6. 简述叶的生理功能。
7. 简述植物花的结构。
8. 简述机体四大基本组织的结构和功能特点。
9. 简述体循环和肺循环的途径和意义。
10. 简述氧气和二氧化碳在血液中的运输形式。
11. 试述消化管壁的一般层次结构。
12. 简述尿液生成的基本过程。
13. 试述腺垂体分泌的激素种类及生理作用。
14. 简述性激素主要来自哪些细胞，其主要生理功能如何？

生物的营养、呼吸和调控

第一节　生物的营养

　　生物为了维持生长、发育、代谢、修补等生命活动而摄取和利用营养物质的生物学全过程称为营养。自然界的生物，根据生命活动所需营养物质的性质不同将它们分为两种基本类型：一是生存时能以简单的无机物作为营养物质，称为自养型生物；二是生存时需要复杂的有机物作为营养物质的，称为异养型生物。

　　绿色植物是自养型生物，因为它们可以通过光合作用把二氧化碳和水变成糖类等有机物。动物不能像绿色植物那样依靠自身制造有机物，所以是异养型生物。

一、绿色植物的营养与体内运输

1. CO_2 的摄取

　　绿色植物所需要的 CO_2 主要是通过气孔进入叶片。空气中的 CO_2 经过气孔进入叶肉细胞的细胞间隙，是以气体状态扩散进行的，速度很快。但当 CO_2 通过细胞壁透到叶绿体时，必须溶解在水中，所以扩散速度就会大大减低。陆生植物的根部也可以吸收土壤中 CO_2。浸没在水中的绿色植物，用于光合作用的碳源主要是溶于水中的 CO_2，它可以通过表皮细胞进入叶片中去。

　　在现代化的农业生产中，空气中的 CO_2 浓度对植物的大集约化的生产来说是不能满足的，因此为了提高大棚内 CO_2 的含量，常通过人工的方法输入 CO_2，也可采用燃烧的办法提供 CO_2。在国外，一般是采用燃烧的方法将产生的 CO_2 适时地输送到植物体，以供光合作用所需。

2. 水分的吸收与运输

　　植物的光合作用、细胞呼吸等重要的生命活动还需要大量的水分，这些水分主要是依靠根从土壤中吸收的。根吸收水分最活跃的部位是根尖成熟区的表皮细胞，这些细胞主要靠渗透作用吸收水分。

对于成熟的植物细胞来说，水和溶液都可以通过细胞壁，细胞膜和液泡膜则具有选择通透性。我们可以把原生质层（包括细胞膜、液泡膜和这两层膜之间的细胞质）看作是一层半透膜，这层膜把液泡里面的细胞液和外界溶液隔离开来。细胞液中含有许多溶于水的物质，因此具有一定的浓度，与外界溶液相比往往具有一定的浓度差。当成熟的植物细胞与外界溶液接触时，细胞液就会通过原生质层与外界溶液发生渗透作用。当外界溶液的浓度大于细胞

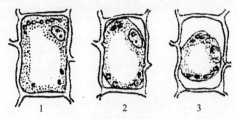

图 4-1 植物细胞的质壁分离

1~3 表示先后顺序

液浓度时，植物细胞就通过渗透作用失水，使细胞壁和原生质层都出现一定程度的收缩，由于原生质层比细胞壁的伸缩性大，当细胞不断失水时，原生质层就会与细胞壁逐渐分离开来，出现质壁分离的现象（图 4-1）。

当外界溶液的浓度小于细胞液的浓度时，植物细胞就通过渗透作用吸水，整个原生质层就会慢慢地恢复成原来的状态，逐渐表现出质壁分离后又复原的现象。通常情况下，土壤溶液的浓度比较低，这样，土壤溶液中的水分就通过渗透作用源源不断进入植物根尖的成熟区表皮细胞。

根吸收的水分通过根、茎和叶中的导管运输到植株的地上部分。其中，一般只有 $1\%\sim 5\%$ 的水分保留在植物体内，参与光合作用和细胞呼吸等生命活动，其余的水分几乎都通过蒸腾作用散失掉了。植物通过蒸腾作用散失水分是植物吸收水分和促使水分在体内运输的重要动力。高大的树木，如果没有蒸腾作用通过散失水分所产生的拉力，水分就不能到达树冠。

无论是花、草、树木还是农作物，它们在一生中都需要不断地吸收水分。不同植物的需水量不同；同一种植物在不同的生长发育时间，需水量也不同，因此要合理灌溉。合理灌溉就是指根据植物的需水规律适时地、适量地灌溉，以便使植物体苗壮生长，并且用最少的水获取最大的效益。

3. 矿质营养的吸收与运输

植物的生命活动不仅需要水分，而且还必须有矿质营养元素的参与。植物对矿质元素的吸收、运输和利用叫做植物的矿质营养。

（1）植物必需的矿质元素　矿质元素是指除了 C、H、O 以外，主要由根系从土壤中吸收的元素。目前，已确定的植物必需矿质元素有 14 种，其中 N、P、S、K、Ca、Mg 属于大量元素；Fe、Mn、B、Zn、Cu、Mo、Cl、Ni 属于微量元素。

（2）矿质元素的吸收与运输

① 矿质元素的吸收。矿质元素一般存在于土壤中的无机盐里。无机盐只有溶解在水中形成离子，才能被植物的根尖吸收，例如，硝酸钾溶解在水中，形成 K^+ 和 NO_3^-，K 和 N 分别是以 K^+ 和 NO_3^- 的形式被根尖吸收的。

科学家曾用菜豆做过实验，发现菜豆的吸水量增加 1 倍时，K^+、Ca^{2+}、NO_3^- 和 PO_4^{3-} 等矿质元素离子的吸收量同原来各自的吸收量相比，只增加了 $0.1\sim 0.7$ 倍。有不少实验甚至得出这样的结果，即植物的吸水量减少时，某些矿质元素离子的吸收量反而增多。可见，植物对水分的吸收和对矿质元素的吸收不是同一过程。

研究发现，土壤溶液中的矿质元素透过根尖成熟区表皮细胞的细胞膜进入细胞内部的过

程，不仅需要细胞膜上载体蛋白的协助，还需要消耗细胞的能量，因此是一个主动运输的过程。由此可见，成熟区表皮细胞主动吸收矿质元素和渗透吸水是两个相对独立的过程。

② 矿质元素的运输和利用。矿质元素进入根尖成熟区表皮细胞以后，随着水分流动进入根尖内的导管，并且进一步运输到植物体的各个器官中。

有些矿质元素（如 K）进入植物体后，仍然呈离子状态，因而容易转移，能够被植物体再度利用。有些矿质元素（如 N、P、Mg）进入植物体以后，形成不够稳定的化合物，这些化合物分解以后，释放出来的矿质元素又可以转移到其他部位，被植物体再度利用。上述两类矿质元素，如果植物体缺乏时，植物表现出幼叶正常，老叶先受到伤害，因此首先患病部位发生在老叶。有些矿质元素（如 Ca、Fe）进入植物体以后，形成难溶解的稳定化合物，不能被植物体再度利用。当这一类矿质元素缺乏时，植物表现出幼叶先受到伤害而老叶正常的现象。这就是说，有些矿质元素在植物体内可以再度被利用，有些矿质元素则只能利用一次。

（3）合理施肥与无土栽培

① 合理施肥。任何一种植物，它们在一生中都需要不断地从外界吸收必需的矿质元素。不同植物对各种必需的矿质元素需要量不同；同一种植物在不同的生长发育时期，对各种必需的矿质元素需要量也不同，因此要合理施肥。合理施肥就是指根据植物的需肥规律，适时地、适量地施肥，以便使植物体茁壮生长，并且获取少肥高效的结果。

② 无土栽培。这是近几十年来迅速发展起来的一项栽培技术，它的最大特点是用人工创造根系的生活环境来取代土壤环境，这样可以做到用人工的方法直接调节和控制根系的生活环境，从而使植物体能够良好地生长发育。目前，我国的无土栽培主要用于温室大棚中蔬菜、水果和花卉的栽种。

4. 有机同化物的转运

植物体内的有机物质从合成部位配送到消耗或储藏场所是由植物体的细胞和特定组织来完成的。按照距离的长短，可分为短距离运输和长距离运输。短距离运输主要是指胞内与胞间运输，距离很短，靠扩散和原生质的吸收与分泌来完成；长距离运输是指器官之间的运输，需要特化的组织，主要由韧皮部来承担完成。

（1）短距离运输

① 胞内运输。胞内运输指细胞内细胞器之间的物质交换，主要方式有物质的扩散作用、微丝推动原生质的环流、细胞器膜内外的物质交换以及囊泡的形成与囊泡内含物的释放等。例如，光呼吸途径中磷酸乙醇酸、甘氨酸、丝氨酸、甘油酸分别进出叶绿体、过氧化物酶体和线粒体，叶绿体中的磷酸丙糖经过磷酸丙糖转运器从叶绿体转移到细胞质，细胞质中的蔗糖进入液泡等。

② 胞间运输。胞间运输有共质体运输、质外体运输及共质体与质外体之间的交替运输三种。

a. 共质体运输。共质体是指植物组织中，细胞的细胞质之间以胞间连丝相互连接而成的一个整体。在共质体运输中，胞间连丝是细胞间物质与信息的通道。无机离子、糖类、氨基酸、蛋白质、内源激素、核酸等均可通过胞间连丝进行转移。

b. 质外体运输。质外体包括细胞壁（内皮层凯氏带除外）、细胞间隙及木质部导管等部分，是一个连续的自由空间。有机物在质外体的运输完全是靠自由扩散的被动过程，速度很快。

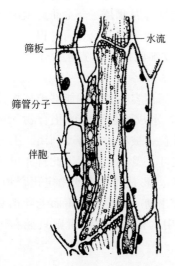

筛板

筛管分子

伴胞

水流

图 4-2　植物的筛管与伴胞

c. 交替运输。植物组织内物质的运输常不限于某一途径，如共质体内的物质可有选择地穿过质膜而进入质外体运输；质外体内的物质在适当的场所也可通过质膜重新进入共质体运输。这种物质在共质体与质外体间交替进行的运输称共质体-质外体交替运输。

在共质体与质外体的交替运输过程中，常需要经过一种特化的细胞，这种细胞称转移细胞。转移细胞在植物界广泛存在，其特征是：细胞壁与质膜向内伸入细胞质中，形成许多皱褶，或呈片层或类似囊泡，扩大了质膜的表面，增加了溶质向外转运的面积。囊泡的运动还可以挤压胞内物质向外分泌到输导系统，即所谓的出胞现象。现已清楚在许多植物的根、茎、叶、花序的维管束附近存在着转移细胞。

（2）长距离运输　用环割的方法已经证明，有机物质的长距离运输通过韧皮部。被子植物的韧皮部是由筛管、伴胞与韧皮薄壁细胞组成（图 4-2）。其中筛管是有机物质运输的主要通道。伴胞与筛管细胞之间有胞间连丝连接，伴胞有核，细胞质浓厚，具有全套的细胞器，与筛管细胞并列配对存在。伴胞的生理功能可能是为筛管细胞提供蛋白质、信使 RNA，维持筛管分子间渗透平衡和调节同化物向筛管的装载与卸出。筛管通常与伴胞配对组成筛管分子-伴胞复合体，并在筛管吸收与分泌同化物以及推动筛管物质运输等方面起重要作用。

二、动物的营养与体内运输

1. 食物与营养

和植物不同，人和动物在生长发育过程中需要不断地从外界摄取食物，才能从中获取能量并构建自身，这个过程称为人或动物的营养。可被机体吸收利用的物质，称为营养物质。现在已知的营养物质有水、无机盐、糖类、脂类、蛋白质和维生素等。

（1）水　水是人和动物体的重要组成部分，同时又是体内运送各种营养物质和代谢产物的载体，也是体温调节不可缺少的物质。水直接参加生化反应，促进各种生理活动进行，对维持血液循环、呼吸、消化、吸收、分泌、排泄等生理活动以及新陈代谢的正常进行有重要意义。

人和动物对水的需要量受多种因素的制约。及时获得足够的清洁饮水是进行正常代谢、生长、发育和维持健康必不可少的条件。

（2）碳水化合物　碳水化合物是由碳、氢、氧三种元素构成，包括单糖、寡糖、淀粉、纤维素等。通常把碳水化合物分为可溶性碳水化合物和粗纤维两大类。

可溶性碳水化合物是一类易溶解的物质，包括单糖、二糖、多糖等，是人和动物体能量物质的主要来源。它们除主要供给人和动物所需的热能外，多余部分可转化为体脂和糖原，储存在机体中以备需要时利用。因此，在动物饲养中可用以育肥，但人在生活中多吃可溶性碳水化合物则容易导致肥胖。

粗纤维由纤维素、半纤维素、木质素等组成，是植物细胞壁的主要组成部分，人和多数动物不能消化。但对草食性动物尤其是复胃动物，粗纤维却是必不可少的，它们可以通过消化粗纤维来获取营养。如在反刍动物和马属动物，粗纤维在瘤胃及盲肠中经发酵形成的挥发性脂肪酸（乙酸、丙酸、丁酸）参与体内的碳水化合物代谢，通过三羧酸循环，形成高能磷酸化合物，产生热能，是重要的能量来源。

（3）脂类 脂类可分为脂肪与类脂两类。脂肪的性质和特点主要取决于脂肪酸。

脂肪是人和动物热能的主要来源，在体内是化学能储备的最好形式。食物中脂肪含量越高，所含能值也越高。脂肪也是构成动物组织的重要组成部分，各种器官和组织如神经、肌肉及血液等均含有脂肪。脂肪作为脂溶性维生素的溶剂，可保证人和动物对脂溶性维生素的消化、吸收和利用。

脂肪酸也分为两大类，即不饱和脂肪酸和饱和脂肪酸。在不饱和脂肪酸中，亚油酸、亚麻酸和花生四烯酸在人和动物体内不能合成，必须由食物供给，称为必需脂肪酸。必需脂肪酸是组织的组成成分，对维持细胞及细胞膜的功能和完整性很重要。必需脂肪酸参与类脂代谢，在调节胆固醇的代谢，特别是在完成机体的输送、分解和排泄等功能方面具有重要意义。亚油酸是合成前列腺素的原料。

（4）蛋白质 蛋白质是构成细胞和组织的重要成分，是生命存在的形式和物质基础。在人和动物的生命活动中具有重要的营养作用。

蛋白质的基本构成单位是氨基酸，已知的氨基酸有 20 多种，以不同的组合形式形成不同的蛋白质，食物中的蛋白质只有被消化分解为简单的氨基酸才能够被人和动物吸收利用。

① 必需氨基酸和非必需氨基酸。从生理角度来看，构成蛋白质的每一种氨基酸对人和动物来说都是必不可少的，但从营养角度来看则并不都是必需的，因为某些氨基酸可在人和动物体内合成。因此，在营养学上将氨基酸分为必需氨基酸和非必需氨基酸两大类。必需氨基酸是指在人和动物体内不能合成或合成的速度及数量不能满足正常生长需要，必须由食物来供给的氨基酸，包括甲硫氨酸、苯丙氨酸、赖氨酸、异亮氨酸、亮氨酸、缬氨酸、苏氨酸、色氨酸；非必需氨基酸是指动物体内能够合成，不依赖食品供给的氨基酸，包括丙氨酸、丝氨酸、天冬氨酸、谷氨酸、酪氨酸、胱氨酸、甘氨酸等。

② 氨基酸平衡。蛋白质的合理利用，不但要求满足必需氨基酸的种类和数量，而且要求各种必需氨基酸之间的平衡。所谓氨基酸平衡，是指食物中氨基酸组分之间的相对含量与人和动物体氨基酸需要量之间比值较为一致的相互比例关系。如果在食物中氨基酸的比例与需要不一致，一种或几种必需氨基酸过多或过少，就会造成食物利用率降低。

③ 蛋白质的互补作用。蛋白质营养价值的高低主要决定于其氨基酸组成是否平衡。常用多种食物搭配或添加部分必需氨基酸的方法来提高食物蛋白质的营养价值，这种作用即为蛋白质的互补作用。如在苜蓿的蛋白质中赖氨酸含量较多，可达 5.4％，而蛋氨酸含量较少，只有 1.1％；而玉米蛋白质中赖氨酸的含量较少，为 2.0％，蛋氨酸含量较多，为 2.5％；把这两种原料按一定的比例进行搭配，则两种限制性氨基酸的含量有所提高，利用率也相应得到提高。因此，所谓蛋白质的互补作用实际上是必需氨基酸的互相补充。实验证明，在食物中添加一定比例的赖氨酸、蛋氨酸可显著提高食物的利用率。

（5）无机盐 无机盐又称矿物质，是人和动物生命活动中所不可缺少的一些金属和非金属元素，这些元素有的是人和动物体的重要组成部分，有的对机体的各种生理过程起着重要作用。

（6）维生素 维生素是动物进行正常代谢活动所必需的营养素，属小分子的有机化合物，以辅酶或酶前体的形式参与酶系统工作。虽然人和动物对其的需要量甚微，但对调节代谢的作用甚大。除个别维生素外，大多数在动物体内不能合成，必须由食物或肠道寄生的细菌合成后提供。在正常情况下，水溶性维生素和维生素 K 不会缺乏。豚鼠和灵长类动物体内不能合成维生素 C，必须在饲料中供给。

维生素分为水溶性维生素和脂溶性维生素。

① 水溶性维生素。水溶性维生素主要有 B 族维生素和维生素 C。由于很少或几乎不在体内储存，水溶性维生素短时间缺乏或不足均会引起体内某些酶活性的改变，抑制相应的代谢过程，从而影响生长发育和抗病力，但在临床上不一定表现出来，只在较长时间后才出现缺乏症。

② 脂溶性维生素。脂溶性维生素包括维生素 A、维生素 D、维生素 E、维生素 K，可溶于脂肪和脂肪溶剂中，不溶于水。由于脂溶性维生素吸收后可在体内储存，短期供给不足不会对生长发育和健康产生不良影响。

(7) 各类营养物质的相互关系 各种营养物质在代谢过程中，相互间存在着多种多样的复杂关系，一种营养物质在机体内的吸收利用，往往与其他营养物质密切相关。

食物中能量物质（碳水化合物和脂类）和蛋白质的比例应适当，比例不当会影响营养物质的利用率，造成浪费甚至造成营养障碍。动物生长发育的不同阶段对能量和蛋白质的要求是不同的，不同动物之间差别也很大，要按需供给。蛋白质的供给也不是越多越好，过多地供给蛋白质会造成机体将多余的蛋白质转化为能量，从而造成蛋白质的浪费。

纤维与其他营养素的利用一般呈负相关，即纤维多则其他营养素的消化利用率降低，因此人多食纤维素含量高的食物有利于减肥。但对于草食动物纤维素又是必需的一种营养素，如家兔饲料中纤维素的含量必须达到一定的比值，否则会造成消化障碍，甚至死亡。

蛋白质的供给量对某些维生素如维生素 A、维生素 D、维生素 B$_2$ 等的吸收也有明显的影响。如蛋白质不足，食物中维生素 A 的利用率就降低。脂类含量也与维生素尤其是脂溶性维生素的吸收有明显关系。高脂食物会影响钙的吸收，高蛋白质食物则能提高机体对钙、磷的吸收。

各种营养素的缺乏或过量供给都会导致机体正常的生理状态遭到破坏，影响人和动物的健康，甚至发生疾病。因此，要做到合理饮食和科学喂养动物。

2. 营养物质的消化和吸收

人和动物进食是为了从食物中获得所需要的营养物质，但食物中的营养物质一般不能直接进入体内，必须经过消化道内一系列的消化过程，将大分子有机物质分解为简单的、在生理条件下可溶解的小分子物质，才能被机体吸收和利用。这个过程就叫做消化。

(1) 营养物质的消化 在生物进化发展过程中，动物经历着从细胞内消化向细胞外消化的过程。

① 细胞内消化。细胞内消化是低等动物的一种消化方式。原生动物只有细胞内消化，海绵动物、腔肠动物、扁形动物也都保留着这种消化方式。

变形虫依靠细胞质流动形成伪足而运动，身体没有固定的进食器官。当变形虫遇到食物颗粒时，伸出伪足将食物颗粒包围形成食物泡，食物泡随同其中的食物进入细胞内，消化过程在食物泡内进行 [图 4-3(a)]；草履虫与变形虫不同，身体有固定的进食部位——口沟，沟内生有纤毛，纤毛摆动造成水流，可将食物颗粒带入口沟，形成食物泡。在细胞体内，食物泡与溶酶体融合，溶酶体的各种水解酶将食物大分子分解，为草履虫所利用，消化后的食物残渣再通过外排作用送到草履虫的体外 [图 4-3(b)]。

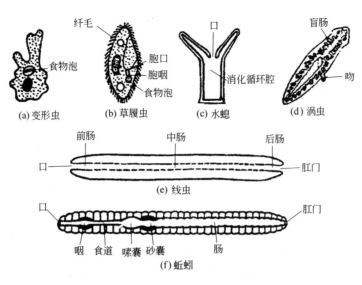

图 4-3 无脊椎动物的消化

② 细胞外消化。随着动物的进化，细胞内消化逐渐为细胞外消化所取代，从腔肠动物开始，出现了细胞外消化。水螅和涡虫等是两种消化方式都存在的生物，是动物细胞内消化向细胞外消化的一种过渡和证明。

水螅利用身体上的触手和刺细胞来捕捉食物。当发现食物时，先用刺丝麻醉食物，再用触手送入口中。在腺细胞分泌的消化酶的作用下，食物在消化腔内进行消化，把食物分解为细小颗粒，再由内皮细胞伸出伪足将其包裹，进行细胞内消化。剩下的食物残渣仍由口排出体外［图 4-3(c)］。

从水螅的消化过程可看出，消化腔内进行的主要是食物分碎，而食物大分子的水解仍是在细胞内进行的。细胞只能摄入体积很小的食物颗粒，而体内消化腔的形成则可使动物捕食体积较大的食物，这是多细胞动物在摄取营养物质上的一种重要的进化适应。

涡虫的细胞外消化有了进一步的发展，消化系统由口、咽和肠道组成。其口位于身体的腹面，这样有利于捕捉到食物。由于体积增大，涡虫的肠道分成了 3 支，每支上还有许多小的分支，使得消化面积大大扩增，这样既有利于消化和吸收，又有利于食物的运输；同时涡虫肠壁的细胞也能对未消化完的食物小颗粒吞入，在细胞内继续消化。涡虫也只有一个开口，食物和消化后残渣都由同一口进出，所以同样是比较低等的消化方式［图 4-3(d)］。

从线形动物开始，消化道出现了肛门，成为完全的消化系统。从蚯蚓、昆虫及更高等的动物，都是在消化道里消化食物，进食和排出粪便由口和肛门分别完成，这才有了真正的细胞外消化［图 4-3(e)、(f)］。

③ 脊椎动物的消化。脊椎动物已有了非常完善的消化系统。其消化系统可分为消化道和消化腺两部分。如人和大多数哺乳动物的消化道由口腔、咽、食道、胃、小肠、大肠和肛门等组成。消化腺由独立存在于消化道外的肝、胰腺、唾液腺等以及散在分布于消化道内的胃肠腺等构成。在消化道内进行着三大营养物质的化学性消化。

糖和淀粉在消化道内主要被分解成葡萄糖而吸收。当糖类进入口腔后，一部分被唾液淀粉酶水解成为麦芽糖，在小肠内继续被麦芽糖酶进一步水解成为葡萄糖；未被消化的糖类在胰淀粉酶、麦芽糖酶、蔗糖酶和乳糖酶的作用下被水解成为葡萄糖及其他单糖。

蛋白质在消化道内最终被水解为各种氨基酸。蛋白质的消化是从胃开始的，胃腺能分泌盐酸和胃蛋白酶原，在盐酸的作用下，胃蛋白酶原被激活成为胃蛋白酶后能将蛋白质分解成长短不一的多肽，随食糜进入小肠后，在胰蛋白酶、糜蛋白酶和肠肽酶等的共同作用下，蛋白质及多肽最终被水解成各种氨基酸。胰是最重要的消化腺，分泌种类齐全的消化酶，包含胰淀粉酶、胰蛋白酶、糜蛋白酶、胰脂肪酶和胰核酸酶等。其中胰蛋白酶和糜蛋白酶以酶原的形式分泌，排入十二指肠后在小肠内受到肠致活物等的作用，成为胰蛋白酶及糜蛋白酶。除了胰液外，肝脏能分泌胆汁并部分储存在胆囊内，在十二指肠受到食物刺激时通过胆管将胆汁排入至十二指肠，胆汁具有帮助脂肪消化的功能。胰液及胆汁内都含有大量的碳酸氢盐，可将来自胃的酸性食糜中和，将食糜的 pH 从 2 提高至 7.8，这是胰酶完成消化的最适 pH 值。

脂肪消化的最终产物是甘油及脂肪酸。由于脂肪不溶于水，只有在进入十二指肠后被胆汁中的胆盐乳化成为很小的水溶性脂肪微滴，才能被胰脂肪酶水解。胆盐内不含消化酶，但在脂肪的消化及吸收过程中起着重要的作用。脂肪在肠内只有一部分完全被水解，有些为半水解产物，如甘油一酯等，还有些不被水解。

(2) 营养物质的吸收　营细胞内消化的动物，食物在消化前已进入体内，不存在吸收问题。营细胞外消化的动物，特别是高等动物和人有复杂的消化系统，因此吸收过程也十分复杂。

在口腔和食道内食物不被吸收，胃可吸收少量的水分，大肠只吸收一些无机盐和剩余的水分，小肠是吸收最重要的部位。

① 水的吸收。在小肠内，水的吸收是通过渗透和滤过两种作用而被动进行的。当小肠收缩时，小肠腔内流体静压升高，可使少量水分通过小肠上皮细胞膜滤入细胞内。小肠吸收水分的主要力量是渗透，当小肠吸收其他物质时，使小肠上皮细胞内渗透压升高，促使水分渗入上皮细胞。

② 糖的吸收。糖类基本上是以单糖的形式透过小肠黏膜上皮细胞而被吸收进入毛细血管。在消化道中，主要的单糖是葡萄糖，其他还有半乳糖和果糖。现在认为葡萄糖或半乳糖的吸收与 Na^+ 的吸收共用一个载体蛋白。当两者通过小肠黏膜上皮细胞时，由于肠 Na^+ 的浓度高于上皮细胞内的浓度，Na^+ 可以顺着浓度进入细胞，这样，只要肠腔中保持着高浓度的 Na^+，就可携带葡萄糖主动地进入细胞，直至肠腔中葡萄糖全部运走。

③ 氨基酸的吸收。氨基酸的吸收也是同 Na^+ 转运偶联的，一般认为与葡萄糖的吸收相似，也属主动转运。氨基酸吸收后经毛细血管进入门静脉。

④ 脂肪的吸收。当脂肪微滴被水解为甘油、甘油一酯和脂肪酸后，甘油可溶于水，同单糖一起被吸收入小肠黏膜上皮细胞；游离的脂肪酸和甘油一酯同胆盐、磷脂形成水溶性微胶粒，通过小肠黏膜表面的黏膜上皮细胞时，胆盐分离回肠腔，再与其他游离脂肪酸结合，脂肪酸和甘油一酯以扩散作用进入上皮细胞内。少于 10～12 个碳原子的中、短链脂肪酸和甘油，可直接透出上皮细胞而进入血液循环；大于 10～12 个碳原子数的长链脂肪酸，则在上皮细胞内重新和甘油一酯依次合成甘油二酯和甘油三酯。此外，进入上皮细胞的游离胆固醇也重新合成胆固醇酯。于是甘油三酯和胆固醇又包上一层卵磷脂和蛋白质形成的膜，形成乳糜微粒。这些乳糜微粒的体积大，可能以胞吐的方式离开上皮细胞进入小肠绒毛内的毛细淋巴管，再通过淋巴循环而归于血液。

⑤ 无机盐的吸收。钠的吸收是通过肠黏膜上皮细胞上的钠-钾泵作用主动吸收的。钠吸

收的重要性不仅在于它本身是机体内的重要无机盐，而且还在于钠的吸收能促进许多其他营养物质（如单糖、氨基酸等）的吸收；铁主要在小肠上段主动吸收，铁的吸收与机体的需要量有关，缺铁时，其吸收量增加。食物中的铁绝大部分是三价的高铁形式，但高价铁不易被吸收，维生素 C 可将高价铁还原为亚铁而促进其吸收；钙是主动吸收的，吸收时需要有维生素 D_3 帮助。肠内容物的酸度对钙的吸收有较大的影响，pH 降低能使钙溶解度增加而促进其吸收。

⑥ 负离子的吸收。在小肠内吸收的主要负离子是 Cl^- 和 HCO_3^-。由钠泵所产生的电位差可促使负离子向细胞内移动。但也有研究认为负离子也可以独立地进行移动。

⑦ 维生素的吸收。水溶性维生素一般以简单的扩散方式被吸收；维生素 B_{12} 需与胃腺分泌的内因子结合成复合体，在回肠内由主动转运被吸收；脂溶性维生素 A、维生素 D、维生素 E、维生素 K 溶于脂肪，随脂肪的吸收而吸收。在缺乏胆盐时，这些维生素的吸收率明显下降。

3. 营养物质的转运

消化后被吸收的营养物质需要被转运到各个部位，才能发挥其生理功能。各种动物都有其不同的物质转运系统。

（1）水管系统 水管系统存在于多孔动物海绵等动物的体内，与其营固着生活相适应。多孔动物的体壁主要由两层细胞构成，外层叫皮层，多由扁平的皮层细胞组成；内层叫胃层，由领细胞所构成。领细胞因具有原生质的领而得名，上面有一条能运动的鞭毛，主要行摄食和细胞内消化的作用；皮层和胃层间由中胶层连接。含有食饵的海水由于内层细胞鞭毛的不断振动，从入水孔流入体内，不消化的物质随海水从顶端的出水口流出体外。

海绵动物的水管系统就是以领细胞为主围成的腔隙，水流在领细胞鞭毛的摆动作用下，按一定的途径流动，给海绵带去源源不断的食物和氧气。

多孔动物的水管系统按其构造可分为三种类型（图 4-4）。

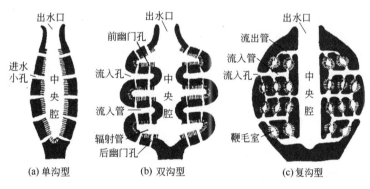

图 4-4 多孔动物的水管系统

① 单沟型。如白枝海绵，是最为简单的水管系统。多个入水孔都和中间的中央腔相连接，水流从入水孔直接流入中央腔，再经出水口排出体外。

② 双沟型。毛壶属于双沟型水管系统，相当于单沟型的中央腔进行了折叠，在中央腔上形成了多条辐射管，与外界相通的流入管通过孔道和辐射管相连通。辐射管的内壁有领细胞排列，通过鞭毛的运动，水流从流入孔进入，经流入管、前幽门孔、辐射管、后幽门孔、中央腔，最后经出水口离开身体。

③ 复沟型。如浴海绵等，构造最为复杂。流入孔通入体内的沟道，与领细胞组成的鞭

毛室和出水口组成复杂的沟道系统。水流通过流入孔、流入管、前幽门孔、鞭毛室、后幽门孔、流出管、中央腔，最后经出水口流出。

从以上三种水沟系可以看出，海绵动物的水管系统管道越来越多，构造越来越复杂，增加了其运输通道和身体的接触面，提高了物质的转运能力，是生物进化从低级到高级、由简单到复杂的一种表现。

水螅和水母等腔肠动物也有发达的水管系统，称为胃水管系统，具有消化和运输物质的功能。机体需要的食物和氧气，生命活动产生的二氧化碳和其他代谢产物以及消化剩余的食物残渣都靠水管系统运进运出。

（2）动物的血液循环　绝大多数动物中营养物质的运输是依靠血液循环系统来完成的，从无脊椎动物到脊椎动物，其循环系统不断进化与完善。

① 纽形动物。最原始的循环系统应属纽虫。纽虫多数海产，少数产于淡水、湿土，也有寄生的。见于我国沿海地区的长纽虫体长可达 1m，身体延长成带形，左右对称。纽虫的循环系统最简单的只有位于身体消化道两侧的 2 条纵形分布的血管，有的还有第三条血管，位于身体的背部，这几条血管在头尾部互相连通。纽虫没有心脏，靠血管的收缩推动血液流动［图 4-5(a)］。

② 环节动物。蚯蚓等环节动物开始有闭管式循环系统，由心脏、纵血管、环血管和微血管组成，血液在完整的循环管道内流动［图 4-5(b)］。蚯蚓通过背血管和腹血管沟通全身的血管，又通过微血管的各分支到达全身各组织。在身体的前部、砂囊前后连接背腹血管之间有 4 对或 5 对弓形的血管称为心脏，推动血液流动。

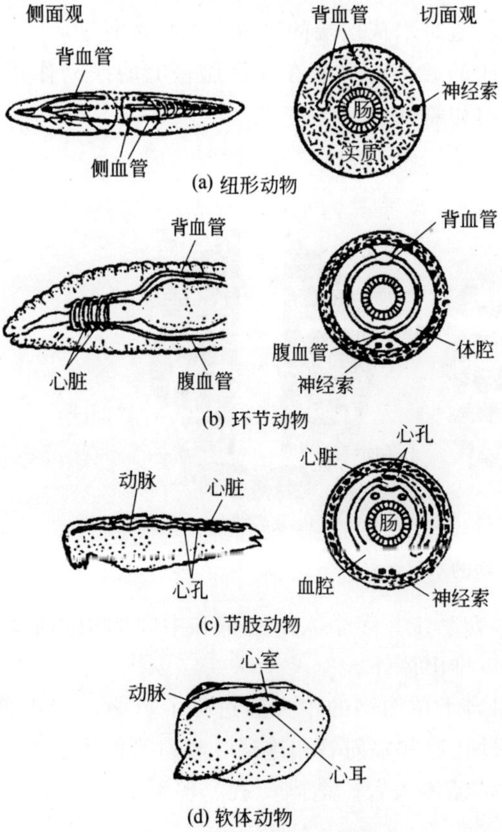

蚯蚓的血液呈红色，因为血浆中含有血红蛋白，所以具有携带氧的功能，血细胞内不含有血红蛋白，所以血细胞是无色的，这和脊椎动物是不同的。

③ 软体动物和节肢动物。这两种动物的循环系统为开管式循环系统，由心脏、血管和血窦组成。血液自心室经动脉进入身体各部分，后开放到包括内脏在内的血窦中，内脏浸于血液之中，最后经静脉流回到心脏［图 4-5(c)、(d)］。软体动物和节肢动物的血液多数无色。有些种类血浆中含有血红蛋白或血青蛋白，故血液显红色或青色。昆虫的血液不携带氧气，只运输营养物质、激素和代谢产物等，气体的运输主要靠另外的气管系统来完成。

以上都为无脊椎动物，存在着较为低级的血液循环系统，随着动物的进化，血液循环也越来越复杂和完善。

④ 鱼类。鱼类属于脊椎动物，比无脊椎动物的血液循环又有了进化，但与其他

图 4-5　无脊椎动物的循环系统

脊椎动物相比仍属简单。心脏分四腔，分别是静脉窦、心房、心室和动脉圆锥（图4-6、图4-7）。鱼类的血液循环是血液从心脏流向动脉、入鳃动脉到鳃微血管网进行气体交换，然后再通过静脉回到心脏。每循环一周，只经过心脏一次，所以称单循环；另外鱼类的心脏小，血液循环的速度也慢。这些特点都是鱼类对代谢水平较低的水生生活的适应。

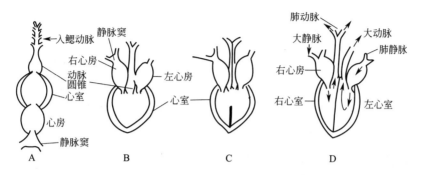

图 4-6　各种脊椎动物的心脏

A—鱼类；B—两栖类；C—爬行类；D—鸟类和哺乳类

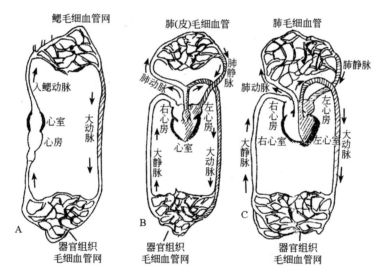

图 4-7　脊椎动物的血液循环

A—鱼类；B—两栖类；C—鸟类和哺乳类

⑤ 两栖类。心脏结构比鱼又进化了一步，心脏由静脉窦、左右互不相通的二心房、一心室和动脉圆锥组成。两栖类的成体能用肺呼吸，所以血液循环既有体循环，又有肺循环，但由于心室不分隔，在心室中多氧血和缺氧血有混合现象，属于不完全的双循环。如图4-6、图4-7所示。由于皮肤有辅助呼吸功能，在回静脉窦的静脉血中含有来自肺（皮）静脉的多氧血。

⑥ 爬行动物。心脏由二心房、一心室和退化的静脉窦组成，动脉圆锥消失，分动脉和左、右两根体动脉弓。心室内出现了不完全的分隔，仍属于不完全的双循环。但很明显，来自肺循环含氧丰富的血和来自体循环的缺氧血在心室内有了一定的分离。爬行动物中的鳄类心室隔膜仅留一个孔，已基本属于完全的双循环。如图4-6所示。

⑦ 鸟类和哺乳类。血液循环系统在动物界最为发达，心脏分为完全独立的四腔，心室内的含氧血和缺氧血彼此完全分离。静脉窦完全消失。大动脉和肺动脉分开独立，并且分别

和左、右心室相连通，于是有了完全的血液单向流动循环。如图 4-6、图 4-7 所示。心脏体积增大，心室特别是左心室壁肌肉增厚，收缩更有力量。心率也进一步加快，因此，血液循环速度快，血压增高。

以上的血液循环特点为鸟类和哺乳类的恒温和保持较高的新陈代谢水平提供了保证。

(3) 人的血液循环系统   由心脏、血管和其中流动的血液共同构成了人的血液循环系统。其中，心脏肩负"泵"的角色，为血液循环提供动力；血管既是血液循环的管道，又是与组织间进行物质交换的场所；而在血液中，运输着各种各样需要运输的物质，如营养物质、氧气、酶、激素和各种代谢产物等。

血液在人体内的循环是单向的。根据血液循环的意义，将其分为体循环和肺循环。

① 体循环。体循环是向全身输送 O_2、收集 CO_2 和运送营养物质等的血液循环途径。始于左心室，终于右心房。左心室收缩，将富含 O_2 的血液射入主动脉，而后经各级动脉分支抵达全身各部毛细血管，在毛细血管处血液与周围组织细胞进行物质交换，交换后的血液由鲜红色的动脉血变为暗红色的含较多 CO_2 的静脉血，再由各级静脉汇集起来流回右心房。

② 肺循环。肺循环即肺的功能性血液循环，目的是通过循环从肺部摄取 O_2 和排出 CO_2。始于右心室，终于左心房。右心室收缩，将富含 CO_2 的静脉血射入肺动脉，血液再经肺动脉的分支进入到肺泡周围的毛细血管网，在肺泡处，血液通过呼吸膜与肺泡腔内的空气进行气体交换，O_2 从肺泡腔扩散到血液，血液中的 CO_2 扩散到肺泡腔。交换后的血液变为富含 O_2 的动脉血，再由肺静脉汇集流回左心房。

因为同侧的心房、心室相通，亦即肺循环的终点左心房和体循环的起点左心室相通，体循环的终点右心房和肺循环的起点右心室也相通，因此，肺循环与体循环是相连续的，并且是单管道循环。

第二节 生物的呼吸

通常人们将生物体吸入氧和排出二氧化碳的过程称作呼吸。呼吸往往包括两部分，即内呼吸和外呼吸。内呼吸是指细胞的有氧呼吸，即细胞呼吸；外呼吸则是指细胞与外环境之间交换气体的过程。因此，生物的呼吸就是指外呼吸和内呼吸之和。细胞呼吸已在前面章节介绍，本节主要介绍生物体与外界环境之间进行气体交换的过程。

一、陆生植物的气体交换

陆生植物通过叶、新生幼茎的气孔、茎上的皮孔和根等幼嫩表皮细胞和外界进行气体交换。植物的其他部位有角质层，或者木栓化，所以气体不能自由出入。

1. 叶和气孔的气体交换

除进行光合作用外，叶是气体交换的主要场所。叶是通过气孔和外界进行气体交换的（图 4-8）。为了

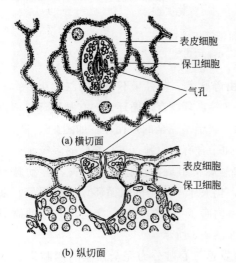

(a) 横切面

表皮细胞
保卫细胞
气孔

表皮细胞
保卫细胞

(b) 纵切面

图 4-8 双子叶植物的气孔器

防止水分的蒸发，除气孔以外，叶的表皮通常由一层排列紧密、细胞壁角质化并形成角质层的细胞构成，不具有进行气体交换的功能。因此叶只能依靠其表面的气孔来出入气体，叶的上表皮和下表皮都有气孔，下表皮的气孔一般比上表皮的气孔要多一些。表皮以下是叶肉，多分化为栅栏组织和海绵组织，叶肉靠近下表皮的部分是海绵组织，细胞间的空隙比栅栏组织大而且多，正好和较多的气孔相通。气孔和叶肉细胞间的空隙构成气体运输的通道。空气从气孔进入叶内，接触叶肉细胞和叶内其他细胞的表面，从而达到气体交换的目的。

光照的强度、二氧化碳的浓度、温度和叶片含水量等因素可以影响气孔运动，因而影响气体的交换。但这往往是和植物的光合作用或呼吸作用相适应。如光照强度增强时，叶的光合作用加强，需要吸收更多的 CO_2 和放出 O_2。此时，保卫细胞的光合作用也增强，保卫细胞内的 CO_2 被消耗，使细胞内 pH 值增高，淀粉磷酸化酶水解淀粉为磷酸葡萄糖，细胞内水势下降，保卫细胞吸水膨胀，气孔就张开。

2. 茎与根的气体交换

刚刚长出来的幼茎上也有气孔，可以进行气体交换，随着生长茎上气孔逐渐减少，多年生树干上没有气孔，但有皮孔。皮孔虽然只是茎表面上的小孔，但由于皮孔和其下的细胞间隙相通，而多年生茎的内部大多是木质化的死细胞，不需要气体的供应，因而依靠皮孔和细胞间隙通气，就可满足茎生存的需要。

根没有专门的气体出入孔道，根毛和幼根的表皮细胞直接可以和土壤进行气体交换。老根表面已经木栓化，不能和土壤进行气体交换，但是，植物内部细胞与细胞之间多有充满气体的间隙，这些间隙互相连通形成一个有效的气体输送网，气体在这些空隙中可扩散而达到植物体的每个需要进行气体交换的部位，植物通过上、下相通的这种气体运输网运送气体，其效率比较高，因为气体在气体中的扩散要比气体在液体中的扩散快得多。

二、动物的气体交换——呼吸

1. 水生动物的呼吸

（1）低等水生动物利用有限的体内外表面进行呼吸　生活在水中的单细胞动物，如草履虫，气体是从细胞表面透入，其他原生动物也是采取这种呼吸方式（图 4-9）；多孔动物海绵利用水沟系进行气体交换；腔肠动物水螅，水从口出入体腔时即进行呼吸；沙蚕的肉足内有丰富的血液循环，具有气体交换的功能；棘皮动物和海绵动物相比，它的水管系统更趋完

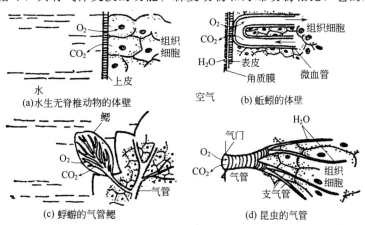

图 4-9　无脊椎动物的呼吸

备，棘皮动物的体壁上有凸出的皮鳃，可认为是最原始的鳃组织，海参是从它的泄殖腔流入海水到达呼吸树的树壁上进行呼吸的。水只能溶解比较少的 O_2，多数低等无脊椎动物由于没有发达的呼吸装置而得不到较多的 O_2，因而只能降低新陈代谢水平，所以它们大多行动缓慢或者营固着生活。

（2）较为进化的水生动物开始用鳃进行呼吸　为了尽可能获取水中较多的 O_2，必须增大呼吸器官和水的接触面，所以更进化一些的水生动物开始用鳃来进行呼吸。

鳃是一种专门适应水中呼吸的器官，它有很大的表面积和丰富的血液循环。各种动物的鳃形态各不相同，如河蚌有两对鳃，每个鳃有 2 个鳃瓣，每一鳃瓣又分成很多并列的鳃丝；头足纲的乌贼，在外套腔前端两侧有一对羽状鳃，鳃上布满血管和神经，进行气体交换。

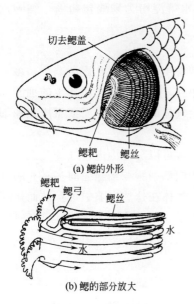

切去鳃盖

鳃耙　　鳃丝

(a) 鳃的外形

鳃耙　鳃弓　　鳃丝

水

水

(b) 鳃的部分放大

图 4-10　鱼鳃的结构

鱼类的鳃是利用水进行呼吸的水生生物最高级的呼吸器官。鳃上布满毛细血管，水流经过鳃时即进行气体交换（图 4-10）。一般鱼的咽喉两侧各有四个鳃，每个鳃又分成两排鳃片，每排鳃片由无数鳃丝组成，鳃丝两侧又生出许多小型的鳃小片，因此有非常大的与水相接触的面积。鱼呼吸时，各鳃片、鳃丝和鳃小片完全打开，这样能大大增加与水中溶解氧结合的机会。这个原理和陆地脊椎动物肺内有无数小泡以增加呼吸面积的道理相类似。

鱼在水中游动时，嘴巴一张一闭活动，很有规律，这就是它在呼吸。鱼张嘴时，吸入水，此时鳃裂闭上；当鱼将嘴闭上时，鳃裂张开，让水流出去。在这个过程中鱼把溶解在水中的氧通过鳃上的微血管运送到体内，同时把二氧化碳排出体外。

在水里，鳃片、鳃丝和鳃小片各自分开，进行旺盛的气体交换；一旦离开水，它的鳃片等各部分结构便会重叠在一起，因而只有鳃的外表与空气接触，接触面积大大减少，无法得到足够的氧气，鱼就会死亡。

由于鱼类呼吸器官的进化，增加了它们的灵活性和运动能力。有些鱼类还有一些辅助呼吸器官，如皮肤、鳃上器官和气囊等，使它们中的一些少数鱼离开水仍然可以暂时生活一段时间。鱼类从水中进军到陆地是从两栖动物类群开始的。这个转变是进化史上的一个重大飞跃。

2. 陆生动物的呼吸

气体只有溶解于水才能被机体利用。水生动物因为直接在水中进行气体交换，因此不存在气体溶解问题。而陆生动物吸收 O_2 时，必须先使 O_2 溶于水，所以陆生动物的呼吸器官必须经常保持湿润。但陆生环境干燥，水分蒸发使动物不能进行呼吸，所以要解决这个问题，或者是躲在潮湿的环境里以免失去水分，或者经常湿润自己具有呼吸功能的皮肤，或者把呼吸器官深藏体内，避免水分散失。多数陆生动物即是如此。

（1）低级的陆生动物利用湿润的皮肤进行呼吸　笄蛭涡虫是一种陆生扁虫，用皮肤呼吸，蚯蚓也是用皮肤呼吸，为了保持皮肤湿润，它们必须潜藏于石缝和土壤之中，笄蛭涡虫只在阴雨潮湿的时候才出来活动，蚯蚓几乎是全部时间都在湿土中生活。它们的皮肤都有分泌黏液和保持湿润的能力。必要时蚯蚓还能从背孔喷出体腔液使皮肤湿润。由于皮肤呼吸效率很低，因此蚯蚓等陆生动物活动能力很有限。

（2）一些节肢动物用气管和书肺呼吸 绝大多数昆虫以气管系统呼吸（参见图4-9）。气管系统是昆虫体内的一套弹性管道系统，管壁上有几丁质的螺旋丝支撑气管以利于气体流动通畅。气管开口于气门，位于昆虫的胸部和腹部两侧，气门上有调节装置可以控制气门的开关。蝗虫的气门有10对。气管的主干有两条，纵贯体内两侧，主干间有横走气管相连接。主干上还分出许多分支，愈分愈细，最后以极细的微气管分布到全身的组织细胞。

气门的开关与昆虫的代谢和适应气候等有关。例如，跳蚤在不活动时，只有第1和第8对气孔每隔5～10s开关一次；而在产卵时期，气孔全部张开。干旱时昆虫的气门只有极少数张开，张开的时间很短，以防止体内水分散失。

蛛形纲的呼吸器官为书肺和气管。书肺位于身体腹部，是体表内陷的囊状结构，内有许多并列的小叶，是气体交换的场所。因呈书页状，故名书肺。蜘蛛的书肺有1对或2对，蝎子有4对。书肺的结构保证了足够的气体交换面积。书肺能胀大或缩小，很像高等动物的呼吸过程。

（3）肺是陆生脊椎动物专门的呼吸器官 肺开始出现于两栖动物体内，构造很简单。如蝾螈的肺只是一对薄壁的囊。蛙的肺稍有隔膜呈蜂窝状。这种肺可供气体交换的面积很有限，所以两栖类还要依靠皮肤进行辅助呼吸。

爬行类动物的皮肤有较厚的角质层或角质鳞片，已经失去了气体交换能力，呼吸全部由肺来承担。肺虽仍属囊状，但肺的内表面积由于具有很多隔层而使气体交换的面积大为增加。鳄鱼的肺，内腔一再分隔，形成无数的小室，近似哺乳类的肺泡。

鸟类和哺乳类都是恒温动物，且运动量大，它们消耗的能量很多，需要更多的氧，因此，肺更发达，呼吸效率也高。鸟类的肺来自微支气管，支气管多次分支，形成大量细小的微支气管，微支气管又彼此相连而成一网状的气管系统，于是形成了肺。所以，鸟类的肺扩张力较小。鸟类的肺最特殊的是支气管穿出肺外，扩大成许多气囊，伸展于内脏间与骨骼中（图4-11）。气囊壁上没有

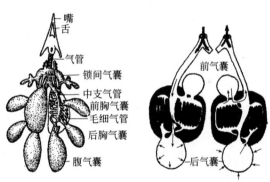

图4-11 鸟类的肺（左）和气囊（右）

血液供应，不能进行气体交换，但能容纳大量空气。空气进出气囊时都通过肺，因此，鸟类的肺能进行双重呼吸。这对于提高氧的供应量、满足飞翔生活的需要有着重大的作用。此外，气囊的存在使鸟类体重与体积之比降低，使鸟类变得更轻，更适合于飞翔。鸟类气管与支气管之间的分界处存有鸣管，是鸟的发声器官。鸣管内有一对鸣膜，鸣管外壁上有鸣肌，通过舒缩来调节鸣膜的张力和气体排出肺的速度，使鸟能发出多种不同的声音。

哺乳类肺的构造最为复杂，支气管在肺内反复分支，末端形成肺泡，使肺呈海绵状构造。气体交换即在肺泡内进行。高等哺乳类有数以亿计的肺泡，总面积可达身体表面积的50倍以上。

3. 人的呼吸

（1）呼吸系统的组成 呼吸系统由呼吸道和肺两部分组成。呼吸道包括鼻、咽、喉、气管、支气管等，是气体出入的通道，它们的壁内有骨或软骨支持，以维持通道处于开放状

态，保证气体的畅通。通常把鼻、咽、喉称为上呼吸道，把气管、支气管及其在肺内的分支称为下呼吸道。呼吸道黏膜呈红色或粉红色，有丰富的血管、黏液腺和纤毛，对吸入的空气有加温和湿润的作用，还可净化空气中的尘埃和细菌。

肺位于胸腔内，左右两叶，肺质地柔软，呈海绵状，富有弹性，内含空气。其颜色随年龄和职业而有所不同，幼儿呈淡红色，成人则由于不断吸入尘埃，沉积于肺内而呈暗灰色，并出现许多蓝黑色斑点。吸烟者的肺可呈棕褐色。支气管入肺后反复分支，形成支气管树，包括小支气管、细支气管和终末细支气管。从支气管至终末细支气管都是气体进出肺的管道，称肺的导气部。终末细支气管再继续分支，就形成肺的呼吸部，包括呼吸性细支气管、肺泡管、肺泡囊和肺泡。肺泡是肺进行气体交换的场所，开口于呼吸性细支气管、肺泡管和肺泡囊。成人肺泡为 3 亿～4 亿个，总面积可达 $100m^2$ 左右。

（2）呼吸运动与肺通气

① 呼吸运动。呼吸运动即由呼吸肌舒缩而引起的胸廓节律性扩大和缩小的活动。呼吸肌群包括吸气肌与呼气肌两类。引起吸气的肌肉称吸气肌，如膈肌、肋间外肌、胸肌、胸锁乳突肌等；引起呼气的肌肉，称呼气肌，如肋间内肌、腹壁肌等。但经常参与呼吸运动的肌肉主要是膈肌、肋间外肌和肋间内肌。

膈位于胸腔和腹腔之间，收缩时，使胸腔上下径增大。同时肋间外肌收缩，使胸腔前后径和左右径增加。由于胸腔的扩大，肺容积随之扩大，肺泡内压力下降，当降至低于外界大气压时，空气经呼吸道从外界进入肺内，称吸气动作。膈肌舒张，同时肋间外肌也舒张，胸骨和肋骨恢复原来位置，胸腔上下、前后、左右径均缩小，肺容积随之缩小，肺内压力升高。当高于外界大气压时，肺内部分气体被呼出体外，产生呼气动作。由于膈肌的升降可造成腹壁的起伏，因而将由膈肌舒缩为主的呼吸，称为腹式呼吸。肋间肌的活动可引起胸壁的起落，将由肋间肌运动为主要动力的呼吸，称为胸式呼吸。在正常情况下，这两种呼吸形式可同时出现。

正常人的呼吸运动，按呼吸的深度可分为平静呼吸和用力呼吸。机体在安静状态下，呼吸运动缓和，节律均匀，每分钟 12～18 次。这种呼吸，称为平静呼吸。此时吸气动作是由膈肌和肋间外肌的收缩来完成的。因此，吸气动作是主动过程。平静呼气是由于膈肌和肋间外肌舒张，肋骨和胸骨借重力作用回复原位，膈肌由于腹内压增高而回位，因而，呼气动作是被动过程。当人体在劳动或运动时，呼吸运动加深、加快，称用力呼吸或深呼吸。这时吸气动作除膈肌和肋间外肌加强收缩外，还有胸锁乳突肌、胸大肌、胸小肌、斜方肌等吸气肌参加收缩，使胸腔进一步扩大，增加吸入气量。呼气时，除上述吸气肌舒张外，尚有肋间内肌收缩，使肋骨更加下降，同时腹壁肌收缩，腹内压增加，推动膈上移，使胸腔进一步缩小，以加深呼气。因此，用力呼吸时，吸气和呼气动作都是主动的。

② 肺内压与胸内负压

a. 肺内压。肺内压是指肺泡内的压力，在吸气和呼气之末与大气压相等。吸气时肺内压小于大气压，空气经呼吸道进入肺泡。呼气时，肺内压大于大气压，肺内气体经呼吸道排出体外。呼吸时肺内压的正负变动为 133～267Pa。可见，呼吸肌运动所造成的肺内压的周期性变化是推动气体进出肺的动力。

b. 胸内负压。胸内压是指胸膜腔内的压力。胸膜腔是一个密闭潜在的腔，人出生后，由于胸廓的发育，胸腔容量增大。因肺与胸廓通过胸膜的脏层和壁层之间的浆液紧贴在一起，胸膜腔不能增大。这样，肺就被动地随之扩张，因此，无论是吸气还是呼气时，肺总是处于一定的扩张状态，只是吸气时扩张的程度更大。肺被动扩张，它总是想要回缩，由于胸廓的回缩能力有限，导致出现胸内压低于大气压的现象，即胸内负压。因此，胸内压＝－肺泡的弹性回缩力。吸气时，肺泡随着扩张，肺泡回缩力增大，胸内负压加大；呼气时，肺泡回缩力减小，胸内负压减小。正常人平静吸气末，胸内负压为－1.3～－0.7kPa，平静呼气末为－0.7～－0.4kPa。

　　胸内负压的生理意义首先是使肺保持扩张状态，并使肺随胸廓的舒缩而舒缩，为维持正常的呼吸运动提供保证；其次是胸内负压可减低心房、腔静脉及胸导管内的压力，促进心房的血液充盈和静脉血液与淋巴液的回流。

　　③ 肺通气。肺通气就是肺与外界环境之间的气体交换。在呼吸肌的舒缩活动下，胸廓和肺产生有节律性的扩大和缩小，以实现肺容量和肺通气量的变化。

　　a. 肺容量。在呼吸运动中，肺容量随着进出肺的气体量而变化（图 4-12），具体包括潮气量、补吸气量、深吸气量、补呼气量、肺活量、余气量和功能

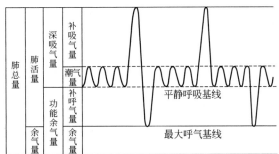

图 4-12　肺容量图

余气量等。潮气量是指在平静呼吸时，每次吸入或呼出的气量，正常成人为 500～600mL，其大小与年龄、性别和身材等有关。肺活量是指在尽最大吸气后，做最大呼气时所能呼出的气量，它是潮气量、补吸气量和补呼气量三者之和，是肺每次通气的最大能力，在一定程度上可作为肺通气功能的指标，正常成人男子约为 3500mL、女子约为 2600mL。最大呼气之后，肺内残留的气体量，称余气量，成人男子平均为 1500mL、女子平均为 1000mL。在平静呼气后，肺内的余气量称功能余气量。功能性余气在呼吸气体交换过程中，起着缓冲肺泡气体分压变化的作用，以防止每次吸气时新鲜空气进入肺泡后所引起的肺泡气体浓度的过大变化。

　　b. 肺通气量。肺通气量是指单位时间内进出肺的气体量，它反映肺的通气机能。呼吸深度和呼吸频率是决定肺通气量的因素。

　　ⅰ. 每分钟通气量。每分钟通气量即潮气量与呼吸频率的乘积。平静呼气时，正常成人的呼吸频率为 12～18 次/min，女性比男性快 1～2 次，所以成人平静时每分钟通气量为6～8L。当机体代谢率增高时，呼吸频率和潮气量均有增加，如果以最快的速度和最深的幅度进行呼吸，此时的每分钟通气量称最大通气量。它是肺全部通气能力得到充分发挥时的通气量，可达 80L 甚至超过百升。

　　ⅱ. 每分钟肺泡通气量。在呼吸道内，呼吸性细支气管以上气道内的气体是不能与血液进行气体交换的。因此，从鼻腔到终末细支气管这一段呼吸道，称解剖无效腔，容量约150mL。在肺泡内还有一部分不能与血液进行气体交换的空间，称肺泡无效腔（正常人约为零）。解剖无效腔与肺泡无效腔之和称生理无效腔（无效腔）。

　　在计算每分钟肺泡通气量时，进入生理无效腔的容积应除去。因此，每分钟肺泡通气量＝(潮气量－无效腔气量)×呼吸频率(次/min)。

　　如果一个人的呼吸频率为 12 次/min，潮气量为 1000mL，而另一人的呼吸频率为 24次/min，潮气量为 500mL，则他们的每分钟通气量都相同，各为 12L。而第一人的每分钟肺泡通气量＝(1000mL－150mL)×12 次/min＝10.2L。用同样方式可算得第二人的每分钟肺泡通气量＝(500mL－150mL)×24 次/min＝8.4L。

从以上比较中可以看出，适当的深而慢的呼吸比浅而快的呼吸通气效率要高。

（3）气体的交换

① 气体交换的机制。气体进出机体是通过扩散得以实现的，它是一种被动的、不耗能的过程。然而决定气体朝哪个方向扩散则是由气体的分压来决定的。

空气是多种气体组成的混合气体。在标准状态下，一个大气压是 101.325kPa，它是各组成气体压力的总和。各组成气体所具有的压力，即为该气体的分压。通过查表，可以得知在标准状态的空气中，O_2 分压为 21.0kPa，CO_2 分压为 0.04kPa（表 4-1）。

表 4-1　空气、肺泡气、血液和组织内 O_2 和 CO_2 分压　　　　　　　单位：kPa

项目	空气	肺泡气	动脉血	组织	静脉血
p_{O_2}	21.0	13.6	13.3	4.0	5.3
p_{CO_2}	0.04	5.3	5.3	6.7	6.1

气体分子的扩散速度除了与分压有关外，还与该气体的溶解度成正比，与分子量的平方根成反比。CO_2 在血浆中的溶解度约为 O_2 的 24 倍，CO_2 与 O_2 分子量平方根之比为 1.17:1，因此，若分压相等，CO_2 扩散的速度约为 O_2 的 21 倍。所以 CO_2 分压在体内外的差别虽然不大，但它仍然可以很快地进行扩散。

② 氧和二氧化碳在体内的交换过程

a. 肺内的气体交换。从表 4-1 中可知，肺泡气内 p_{O_2}（13.6kPa）高于静脉血的 p_{O_2}（5.3kPa），O_2 便从肺泡向静脉血扩散。肺泡气内 p_{CO_2}（5.3kPa）低于静脉血中 p_{CO_2}（6.1kPa），CO_2 即从静脉血中向肺泡内扩散。经气体交换后，静脉血变成动脉血。由于肺通气的持续进行，使肺泡内气体成分和分压保持相对稳定，故肺换气得以正常进行。

b. 组织内的气体交换。由于组织细胞在代谢过程中不断消耗 O_2 并产生 CO_2，故组织内 p_{O_2} 降低到 4.0kPa，低于动脉血中的 p_{O_2}（13.3kPa），而 p_{CO_2} 则升高到 6.7kPa，高于动脉血中的 p_{CO_2}（5.3kPa），因此，O_2 透过毛细血管壁向组织中扩散，而 CO_2 则由组织扩散入血，经气体交换后，动脉血变成静脉血（图 4-13）。

总之，在肺循环过程中，毛细血管血液不断从肺泡获得 O_2，并放出 CO_2；而在体循环过程中，毛细血管血液则不断放出 O_2，并接受组织所产生的 CO_2。

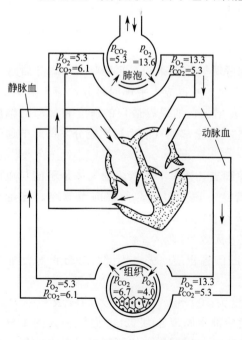

图 4-13　O_2 和 CO_2 在体内的运输和交换
p：气体分压，kPa

（4）气体在血液中的运输

① 氧的运输

a. 物理溶解。O_2 在水中的溶解度较低，因此 O_2 溶解于血浆中的量也很少，仅占动脉血含氧总量的 1.5%。但由于 O_2 从肺泡进入肺毛细血管内的红细胞里，必须先通过物理溶解，所以 O_2 的物理溶解是氧的化学结合不可缺少的环节。

b. 氧的化学结合。进入血液后，O_2 可迅速扩散进入红细胞内，与血红蛋白结合，形成氧合血红蛋白（HbO_2）。这种结合状态的 O_2 占血液中氧总量的 98.5%。一个血红蛋白分子可以通过它的 4 个亚铁血红素和 4 个 O_2 分子进行可逆的结合。当血液流经肺毛细血管时，O_2 从肺泡扩散入血，血液 O_2 分压增高，O_2 迅速与血红蛋白结合成 HbO_2。当血液流经组织时，O_2 从血液扩散进入组织，血液 O_2 分压降低，氧合血红蛋白则解离成还原型血红蛋白（Hb）和 O_2，即

$$Hb+O_2 \xrightleftharpoons[p_{O_2}低（组织）]{p_{O_2}高（肺部）} HbO_2$$

O_2 与 Hb 的结合是一种疏松的氧合，其特点是既能迅速地结合，又能迅速地解离，结合或解离的关键取决于氧分压的高低。

② 二氧化碳的运输

a. 物理溶解。组织中的 CO_2 进入血液后，约有 6% 直接溶解于血液，进行运输。

b. HCO_3^- 形式的运输。进入血液的 CO_2 主要以 HCO_3^- 的形式运输，约占血液总 CO_2 运输量的 87%。其公式为：

$$CO_2+H_2O \xrightarrow{碳酸酐酶} H_2CO_3 \rightleftharpoons H^+ + HCO_3^-$$

由于碳酸酐酶主要存在于红细胞内，因此上述反应是在红细胞内进行的。在肺部，该过程向反方向进行，于是 CO_2 便从静脉血扩散进入肺泡。

c. 氨基甲酸血红蛋白形式的运输。血浆中的 CO_2 可直接与血红蛋白中的氨基结合，形成氨基甲酸血红蛋白，并迅速进行解离，其反应式为：

$$HbNH_2+CO_2 \xrightleftharpoons[肺部]{组织} HbNHCOOH \rightleftharpoons HbNHCOO^- + H^+$$

以氨基甲酸血红蛋白形式运输的 CO_2 约占总运输量的 7%。但在肺部排出的 CO_2 中，此途径约占 25%。

第三节 生命活动的调控

一、植物生命活动的调控

植物在生长发育过程中，除了需要大量的水分、矿质元素和有机物质作为细胞生命活动的结构和营养物质外，还需要一类微量的生长物质来调节与控制植物体内的各种代谢过程，以适应外界环境条件变化的需要。植物生长物质是一些调节植物生长发育的物质，可分为两类，一类是植物激素，另一类是植物生长调节剂。

1. 植物激素的概念及其特征

植物激素是由植物体内特定细胞合成的、对植物的生长发育产生显著影响的微量有机物。一般来说，植物激素有三大主要特征：①它是植物细胞在生存过程中形成的，即内生的；②可移动的，即能从产生部位移动到作用部位；③低浓度调节效应，一般在 $1\mu mol/L$ 浓度以下就可以产生明显的生理调节效应。

到目前为止，在植物体内已经发现的植物激素有生长素类、赤霉素类、细胞分裂素类、脱落酸和乙烯五大类。除此之外还有近来发现的油菜素内酯、多胺、茉莉酸等。

2. 植物生长调节剂

植物生长调节剂是指人工合成的具有类似植物激素生理活性的化合物，如矮壮素、2,4-D、萘乙酸、三碘苯甲酸等。这类物质能在低浓度下对植物生长发育表现出明显的促进或抑制作用。

植物生长调节剂包括生长促进剂、生长抑制剂和生长延缓剂等，其中有一些分子结构和生理效应相似于植物激素类，如吲哚丙酸、吲哚丁酸，还有一些结构与植物激素完全不同，但却具有类似生理效应的有机化合物，如萘乙酸、矮壮素、三碘苯甲酸、乙烯利、多效唑等。

植物生长调节剂的应用是多方面的，它既可以应用于促进种子萌发、插条生根、开花结实，也可以应用于疏花疏果、保花保果、防止脱落、促进果实成熟，还可以应用于延缓衰老、防除杂草等。

3. 植物五大类激素的生理作用及其应用

现在已经发现的植物激素里的生长素、赤霉素、细胞分裂素、脱落酸和乙烯被认为是经典的五大类激素，其中生长素是最早被发现的。

（1）生长素的生理作用及其应用　早在19世纪末，达尔文父子在研究胚芽鞘的向光性时发现，切去胚芽鞘的尖端或鞘尖用锡箔小帽遮光时没有向光性，只要鞘尖受到光，即使下部遮光，胚芽鞘也会有向光性（图4-14）。

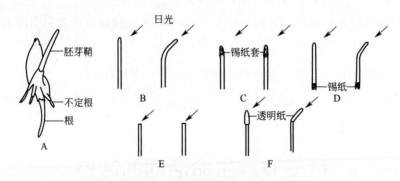

图 4-14　胚芽鞘的向光性实验
A～F 代表不同条件下的情况

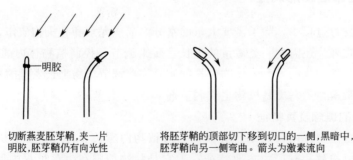

切断燕麦胚芽鞘，夹一片　　　　　将胚芽鞘的顶部切下移到切口的一侧，黑暗中，
明胶，胚芽鞘仍有向光性　　　　　胚芽鞘向另一侧弯曲。箭头为激素流向

图 4-15　含有生长素的琼脂小块对胚芽鞘的作用

因此，他们设想鞘尖受到光的刺激，会产生一种物质，向下传递到伸长区，引起背光面生长快、受光面生长慢，因而向光弯曲。

1928年，温特（F. W. Went）发现放过鞘尖的琼脂小块可以代替鞘尖，引起无尖胚芽鞘弯曲亦可促进伸长，未放过鞘尖的琼脂小块就没有此作用（图 4-15），而因此他首次分离出了与生长有关的物质，这就是最早发现的植物激素。随后，郭葛（F. Kog）分离出了纯植物激素，经鉴定是吲哚乙酸（IAA），称为生长素，其结构式如右图所示。

吲哚乙酸(IAA)

生长素在高等植物中分布很广，根、茎、叶、花、果实及胚芽鞘中都有存在，且大多集中在生长旺盛的部分，如胚芽鞘、根尖和茎尖、形成层、幼嫩的种子、禾谷类的居间分生组织等。而在衰老的组织和器官中则很少。

生长素具有极性运输的特点，只能从形态学的上端运输到形态学的下端，不能倒转过来。极性运输需呼吸作用提供能量，是一个主动过程，因此缺氧会影响极性运输。

生长素的生理作用是广泛的，它的主要生理作用是促进细胞的纵向伸长。因为生长素能使细胞壁软化和松弛，增加细胞的可塑性和渗透性，加强了吸水能力，使液泡加大、体积扩大，因而实现了细胞纵向生长。

生长素对生长的作用具有双重作用的特点，即生长素在较低浓度下可促进生长，而高浓度时则抑制生长。在低浓度的生长素溶液中，根切段的伸长随浓度的增加而增加；当生长素浓度超过一定临界点时，对根切段伸长的促进作用逐渐减小；当浓度继续增加时，则对根切段的伸长表现出明显的抑制作用。

不同器官对生长素的敏感性不同，根对生长素的最适浓度最小，茎的最适浓度为最大，而芽则处于两者之间。由于根对生长素十分敏感，所以浓度稍高就超过最适浓度而起抑制作用。不同年龄的细胞对生长素的反应也不同，幼嫩细胞对生长素反应灵敏，而老的细胞敏感性则下降。高度木质化和其他分化程度很高的细胞对生长素都不敏感。黄化茎组织比绿色茎组织对生长素更为敏感。

由于生长素是最早发现的植物激素，所以研究得比较多，在实际应用上也比较广泛，总结如下。

① 促进插枝生根。生长素类可以使一些不易生根的插枝顺利生根，可使用萘乙酸、2,4-D、吲哚乙酸、吲哚丁酸、萘乙酰胺等。一般可把插枝基部浸在 10～100mg/L 溶液中 12～24h，或用 50% 的酒精配成 100～1000mg/L 溶液，在临扦插前将插枝下端浸 1～5s，取出待酒精干后扦插。也可用滑石粉配成 500～2000mg/L 粉剂粘在插枝下端切口上进行扦插。

② 防止器官脱落。一般生长素多的组织或器官，能形成一个营养物质输送的"库"，使营养物质源源输入，阻止器官基部离层的形成，防止脱落。用 10～50mg/L 萘乙酸或 1mg/L 2,4-D 喷施，可以防止果树、棉花落果。

③ 诱导菠萝开花。通常菠萝定植 2 年后，只有 25% 的植株开花，此后开花要延续 5 年。如果在 14 个月时用 5～10mg/L 萘乙酸或 2,4-D 处理，两个月后可达 100% 开花，既可使植株结果成熟期一致，便于管理和采收，又可分批处理，做到一年每月都有菠萝成熟上市。

④ 促进果实形成。由于生长素类物质能"吸引"营养物质运向子房，使子房膨大形成果实，生产上常用 10～20mg/L 的萘乙酸或 2,4-D 喷洒或点滴花簇，使子房不经受精就膨大成无子果实。这在番茄、西瓜、黄瓜、茄子、辣椒和草莓的生产中已经应用。

⑤ 离体培养。在植物组织的离体培养中，生长素类也有重要的作用。其浓度一般在

0.5～5mg/L之间，由于吲哚乙酸在高压灭菌或见光时容易失效，故一般多用较为稳定的萘乙酸或2,4-D。使用时不是单独的，而是要与其他激素配合使用。

此外，生长素类物质还具有促进黄瓜雌花分化，延长或抑制块茎、鳞茎和块根的发芽，疏花疏果，除去杂草等作用。

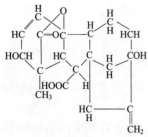

赤霉素(GA₂)

(2) 赤霉素的生理作用及其应用　1926年，日本学者黑泽英一在研究水稻恶苗病的时候，发现引起该病的赤霉菌能分泌一种刺激水稻植株徒长的物质。这种物质被分离出来后，称为赤霉素（GA₂）。

赤霉素是一种双萜（见左图），由4个异戊二烯单位组成。其基本结构是赤霉素烷。赤霉素分子结构式中，由于碳原子数不同分为C_{19}和C_{20}两类，又由于赤霉素烷环上双键、羟基的数目和位置的不同，就形成了各种赤霉素，到目前为止已经发现一百多种。

赤霉素主要分布在植物生长旺盛的部位，如茎端、根尖、嫩叶、果实种子等。赤霉素没有极性运输，根部合成的赤霉素通过木质部向上运输，叶片合成的赤霉素通过韧皮部向下运输。

赤霉素的生理作用主要表现在促进完整植株的伸长生长。赤霉素的促进作用不增加节间的数目，只是使原有的节间伸长。

另外，赤霉素还有诱导α-淀粉酶的作用，因此可以水解淀粉，此作用只有在胚乳的糊粉层中存在。

赤霉素的应用主要表现在以下几个方面。

① 啤酒生产。由于赤霉素能够诱导α-淀粉酶形成，已经被广泛应用到了啤酒生产上。过去生产啤酒用大麦芽为原料，用大麦芽的淀粉酶和其他水解酶使淀粉和蛋白质分解，但是大麦发芽要消耗大量的原料，使用赤霉素后，大麦不需要发芽就可以诱导产生α-淀粉酶，水解淀粉，既节省了粮食，又提高了生产效率。

② 打破延存器官的休眠。马铃薯块茎等延存器官在刚收获时，处于休眠状态，很难发芽，不能当年栽种。如果将刚收的薯种切块，冲洗后用0.5mg/L赤霉素水溶液浸泡10～30min，即可打破休眠，促进发芽，经催芽5～7天即可栽种。可满足一年两次栽培的需要。

③ 促进营养生长。赤霉素可促进植物茎、叶等营养器官的生长，在一些叶菜类的蔬菜和茶叶上喷施10～100mg/L赤霉素水溶液，不仅可以提早收获，而且增产显著。

除此之外，赤霉素还应用于玉米的化学去雄、促进坐果和形成无子果实等。

(3) 细胞分裂素的生理作用及其应用　1955年，斯库格（F. Skoog）和米勒（C. O. Miller）在烟草髓部组织培养中发现降解的DNA中含有一种促进细胞分裂的物质，可使愈伤组织加快生长。后来终于从高压灭菌过的DNA中分离出一种纯结晶物质，它能促进细胞分裂，经鉴定为6-呋喃甲基腺嘌呤。由于它能促进细胞分裂，因此命名为激动素。之后发现了很多天然的和人工合成的具有激动素生理活性的化合物，把这些化合物统称为细胞分裂素（CTK）。细胞分裂素是腺嘌呤的衍生物，当第6位、第2位碳原子和第9位氮原子上的氢被取代时，则形成各种不同的细胞分裂素。

高等植物的细胞分裂素主要存在于进行细胞分裂的部位，如茎尖、根尖、未成熟的种子、萌发的种子和生长着的果实等。

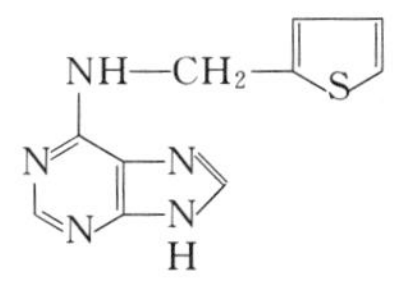

N^6-2-噻吩甲基腺嘌呤 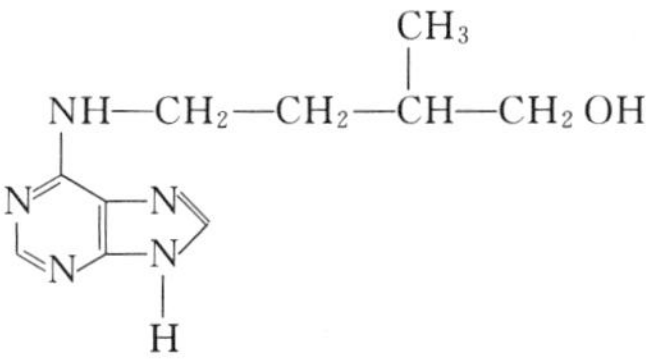　　　　　　二氢玉米素

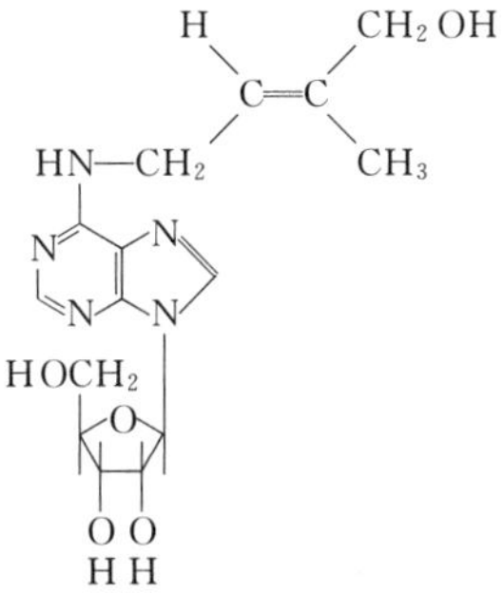

玉米素核苷〔6-(4-羟基-3-甲基-反式-2-
丁烯基氨基)-9-β-D-核糖呋喃基嘌呤〕 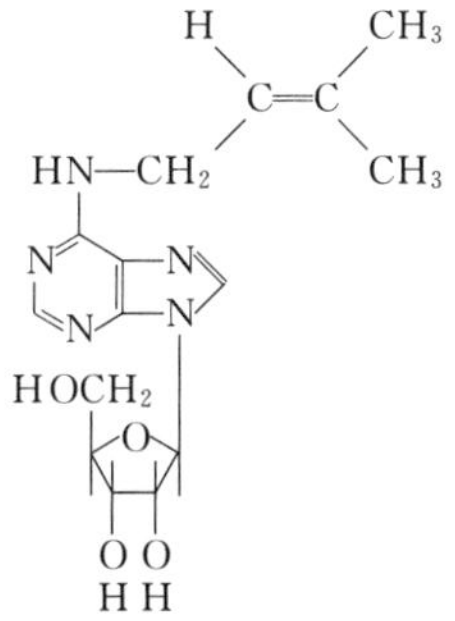　　　异戊烯基腺苷（iPA）

几种天然的细胞分裂素的分子结构

细胞分裂素的生理作用主要表现在促进细胞的分裂和扩大，即可使细胞体积横向扩大，而不是伸长。如用人工合成的细胞分裂素处理萝卜，可使其叶片明显增大。细胞分裂素的应用主要有以下几方面。

① 促进叶菜类增产。在农业生产中施用细胞分裂素可使叶菜类的叶面积增大，从而增加产量。

② 延缓衰老和保鲜。通过离体叶片试验表明，用细胞分裂素处理叶片可以保持鲜绿，延缓衰老。细胞分裂素具有此种独特作用的原因：一方面，细胞分裂素能阻止核酸酶和蛋白酶等水解酶的产生，使核酸、蛋白质和叶绿素等不易被破坏；另一方面，细胞分裂素不仅阻止营养物质向外流动，而且可以使营养物质向细胞分裂素所在部位源源运输，促进物质积累。因此，细胞分裂素可以起到保鲜作用，在生产上可以防止储藏的蔬菜变质，延长储藏时间。

③ 诱导芽的分化。在组织培养中，愈伤组织的分化产生根或芽，取决于培养基中生长素与激动素的比值。当 IAA/CTK 比值高时，诱导产生根，当 IAA/CTK 比值低时，诱导产生芽。当二者比例相当时愈伤组织只生长而不进行分化。

此外，细胞分裂素还可以促进侧枝和果实生长，延缓叶片衰老等。

(4) 脱落酸的生理作用及其应用　许多植物如树在冬天来临前叶片就会脱落，或者是遇到不良环境，部分器官就会脱落，生长停止进入休眠。这种变化都是由于植物体内产生一类抑制生长发育的植物激素，即脱落酸（ABA）。

1963 年，美国的阿迪柯特（F. T. Addicott）等在研究棉花落果时，从未成熟将要脱落的棉花幼果中分离出一种促进脱落的物质，由于它是与棉铃脱落有关的激素，当时命名为脱落素Ⅱ。之后，英国学者韦尔林（P. F. Wareing）及其同事在用槭树进行研究时，从将要脱落的叶子中也分离出一种能促进芽休眠的物质，他们称之为休眠素。后来证明脱落素Ⅱ和休眠素在化学结构上是同一物质。1967 年在第六届国际生长物质会议上将这种生长调节物质正式定名为脱落酸。其结构式如下所示。

脱落酸（ABA）

脱落酸是一种以异戊二烯为基本单位组成的含 15 个碳的倍半萜羧酸。脱落酸广泛分布于维管植物中，包括被子植物、裸子植物和蕨类植物，各器官中都有，但以将要脱落或进入休眠的器官和组织中较多，另外，其在逆境条件下含量会迅速升高。脱落酸的生理作用主要表现在促进脱落和休眠，具体归纳为下列几点。

① 促进休眠。脱落酸能促进木本多年生植物、种子和块茎休眠。在生长季节中，如果向旺盛生长的树木枝条上施用脱落酸，15～20 天后，就会出现休眠状态，即节间缩短、营养叶变小像芽鳞、顶端分生组织有丝分裂减少、形成休眠芽、下面叶子脱落等。

在自然状况下，秋季短日照，叶中合成脱落酸增加，使芽进入休眠状态。赤霉素和脱落酸都是由异戊二烯单位构成，均由甲羟戊酸转变而来，日照长短决定赤霉素或脱落酸的形成。夏季日照长，产生赤霉素促使植物继续生长；冬季来临前，日照短，产生脱落酸，使植株进入休眠。这是植物对环境的一种适应。

② 促进脱落。把脱落酸施用于离体棉苗第一对切除叶片的叶柄切口上，经 1～4 天后，稍加重力，叶柄马上脱落。

③ 促进气孔关闭。植物在逆境中，如干旱、高温和强光，体内的脱落酸会迅速增加，同时气孔关闭。因此，可把脱落酸看作是一种调节蒸腾作用的激素，与植物的抗旱性有一定的联系。

④ 抑制生长。脱落酸是一种天然生长抑制剂，它能抑制整个植物或离体器官的生长。

（5）乙烯的生理作用及其应用 我国劳动人民很早就知道利用灶房柴烟气体促使果实成熟和显色，用烟熏可使香蕉催熟。1930 年确认在这些气体成分中包括乙烯。1934 年证明了正在成熟的苹果会放出乙烯，这就确证了乙烯可以在植物体内产生，并能排出体外，有催熟作用。

乙烯是一种不饱和碳氢化合物，其结构式为 $CH_2 = CH_2$。乙烯为无色气体，在室温下比空气轻，难溶于水。乙烯的生理作用是非常广泛的，它既能促进营养器官的生长，又能影响开花结实，现归纳如下。

① 引起三重反应和偏上性生长。乙烯可使生长在黑暗中的豌豆发生"三重反应"，即抑制茎的伸长、促进茎的加粗和横向生长。乙烯还可以引起黄化豌豆幼苗的偏上性生长，即豌豆叶柄近轴一侧生长速度快，而背轴一侧生长速度慢，引起叶柄生长的弯曲。这是乙烯所特有的生理作用。

② 促进果实成熟。乙烯能明显地促进果实成熟，随着果实的长大与成熟，乙烯的含量也逐渐增加。乙烯促进果实成熟的原因是因为乙烯能诱导线粒体膨大和增强质膜的透性，使呼吸加强，促进新陈代谢，因而引起果肉内的有机物快速转化，使果实迅速成熟。此外，乙烯能提高许多与果实成熟有关酶的活性也是它具有催熟作用的原因之一。

③ 促进叶片或果实的脱落。乙烯能调节 RNA 合成，从而能调节水解酶、果胶酶和纤维

素酶的合成，引起细胞壁分解，使离区细胞彼此分开，器官脱落。

④ 促进瓜类雌花发育。乙烯处理能引起黄瓜等瓜类雌花发育，增加雌花比率。

由于乙烯呈气态，在生产上使用受到了很大的限制。乙烯利是人工合成具有乙烯生理功能的植物生长调节剂，pH 值在 4 以上时释放乙烯，所以在农业生产上具有广泛的用途，介绍如下。

① 果实催熟。未熟的香蕉、柿子和青番茄可用 1000mg/L 的乙烯利水溶液浸泡 1～10min，一周内可以达到完全成熟。此外，乙烯利对柑橘、葡萄、西瓜、梨、桃、辣椒等也具有催熟作用。

② 促进脱落。用 1000mg/L 乙烯利喷施葡萄，很快便能引起落叶，而此时不落果，有利于葡萄的采收。在梨的盛花期可以用 240～400mg/L 的乙烯利喷雾，达到疏花的目的。

③ 促进性别分化。乙烯利可以增加黄瓜雌花数量。黄瓜幼苗在 1～2 片真叶时用 100～250mg/L 乙烯利处理，可以使雌花节位降低，雌花数目增多，产量增加，提早上市。

④ 促进次生物质的排出。用 10% 的乙烯利棕油混合液涂在橡胶树干割线下的部位，处理后流胶时间延长，药效可持续两个月，产量增加。但要避免大量使用，以免造成橡胶树死皮，另外，在幼龄树上禁止使用。

4. 其他激素及其生理作用

除上述五大类植物激素外，近年来发现植物体内还存在其他天然植物生长物质，它们同样是以极低的浓度调节植物生长发育过程的有机化合物，主要有油菜素内酯、多胺、茉莉酸和水杨酸等。

(1) 油菜素内酯 油菜素内酯的生理作用主要表现为三方面：①促进细胞伸长和分裂。用油菜素内酯处理菜豆幼苗，可以引起节间显著伸长弯曲、膨大，甚至开裂。②提高光合作用。油菜素内酯可增加光合作用过程和光合产物的运输。③增强植物的抗逆性。油菜素内酯可提高水稻、黄瓜和茄子等抗低温和抗病的能力。

(2) 多胺 多胺是一类具有生物活性的低分子量脂肪族含氮碱基化合物。它们可以通过离子键和氢键形式与核酸、蛋白质及带负电荷基团的磷脂等生物大分子相结合，并通过调节它们的生物活性，在植物生长发育中发挥广泛的生物学功能。

多胺可促进已经休眠的菊芋块茎发生细胞分裂、生长，并能刺激形成层分化和维管束组织形成。这主要是由于多胺可加快 DNA 的转录、增强 RNA 聚合酶活性，并使得氨基酸掺入蛋白质的速度加快。多胺还可延迟黑暗中的燕麦、豌豆和石竹等的叶片和花的衰老。

(3) 茉莉酸 茉莉酸广泛存在于植物的各个部分，在生长部位如茎端、嫩叶、未成熟果实及根尖等处含量较高。

茉莉酸可以诱导特殊蛋白质的合成，有些蛋白质能使植物抵御病虫害及物理或化学伤害，具有防御功能；有些是具有储藏功能的蛋白质。

外源茉莉酸能够抑制水稻、小麦和莴苣幼苗的生长，并能抑制种子和花粉的萌发，也可以延缓根的生长；茉莉酸能诱导果实的成熟和色素的形成；茉莉酸在植物对昆虫和病害的抗性中发挥着重要的作用；另外茉莉酸还可以提高水稻对低温和高温的抗性。

(4) 水杨酸 水杨酸是从柳树皮中分离出来的有效成分。它的化学成分是邻羟基苯甲酸，是桂皮酸的衍生物。

水杨酸的生理作用是多方面的。在切花的瓶插液中加入阿司匹林（主要成分水杨酸），能够延缓花瓣的衰老而延长切花的寿命。水杨酸可以诱导天南星科的佛焰花序产生抗氰呼吸，导致剧烈放热，从而促进开花结实；同时高温有利于产生具有臭味的胺类和吲哚类物质蒸发，吸引昆虫传粉。水杨酸与植物的抗病性有关。实验证明外施水杨酸于烟草，浓度越高，致病相关蛋白质产生就越多，对花叶病毒病的抗性越强。

二、动物生命活动的调控

1. 神经调节

（1）神经调节概念　动物通过神经系统对体内外的环境变化作出反应的过程叫神经调节。在亮光的刺激下，鼠妇向暗处躲避是神经调节，人的手被火烫后能迅速抽回也是神经调节。生物的进化程度越高，神经调节就越复杂和完善。神经调节为动物更好地适应环境提供了保证。

由于神经调节有时间短、速度快和定位准等特点，所以是人和动物正常生存最为重要的调节方式。

（2）神经调节的基本方式——反射

① 反射与反射弧。反射是指在中枢神经系统的参与下，人和动物对体内外环境的各种

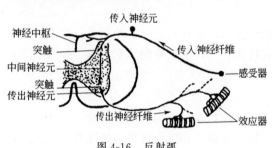

图 4-16　反射弧

刺激所发生的规律性的应答。没有神经系统的原生动物对刺激作出的反应是通过原生质完成的，所以没有反射，原生动物对刺激作用的反应只能称为应激性。动物和人的反射的结构基础是反射弧，由 5 个环节组成，包括感受器、传入神经、神经中枢、传出神经和效应器（图 4-16）。

感受器是接受刺激的装置。感受器具有专一性，往往只对适宜刺激作出反应，并将不同性质的刺激信号统一转换为电信号，所以感受器又是一种换能装置。传入神经是将感受器的信息转变为神经冲动并将其传向中枢的神经元，因为信息传入大脑能引起感觉，故传入神经又叫感觉神经。神经中枢又称反射中枢，是位于中枢神经系统内部的灰质团块，起分析和决策作用。最简单的神经中枢是传入和传出神经元的突触联系；传出神经是把神经中枢的指令传到效应器的神经元，因为效应器以肌肉为主，传出指令往往引起机体的运动，所以又称运动神经；效应器是实现反射效应的组织，包括肌肉和腺体。

可以通过脊蛙（去头或破坏脑的蛙）在不同浓度硫酸溶液的刺激下能产生不同的反射，并且通过毁损不同的环节来对反射弧进行分析。

② 非条件反射和条件反射。反射是神经系统活动的基本方式，以其形成方式的不同可分为非条件反射和条件反射。

a. 非条件反射：是指无需训练就具有的先天性反射，具有固定的反射弧和应答规律，不需要大脑皮层参与，在大脑皮层下的中枢即可完成的反射。哺乳动物出生后就会寻找和吮吸奶头，蜜蜂采蜜等都属于非条件反射。非条件反射往往和动物的生存和繁殖关系密切，属于一种本能。

b. 条件反射：是人和动物在生活过程中为适应环境的变化，在非条件反射基础上逐渐

形成的一种反射。它们的反射通路不是固定的，因此具有更大的易变性和适应性。

关于条件反射的建立，最经典的是巴甫洛夫用狗做实验建立唾液分泌的条件反射（图 4-17）。当狗吃食物时会引起唾液分泌，这是非条件反射。如果只给狗以铃声，不喂食则不会引起唾液分泌，但如果每次给狗吃食物以前就出现铃声，这样结合多次之后，铃声一响，狗就会分泌唾液。铃声本来与唾液分泌无关，是无关刺激，由于多次与喂食结合，铃声已具有引起唾液分泌的作用，即铃声已成为进食的信号了。这时，铃声转变成条件刺激，这种反射就是条件反射。

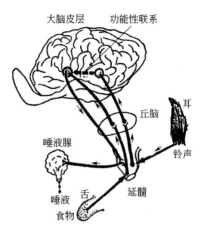

图 4-17 条件反射的建立

有的条件反射较复杂，它要求动物完成一定的操作。例如，大鼠在实验箱内由于偶然踩在杠杆上而得到食物，如此重复多次，则大鼠学会自动踩杠杆而得食。在此基础上进一步训练，只有当某种信号（如灯光）出现时踩杠杆，才能得到食物。这样多次训练强化后，动物见到特定的信号（灯光）就去踩杠杆而得食。这种条件反射称为操作式条件反射。马戏团的驯兽表演大都属于操作式条件反射。人的心理活动、语言和文字是最为复杂的条件反射。

由于环境的改变，条件反射可以不断变化。一些条件反射发生了消退，一些条件反射变得更为精确（条件反射的分化）或者模糊（条件反射的泛化），又有一些新的条件反射建立，这样可以使动物不断地、更好地适应环境。

2. 体液调节

(1) 体液调节的概念 机体内的某些细胞产生一些特殊的化学物质，借助于血液循环，到达机体的全身或某一组织器官（靶器官），从而引起靶器官的某些特殊反应的现象叫体液调节。许多内分泌细胞所分泌的各种激素，就是借体液循环的通路对机体的功能进行调节的。例如，性腺分泌的各类性激素，可调节动物的生殖和生殖周期是体液调节；胰岛的 β 细胞分泌的胰岛素能调节组织细胞对糖与脂肪的利用，有降低血糖的作用也是体液调节。体液调节除了激素的调节外，还包括 CO_2 等化学物质的调节。

体液调节比较神经调节而言是调节的作用过程比较缓慢、持续时间比较持久、作用范围大而弥散，但两者相互配合使生理功能调节更趋于完善。另外体液调节往往受控于神经调节，在这种情况下，体液调节是神经调节的一个传出环节，是反射传出的延伸，可称为神经-体液调节。例如，当交感神经系统兴奋时，肾上腺髓质分泌的肾上腺素和去甲肾上腺素增加，共同参与机体对新陈代谢能力提高的调节。

(2) 昆虫激素及其作用 昆虫的内分泌系统由各种腺体组成，重要的腺体有脑神经分泌细胞、咽侧体和前胸腺等。脑神经分泌细胞是昆虫脑内背面的大型神经细胞，能分泌脑激素，又称活化激素，是一种促激素，能活化其他内分泌腺产生相应的激素。脑激素可由血液传递到前胸腺，激发该腺体分泌出能够促使昆虫幼期蜕皮的蜕皮激素。脑激素也能激发咽侧体，分泌保幼激素，控制昆虫的变态，保持昆虫幼体性状（图 4-18）。

在正常情况下，保幼激素和蜕皮激素受脑激素的协调控制，幼虫期得以正常发育和蜕皮

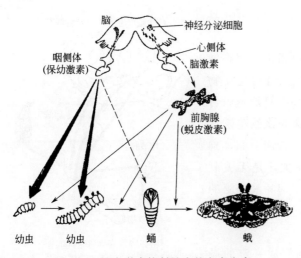

图 4-18　昆虫激素控制昆虫的变态发育

生长，但末龄幼虫和蛹期保幼激素几乎停止分泌，在蜕皮激素单独作用下，幼虫蜕皮后变成蛹或成虫。有些昆虫还能分泌滞育激素，能诱导昆虫进入停滞发育的状态，如家蚕蛹的咽下神经节中的分泌细胞产生的激素能阻止卵的发育，当蛹羽化为雌蛾后，产生的卵已进入滞育状态，必须度过冬天才能孵出幼蚕。昆虫的各种激素在脑激素的控制、协调下，使昆虫能完成正常的生长、发育、蜕皮、生殖等生理活动。

（3）脊椎动物的激素及其作用　脊椎动物的激素由内分泌腺分泌，属无管腺，所分泌的各种激素直接进入血液，随血液循环送到机体各部位，协调和支配人和动物的各种生理功能。已知的内分泌腺主要有脑垂体、甲状腺、甲状旁腺、肾上腺、胰岛和性腺等［所分泌的激素及其作用详见第三章第三节的内分泌系统（图 4-19）］。

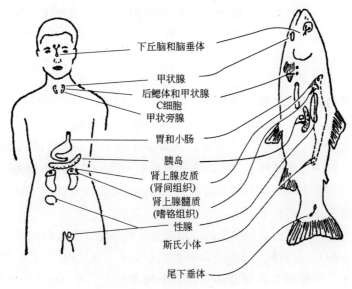

图 4-19　人和硬骨鱼的内分泌系统

除前述几种内分泌腺外，还有松果体、胸腺、消化道内分泌腺和前列腺等。松果体可能与生长及性成熟有关。胸腺是一种淋巴器官，在幼体中特别发达，其分泌物可促进生长及抑制性器官早熟，并能增加体内产生抗体的能力。消化道分泌的激素有胃泌素、促胰液素等，促进胃液、胰液等的分泌。前列腺见于高等哺乳类的雄体，是生殖系统的一种附属腺，位于尿道基部，它除了作为外分泌腺，分泌稀薄的碱性乳状液体参与组成精液外，还是一个内分泌腺，分泌前列腺素，主要功能是促进精子生长成熟、抑制胃液分泌、增强利尿、降低血压等。

3. 动物行为的产生

（1）什么是动物行为　所有的动物对外界环境的变化都会作出有规律的适应性活动，这就是动物行为。动物行为对于维持个体生存和种族延续是十分重要的。

动物行为的种类多种多样，分类的方法也不尽相同。但总的说来，可分为先天性行为和获得性行为。趋性、反射、本能等属于先天性行为；获得性行为则是通过后天的学习和经验获得的。

（2）动物的先天性行为

① 趋性。趋性是动物对刺激所产生的一种最简单的定向的适应性行为。鼠妇喜好潮湿的环境，当它们尚未爬到潮湿地点之前，总是漫无方向地到处爬行，爬到潮湿地点就静止不动，最后所有个体都聚集在潮湿的地方；喜欢光的昆虫夜间出来围着灯光飞舞也是一种趋性，叫趋光性。农业上可以利用生物的这种趋性来消灭害虫。

② 本能。本能是由遗传决定，先天就会的行为。如蜜蜂采蜜、蜘蛛织网、鱼类洄游、母鸡抱窝等都是动物的本能行为。

③ 反射。在神经调节中已讲述。但反射作为行为只是身体某一部分的反应，很少是整个身体的运动，例如膝跳反射和眨眼反射等。

（3）动物的获得性行为　动物的获得性行为是通过后天的学习而获得。学习是指由于经验的影响产生的行为的改变，是动物的重要特征之一。动物的学习具有适应意义，通过学习的动物，其生存质量可有所提高。动物的学习概括起来有以下几类。

① 习惯化。这是最简单的学习。当一种刺激重复进行时，动物的自然反应逐渐减弱，家养的猫第一次见狗十分惧怕，一起生活几天后不再惧怕，就是习惯化。其意义是使动物放弃一些对其生活无意义的反应。

② 印随学习。动物出生（或孵化）后头几天中，建立与某一个体（通常是双亲之一）的牢固的依附和纽带关系，称为印随学习。

用母鸡孵化出来的小鸭会跟着母鸡走，而不是跟随母鸭走；人工孵化的大雁总是跟着人，最后不得不使科学家用飞机来让小雁学习飞翔，这都属于印随学习。印随学习是一个自然过程，动物的这种早期生活经验却对以后的社会化生活有着重要影响。隔离养育的动物一般不会成为完全的社会化。例如由机器妈妈饲养长大的猴子，无法与同类正常交往。

③ 模仿学习。这主要是动物在幼年期的一种学习方式。其特点是要有年长者的行动作为榜样。人类幼儿在成长过程中模仿学习起着重要作用。幼小的黑猩猩能模仿其年长者如何利用一块地衣从石缝中汲取水液，利用一根细长的树枝从洞穴中取出白蚁。

④ 条件反射。在神经调节中已做讲述。条件反射是后天习得行为，使动物能更好地适应环境。

⑤ 判断或推理。这是动物后天性行为的最高级形式，是利用经验去解决问题。对于悬挂在高处的香蕉，黑猩猩懂得将木箱堆叠起来，然后爬上去取得香蕉。这是一种判断和推理学习。白鼠通过走迷宫而学会找到食物，也需要判断或推理，而且会导致多次的失败。动物越高等，判断或推理的行为就越高级。

（4）捕食行为　动物是异养生物，必须摄取现成的有机物而生活。低等动物的捕食行为往往指搜寻和储存食物等，多属本能。如蚂蚁在夏秋季节食物丰盛时，往巢内运粮食，储存起来，供日后享用。大型食肉动物的捕猎是非常复杂的行为，必须通过后天的学习。捕食行为和以下的各种动物行为都既有先天形成的，也有后天习得，有时较难区分。

（5）攻击行为   同种动物个体之间发生相互攻击叫攻击行为。同种动物个体为争夺食物、配偶或领地是发生攻击行为的主要原因。如两只狗为争夺食物而打架，雄海豹为了争夺配偶，对入侵的雄海豹大打出手都属于攻击行为。攻击行为有的是肉体的进攻，也有的是非肉体的，如装腔作势、恐吓驱逐等。动物同种个体之间的攻击行为，只要失败的一方表现出屈服，胜利一方则停止进攻。尽管攻击行为会使一些个体受到伤害甚至死亡，但对整个种族有利。它使动物占有足够的食物和空间，使胜利者（强者）拥有交配权，这对个体的生存和种族的进化都是有利的。

（6）防御行为   动物采取各种方式保护自己，防御敌害的行为叫防御行为。防御行为有很多方式。一些弱小的动物，如昆虫以保护色、警戒色、拟态和假死来保护自己；有些动物用逃逸来进行防御，如蜥蜴会断尾来逃生、乌贼喷出墨汁后逃之夭夭。当母鸡一旦发现天空出现老鹰时，立即发出一种警戒的鸣叫声，让雏鸡躲避起来；有些动物以保护的方式来防御，如牛遇敌害时，成年的个体会围成一圈，头朝外，把幼体保护在中央，用角御敌；食肉目动物多以竖毛发、提上唇、露犬齿，并用威慑的叫声来驱敌防御。

（7）繁殖行为   动物在繁殖过程中所表现出来的一系列行为，主要包括雌雄两性的识别，占有繁殖空间，求偶、交配、孵卵以及对子女的哺育等。动物具有繁殖行为是保证种族延续最重要的动物行为之一。

（8）定向行为   动物在生存过程中都需要定向，各自方法不同。视觉、听觉和化学嗅觉是最主要的定位方式。人类和大多数动物主要依靠视觉定向。有些鸟类依靠视觉和非视觉系统一起来定向。这说明，动物定向的原理是非常复杂的；依靠对化学物质的感受来定向，这在社会性昆虫、水生动物以及某些哺乳动物的活动中起着重要作用。如鱼类的洄游是化学定向的；蝙蝠、海豚等动物是靠回声定位去避开障碍物和寻找食物的。

（9）社群行为   动物的社群行为是指同种生物个体之间除繁殖行为以外的一切形式的联系。社群行为的最简单形式是同种个体的结集和共同行动，没有分工和地位的差异。如集群迁飞的蝗虫、结队而游的鱼、成群觅食的麻雀。社群行为的高级形式是集群的成员出现地位的差异和彼此的分工合作，如一个蜂群，有蜂王、雄蜂和工蜂，它们形态不同，分工不同，地位也不同。社群行为有两方面的生物学意义，一方面是保护群体成员，免遭捕食或伤害，另一方面是提高获取食物的能力。

（10）节律行为   动物的活动适应环境中自然因素的变化而发生有节律性的变动，称之为节律（性）行为。如动物的活动出现以日出和日落为规律的现象，称为昼夜节律。如多数鸟类为昼行性动物；猫头鹰、老鼠和部分食肉类则属夜行性动物；也有很多属于晨昏性和无节律性的动物。很多海洋生物的活动是与潮水的涨退相联系的，称之为潮汐节律或月运节律。如螃蟹在涨潮时躲藏在洞穴内，当潮水退落时爬出洞穴，在海滩上捕食。季节性变化影响着许多动物的活动称季节节律，如大多数动物通常在春季繁殖，许多鸟在冬季来临之前迁往南方温暖地区越冬。另外，生物生命活动存在着类似时钟的节律性叫做生物钟。比如公鸡到清晨打鸣，人的体温到傍晚时最高等。节律行为是生物在长期进化中逐渐形成的，它对于动物获得食物和避开不良的生活环境有着重要意义。

思考题

1. 什么是营养？六大营养物质在人和动物体内具有何种生理作用？

2. 植物和动物是如何进行营养物质运输的？

3. 动物的消化过程是如何进化的？为什么说细胞外消化比细胞内消化更高级？

4. 不同进化层次的水陆生动物是如何实现气体交换的？

5. 简要总结五类激素在植物体内的生理功能及其在农业生产中的应用。

6. 什么是神经调节？为什么说反射是神经系统活动的基本方式？

7. 昆虫分泌的脑激素有什么生理作用？

8. 什么是动物行为？常见的动物行为有哪些？

第五章

生物的生殖和发育

学习目标

1. 了解生物的生殖基本方式；
2. 理解高等动植物的生殖过程及胚胎发育的主要阶段。

　　任何生物，它们个体的寿命都是有限的，每个个体必然要衰老、死亡。一切生物都是通过产生新的个体来延续种系的。生物体生长发育到一定阶段后，能够产生与自己相同或相似的子代个体，这种功能称为生殖。生殖是生命和物种延续的唯一手段，是生物的最基本特征之一。生物有机体繁殖后代的方式是多种多样的，归纳起来可以分为无性生殖和有性生殖两大类，而每一大类中又有不同的形式。

第一节　生物生殖的基本类型

一、无性生殖

　　凡不涉及性别，没有配子参与，不经过受精过程，直接由母体形成新个体的繁殖方式统称为无性生殖。从本质上来看，无性生殖就是由体细胞进行的繁殖。无性生殖的优点是：后代的遗传物质来自一个亲本，有利于保持亲本的性状。进行无性生殖的生物，变异的来源只有基因突变和染色体变异2种。在无性生殖过程中不经过减数分裂，所以没有基因重组。无性生殖方式在生物界比较普遍，常见的方式有分裂生殖、出芽生殖、孢子生殖和营养生殖等（图5-1）。

1. 分裂生殖

　　分裂生殖又叫裂殖，是由一个生物个体直接分裂成两个新个体，这两个新个体的大小、形状基本相同。分裂生殖是单细胞生物最常见的一种生殖方式。如细菌、变形虫的裂殖是最简单的分裂生殖。眼虫为纵裂生殖，纵裂生殖是先从中粒或基体开

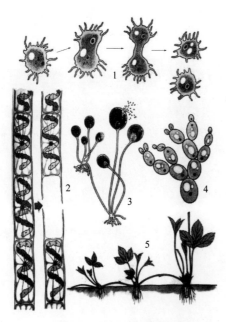

图 5-1　无性生殖的种类

1—分裂生殖；2—断裂生殖；3—孢子生殖；

4—出芽生殖；5—营养生殖

始，由每个中粒产生一个新的基体及一根鞭毛，每根新鞭毛与老鞭毛根部愈合，此时核进行有丝分裂，但核膜不消失，也不形成纺锤体，接着细胞质由前端向后端分裂并复制新的细胞器，最后形成两个相似的子细胞。草履虫进行横二分裂繁殖，草履虫含 2 个核，分裂时小核行有丝分裂并出现纺锤丝；大核行无丝分裂，不形成纺锤丝，大核先伸长膨大，然后再浓缩集中，最后分裂。

2. 出芽生殖

从母体上长出芽，芽体逐渐长大，形成与母体一样的个体，并从母体上脱落下来，成为完整的新个体，这种由芽发育成新个体的生殖方式统称为出芽生殖。出芽生殖方式广泛存在，典型的例子有酵母菌和水螅的出芽生殖。酿酒酵母菌在出芽生殖时，细胞核先进行分裂，然后一个子核进入细胞表面突出的芽体内，形成子细胞。水螅在水温适宜、食物充沛的春秋季节，通常进行出芽生殖。首先是水螅体壁向外突起，逐渐长大，形成芽体；芽体的消化腔和母体是连通的，芽体逐渐长大，形成口和触手；最后，基部收缩，与母体脱离，独立生活。也有的水螅芽体形成后不脱离母体，然后芽体又形成芽体，如此继续便形成了一"株"水螅。

"出芽生殖"中的"芽"是指在母体上长出的芽体，而不是高等植物上真正的芽的结构。比如：马铃薯利用芽进行繁殖是利用块茎进行繁殖，它是营养生殖而不是出芽生殖。从本质上讲，"芽体"和母体是一样的，只不过芽体小一些。

3. 孢子生殖

有些生物个体生长到一定程度后能够产生一种细胞，这种细胞不经过两两结合，就可以直接形成新个体。这种细胞叫做孢子，这种生殖方式叫做孢子生殖。孢子生殖是藻类、真菌及其他低等植物的主要生殖方式。例如根霉，它的直立菌丝的顶端形成孢子囊，里面产生孢子。孢子落在阴湿而富含有机质的温暖环境中，就能够直接发育成新的根霉。

孢子生殖中的"孢子"是无性孢子，和体细胞有着相同的染色体数或 DNA 数。因此，无性孢子只可能通过有丝分裂或无丝分裂来产生，而不可能通过减数分裂来产生。

4. 营养生殖

由个体的营养器官（如植物的根、叶、茎）产生出新个体的生殖方式叫做营养生殖。在自然状态下进行的营养繁殖，叫做自然营养繁殖，如草莓匍匐枝、秋海棠的叶、马铃薯的块茎等。在人工协助下进行的营养繁殖，叫做人工营养繁殖。营养生殖能够使后代保持亲本的性状，因此，人们常用分根、扦插、嫁接等人工的方法来繁殖花卉和果树。俗语"无心插柳柳成荫"就是人工营养繁殖典型的例子。

营养生殖是利用植物的营养器官来进行繁殖，只有高等植物具有根、茎、叶的分化，因此，它是高等植物的一种无性生殖方式，低等的植物细胞不可能进行营养生殖。

由一个生物体自身断裂成两段或多段，每一段发育成一个新个体的繁殖方式称为断裂生殖。断裂生殖是生物体的再生作用，是生物修复机体损失的一种生理过程。无脊椎动物中的一些小型蠕虫，当虫体长到一定长度后可自发地断裂成几段，每一段再长成一个新个体，并重复这种自发断裂。这种断裂生殖实际上也是一种营养生殖方式。

二、有性生殖

有性生殖是指经过两性生殖细胞结合，产生合子，由合子发育成新个体的生殖方式。进行有性生殖方式的生物，其生活周期中通常包括二倍体时期与单倍体时期的交替。二倍体细胞通过减数分裂产生单倍体细胞（雌雄配子或卵和精子），单倍体细胞通过受精（核融合）形成新的二倍体细胞。有性生殖的优点是：子代的遗传物质来自 2 个亲本，所以具有 2 个亲本的遗传性，具有更大的生活力和变异性，对于生物的进化具有重要意义。

1. 融合生殖

有配子融合过程的有性生殖称为融合生殖，主要有接合生殖与配子生殖等。

（1）接合生殖　由两个亲本细胞互相靠拢形成接合部位，通过暂时形成的原生质桥单向地转移遗传信息，供体（雄体）的部分染色体可以转移到受体（雌体）的细胞中并导致基因重组，而生成接合子，由接合子发育成新个体，这样的生殖方式称为接合生殖。这是最原始的融合生殖。

例如，大肠杆菌有两种性别系，当不同性别系的个体杂交时，阳性菌体细胞接触阴性菌体细胞，两个细胞侧面形成接合管，阳性系细胞的 DNA 通过接合管流入阴性系细胞内并导致基因重组，形成接合子；接合子经过细胞分裂形成两个大肠杆菌。

水绵接合生殖时，阳性接合细胞内全部原生质通过接合管到达阴性接合细胞，由两个细胞的原生质融合而生成接合子；接合子经过减数分裂生成有性孢子各 2 个，有性孢子萌发为水绵的营养体。

草履虫接合生殖（图 5-2）时，每个虫体的大核消失，每个小核减数分裂生成 4 个核，其中 3 个核消失，留下的一个核分成动核和静核；动核通过接合膜交换，分别与对方的静核融合；融合后的小核经过二次有丝分裂形成 4 个核，其中 2 个核融合成 1 个大核；接合结束后，两个虫体分开，各自经历三次核分裂和两次胞质分裂，形成 4 个新个体。

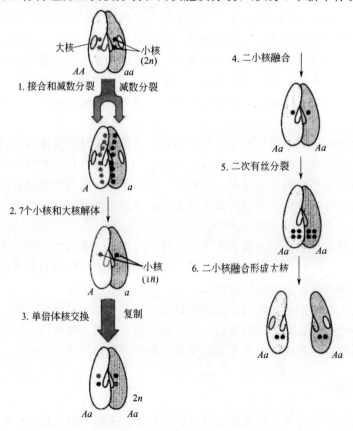

图 5-2　草履虫的接合生殖

（2）配子生殖　配子是由营养个体产生的特化的生殖细胞，配子经过两两配合后发育成新的个体，如在一定时间内找不到适当的配子配合便会死亡，这种生殖方式称为配子生殖。按配子的大小、形状和性表现可分为三种类型，即同配生殖、异配生殖和卵式生殖。

① 同配生殖。由大小、形态、结构和运动能力完全相同的两种配子相结合而进行的生殖，称为同配生殖。同配生殖的配子没有性的区分。例如衣藻属中的大多数种类。

② 异配生殖。由两种异形配子相结合而进行的生殖称为异配生殖。异配生殖有两种类型，即生理的异配生殖和形态的异配生殖。

a. 生理的异配生殖：参加结合的配子形态上并无区别，但交配型不同，在相同交配型的配子间不发生结合，只有不同交配型的配子才能结合，且具有种特异性。如衣藻属中的少数种类。这是异配生殖中最原始的类型。

b. 形态的异配生殖：参加结合的配子形状相同，但大小和性表现不同。大的不太活泼的为雌配子，小的活泼的为雄配子，这说明已开始了性在形态上的分化。

③ 卵式生殖。随着生物的进化，雄配子向着运动的方向发展，体型变小，运动器官发达，成为精子；雌配子向着静止的方向发展，体型变大，细胞质内储藏着丰富的营养物质，运动器官退化，成为卵子。由精子和卵子经过受精作用而形成受精卵，再由受精卵发育成为新个体，这种生殖方式称为卵式生殖。它们是在异型配子的基础上进化而来的。卵式生殖普遍存在于多细胞生物中，且为高等动物唯一的自然繁殖方式。

上述各种有性生殖方式，都要通过双亲遗传物质的融合过程，因而称为融合生殖。配子是减数分裂形成的，因而其染色体数目仅有体细胞的一半，称为单倍体（n）。通过两性配子结合形成合子，合子核中的染色体又恢复到原来的数目（$2n$）。下一代个体中的染色体，一半来自父本，另一半来自母本。配子生殖的进化趋势是由同配到异配，最后发展为卵配生殖。在原生动物和单细胞植物中，所有个体或营养细胞都可能直接转变为配子或产生配子，而在高等动物中，生殖细胞是由特殊的性腺产生的。由于在减数分裂和形成受精卵（合子）的过程中发生了遗传信息的重组，因而下一代个体会产生各不相同的个体特性。由此原理可以推论，交配和重组能使后代的变异性增大，对生存环境适应性增大，能为自然选择提供更多的素质。

2. 无融合生殖

无融合生殖是指雌雄配子不发生核融合的一种生殖方式。有人认为无融合生殖是介于有性生殖和无性生殖之间的一种特殊方式，也有人认为无融合生殖是有性生殖的一种特殊方式或变态，它虽发生于有性器官中，却无两性细胞的融合。

（1）动物的无融合生殖

① 单性生殖。配子不经过受精而发育成新个体的生殖方式，称为单性生殖。主要是指由雌配子直接发育成新个体的孤雌生殖。孤雌生殖不但在植物中是一种常见的繁殖方式，就是在动物中也常见到，如在蜜蜂、蚜虫、轮虫和水蚤等动物的生活史中，都有孤雌生殖现象。

② 幼体生殖。少数动物尚处于幼体阶段就能繁殖下一代，这种现象称为幼体生殖。如扁形动物门绦虫纲的圆叶类绦虫的全尾幼虫体内就有卵细胞的生成，并且还能孵化出小幼虫。

（2）植物的无融合生殖　无融合生殖在植物界是普遍存在的，无融合生殖现象在被子植物的 36 个科 440 种中都有发现，形式多种多样，在苔藓和裸子植物中迄今很少报道。

无融合生殖是指植物不经过雌雄配子融合而产生胚、种子进而繁衍后代的现象，以种子形式而并非单倍体营养器官进行繁殖。它分为两类：第一类，减数胚囊中的无融合生殖，包括孤雌生殖、孤雄生殖和无配子生殖三种形式；第二类，未减数胚囊中的无融合生殖，包括二倍体孢子生殖和体细胞无孢子生殖两种形式。如果根据无融合生殖发生完全程度，可把它分为专性无融合生殖、兼性无融合生殖，前者产生的后代不分离，如披碱草；后者以某种频率发生有性生殖和无融合生殖，如早熟禾属。在植物中，大多数以进行兼性无融合生殖为主，只有少数植物进行专性无融合生殖。

无融合生殖方式会阻碍基因的重组和分离，在植物育种工作中有着重要的应用价值。对于单倍体无融合生殖，通过人工或自然加倍染色体，就可以在短期内得到遗传上稳定的纯合二倍体，可以缩短育种年限。对于二倍体无融合生殖，可利用它固定杂种优势，提高育种效率。因此，对于无融合生殖产生机理的研究及其应用已经受到人们的重视。

三、无性生殖与有性生殖比较

无性生殖和有性生殖的根本区别是：无性生殖不经过两性生殖细胞的结合，由母体直接产生新个体；有性生殖要经过两性生殖细胞的结合，成为合子，由合子发育成新个体。

无性生殖时，子代继承下来的遗传信息与亲代基本相同，有利于保存亲代的优良特性；又由于无性生殖通常不经过复杂的有性过程和胚胎发育阶段，因此繁殖得很快。无性生殖对于生物保持其固有的性状和快速地繁衍优异种群都是非常有利的。但是，由于无性生殖的后代来自同一个基因型的亲体，遗传变异较小，因此对于外界环境变化的适应性受到了一定的限制。

有性生殖经过两性生殖细胞的结合，子代基因来自两个不同的亲代，故具有基因变化的特点，基因组合的广泛变异能增加子代适应自然选择的能力，还能够促进有利突变在种群中的传播。

有性生殖与无性生殖相比具有更大的生活力和变异性。从进化的观点看生物的生殖方式是由无性生殖向有性生殖的过渡。常见的无性生殖和有性生殖的种类特征见表 5-1、表 5-2。

表 5-1   常见的无性生殖

生殖的方式	特征	举例
分裂生殖	由一个生物个体直接分裂成两个新个体,这两个新个体的大小、形状基本相同	草履虫、变形虫、细菌
出芽生殖	母体上长出芽体,由芽体发育成和母体一样的新的个体	酵母菌、水螅
孢子生殖	真菌和一些植物细胞,能够产生一些无性生殖细胞——孢子,在适宜的条件下,孢子萌发成新的个体	青霉、曲霉、铁线蕨
营养生殖	由植物的营养器官(根、茎、叶)的一部分,在与母体脱落后,发育成一个新的个体	马铃薯的块茎、蓟的根、秋海棠的叶

表 5-2   有性生殖的种类

名称	特征	举例
同配生殖	结合成合子的两个配子,形态和大小相同	低等的动、植物,如藻类、真菌
异配生殖	结合成合子的两个配子,形态、大小不同,一个稍大一些,一个稍小一些	绿藻、原生动物
卵式生殖	由精子和卵细胞结合而成,精子特别小,而卵细胞特别大	高等动物、高等植物
单性生殖	在进行有性生殖的动物中,卵细胞不经受精,单独发育成子代的生殖方式	蜜蜂（雄蜂）、蚜虫、水蚤、蒲公英

第二节 被子植物的生殖与发育

目前，植物学界沿用的植物分类系统将植物分为两大类，即低等植物和高等植物。低等植物分藻类、菌类和地衣三大类型，它们在形态上无根、茎、叶的分化，构造上无组织分化，生殖器官为单细胞，合子发育时不离开母体，不形成胚，亦称无胚植物，如菌类、藻类植物等。高等植物有根、茎、叶的分化，构造上组织分化，生殖器官为多细胞，合子在母体内发育成胚，故亦叫有胚植物。高等植物包括苔藓、蕨类和种子植物三大类型，种子植物又分裸子植物和被子植物两个类型。

被子植物又称有花植物，是现代植物中最高级、种类最多和分布最广的类群之一。被子植物最大的特点是花发育完善，有根、茎、叶、花、果实等器官，各个器官的形态与构造复杂多样，能适应各种各样的生存环境。它的花是被子植物的有性生殖器官，由花柄、花托、花被（花萼与花冠）、雄蕊群和雌蕊群所构成。花的出现代表着植物繁殖部分的一个高度进化与特征。被子植物的繁殖在所有植物里是最复杂、最精妙的。被子植物通过有性生殖产生新个体，这是在花中进行的，是从精子、卵子的形成，经过受精作用，最后形成胚和胚乳的整个过程。经过有性生殖过程，花的一定部位形成果实和种子。

被子植物与裸子植物的区别在于，裸子植物的"花"发育不完全，胚珠是裸露在外的，直接发育成种子，如松子；而被子植物的胚珠则被封闭在雌蕊的子房内，发育成种子后被果肉包裹着，如梨、苹果、西瓜中的种子。人们常说，铁树开花，其实铁树是裸子植物，它的"花"的器官是不完备的，还不具备生物学上定义的"花"的特征。下面介绍被子植物生殖和发育的全过程。

一、花粉粒的产生

一个雄蕊由花丝和花药组成，花药里产生花粉粒。成熟的花粉粒在内部结构上有两种形式，一种是含有一个营养细胞和一个生殖细胞，例如棉花、百合的花粉；另一种是含有一个营养细胞和两个精子，例如小麦、白菜的花粉。精子是由生殖细胞分裂形成的，生殖细胞的分裂可能在花粉粒中进行，也可能是在花粉萌发后长出的花粉管中进行。

1. 从孢原细胞到小孢子

将早期花药横切（图5-3），可看到花药里面有一些较大的细胞，称为孢原细胞。孢原细胞有丝分裂产生的细胞，外侧的几层和花药的表皮细胞共同构成花药的壁，较里层的继续多次有丝分裂，产生大量细胞，称为花粉母细胞或小孢子母细胞。紧靠在小孢子母细胞外围的一层细胞构成绒毡层。以后绒毡层细胞彼此融合而成黏稠的胶状液，它的作用是为花粉粒的发育提供营养物质。小孢子母细胞发生减数分裂，每个小孢子母细胞（$2n$）产生4个单倍体的小孢子（n）。花粉粒是从小孢子开始的，所以花药又可以称为小孢子囊。

2. 从小孢子到雄配子体

成长的小孢子呈圆形。每一小孢子经一次有

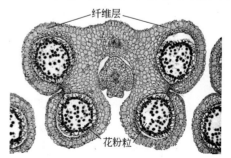

图5-3 花药横切面

（图中标注：纤维层、花粉粒）

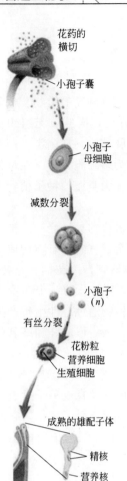

图 5-4　雄配子体的形成

丝分裂产生一个大的、占有大部分细胞质和细胞器的营养细胞和一个小的、只围以薄层细胞质的生殖细胞。营养细胞的液泡小，细胞质富含营养物质，供给花粉粒继续发育的需求。生殖细胞无细胞壁，完全处在营养细胞之中，利用营养细胞的供应而分裂成 2 个细胞，即雄配子或精子。至此，一个含有 3 个细胞的成熟花粉粒，即雄配子体（n）就形成了。小麦、玉米、水稻、向日葵等的花粉粒都是含有 3 个细胞的。另一些植物，如棉花、桃、李、百合等的花粉粒只有 2 个细胞，它们的生殖细胞不分裂，要等花粉粒传到柱头上才分裂成 2 个精子（图 5-4）。

花粉粒的表面有小孔，数目不定，花粉发育时所生成的花粉管就是从小孔伸出的。花粉粒很小，直径一般在 $15\sim50\mu m$，易为风力传送，或由昆虫等携带。不同植物有不同形态的花粉粒。花粉的研究，即花粉学，在古植物学中以及在地层的鉴定上都是重要的依据。

二、胚囊的形成

1. 从孢原细胞到大孢子

胚珠在子房中发育。在珠心顶部靠近珠孔的一端有一个细胞核很大、原生质很浓厚的大细胞，称为孢原细胞。孢原细胞或直接发育为大孢子母细胞，或横分裂一次生成 2 个细胞（图 5-5）。上面一个参加到珠心的基本组织中，下面一个成为大孢子母细胞，每一胚珠只有一个大孢子母细胞。这和花药中有很多小孢子母细胞不同。

大孢子母细胞发生减数分裂，一个大孢子母细胞产生 4 个排成一直行的单倍体（n）细胞，其中顶端靠近珠孔的 3 个细胞退化，只有最深处的一个发育成大孢子，所以胚珠实际是一个大孢子囊。

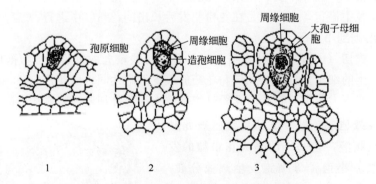

图 5-5　大孢子母细胞的发育（引自陈阅增）
1,2—孢原细胞横分裂一次生成周缘细胞和造孢细胞；
3—造孢细胞发育成大孢子母细胞

2. 从大孢子到胚囊

单倍体的大孢子在珠心中逐渐长大，细胞核连续分裂 3 次而成 8 核（n），分别排列到靠近孔的一端和相反的一端，每端各 4 个。然后，两端各有一核移向细胞中心，共同构成含有两核的中央细胞。留在珠孔一端的 3 个核也各自围以细胞质而成为 3 个细胞，其中一个较大，为卵细胞，另外 2 个较小，称为助细胞，远端的 3 个核也发展成细胞，为反足细胞，这个含 8 个细胞核，或由 7 个细胞构成的结构称为胚囊，或称为雌配子体。此时胚囊和它的前身——大孢子相比，已经长得很大了。一般种子植物胚囊的发育过程都是经历上述的模式。

胚囊中各细胞对卵细胞的发育都有作用。中央细胞发展成胚乳，为胚的发育提供养分。助细胞接近卵细胞，可能有吸收营养物，并将营养物传送给卵细胞的作用。很多植物受精时，花粉管是穿过助细胞而进入胚囊之内的。似乎助细胞有分泌某些向化性的物质，促进花粉管进入胚囊的作用。反足细胞可能有运输物质的功能。

三、开花及传粉

花药及胚囊成熟后，花冠张开，露出雄蕊和雌蕊。花药破开，花粉粒可被风力吹走，散落到柱头上，或被蜂、蝶等动物带到柱头上，这一过程称为传粉。传粉是开花植物有性生殖的一个必要过程。花粉只有达到柱头之后，经柱头的刺激才能继续发育，实现受精。

1. 自花传粉和异花传粉

花粉落到同一朵花的柱头上，使胚珠中的卵受精，为自花传粉。植物的自花传粉是在不具备异花传粉的条件（早春太冷、风雨太多、空气湿度过大等）下长期适应的结果。不同植株之间的传粉，或同一植株的不同花之间的传粉为异花传粉。异花传粉增加了后代的遗传变异和对环境的适应能力，异花传粉的后代高大、生活力强、结实率高、抗逆性强。自花传粉、自体受精之所以有害，和异花传粉、异体受精之所以有益，是因为自花传粉植物所产生的两性配子是处在同一环境条件下，两配子的遗传性缺乏分化作用，差异很小，所以融合后产生的后代生活力和适应性小。而异花传粉由于雌、雄配子是在彼此不完全相同的生活条件下产生的，遗传性具较大差异，融合后产生的后代，也就有较强的生活力和适应性。虽然自花传粉是一种原始的传粉形式，但在自然界却被保存了下来，这是因为自花传粉对某些植物来说仍是有利的。在异花传粉缺乏必需的风、虫等媒介力量，而使传粉不能进行的时候，自花传粉弥补了这一缺点。正如达尔文曾经指出，对于植物来说，用自体受精方法来繁殖种子，总比不繁殖种子或繁殖很少量来得好些。何况在自然界没有一种植物是绝对自花传粉的，在它们中间总会有比较少的一部分植株是在进行异花传粉。所以，长期以来自花传粉的植物种类仍能普遍存在。

2. 风媒和虫媒

植物进行异花传粉，必须依靠各种外力的帮助，才能把花粉传布到其他花的柱头上去。传送花粉的媒介有风力、昆虫、鸟和水，最为普遍的是风和昆虫。各种不同外力传粉的花，往往产生一些特殊的适应性结构，使传粉得到保证。

（1）风媒花 靠风力传送花粉的传粉方式称风媒，借助这类方式传粉的花，称风媒花。据估计，约有 1/10 的被子植物是风媒的，大部分禾本科植物和木本植物中的栎、杨、桦木等都是风媒植物。风媒植物的花多密集成穗状花序、柔荑花序等，能产生大量花粉，同时散放。花粉一般质轻、干燥、表面光滑，容易被风吹送。禾本科植物如小麦、水稻等的花丝特别细长，花药早期就伸出在稃片之外，受风力的吹动，使大量花粉吹散到空气中去。风媒花的花柱往往较长，柱头膨大呈羽状，高出花外，增加接受花粉的机会。多数风媒植物有先叶开花的习性，开花期在枝上的叶展开之前，散出的花粉受风吹送时，可以不致受枝叶的阻挡。此外，风媒植物也常是雌雄异花或异株，花被常消失，不具香味和色泽，但这些并非是必要的特征。有的风媒花照样是两性的，也具花被，如禾本科植物的花是两性的，枫、槭等植物的花也具花被。

(2) 虫媒花　靠昆虫为媒介进行传粉方式的称虫媒，借助这类方式传粉的花，称虫媒花。多数有花植物是依靠昆虫传粉的，常见的传粉昆虫有蜂类、蝶类、蛾类、蝇类等，这些昆虫来往于花丛之间，或是为了在花中产卵，或是以花朵为栖息场所，或是采食花粉、花蜜作为食料。在这些活动中，不可避免地要与花接触，这样也就将花粉传送了出去。

适应昆虫传粉的花，一般具有以下特征：虫媒花多具特殊的气味以吸引昆虫。不同植物散发的气味不同，所以趋附的昆虫种类也不一样，有喜芳香的，也有喜恶臭的。虫媒花多半能产蜜汁。蜜腺或是分布在花的各个部分，或是发展成特殊的器官。花蜜经分泌后积聚在花的底部或特有的部位。花蜜暴露于花冠外的，往往由甲虫、蝇和短吻的蜂类、蛾类所趋集；花蜜深藏于花冠之内的，多为长吻的蝶类和蛾类所吸取。昆虫取蜜时，花粉粒黏附在昆虫体上而被传布开去。虫媒花的另一特点是花大而显著，并有各种鲜艳色彩。一般昼间开放的花多呈红、黄、紫等颜色，而晚间开放的多为纯白色，只有夜间活动的蛾类能识别，帮助传粉。此外，虫媒花在结构上也常和传粉的昆虫间形成互为适应的关系，如昆虫的大小、体形、结构和行为，与花的大小、结构和蜜腺的位置等，都是密切相关的。例如马兜铃花的特征，表现为花筒长、雌、雄蕊异熟，蜜腺位于花筒基部，此外，在花筒内壁生有斜向基部的倒毛，这些都与昆虫的传粉密切相关。马兜铃的传粉是靠一些小昆虫为媒介的，当花内雌蕊成熟时，小虫顺着倒毛进入花筒基部采蜜，这时虫体携带的花粉就被传送到雌蕊的柱头上。因为花筒内壁的倒毛尚未枯萎，小虫为倒毛阻于花内，一时无法爬出，直到花药成熟，花粉散出，倒毛才逐渐枯萎，为昆虫外出留下通道，而外出的昆虫周身也就粘上大量花粉，待进入另一花采蜜时，又把花粉带到另一花的柱头上去；未授粉时马兜铃的花朵是直立的，待传粉完成后即倒垂。

虫媒花的花粉粒一般比风媒花的要大；花粉外壁粗糙，多有刺突；花药裂开时不为风吹散，而是粘在花药上；昆虫在访花采蜜时容易触到，附于体周；雌蕊的柱头也多有黏液分泌，花粉一经接触，即被粘住；花粉数量也远较风媒花为少。

3. 其他传粉方式

除风媒和虫媒传粉外，水生被子植物中的金鱼藻、黑藻、水鳖等都是借水力来传粉，这类传粉方式称水媒。例如苦草属植物是雌雄异株的，它们生活在水底，当雄花成熟时，大量雄花自花柄脱落，浮升水面开放，同时雌花花柄迅速延长，把雌花顶出水面，当雄花飘近雌花时，两种花在水面相遇，柱头和雄花花药接触，完成传粉和受精过程，以后雌花的花柄重新卷曲成螺旋状，把雌蕊带回水底，进一步发育成果实和种子。其他如借鸟类传粉的称鸟媒，传粉的是一些小型的蜂鸟，头部有长喙，在摄取花蜜时把花粉传开。蜂鸟产于美洲等地，是最小的鸟（6～21cm）之一。它们能见红色，对蓝色不甚敏感，嗅觉也不灵。由它们传粉的花大多是红色或黄色，白天开放，并且没有什么气味（鸟类不喜欢花香）。红色而不香的花对昆虫吸引力不大，因而就减少了昆虫与鸟类的竞争。蜗牛、蝙蝠等小动物也能传粉，但不常见。

4. 人工辅助授粉

异花传粉往往容易受到环境条件的限制，得不到传粉的机会，如风媒传粉没有风，虫媒传粉因风大或气温低，而缺少足够昆虫飞出活动传粉等，从而降低传粉和受精的机会，影响到果实和种子的产量。在农业生产上常采用人工辅助授粉的方法，以克服因条件不足而使传粉得不到保证的缺陷，从而达到预期的产量。在品种复壮的工作中，也需要采取人工辅助授粉，以达到预期的目的。人工辅助授粉可以大量增加柱头上的花粉粒，使花粉粒所含的激素相对总量有所增加，酶的反应也相应有了加强，起到促进花粉萌发和花粉管生长的作用，受精率可以得到很大提高。如玉米在一般栽培条件下，由于雄蕊先熟，到雌蕊成熟时已得不到及时的传粉，因而果穗顶部往往形成缺粒，降低了产量。人工辅助授粉就能克服这一缺点，使产量提高 8%～10%。又如向日葵在自然传粉条件下，空瘪粒较多，如果辅以人工辅助授粉，同样能提高结实率和含油量。

人工辅助授粉的具体方法在不同作物不完全一样，一般是先从雄蕊上采集花粉，然后撒到雌蕊柱头上，或者将收集的花粉在低温和干燥的条件下加以储藏，留待以后再用。

四、花粉发育和受精

1. 花粉粒在柱头上的萌发

落在柱头上的花粉粒，被柱头分泌的黏液所粘住，以后花粉的内壁在萌发孔处向外突出，并继续伸长，形成花粉管，这一过程称花粉粒的萌发。促使花粉粒萌发并长成花粉管的因素是多方面的，包括柱头的分泌物和花粉本身储存的酶和代谢物。柱头分泌的黏性物质可以促使花粉萌发，并防止花粉由于干燥而死亡。黏性物质的主要成分有水、糖类、胡萝卜素、各种酶和维生素等。由于分泌物的组成成分随植物种类而异，因而对落在柱头上的各种植物花粉产生的影响也就不同。

落到柱头上的花粉虽然很多，但不是全部都能萌发的；任何一种植物开花时可以接受本种植物的花粉，同时也可能接受不是同种植物的花粉。不管是同种的（种内）或是不同种的（种间），只有交配的两亲本在遗传性上较为接近，差异既不过大，也不过小，才有可能实现亲和性的交配，具体地说，大多数植物广泛地表现为同一种内的异花受精是可亲和的，而在遗传上差异特大的情况下就不能亲和。不亲和的花粉在柱头上或是不能萌发；或是萌发后花粉管生长很慢，不能穿入柱头；或是花粉管在花柱内的生长受到抑制，不能达到子房。所以从花粉落到柱头上后，柱头对花粉就进行"识别"和"选择"，对亲和的花粉予以"认可"，不亲和的就予以"拒绝"。

在自交和杂交过程中由于受精的不亲和性，导致不孕，给育种工作造成困难，所以近期来在克服不亲和性的障碍方面进行了研究，已有多种措施可以采用，如用混合花粉授粉；在蕾期授粉；授粉前截除柱头或截短花柱；子房内授粉或试管受精等。

花粉在柱头上有立即萌发的，如玉米、橡胶草等；或者需要经过几分钟以至更长一些时间后才萌发的，如棉花、小麦、甜菜等。空气湿度过高，或气温过低，不能达到萌发所需要的湿度或温度时，萌发就会受到影响。育种时，如在下雨或下雾后紧接着进行授粉，通常是不结实的。花粉受湿后随即干燥，也是致命因素。花粉的生命能在柱头上维持多久，对育种工作是一件必须掌握的事，除决定于气候条件外，与各种植物的遗传性也有很大关系。

2. 花粉管的生长

落在柱头上的花粉，如果与柱头的生理性质是亲和的，经过吸水和酶的促进作用后，便开始萌发，形成花粉管。由于花粉粒的外壁性质坚硬，包围着内壁四周，只有在萌发孔的地方留下伸展余地，所以花粉的原生质体和内壁在膨胀的情况下，一般向着一个萌发孔突出，形成一个细长的管子，称为花粉管。虽然有些植物的花粉具几个萌发孔，如锦葵科、葫芦种

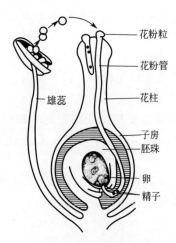

图 5-6 松属的传粉作用
和花粉管的生长

植物的花粉，可以同时长出几个花粉管，但只有其中的一个能继续生长下去，其余都在中途停止生长（图 5-6）。

花粉管有顶端生长的特性，它的生长只限于前端 3～5μm 处，形成后能继续向下引伸，先穿越柱头，然后经花柱而达子房。同时，花粉粒细胞的内含物全部注入花粉管内，向花粉管顶端集中，如果是三细胞型的花粉粒，营养核和 2 个精子全部进入花粉管中，而二细胞型的花粉粒在营养核和生殖细胞移入花粉管后，生殖细胞便在花粉管内分裂，形成 2 个精子。

花粉管通过花柱到达子房的途径，可分为两种不同的情况。一种情况是一些植物的花柱中间成空心的花柱道，花粉管在生长时沿着花柱道表面下伸，到达子房；另一种情况是花柱并无花柱道，而为特殊的引导组织或一般薄壁细胞所充塞，花粉管生长时需经过酶的作用，将引导组织或薄壁细胞的中层果胶质溶解，花粉管经由细胞之间通过。花粉管在花柱中的生长，除利用花粉本身储存的物质作营养外，也从花柱组织吸取养料，作为生长和建成管壁合成物质之用。花粉管的生长集中在尖端部分，离花粉管顶端越远的部分越见衰老。

花粉萌发和花粉管的生长速度在不同植物种类和外因条件的变化下是不完全一致的，因而从传粉到受精的时间也相差较大。木本植物的花粉管生长较慢，例如苹果由传粉到受精的时间为 5 天，栎属植物则需长达一年或一年多；而一般农作物的花粉萌发和生长速度则较快，例如水稻只需 1.5h、小麦 1h，棉则需 15～32h。这些差异主要由遗传性决定。但除此之外，其他因素的影响也可使速度有所改变，如花粉质量的好坏、传粉时气温的高低和空气的相对湿度等。

花粉管到达子房以后，或者直接伸向珠孔，进入胚囊（直生胚珠），或者经过弯曲，折入胚珠的珠孔（倒生、横生胚珠），再由珠孔进入胚囊，统称为珠孔受精。也有花粉管经胚珠基部的合点而达胚囊的，称为合点受精。前者是一般植物所有，后者是少见的现象，榆、胡桃的受精即属这一类型。此外，也有穿过珠被，由侧道折入胚囊的，称中部受精，则更属少见，如南瓜。无论花粉管在生长中取道哪一条途径，最后总能准确地伸向胚珠和胚囊，这一现象的产生原因，一般认为在雌蕊某些组织，如珠孔道、花柱道、引导组织、胎座、子房内壁和助细胞等存在某种化学物质，以诱导花粉管的定向生长。

3. 双受精过程

花粉管经过花柱，进入子房，直达胚珠，然后穿过珠孔，进而伸向胚囊。在珠心组织较薄的胚珠里，花粉管可以立即进入胚囊，但在珠心较厚的胚珠里，花粉管需先通过厚实的珠心组织，才能进入胚囊。

不同植物，其花粉管进入胚囊的途径不一样，但都与助细胞有一定关系。有从卵和助细胞之间进入胚囊的，如荞麦；有穿入 1 个助细胞中，然后进入胚囊的，如棉；或是破坏 1 个助细胞作为进入胚囊的通路的，如天竺葵；或是从解体的助细胞进入的，如玉米。花粉管进入胚囊后，管的末端即行破裂，将精子及其他内容物注入胚囊。破裂原因，有认为是由于胚囊内的低氧膨胀所致，而助细胞被推测为对花粉管破裂起着直接的作用，当花粉管与助细胞的细胞质接触时，由于压力的突然改变，导致管的末端破裂；也有认为花粉管管壁的溶解，

花粉粒
花粉管
雄蕊
花柱
子房
胚珠
卵
精子

如番茄、胡麻，也是原因之一。

花粉管中的两个精子释放到胚囊中后，接着发生精子和卵细胞以及精子和2极核的融合。2精子中的1个和卵细胞融合，形成受精卵（或称合子），将来发育为胚。另1个精子和2个极核（或次生核）融合，形成初生胚乳核，以后发育为胚乳。卵细胞和极核同时和2个精子分别完成融合，是被子植物有性生殖的特有现象，称为双受精（图5-7）。

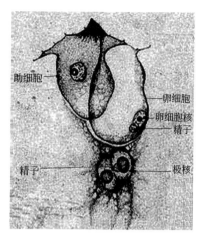

图5-7 双受精现象

与卵细胞结合的精子，在进入卵细胞与卵核接近时，精核的染色体贴附在卵核的核膜上，然后断裂分散，同时出现1个小的核仁，后来精核和卵核的染色质相互混杂在一起，雄核的核仁也和雌核的核仁融合在一起，结束这一受精过程。另1个精子和极核的融合过程与上述两配子的融合是基本相似的，精子初时也呈卷曲的带状，以后松开与极核表面接触，2组染色质和2核仁合并，完成整个过程。精子和卵的结合比精子和极核结合缓慢，所以精子和次生核的合并完成得较早。

被子植物的双受精使2个单倍体的雌、雄配子融合在一起，成为1个二倍体的合子，恢复了植物原有的染色体数目；其次，双受精在传递亲本遗传性，加强后代个体的生活力和适应性方面是具有较大的意义的。精、卵融合就把父本、母本具有差异的遗传物质组合在一起，形成具双重遗传性的合子。由于配子间的相互同化，形成的后代就有可能形成一些新的变异。由受精的极核发展成的胚乳是三倍体的，同样兼有父本、母本的遗传特性，作为新生一代胚期的养料，可以为巩固和发展这一特点提供物质条件。所以，双受精在植物界是有性生殖过程中最进化、高级的形式之一。

4. 受精的选择作用

柱头对花粉粒的萌发，以及胚囊对精子细胞的进入，都具有选择能力，也就是说，只有能和柱头的生理、生化作用相协调的花粉粒，才能萌发，卵细胞也只能和生理、生化相适应的精子融合在一起。所以，被子植物的受精过程是有选择性的，这种对花粉和精子的选择性是植物在长期的自然选择作用下保留下来的，也是被子植物进化过程中的一个重要现象。因此，虽然雌蕊柱头上可以留有不同植株和不同植物种类的花粉，但是，只有适合于这一受精过程的植物花粉，才能产生效果。

受精作用的选择性早为达尔文所注意，达尔文曾经指出，受精作用如果没有选择性，就不可能避免自体受精和近亲受精的害处，也不可能得到异体受精的益处。实践证明，如果利用不同植株，甚至不同种类的混合花粉进行授粉，只有最适合于柱头和胚囊的花粉有尽先萌发的可能，避免了接受自己花上的花粉粒。因此，利用混合授粉、人工辅助授粉以提高产量，克服自交和远缘杂交的不亲和性，以及提高后代对环境的适应能力，已受到普遍重视。选择受精的理论为农业生产实践带来无限的好处和希望，为选种和良种繁育工作奠定了基础。

在被子植物中，双精入卵和多精入卵的例外情形也有发现，附加精子进入卵细胞后，改变了卵细胞的同化作用，使胚的营养条件和子代的遗传性发生变化。

五、胚的发育

受精之后，子房和胚珠继续发育而成果实和种子。花的其他部分，如花萼、花冠以及雄蕊和雌蕊的柱头、花柱等都逐渐萎蔫、脱落。3n 的胚乳核连续分裂而产生很多含有丰富营养物质的胚乳细胞，它们不参加胚的形成，只为胚的发育提供营养物质。受精卵或合子要经过一段休眠时间才开始分裂、生长、分化而成胚，胚在没有出现器官分化的阶段，称原胚。由原胚发展为胚的过程，在双子叶植物和单子叶植物间是有差异的。

1. 双子叶植物胚的发育

双子叶植物的合子经短暂休眠后，不均等地横向分裂为 2 个细胞，靠近珠孔端的是基细胞，远离珠孔的是顶细胞。基细胞略大，经连续横向分裂，形成一列由 6～10 个细胞组成的胚柄，这些细胞之间有胞间连丝沟通。电子显微镜观察胚柄细胞壁有内突生长，犹如传递细胞，细胞内含有未经分化的质体。顶端细胞先要经过两次纵分裂（第二次的分裂面与第一次的垂直）成为 4 个细胞，即四分体时期；然后各个细胞再横向分裂一次，成为 8 个细胞的球状体，即八分体时期。八分体的各细胞先进行一次平周分裂，再经过各个方向的连续分裂，成为一团组织。以上各个时期都属原胚阶段。以后由于这团组织的顶端两侧分裂生长较快，形成 2 个突起，迅速发育，成为 2 片子叶，又在子叶间的凹陷部分逐渐分化出胚芽。与此同时，球状胚体下方的胚柄顶端一个细胞，即胚根原细胞，和球状胚体的基部细胞也不断分裂生长，一起分化为胚根。胚根与子叶间的部分即为胚轴。这一阶段的胚体，在纵切面看，有点像心脏形。不久，由于细胞的横向分裂，使子叶和胚轴延长，而胚轴和子叶由于空间的限制也弯曲成马蹄形（图 5-8）。至此，一个完整的胚体已经形成，胚柄也就退化消失。

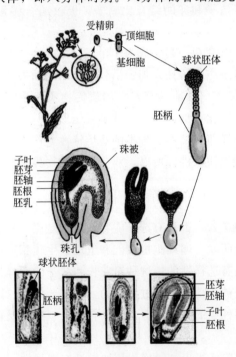

图 5-8　荠菜胚的发育过程

2. 单子叶植物胚的发育

单子叶植物胚的发育与双子叶植物胚的发育情况有共同之处，但也有区别。现以小麦胚的发育为例（图 5-9），说明单子叶植物胚的发育过程。

小麦合子的第一次分裂是斜向的，分为 2 个细胞，接着 2 个细胞分别各自进行一次斜向的分裂，成为 4 细胞的原胚。以后，4 个细胞又各自不断地从各个方向分裂，增大了胚体的体积。到 16—32 细胞时期，胚呈现棍棒状，上部膨大，为胚体的前身，下部细长，分化为胚柄，整个胚体周围由一层原表皮层细胞所包围。不久，在棒状胚体的一侧出现一个小型凹刻，就在凹刻处形成胚体主轴的生长点，凹刻以上的一部分胚体发展为盾片（子叶）。由于这一部分生长较快，所以很快突出在生长点之上。生长点分化后不久，出现了胚芽鞘的原始体，成为一层折叠组织，罩在生长点和第一片真叶原基的外面。与此同时，在胚体的子叶相对的另一侧，形成一个新的突起，并继续长大，成为外胚叶。由于子叶近顶部分细胞的居间

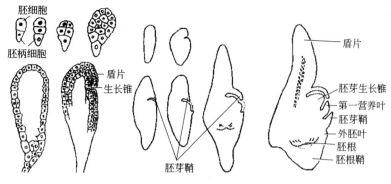

图 5-9　小麦胚的发育

(引自胡宝忠，2002)

生长，所以子叶上部伸长很快，不久成为盾片，包在胚的一侧。胚芽鞘开始分化出现的时候，就在胚体的下方出现胚根鞘和胚根的原始体，由于胚根与胚根鞘细胞生长的速度不同，所以在胚根周围形成一个裂生性的空腔，随着胚的长大，腔也不断地增大。至此，小麦的胚体已基本上发育形成。在结构上，它包括一张盾片（子叶），位于胚的内侧，与胚乳相贴近。茎顶的生长点以及第一片真叶原基合成胚芽，外面有胚芽鞘包被。相对于胚芽的一端是胚根，外有胚根鞘包被。在与盾片相对的一面，可以见到外胚叶的突起。有的禾本科植物如玉米的胚，不存在外胚叶。

六、种子和果实

1. 种子

胚珠发育而成种子。胚珠中的胚继续发育长大，占据胚珠的大部分。珠被发育成种皮。细看成熟的种子，可看见其上有小孔，即保留下来的珠孔。种皮多含石细胞和纤维等机械组织，大多干而有韧性，如蚕豆、菠菜、甜菜等的种皮。有些植物的种皮是肉质的，石榴种子外面的可食部分其实是种皮。裸子植物，如银杏的外种皮也是肥厚肉质的。

成熟的种子是由胚、胚乳和种皮三部分组成。胚是种子最重要的部分，它是新植物的原始体，来自受精卵（合子）。发育完全的胚是由胚芽、胚根、胚轴和子叶四部分组成（图5-10）。但是，被子植物的种子，即在合子发育成种子的过程中，某些结构发生了变化，产生了四种不同类型的种子。可根据胚中子叶数目分为单子叶种子（胚中仅有1枚子叶）和双子叶种子（胚中有2枚形态、大小相似的子叶）。在这两种类型中，又根据成熟种子内胚乳

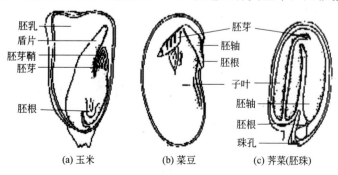

(a) 玉米　　　　(b) 菜豆　　　　(c) 荠菜(胚珠)

图 5-10　种子的结构

的有无，将种子分为有胚乳种子和无胚乳种子。少数植物种子在形成的过程中，胚珠中的一部分珠心组织保留下来，在种子中形成类似胚乳的营养组织，称外胚乳，外胚乳与胚乳来源不同，但功能相同。

2. 果实

胚珠在继续发育的过程中，能分泌物质，刺激包在胚珠外面的子房壁发育成为果皮。单纯由子房发育成的果实，称为真果，如花生、水稻、小麦、柑橘、桃、李等。真果结构包括果皮和种子两部分。果皮由子房壁发育形成，包在种子的外面，一般又分外果皮、中果皮、内果皮三层，由于各层质地不同而形成不同的果实类型（图 5-11）。

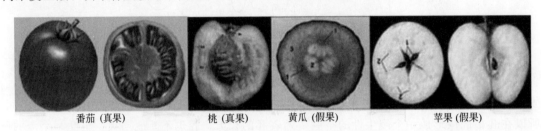

番茄 (真果)   桃 (真果)   黄瓜 (假果)   苹果 (假果)

图 5-11   果实的种类

种子和果实都是植物的繁殖器官。一般说来，种子是卵受精后，直接由胚珠发育而成，没有子房壁参加（如松子）。果实则不同，它除了有种子的成分之外，还有子房壁及花的其他部分也参加了进来。如葵花子，虽然叫做种子，但它是有子房壁的成分参加发育，所以是果实。

很多植物的果实除子房和其中的种子外，还包含花的其他部分，由子房和花的其他部分如花托、花被筒甚至整个花序共同参与形成的果实称为假果。如西瓜、冬瓜等（瓠果）的肉质部分是由子房和花托共同发展来的，梨和苹果等可食部分来自花托和花被，真正的果皮在肉质部分以内，紧邻种子的地方（图 5-11）。草莓的食用部分主要是肥厚的花托，花托上密生小而硬的瘦果，每个瘦果含一个种子。

果实的种类繁多，可根据果皮是否肉质化而分为肉果和干果两大类，每类又可分为多种。上述的花生、豆荚均为干果，西瓜、葡萄、梨、苹果等为肉果。

一般说来，植物总是在受精之后，在新生种子分泌的激素刺激下才能结实。也有不少植物不受精也能结实，但果实中不含种子，即无子果实，如香蕉、无子葡萄、无子橘等。这些植物可能都是来自能产生种子的祖先。由于植株或个别枝条发生了突变，不再受精，而产生了无子果实。人们喜爱这种无子果实，于是用营养繁殖的方法从这些突变植株培育出无子的品种。人工喷洒生长素、赤霉素等到柱头上也可得到无子果实，如喷洒生长素可诱导产生无子西瓜、无子番茄等。

3. 果实和种子的传播

各种植物的果实和种子多种多样，但均具有共同的特性就是适应本植物种子向远处散播。这对植物的生存是十分重要的。种子如果不能散布开来而密集一处，植物发育由于相互竞争有限的资源必将受到阻碍。

棉、柳等的种子表面有细毛，能随风飞散。柳絮是带有绒毛的种子。蒲公英果实上有伞状冠毛，果实可在空中飘荡，随风飞向远方。槭树果实有平扁的两翼，榆树果实形如圆钱，这类果实都可借风力而远扬。水生植物的种子为适应水中环境，结构也很特别。睡莲的黑色种子，外面包有一层像海绵袋一样充满空气的"救生圈"（外种皮）。种子凭借"救生圈"的浮力，可以随波逐流浮于水面，直至"救生圈"内的空气漏尽，才沉入水底，安家落户。椰子果皮内有毛发一样的纤维组织，充满了空气，也可使椰子浮于水面不致下沉。就这样，它可以长途航行被海潮冲到遥远的海岸。果实中的种子在盐分高的海水中不萌发，但能存活很长时间。等到果实被海浪抛上海滩后，种子经雨水冲洗就可萌发生长。苍耳、蒺藜等果实有刺，能附在动物或人身上，随动物或人而迁移。可食的肉质果以色、香、味引诱动物，动物食用后，随地吐出种子，此时种子已远离其产地。草莓是聚合果，其上种子小而硬，动物吃草莓，种子被吞入，但不被消化，随动物的粪便排出，由此也得到了散播。松鼠收集松子及谷物，但收集多、食用少，到了春天，留下的种子萌发而成远离亲代的植株。凤仙花等果实成熟时水分减少，果实能自行爆破，使其中种子散落。

种子接触水后，吸水膨胀，种皮软化且通透性增加，使外界的氧气容易进入胚和胚乳。在酶的作用下，储存在子叶或胚乳中的营养物质被分解。胚得到营养，细胞分裂速度加快，体积迅速增大。胚根首先突破种皮发育成根；胚轴也伸长，并弯曲着拱出地面；子叶展开露出胚芽，胚芽渐渐发育成茎和叶。

七、被子植物的生活史及世代交替

多数植物在经过一个时期的营养生长以后，便进入生殖阶段，这时在植物体的一定部位形成生殖结构，产生生殖细胞进行繁殖。如属有性生殖，则形成配子体，产生卵和精子，融合后形成合子，然后发育成新的一代植物体。像这样，植物在一生中所经历的发育和繁殖阶段，前后相继，有规律地循环的全部过程，称为生活史或生活周期。

被子植物的生活史，一般可以从一粒种子开始。种子在形成以后，经过一个短暂的休眠期，在获得适宜的内在和外界环境条件时，便萌发为幼苗，并逐渐长成具根、茎、叶的植物体。经过一个时期的生长发育以后，一部分顶芽或腋芽不再发育为枝条，而是转变为花芽，形成花朵，由雄蕊的花药里生成花粉粒，雌蕊子房的胚珠内形成胚囊。花粉粒和胚囊又各自分别产生雄性精子和雌性的卵细胞。经过传粉、受精，1 个精子和卵细胞融合，成为合子，以后发育成种子的胚；另 1 个精子和 2 个极核结合，发育为种子中的胚乳。最后花的子房发育为果实，胚珠发育为种子。种子中孕育的胚是新生一代的雏体。因此，一般把"从种子到种子"这一全部历程，称为被子植物的生活史或生活周期。被子植物生活史的突出特点在于双受精这一过程，这是其他植物所没有的。

被子植物的生活史存在两个基本阶段：一个是二倍体植物阶段（$2n$），一般称之为孢子体阶段，这就是具根、茎、叶的营养体植株。这一阶段是从受精卵发育开始，一直延续到花里的雌雄蕊分别形成胚囊母细胞（大孢子母细胞）和花粉母细胞（小孢子母细胞）进行减数分裂前为止。在整个被子植物的生活周期中，此阶段占了绝大部分时间。这一阶段植物体的各部分细胞染色体数都是二倍的。孢子体阶段也是植物体的无性阶段，所以也称为无性世代；另一个是单倍体植物阶段（n），一般可称为配子体阶段，或有性世代，这阶段由大孢子母细胞经过减数分裂后形成的单核期胚囊（大孢子），和小孢子母细胞经过减数分裂后，形成的单核期花粉细胞（小孢子）开始，一直到胚囊发育成含卵细胞的成熟胚囊，和花粉成为含 2 个（或 3 个）细胞的成熟花粉粒，经萌发形成有两个精子的花粉管，到双受精过程为止。被子植物的这一阶段占有生活史中的极短时期，而且不能脱离二倍体植物体而生存。由精卵融合生成合子，使染色体又恢复到二倍数，生活周期重新进入到二倍体阶段，完成了一个生活周期。被子植物生活史中的两个阶段，二倍体占整个生活史的优势，单倍体只是附属在二倍体上生存，这是被子植物和裸子植物生活史的共同特点。但被子植物的配子体比裸子植物的更加退化，而孢子体更为复杂。二倍体的孢子体阶段（或无性世代）和单倍体的配子体阶段（或有性世代）在生活史中有规则的交替出现的现象，称为世代交替。

被子植物世代交替中出现的减数分裂和受精作用（精卵融合）是整个生活史的关键，也是两个世代交替的转折点，必须予以重视。被子植物简单的世代交替图解如图 5-12 所示。

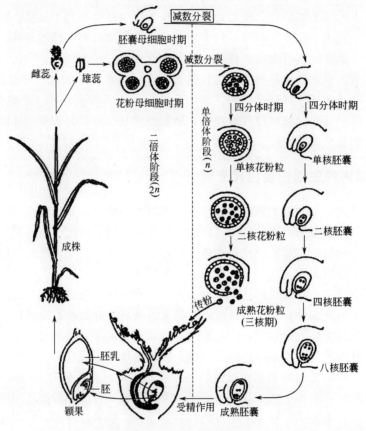

图 5-12　小麦的生活史图解

动物和植物不同，多细胞动物没有配子体或单倍体的动物体。动物界中也有"世代交替"，如腔肠动物的水螅体和水母体的交替，但意义完全不同，腔肠动物的水螅体和水母体没有染色体倍性的区别，两者都是二倍体的，不能和植物的孢子世代和配子世代相提并论。

第三节　人和高等动物的生殖与发育

动物的生殖和发育随着动物的演化由简单到复杂，总的趋势是由雌雄同体到雌雄异体，从无性生殖到有性生殖。无脊椎动物的生殖发育比较原始而简单，既有无性生殖，也有有性生殖；其生殖系统的组成由原始的生殖腺逐步形成精巢、卵巢等生殖器官；绝大多数无脊椎动物的生殖方式为卵生。高等的脊椎动物进行有性生殖，其生殖、发育主要由生殖系统来完成，生殖系统分为雄性生殖系统和雌性生殖系统两部分。

一、雄性生殖系统

雄性生殖系统（图5-13）主要包括精巢（睾丸）和输精管。除硬骨鱼之外，凡以中肾为排泄器官的脊椎动物，其中肾导管兼有输精的机能。在羊膜动物，中肾为后肾所取代，中肾导管的排泄作用至此已完全消失，改变成为专用的输精管。精巢中含有许多精曲小管，精子在管中发育成熟后，经附睾（由部分中肾排泄小管转化而成）入输精管而排到体外。哺乳类动物的精子由输精管进入尿道，通过交接器（阴茎）排出去。所以雄性哺乳类动物的尿道既输送尿液，也输送精液。

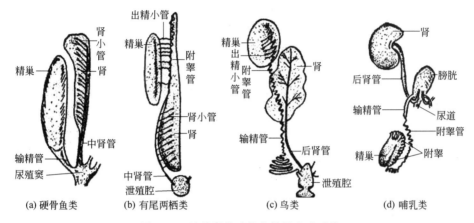

图5-13　几种脊椎动物的雄性生殖系统

1. 精子的产生

（1）精子发生　精子是由睾丸产生的，在充分发育的睾丸横切面（图5-14），可以看到在精曲小管内处于不同发育阶段的生殖细胞。精曲小管的内壁是特殊的复层上皮组织，即精上皮。精上皮是产生精子的组织，其中的精原细胞产生精子。每个精原细胞都含有与体细胞数目相同的染色体。精原细胞连续进行有丝分裂而成多个精原细胞。其中一部分仍保留为精原细胞，另一部分精原细胞略微增大，染色体进行复制，精原细胞成为初级精母细胞。初级精母细胞立即进入第一次减数分裂的前期，并在逐步发育过程中向精曲小管的中心推移。初

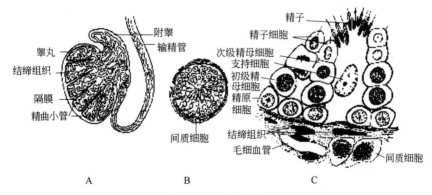

图5-14　人的睾丸

A—睾丸纵切；B—精曲小管横切面；C—精曲小管横切面放大

（引自陈阅增，2001）

级精母细胞完成了前期Ⅰ的联会、染色体交换等各过程之后，分裂而成 2 个次级精母细胞。次级精母细胞第二次减数分裂而成 4 个单倍体的精细胞。精细胞不再分裂，每一精细胞分化发育而成一个精子。

另外，位于精曲小管基础膜上的一层细胞是精原细胞和精原细胞之间的支持细胞。支持细胞的主要作用是支持、营养和保护生精细胞，利于它们由精原细胞顺利地分化为精子。间质细胞位于睾丸间质内，成群或单个存在。这种细胞主要是在青春期后由睾丸间质内成纤维细胞逐渐演化而成，并随着年龄的增加而数目逐渐下降。间质细胞的主要功能是分泌雄性激素，包括睾酮、双氢睾酮以及雄甾二酮、去氢异雄酮等。这些激素对维持雄性第二特征、促进附属性腺的发育，以及对促进精子的发育和成熟都具有不可或缺的作用。间质细胞的功能主要受垂体分泌的黄体生成素（LH）的调节，并易受温度、放射线和药物的影响。

（2）精子结构和精子运动 绝大多数动物的精子都是同一类型的，一般都可分为头、中段和尾 3 部分（图5-15）。头部是染色体集中的地方，细胞质很少。染色体紧密聚集，因而头很小，便于进入卵子。头前端是一个顶体泡，是由高尔基体分化而成。顶体泡中含有多种水解酶和糖蛋白，如透明质酸酶、唾液酸苷酶、酸性磷酸酶、顶体素、β-天冬氨酰-N-乙酰氨基葡萄糖胺-氨基水解酶、ATP酶、放射冠穿透酶等，总称为顶体酶，使精子在雌性生殖道内获能并出现顶体反应，其中以透明质酸酶与顶体素在受精过程中所起作用最大。顶体反应是精子和卵子结合必不可少的条件，在受精过程中顶体中的酶有助于精子穿透卵子的外壳。透明质酸酶能溶解卵泡细胞之间的基质。顶体素是一种以酶原的形式存在的类胰蛋白酶。当发生顶体反应时，顶体素原被激活成有活性的顶体素并释放，并与其他物质一起，参与了精子穿过透明带的机制，以完成精卵结合，达到受精的目的。头后有 2 个中心粒，尾长，结构和鞭毛一样：外面有鞘包围，中心是一条轴丝，围绕于轴丝之外有 9 列微管。头尾之间是中段，很短，线粒体位于其中。线粒体成一螺旋，围绕于轴丝之外。精子体小灵活，游泳能力很强。

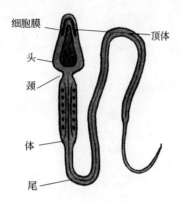

细胞膜
头
颈
体
尾
顶体

图 5-15 精子的结构

精子成熟后，从精曲小管进入附睾，每一附睾是由一条盘成一团的细管所构成。人的附睾如拉开长可达 6m。精子储藏于附睾之中。附睾与输精管相连，输精管通入尿道。两条输精管各连有一个盲管状的精囊腺或称储精囊。两输精管与尿道会合处有前列腺。储精囊分泌物加上前列腺等少量分泌物共同构成精液。精液碱性，富含葡萄糖和果糖，可为精子运动供能。

男子节育的一个方法是切断输精管。这并不影响睾丸产生精子，只使精子不能输出而死亡。死精子有可能导致抗体产生。切断输精管后若干时间，如果重新用手术连通输精管，精子常不能存活，这可能是由于死精子引起的抗体存在造成的。

2. 雄激素

雄激素是促进雄性生殖器官的成熟和第二性征发育并维持其正常功能的一类激素。雄激素由睾丸产生，另外，肾上腺皮质、卵巢也能分泌少量的雄激素。

　　医疗上应用的雄激素均为人工合成品，如甲睾酮、丙酸睾丸素等。早在 11 世纪，中国北宋的沈括就已成功地从大量人尿中提取出了雄激素，并应用于医疗实践。雄激素是一类类固醇化合物，主要由睾丸间质细胞产生。睾酮是由睾丸间质细胞分泌的真正雄激素，其他一些雄激素则可能是睾酮生成时的中间产物或睾酮的代谢产物。雄激素的主要作用是刺激雄性外生殖器官与内生殖器官（精囊、前列腺等）发育成熟，并维持其机能，刺激男性第二性征的出现，同时维持其正常状态，如胡须、阴毛和毛发的男性分布形式，出现喉结，声带变宽变长，声音由细变粗，骨骼粗壮，肌肉发达，呈现男性体型等。新近的研究还提示，睾酮在精子生成和成熟过程中也十分重要；雄激素对代谢也有作用，主要是促进蛋白质的合成特别是肌肉和骨用力以及生殖器官的蛋白质合成，同时还能刺激细胞的生成。当睾丸功能低下时，比如患无睾症和隐睾症等，可用雄激素补充治疗。由于雄激素对代谢具有多方面作用，所以雄激素制剂除用于雄激素不足的治疗外，临床上常用雄激素类药物治疗慢性消耗性疾病及再生障碍性贫血。

　　睾丸间质细胞的睾酮分泌受下丘脑-垂体的调节。

二、雌性生殖系统

　　雌性生殖系统（图 5-16）主要包括卵巢和输卵管。除硬骨鱼之外，卵巢和输卵管并不直接相连。卵子在卵巢中成熟后，先排到体腔内，由此经输卵管排出体外（体外受精）或暂留管内（体内受精）。在哺乳动物以下的动物种类，两条输卵管分别开口于泄殖腔。在高等哺乳类动物，泄殖腔已不复存在，输卵管分化为喇叭管（即输卵管本体）、子宫和阴道等部分。子宫是输卵管末段的转化物。

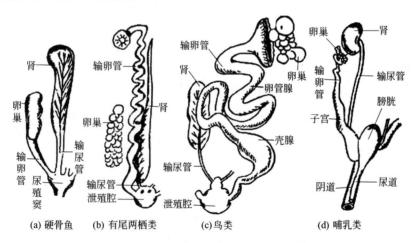

(a) 硬骨鱼　　(b) 有尾两栖类　　(c) 鸟类　　(d) 哺乳类

图 5-16　几种脊椎动物的雌性生殖系统

　　鸟类的卵巢和输卵管比较特殊，一般只是左侧的特别发达，右侧的已退化。有人认为这种现象与鸟类产大型硬壳卵和适应飞翔生活有关。

　　雌性生殖系统具有附属腺体，例如卵管腺和壳腺等。鸟卵中的蛋白质就是卵管腺的分泌物，蛋壳则为壳腺所分泌。

1. 卵子发生

　　卵子是由卵巢产生的，从卵巢的切面上（图 5-17）可以看到卵巢的外层（皮质）中有许多大大小小、代表不同发育阶段的卵泡。最年幼的卵泡中央是一个较大的细胞，即初级卵

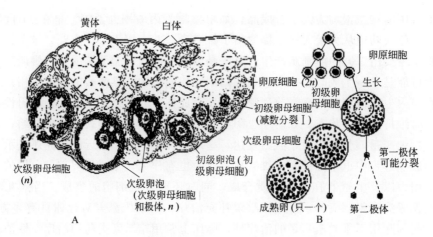

图 5-17　卵巢与卵子的发生
A—卵巢横截面；B—卵子的发生
（引自陈阅增，2001）

母细胞，将来发育成卵。初级卵母细胞的外面围以卵泡上皮。卵泡上皮最初只是一层细胞，以后陆续增多，它们的作用是给卵细胞提供多种生长必需的物质，同时还有分泌雌激素的功能。初级卵母细胞来自卵原细胞。人早在胚胎时期，卵原细胞就已陆续分裂分化而产生了初级卵母细胞。初生女婴的两个卵巢中的初级卵母细胞（初级卵泡）都已进入了第一次减数分裂的前期Ⅰ时期，并停留在前期Ⅰ阶段不再发育，直到女孩进入性成熟时期，初级卵母细胞受性激素的刺激才苏醒过来，重新继续发育。

初级卵母细胞"苏醒"后，细胞质中陆续积累卵黄、mRNA 和酶等物质而逐渐长大，同时卵泡上皮的细胞（卵泡细胞）也在增多，并且细胞间出现了液泡，从而卵泡逐渐增大。在此期间，初级卵母细胞完成了第一次减数分裂而成 2 个细胞：一个细胞大，富有细胞质和卵黄，即次级卵母细胞；一个细胞很小，细胞质很少，称为极体。极体可以再分裂，但不能受精发育，称它为极体是因为它总附在卵细胞的动物极上之故。

从卵巢中排出的"卵"其实是次级卵母细胞。第一极体和次级卵母细胞一同排出。次级卵母细胞进入输卵管后，在输卵管中进行第二次减数分裂。这次分裂要在受精之后，在精子核进入次级卵母细胞之后进行。分裂的结果和第一次一样，只产生一个有效的大细胞，即卵细胞，以及一个不能受精的极体。

所以，一个初级卵母细胞减数分裂的结果只产生一个单倍体的卵，其余 3 个细胞均无效。卵是含有丰富营养物质的大细胞。极体是很小的、没有什么营养物质的细胞。把 4 个细胞的营养物质集中到一个细胞中去，以保证这个细胞的发育，这可能是产生极体的意义。

图 5-18　卵的结构

2. 卵细胞或卵

卵细胞是人体内最大的细胞，呈球形，直径可达 0.1mm，几乎用肉眼就可以看见。卵细胞的细胞质中含有丰富的卵黄，它的主要成分是磷脂、中性脂肪和蛋白质，是胚胎发育初期所需要的营养物质。卵（图 5-18）不能运动，细胞质多，核糖体十分丰富，同时还含有大量的 mRNA（母系的）。这些 mRNA 只有在受精之后才能发挥作用，合成蛋白质。

鸟类和爬行类的卵都含有丰富的卵黄。鸟类卵细胞很大，鸡蛋的蛋黄部分是一个卵细胞，其中绝大部分是卵黄，只有一小部分是细胞核和核周围的物质，这一部分称为胚盘。卵是极化的细胞，胚盘所在的一极称为动物极，相反的一极，即富有卵黄的一极称为植物极。这种卵黄大量集中于一极的卵称为端黄卵。鱼类、两栖类、爬行类和鸟类的卵都是端黄卵。节肢动物，特别是昆虫的卵，卵黄不在一端而集中于卵的中央，这种卵称为中黄卵。大多数无脊椎动物、头索动物、尾索动物以及高等哺乳动物的卵含卵黄较少，卵黄均匀分布于卵中，这种卵称为均黄卵。这种卵黄含量在不同动物中有所不同的情况和不同动物的不同发育条件是一致的。鸟类和爬行类的胚胎是在体外发育的，卵内不但有丰富的营养物，卵外还有坚固的厚壳保护胚胎。蛙、蟾蜍等两栖类和多数昆虫的发育有变态，有幼虫阶段，幼虫能自己获取食物，所以它们的卵只含少量卵黄。青蛙、蟾蜍等的卵在水中发育，卵外只有胶质壳而无硬壳，昆虫大多在陆地产卵，卵外有硬壳保护。哺乳类的卵在母体内发育，卵在最初几次分裂期间，所需的营养物取自卵中的卵黄。等到卵受精种入母体的子宫壁后，受精卵发育所需物质就全部取自母体，因而卵中卵黄很少。

3. 排卵和发情

大多数哺乳动物有一定的发情期，在发情期排卵、受精、怀孕。野生哺乳动物大多每年有一个发情期。家养的狗、猫等有 2 个发情期。多种鸟类、草食性哺乳类，如鹿等，以及海生哺乳动物，如海豹、鲸等，雄性和雌性同一时间发情；但大多数哺乳类，雄性没有一定的发情期，随时都能产生精子，一旦雌性发情，即可交配。发情期的生理变化都是为受精和为受精卵的发育提供适宜的环境，如子宫内壁增厚、血液供应多，使受精卵能在其上发育等。

人没有固定的发情期。男性在性成熟之后可持续终生排精，女性是周期性排卵，即每隔 28 天左右排卵一次。一些小型啮齿类，如家鼠等，也是周期性排卵，发情期很短，约 4 天。发情和排卵都是受性激素控制的。

4. 雌激素

卵巢和睾丸一样，也有两重功能，即除产生卵子外，还分泌雌激素。切除卵巢，动物就不能性成熟，不能发情，第二性征，如皮下脂肪增厚、骨盆发达、乳腺肥大等，均不能出现。此时如植入卵巢，第二性征可重新出现。

卵巢分泌的激素是：①雌激素，能刺激子宫壁的生长，使子宫壁增厚，为植入受精卵做准备。在性成熟之前，雌激素有促进第二性征发育的功能。②孕酮，是黄体（卵泡排卵后发育而成）产生的激素，其作用是使子宫内膜进一步发展，以使受精卵能够植入，和促进乳腺发育等。

卵巢激素的分泌和睾丸激素分泌一样，也是受腺垂体控制的。腺垂体分泌的黄体生成素（LH）和促卵泡激素（FSH）既能刺激睾丸的激素分泌，也能刺激卵巢的激素分泌。黄体生成素的作用是刺激孕激素的分泌和促进黄体生成及排卵。促卵泡激素的作用是刺激卵泡生长和卵子发生，也刺激卵泡激素的分泌。

5. 月经周期

女性一般在十二三岁时性成熟，开始出现月经，排卵，一直持续到 50 岁左右，月经停止，不再排卵，生殖能力消失。女性从性成熟到生殖能力消失期间，卵巢功能呈现周期性变化，

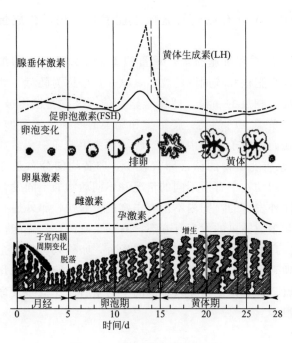

图 5-19　月经周期的激素动态
（引自陈阅增，2001）

表现为卵泡的生长发育、排卵与黄体形成，周而复始，在卵巢甾体激素周期性分泌的影响下，子宫内膜发生周期性剥落，产生流血现象，称为月经，女性生殖周期也称为月经周期。哺乳动物也有类似周期，称为动情周期或发情周期。

从出血第一天到下一次出血为一个月经周期，大约 28 天，其中出血时期（子宫内膜剥离脱落）约四五天，称为月经期。此时卵泡迅速长大，初级卵母细胞长大并进行第一次减数分裂。月经期后，卵巢进入卵泡期。这个时期长大的卵泡大量分泌雌激素，在雌激素的作用下，子宫内膜重新生长、变厚，血管增多，为接受受精卵做准备。关于激素、排卵和月经周期三者的时间关系见图 5-19。

卵泡继续长大，出现很大的液泡，逐渐移至卵巢表膜下面破开，排出已经完成第一次减数分裂的卵细胞，即次级卵母细胞。此时，已到月经周期的中间，即第 14 天左右。这个时候如有精子进入，就有可能实现受精而成为受精卵。一般每一个月，两个卵巢只有一个卵泡成熟，即只排出一个卵，其他几个已经发育的卵泡就都退化了。排卵后，FSH 和 LH 的分泌都急剧下降。此时卵泡上出现了 LH 的受体，排卵后残余的卵泡细胞经 LH 的刺激，发育成一团黄色颗粒细胞，即黄体。因此，从排卵以后直到第二次月经期称为黄体期。黄体是内分泌腺，除分泌雌激素外，还分泌孕激素。雌激素和孕激素一同刺激子宫内膜，使进一步发展，做好接受受精卵的准备，同时还抑制其他卵泡的发育，防止新的排卵。卵排出后，如果和精子相遇而受精，黄体就继续分泌孕激素，使受精卵能种植于子宫膜中而继续发育。如果黄体损伤，胚胎就不能存留，就要出现流产。如果卵没有受精，黄体到了第 27 天左右退化，孕激素的水平随之降低，增厚的子宫内膜由于缺少孕激素而不能保持，结果血管破裂，子宫内膜从子宫壁上剥离，出血，而进入第二个月经周期。一般黄体寿命为 12～16 天，平均 14 天。前一个周期的黄体需经过 8～10 周才能完成其退化的全过程，最后细胞被吸收，组织纤维化，外观色白，称为白体。

月经周期的激素控制十分复杂，其中下丘脑起着总枢纽的作用。腺垂体分泌 FSH 和 LH 的活动都受控于下丘脑（图 5-20）。

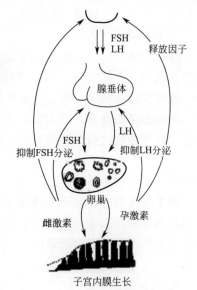

图 5-20　月经周期的激素控制
（引自陈阅增，2001）

三、受精

受精就是卵子和精子融合为一个合子的过程。它是有性生殖的基本特征，普遍存在于动植物界。在细胞水平上，受精过程包括卵子激活、调整和两性原核融合 3 个主要阶段。激活可视为个体发育的起点，主要表现为卵质膜通透性的改变，皮质颗粒外排，受精膜形成等；调整发生在激活之后，是确保受精卵正常分裂所必需的卵内的先行变化；两性原核融合起保证双亲遗传的作用，并恢复双倍体。在分子水平上，受精不仅启动DNA 的复制，而且激活卵内的 mRNA、rRNA 等遗传信息，合成出胚胎发育所需的蛋白质。

1. 研究简史

1875 年德国生物学家 O. 赫特维希首先在海胆上发现从精子入卵至雌雄两原核融合的受精过程，胚胎学上争论 200 余年的唯卵和唯精学说，至此才得到合乎事实的解答。1883 年比利时生物学家 E. van 贝内登发表二价马副蛔虫受精细胞学的研究论文，肯定了赫特维希的在遗传上父母贡献均等的理论，并使精、卵合作的研究更为深入。在马副蛔虫合子第一次分裂的纺锤体上，可看到四条染色体，其中两条来自父方、两条来自母方。因此，他认为染色体有定形、有定性、有定数和有系统，父母的染色体通过精卵的融合传给子代。后来，德国生物学家 T. H. 博韦里在马副蛔虫上的工作进一步巩固了上述理论，把染色体看作是遗传信息的载体。

20 世纪以来，受精研究转向探讨两性配子结合的机制。美国学者 F. R. 利利根据沙蚕和海胆上的研究，首先指出卵子分泌出与接受精子有关的物质，他称之为受精素。40 年代前后，另一美国学者 A. 泰勒就受精素的生物学、化学和免疫学特征展开了一系列工作，进一步强调卵子成熟过程中排出物对受精的重要意义。与此同时，德国学者 M. 哈特曼认为在海胆受精过程中，不但卵子能排出雌配素，精子也能排出雄配素，两者相互抗衡的程度决定着受精成功与否。不久，在两栖类上，发现卵外胶膜在受精中的作用。1956 年，中国实验细胞学家朱洗等根据中华大蟾蜍的实验，提出输卵管分泌的卵外胶膜为雌雄配子实现受精所必需。在哺乳动物方面，1951 年张明觉和 C. R. 奥斯汀分别同时提出精子必须在雌体生殖道逗留一段时间，获得穿入卵子的能力——获能，才能有效地使卵子受精。精子获能的发现使人们找到过去哺乳类卵子离体受精不成功的原因，从而把高等哺乳动物和人类卵子受精的研究推向一个新阶段。

2. 受精方式

（1）体内受精和体外受精 凡在雌、雄亲体交配时，精子从雄体传递到雌体的生殖道，逐渐抵达受精地点（如子宫或输卵管），在那里精卵相遇而融合的，称体内受精。凡精子和卵子同时排出体外，在雌体产孔附近或在水中受精的，称体外受精。前者多发生在高等动物如爬行类、鸟类、哺乳类以及某些鱼类和少数两栖类等。后者是水生动物的普遍生殖方式，如某些鱼类和部分两栖类等。

（2）异体受精和单精受精 脊椎动物一般都是雌雄异体的，进行异体受精，即两个不同个体的精子和卵子相结合。

通常，只有一个精子进入卵内完成受精，这种现象称单精受精，如腔肠动物、棘皮动物、环节动物、硬骨鱼、无尾两栖类和哺乳类动物。这类卵子一旦与精子接触，就立即被激活并产生一系列相应的变化，阻止其他的精子入卵。如果因为卵子的成熟程度不适当等原因，而有一个以上的精子进入这类卵子，即所谓的病理性多精受精，则卵裂不正常，胚胎畸形发育，迟早必归天殇。有些卵子在正常受精情况下，可以有一个以上的精子进入卵子，但只有一个精子的雄性原核能与卵子的雌性原核结合，成为合子的细胞核，其余的精子逐渐退化消失，称生理性多精受精，如昆虫、软体动物、软骨鱼、有尾两栖类、爬行类和鸟类的受精。

3. 受精过程

动物的精子不像低等植物如苔藓植物的精子有明显的趋化性，而是靠自身主动运动或依靠生殖道上皮细胞的纤毛运动抵达卵子附近。

(1) 精子获能和顶体反应　已知许多哺乳动物精子经过雌性生殖道或穿越卵丘时，包裹精子的外源蛋白质被清除，精子质膜的理化和生物学特性发生变化，使精子获能而参与受精过程。

哺乳动物的获能精子接触卵周的卵膜或透明带时，特异性地与卵膜上的某种糖蛋白结合，激发精子产生顶体反应：顶体外围的部分质膜消失，顶体外膜内陷、囊泡化，顶体内含物包括一些水解酶外逸。顶体反应有助于精子进一步穿越卵膜。

精子穿越卵膜时，出现先黏着后结合的过程。前者为疏松附着，不受外界温度干扰，没有种属的专一性，黏着期间，顶体内膜上的原顶体蛋白转化为顶体蛋白，顶体蛋白有加速精子穿越卵膜的作用；后者是牢固结合，能被低温干扰，具有种属的专一性。在海胆精子质膜上已分离到一种能与卵膜糖蛋白专一结合的蛋白质，称作结合蛋白，分子量约 30 000Da。

(2) 卵子的激活　被排出的卵子，如果未能受精，其代谢水平很低，无 DNA 的合成活动，RNA 和蛋白质的合成都极少，很快就会夭折。

精子一旦与卵子接触，卵子本身也发生一系列的激活变化。在哺乳动物卵上，表现为皮层反应、卵质膜反应和透明带反应，从而起到阻断多精受精和激发卵进一步发育的作用。皮层反应发生在精卵细胞融合之际，自融合点开始，皮质颗粒破裂，其内含物外排，由此波及整个卵子的皮层。卵质膜反应是卵质与皮质颗粒包膜的重组过程。透明带反应为皮质颗粒外排物与透明带一起形成受精膜的过程，卵膜与质膜分离，透明带中精子受体消失，透明带硬化。

精子与卵母细胞透明带的识别有严格的种属特异性，而精子膜与卵膜的融合无严格的种属特异性。利用这一特点，要知道人精子有无穿卵能力，往往可用去透明带的金黄地鼠卵子来检验，人精子若能穿入金黄地鼠卵子即可反映具有穿入人卵子的能力。

有关卵子激活的详细机理还不清楚，只知精子仅起到打开程序开关的作用。除了精子，一些其他非专一的化学的或物理的处理，也能使卵激活，例如针刺蛙卵，也能使之激动。激动的起始无需任何新蛋白质的合成。

(3) 精卵融合　精卵细胞融合时首先可以看到卵子表面的微绒毛包围精子，可能起定向作用；随即卵质膜与精子顶体后区的质膜融合。许多动物的精子头部进入卵子细胞质后即旋转 $180°$，精子的中段与头部一起转动，以致中心粒朝向卵中央。接着雄性原核逐渐形成，与此同时中心粒四周产生星光，雄性原核连同星光一起迁向雌性原核。精子中段和尾部不久即退化和被吸收。卵子细胞核在完成两次成熟分裂之后，形成雌性原核。雌、雄两原核相遇，或融合，即两核膜融合成一个；或联合，两核并列，核膜消失，仅染色体组合在一起，以建立合子染色体组，受精至此完成（图 5-21）。

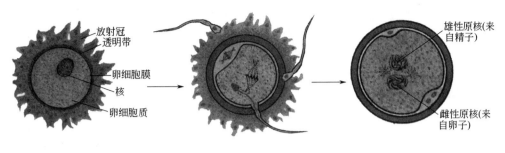

图 5-21　精卵融合

四、胚胎发育

动物由受精卵发育为幼体或雏形个体的变化过程，称为胚胎发生或胚胎发育。对于多细胞动物而言，胚胎发育是指由受精卵经过卵裂、囊胚、器官形成到胚胎孵化出膜或从母体产出的变化过程。幼体出生后的继续发育（有时需要经过一个变态过程）、成体的生长发育和生殖发育以及衰老、死亡等过程，统称为胚后发育或出生后发育。胚胎发育与胚后发育构成了动物个体发育的全过程。

1. 早期胚胎发育

动物的胚胎发育通常从精子进入卵子受精融合，形成受精卵或合子开始。卵子一旦受精就被激活，受精卵开始按一定的时间、空间秩序有条不紊地通过细胞分裂和分化进行胚胎发育。多细胞动物的早期胚胎发育一般都包括以下几个基本阶段。

（1）卵裂和囊胚的形成　受精卵多次有规律地连续分裂，称为卵裂。卵裂所形成的细胞称为分裂球。卵裂是有丝分裂，但与普通的有丝分裂不同，其主要特点是分裂球本身不生长，分裂次数越多，分裂球的体积越小。

棘皮动物和脊椎动物的卵裂一般是这样进行的：第一次是纵向的径裂形成两个分裂球；第二次也是径裂但与第一次径裂垂直，形成 4 个分裂球；第三次是横向的纬裂形成上、下两层共 8 个分裂球；第四次是径裂，成为 16 个细胞；第五次是纬裂成为 32 个细胞。以后的分裂开始变得不规则（图 5-22）。

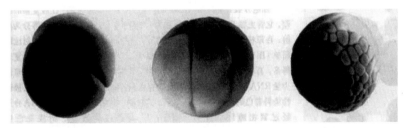

(a) 蟾蜍卵受精后大约经过3h，　(b) 接着大约经过5h，细胞分　(c) 细胞不断分裂，细胞数目
　　受精卵分裂为两个细胞　　　　裂2~3次，形成8个细胞　　　　不断增加，形成囊胚

图 5-22　卵裂和囊胚的形成
由受精卵或合子经过多次分裂和分化发育形成多细胞囊胚

当分裂球聚集为球状，中间出现一个空腔，成为囊状时，便称为囊胚，中间的腔叫囊胚腔，腔中充满液体（图 5-23）。

（2）原肠胚的形成　原肠胚是处于囊胚不同部位的细胞通过细胞迁移运动形成的。囊胚

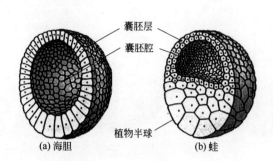

囊胚层
囊胚腔

植物半球

(a) 海胆　　　(b) 蛙

图 5-23　囊胚

外部的细胞通过不同方式迁移到内部, 围成原肠腔或称原肠, 留在外面的细胞形成外胚层, 迁移到里面的细胞形成内胚层。原肠腔的开口称为胚孔或原口, 此时的胚胎称为原肠胚 (图 5-24)。

原肠胚形成的过程确定了胚胎的基本模式。三胚层动物的原肠胚, 除了内外胚层之外还在其间形成中胚层, 中胚层原基的形成也是细胞迁移运动的结果。内、中、外三个胚层的形成, 基本奠定了组织和器官的基础。对于脊椎动物而言, 尽管由于卵黄含量不同使卵裂方式不同而形成了不同类型的囊胚, 但将来形成各种器官的胚胎细胞在这时的分布情况大致相同。

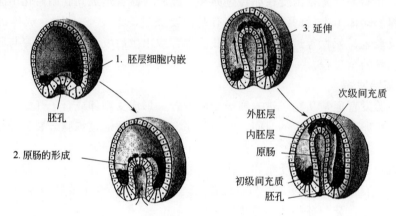

3. 延伸

1. 胚层细胞内嵌

胚孔

2. 原肠的形成

次级间充质

外胚层
内胚层
原肠
初级间充质
胚孔

图 5-24　原肠胚的形成

2. 器官发生和形态建成

胚胎细胞经过迁移运动, 聚集成器官原基, 继而分化发育成各种器官的过程, 称为形态发生运动。各种器官经过形态发生和组织分化, 逐渐获得了特定的形态, 并执行一定的生理机能。

低等多细胞动物 (海绵动物、腔肠动物) 的胚胎发育停留在原肠阶段, 不形成中胚层, 而是由内、外两个胚层的细胞分化出各种不同的细胞组织, 从而发育成新个体——双胚层动物。

在原肠胚阶段出现中胚层的动物, 称为三胚层动物。胚胎的三个胚层经过进一步复杂的分化过程, 最终形成动物体的各种组织和器官。

高等脊椎动物三个胚层的进一步分化如下所述。

外胚层: 分化形成神经系统、感觉器官的感觉上皮、表皮及其衍生物以及消化管两端的上皮等。

中胚层: 分化形成肌肉、骨骼、真皮、循环系统、排泄系统、生殖器官、体腔膜及系膜等。

内胚层: 分化形成消化管中段的上皮、消化腺和呼吸管的上皮、肺、膀胱、尿道和附属腺的上皮等。

3. 人类的发育

受精卵不断分裂增殖，并慢慢地向子宫方向移动，到达子宫腔后，一般在子宫底或子宫体定居下来，称为植入或着床。由于细胞增殖分裂，细胞数目不断增多。受精第一周，合子形成桑葚胚，再形成胚泡（或囊胚）。第二、三周胚泡内出现一团细胞，称内细胞群。由内细胞群分化形成一扁平的胚盘。起初胚盘由内胚层和外胚层组成，不久在内外胚层之间形成中胚层，人体就是由这三个胚层形成的。胚泡外周的细胞称滋养层，一部分将发育成胎盘。第四周胚盘边缘逐渐向腹侧卷折，形成一圆筒状的胚体，胚体中间向背侧隆起、头尾向腹侧弯曲。羊膜囊扩大逐渐包围胚体，并向胚体腹侧靠近。此时胚头出现眼原基，胚体出现上肢芽。第五周，外耳原基及下肢原基出现，胚体内五脏六腑的原基已发生，第二个月末胎儿头面部已形成，上、下肢伸长发展为四肢，末端手指、足趾逐渐分开。此时胎儿腹部膨隆已初具人形。这时胎儿体重大约 10g，胚体长约 3cm。第三个月以后至出生前胚体各器官进一步发育增长，逐渐完善其结构与功能，皮下脂肪增多；胎儿体重急剧增加，到分娩时，胎儿体重达 3kg（3000g），胎儿长约 50cm，如图 5-25 所示为人的发育过程图。

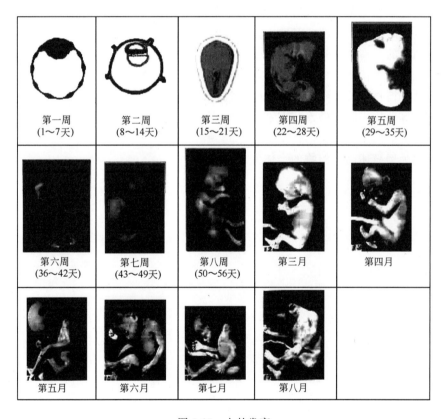

图 5-25　人的发育

孕妇子宫腔内有一装着液体的大口袋，口袋叫羊膜囊，是由半透明的羊膜所构成，囊内的液体称羊水。羊水是胎儿生长发育的液体摇篮，又是胎儿的"游泳池"，在"池内"胎儿可以自由活动。如果说生命起源于大海的话，那么羊水是胎儿得以生长发育的海洋。羊水不是一潭死水，它是在不断地变换着的。妊娠早期，羊水主要源于母体血浆，妊娠中期胎儿肾有排尿功能，胎儿尿液混入羊水中。妊娠晚期胎儿能吞饮羊水，尿液增多，一个足月胎儿每日可吞饮羊水约 500mL，吞入的羊水从消化道进入胎儿血液循环，不断运送到肾脏形成尿液，再排入羊膜腔。羊水大约每 3 小时更新一次。羊水量有一定的范围。如果羊水达到或超过 2000mL，即为羊水过多。某些先天畸形，如食道闭锁、无脑儿等，胎儿不能吞饮羊水，致使羊水过多。

育龄妇女，一般每胎只生一个孩子，一胎生 2 个孩子的叫双胞胎或孪生。一胎生 3 个以上孩子的叫多胎。双胞胎的发生有两种情况：一是双卵双生，即一次排出 2 个卵子，两个卵子分别受精后各自发育成为一个胎儿，这种双胞胎占孪生的大多数，两个胎儿性别可以相同，也可不同，相貌、体质和生理特性的差异，好比是兄弟姐妹一样；二是一个受精卵在胚胎发育早期的某个阶段，由于受某种因素的影响，受精卵分裂成两半，或形成两个内细胞群，或形成两个原条等，分别发育成一个胎儿，这种双胞胎叫单卵双胞胎，性别一定相同，发色、指纹、外貌及血型十分相似，甚至肤色、身材也相似，这样的双生子外人难以辨认。

 思考题

1. 生物进行无性生殖的方式有哪些？其优势是什么？

2. 有性生殖的类型有哪些？其特点是什么？比较融合生殖与无融合生殖的区别。

3. 被子植物的受精作用是如何完成的？受精方式有何特点？其意义如何？

4. 胚珠位于哪里？其结构如何？胚珠内部结构中与生殖有关的细胞有哪些？

5. 简述被子植物由开花到果实形成整个过程。

6. 简述高等动物三胚层的形成过程，并说明外、中、内胚层各分化形成动物体的哪些结构。

7. 以荠菜为例简述高等植物的个体发育过程。

第六章

生物的遗传、变异和进化

💡 学习目标

1. 掌握遗传学的基本定律和遗传物质基础 DNA；
2. 理解基因在生物遗传中的作用；
3. 了解生物进化的机理与证据。

遗传与变异是生物中普遍存在的最基本的属性之一。人类在生产活动的早期就认识到生物的遗传与变异现象。遗传学把子代与亲代相似的现象叫遗传；把子代与亲代及子代与子代间不完全相同的现象叫变异。生物的遗传变异现象非常复杂，但是又具有规律性，遗传学就是研究遗传与变异规律的科学，目的是阐明生物遗传与变异的现象及其表现的规律，揭示遗传和变异的物质基础及其发生的原因。

第一节　遗传学的基本定律

一、分离定律

分离定律——孟德尔第一定律是由孟德尔选用豌豆做遗传试验时发现的。孟德尔的杂交实验选用的豌豆，是一种很理想的实验材料：豌豆是严格的自花授粉植物，自然产生许多纯种品系，不同品系的豌豆常具有对比鲜明、易于区分的相对性状，如紫花和白花、圆粒和皱粒等。不同品系的豌豆人工杂交容易控制，所得杂种完全可育，并且生长期短、易栽培，在短时间内可以获得足够的后代用于统计学分析，这是实验成功的重要条件。

性状是指生物体所表现的形态特征和生理特性的总称，可区分为各个单位性状如花色、豆荚的形状、豆荚未成熟时的颜色等。同一性状表现出来的相对差异，称相对性状。孟德尔从纯系豌豆中挑选出在植株高矮、花色等方面具有明显差别的 7 对相对性状的植株作为亲本进行杂交，观察这些相对性状在后代分离的情况。他做了 7 组实验（参见表 6-1），每一组只用一个相对性状的杂交，并按照杂交后代的系谱进行详细的记载，用统计学的方法计算杂种后代表现相对性状的株数，分析了其比例关系，由此发现了分离定律。以其中的紫花与白花的杂交组合的试验为例来说明（图 6-1）。

在杂交试验记录中，通常以 P 表示亲本，♀ 表示母本，♂ 表

P	紫花(♀) × 白花(♂)	
	↓	
F_1	紫花	
	↓⊗	
F_2	紫花	白花
株数	705	224
比例	3.15 ：	1

图 6-1　豌豆花色的遗传

表 6-1　豌豆杂交实验的 F_2 结果

相 对 性 状		F_2 表现		比 例
显 性	隐 性	显性性状	隐性性状	
子粒饱满	子粒皱缩	5474	1850	2.96：1
花色子叶	绿色子叶	6022	2001	3.01：1
紫花	白花	705	224	3.15：1
成熟豆荚不分节	成熟豆荚分节	882	299	2.95：1
未成熟豆荚绿色	未成熟豆荚黄色	428	152	2.82：1
花腋生	花顶生	651	207	3.14：1
高植株	矮植株	787	277	2.84：1

示父本，×表示杂交（母本写在“×”的前面，父本写在“×”的后面），⊗表示自交。F 表示杂种后代，F_1 表示杂种第一代，指杂交当代所结种子及由它长成的植株；F_2 表示杂种第二代，是指 F_1 自交产生的种子及由该种子长成植株。依此类推 F_3、F_4 分别表示杂种第三代、杂种第四代等。

孟德尔在紫花×白花杂交试验中观察到，所产生的 F_1 植株全部开紫花，在 F_2 群体中，出现了紫花和白花两种植株类型，共 929 株。其中 705 株开紫花，224 株开白花，两者的比例接近 3：1。

孟德尔还做了白花×紫花的杂交试验，即把紫花与白花的父母本互换，所得的结果与前一杂交结果完全一致：F_1 植株全部开紫花，F_2 群体中紫花和白花植株的比例也接近 3：1。如果把前一杂交组合称为正交，则后一杂交组合称为反交。正交和反交的结果完全一样，说明 F_1、F_2 的性状表现不受亲本组合方式的影响。孟德尔在对豌豆的其他 6 对相对性状的杂交试验中，也获得了同样的试验结果（表 6-1）。

孟德尔从这七对相对性状的杂交结果中，总结出三个共同的特点：① F_1 所有植株都只表现出一个亲本的性状，他将这个表现出来的性状称为显性性状，如紫花、圆粒等。F_1 没有表现出来的性状称为隐性性状，如白花和皱粒等。② F_2 中一部分植株表现一个亲本的性状，其余植株表现出另一个亲本的性状，即显性性状、隐性性状同时出现，这种现象称为性状的分离。且在 F_2 群体中表现显性性状的个体与表现隐性性状的个体分离比总是近似于 3：1。③正反交的结果总是相同的。

在上述 7 组实验中为什么 F_2 都表现出 3：1 的比例呢？孟德尔的解释如下。

① 一切遗传性状都是由遗传因子决定的。

② 在体细胞中遗传因子是成对存在的。每对因子一个来自父本的精子（雄性配子），一个来自母本的卵子（雌性配子）。例如 F_1 就是由一个控制显性性状的遗传因子和一个控制隐性性状的遗传因子组成。

③ 在形成配子时，成对的 2 个遗传因子彼此分离，分别进入不同的配子中，结果每个配子中只含有成对遗传因子中的 1 个。

④ 受精时，精子和卵子随机结合成合子，相对遗传因子随机两两配对，恢复成一对。每对彼此不会混合，在遗传过程中保持独立。

现在我们把这种遗传因子称为基因，而把控制单位性状中一对相对性状的因子称为等位基因，例如豌豆控制花色的遗传因子中，有一控制花的紫色因子，和一控制花的白色因子，则控制紫花与白花的就是一对等位基因，其中一个是显性基因（紫花基因），一个是隐性基因（白花基因）。

孟德尔用字母表示各种基因，大写字母代表一对等位基因中的显性基因，小写字母代表相对的隐性基因。以豌豆紫花×白花的杂交试验为例，C 表示显性的紫花基因，c 表示隐性的白花基因。基因在体细胞中是成对存在的，紫花亲本具有一对紫花基因 CC，白花亲本具有一对白花基因 cc。配子只带有成对基因中的一个，因此紫花亲本的配子只有一个基因 C，而白花亲本产生的配子只有一个基因 c。受精时雌雄配子结合产生的 F_1 基因应该是 Cc，其中 C 来自紫花亲本，c 来自白花亲本。由于 C 对 c 有显性作用，所以 F_1 植株的花是紫色的。

而 F_1 植株在产生配子时 Cc 分离，分别分到配子中去，则产生两种配子：一种配子带有基因 c，另一种配子带有基因 C，两种配子相等，成 1：1 的比例。这种配子比例在雌性和雄性中是一样的。当 F_1 自交时，雌雄配子随机组合形成合子。在 F_2 群体中，基因组合方式有三种，即 CC、Cc 和 cc。其中 CC 和 cc 各占 1/4，而 Cc 占 2/4。携带 CC 和 Cc 的植株的花色为紫色，而 cc 植株为白色。紫花植株和白花植株的比例为 3：1（图 6-2）。这表明：生物体的性状表现是由控制这些性状的基因组合决定的。个体的基因组合称为基因型，如 CC、Cc 和 cc；其中带有相同等位基因（如 CC 和 cc）的个体称为纯合体，而带有两个不同等位基因（如 Cc）的个体称为杂合体。基因是生物性状表现的内在遗传基础，肉眼看不到，只能通过杂交实验的

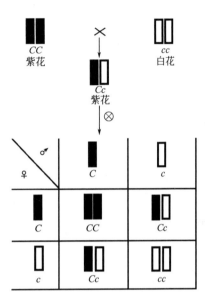

图 6-2 一对因子遗传图解

表现型来确定。生物个体所表现的性状称为表现型，如豌豆的紫花和白花。生物体的表现型是基因型在一定环境条件下的具体表现，是可以直接观测的。

孟德尔根据上述的研究结果，提出了他的第一定律——分离定律：一对基因（等位基因）的两个成员在配子形成过程中彼此分离，分别进入两个配子中，其结果是一半的配子带有一种等位基因，另一半的配子带有另一种等位基因，每一配子只带有成对基因中的一个。

对于上述解释是不是正确呢？孟德尔通过设计实验用自交法和测交法来证明。

1. 自交法

孟德尔为了验证他的分离定律，继续使 F_2 植株自交产生 F_3 株系，然后根据 F_3 的性状表现，证实他所设想的 F_2 基因型。按照他的设想，F_2 的白花植株只能产生白花的 F_3，而 F_2 的紫花植株中，1/3 应是 CC 纯合体，2/3 植株应是 Cc 杂合体。如果上述假设正确，那么 CC 纯合体自交产生的 F_3 群体应该全部开紫花，Cc 杂合体自交产生的 F_3 群体应该分离出 3/4 的紫花植株和 1/4 的白花植株。

实际观察的结果证实了他的推论。观察其他各对相对性状的试验结果，同样也证实了他的推论。孟德尔对前述 7 对性状连续自交了 4～6 代都没有发现与他的推论不符合的情况。

2. 测交法

孟德尔为了验证某种表现型个体是纯合基因型还是杂合基因型，他采用测交法，即被测定的个体与隐性纯合个体间的杂交。根据测交子代（F_1）出现的表现型种类和比例，

可以确定被测个体的基因型。因为隐性纯合体只能产生一种含隐性基因的配子，它们与含有任何基因的另一种配子结合，不影响子代的表现型，其子代只能表现出另一种配子所含基因决定的表现型。因此，测交子代表现型的种类和比例正好反映被测个体所产生的配子种类和比例，可以确定个体的基因型。例如，一株紫花豌豆（未知基因型是 CC 还是 Cc）与一株白花豌豆（其基因型必然是 cc）测交，由于后者只产生一种含 c 基因的配子，所以如果测交子代全部是紫花植株，说明紫花豌豆的基因型是 CC，因为它只产生带 C 基因的一种配子。如果在测交子代中有 1/2 植株开紫花，而另外 1/2 的植株开白花，就说明这株紫花豌豆的基因型是 Cc（图 6-3）。

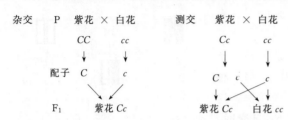

图 6-3　豌豆紫花和白花一对基因杂交和测交实验

关于等位基因发生分离的时间，细胞遗传学在玉米、水稻等植物中用 F_1 花粉粒鉴定已经充分证明，是在杂种细胞进行减数分裂形成配子时发生的。随着染色体减半的发生，各同源染色体分离，位于同源染色体上的等位基因必然随之分开，并随之分配到不同的配子中去。因此根据分离规律的启示，杂种产生的配子在基因型上是纯合的，近年来利用花粉培养的方法，已培育出优良纯合二倍体植株，为育种工作开辟了新的途径。

二、自由组合定律

孟德尔用豌豆进一步进行了两对及两对以上相对性状纯合亲本杂交的遗传分析。如他用种子颜色是黄色而形状是圆滑的植株和种子是绿色而皱缩的植株杂交。植株所结的种子 F_1 都是黄色圆滑的，这是因为黄、圆两种性状是显性，这与前述 7 对性状分别研究的结果一致。但 F_1 自交后 F_2 中共有 4 种类型，即黄圆、黄皱、绿圆、绿皱。他得到的各类型植株的数目为：黄圆，315；黄皱，101；绿圆，108；绿皱，32，其比例趋近于一个简单整数比，即 9：3：3：1。

如果把黄色和绿色这一相对性状暂时撇开而只考虑圆滑和皱缩，那么，产生圆滑种子和产生皱缩种子的植株数分别为 423 和 133，两者的比例是 3：1。同样地，只考虑黄色和绿色，产生黄色种子的植株数为 416，产生绿色种子的植株数为 140，两者的比例为 3：1。同样方法分析其他各相对性状的遗传都是服从上述分离规律的。虽然两对相对性状是同时由亲代遗传给子代，但由于每对性状的 F_2 分离仍然符合 3：1 的比例，说明它们是彼此独立地从亲代遗传给子代的，不发生任何相互干扰的情况，而在 F_2 群体内两种重组型个体的出现，说明两对性状的基因从 F_1 遗传给 F_2 时是自由组合的。上述表现的一致现象，就是孟德尔第二定律——自由组合定律也叫独立分配定律，其基本要点是：控制不同相对性状的等位基因在配子形成过程中，一对等位基因与另一对等位基因的分离和组合是互不干扰的，各自独立地分配到配子中。

孟德尔这样解释：黄子叶和绿子叶这一对相对性状是由一对等位基因 Y 和 y 控制的；圆粒和皱粒是由一对等位基因 R 和 r 控制的。这两对等位基因在遗传的传递中彼此独立。Y 代表黄色基因，y 代表绿色基因；R 代表圆基因，r 代表皱基因。纯种黄圆的亲代基因型为 $YYRR$，绿皱的基因型为 $yyrr$，它们分别只能产生一种配子，即 YR 和 yr。F_1 杂种基因型

为 $YyRr$，表现型为黄色圆形的豌豆。F_1 形成配子时，Y 与 y 要彼此分离，R 与 r 也要彼此分离。由于这两对等位基因的分离是独立进行的，互不影响、互不干扰，所以 Y 和 R 分配到同一配子中的机会和 Y 和 r 分配到同一配子的机会是均等的。同样，y 和 R 配合的机会同 y 与 r 配合的机会也是均等的。因而产生 4 种配子，即 YR、Yr、yR、yr，它们的比例应为 1∶1∶1∶1。雌、雄配子都是如此。F_1 自交，4 种雌配子与 4 种雄配子随机结合，可形成 16 种组合，4 种表型，即黄圆、黄皱、绿圆和绿皱，其比例恰为 9∶3∶3∶1（图 6-4）。

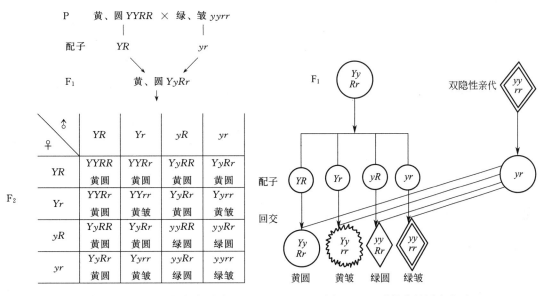

图 6-4 孟德尔 2 对相对性状的杂交试验   图 6-5 两对性状的测交实验

这种解释同样可以用测交法（图 6-5）来验证 F_1 的基因型，将 F_1 植株与隐性个体（它只能产生一种配子 yr）测交，产生后代应有 4 种表型，即黄圆（$YyRr$）、黄皱（$Yyrr$）、绿圆（$yyRr$）、绿皱（$yyrr$），比例应为 1∶1∶1∶1。试验结果和预测相符。证明非等位基因在形成配子时是独立分配的。上述解释后来被许多科学家证实，且还证明基因的独立分配与染色体的独立分配是完全平行的。

自由组合定律实质是：控制不同相对性状的两对等位基因分别位于不同的同源染色体上，在减数分裂形成配子时，每对同源染色体上的等位基因彼此分离，而位于非同源染色体上的基因间可以自由组合。

孟德尔 2 对因子的遗传实验所得出的 9∶3∶3∶1 的比例恰好是 $(3∶1)^2$ 的展开式。他还观察了具有 3 对相对性状的植株杂交后的遗传现象。他用圆形种粒、黄色子叶、灰色种皮的品种与皱缩种粒、绿色子叶、白色种皮的品种杂交。子一代毫无例外地表现为显性性状，子二代发生性状分离，其比例是 $(3∶1)^3$ 的展开式：27∶9∶9∶9∶3∶3∶3∶1，即表型有 8 种，基因型有 27 种。以此类推，n 对自由组合的基因的遗传，子二代性状分离比例应是 $(3∶1)^n$（表 6-2）。

现在知道，孟德尔所选择的这 7 对相对性状的基因恰巧是分别位于豌豆 7 对染色体上的。孟德尔的自由组合定律对于分布在不同染色体上的基因是适用的。对于位于同一染色体上相距较近的等位基因，自由组合定律就不适用了，这将在连锁与交换中再做说明。

表 6-2 杂交中基因对的数目与 F_2 的分离比

基因对数	完全显性时 F_2 表现型种类数	F_1 杂种配子种类数	F_2 基因型数	F_2 的表现型分离比
1	2	2	3	$(3:1)^1$
2	4	4	9	$(3:1)^2$
3	8	8	27	$(3:1)^3$
4	16	16	81	$(3:1)^4$
...	...	...	...	...
n	2^n	2^n	3^n	$(3:1)^n$

三、孟德尔遗传的延伸

在孟德尔研究的 7 对性状中每对性状在 F_1 全是表现亲本之一的显性性状，这样的表现称为完全显性。但是随着研究的深入，后来有人发现在有些性状中显性现象是不完全的，从显性到完全不能区别显隐性状，存在着不同的表现表达式。显隐关系不是绝对的，且有的性状间是可以相互影响的。这些并不违背孟德尔定律，而是其另外的表现形式，是孟德尔定律的补充和发展。

1. 显隐性关系的相对性

基因一般都不是独立发生作用的，生物的性状也往往不是简单地由单个基因决定，而是不同的基因共同作用的结果。显隐性关系是相对的。

（1）显性现象的表现

① 完全显性。孟德尔发现的 2 个相对性状的等位基因中只有一个表达出来的现象，是一种最简单的等位基因之间的相互关系。F_1 表现与亲本之一完全一样，并不表现双亲的中间型或同时表现双亲的性状。

② 不完全显性。F_1 表现为双亲性状的中间型。例如，紫茉莉的花色遗传，用紫茉莉红花亲本（RR）与白花亲本（rr）杂交，杂种 F_1（Rr）开粉红色花，表现为双亲的中间类型；F_2 出现红花、粉红花和白花三种类型呈 1：2：1 的比例（图 6-6）。F_1 为中间型，F_2 分离，说明 F_1 出现中间型性状并非是基因的掺和，而是显性不完全；当相对性状为不完全显性时，其表现型与基因型一致。

图 6-6 紫茉莉花色遗传　　　　图 6-7 人类 MN 血型遗传

③ 共显性。F_1 同时表现双亲性状，而不是表现单一的中间型。例如：人的血型遗传，就是共显性遗传的典型实例，现已发现人类的血型系统有 20 余种，其中最常见的有 ABO 血型系统、MN 血型系统和 Rh 血型系统。现以 MN 血型系统的遗传为例来说明（图 6-7）。MN 系统有三种不同的血型：M 型、N 型和 MN 型。在 M 型的红细胞上有 M 抗原；在

N 型的红细胞上有 N 抗原；在 MN 型红细胞上有 M、N 两种抗原。它们是由一对等位基因 L^M 和 L^N 控制的，L^M 决定抗原 M 的存在，L^N 决定了 N 抗原的存在。M 型（$L^M L^M$）女性同 N 型（$L^N L^N$）的男性结婚所生子女基因型为 $L^M L^N$，表现为 MN 型，不存在显隐关系，互不遮盖。由于 MN 血型系统不存在天然抗体，所以医生在对病人输血时对此一般不予考虑。ABO 血型系统，是由 I^A、I^B、I^O 三个复等位基因控制的，复等位基因是指在同源染色体上相同的位点上，存在 3 个及 3 个以上的等位基因。ABO 血型有 A、B、AB 和 O 型 4 种类型，I^A 与 I^B 为共显性，I^A、I^B 对 I^O 为显性，因此有 6 种基因型、4 种表现型。

④ 镶嵌显性。F_1 同时在不同部位表现双亲性状。一般来讲，等位基因都是决定身体的同一性状的，但也有这种情况，即一个等位基因影响身体的一个部分，另一等位基因影响身体的另一部分，因而在杂合体中 2 个基因分别在 2 个部位得到表达，形成镶嵌图式，这种现象称为镶嵌显性，如异色瓢虫的鞘翅色斑遗传（图 6-8），黑缘型鞘翅的前缘呈黑色，均色型鞘翅的后缘呈黑色。如把纯种黑缘型（$S^{Au} S^{Au}$）与纯种均色型（$S^E S^E$）杂交，在 F_1 瓢虫（$S^{Au} S^E$）中，2 个亲本的黑色部分都表现出来。镶嵌显性也可看作是一种共显

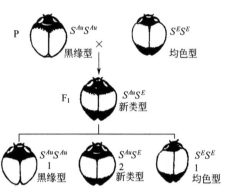

图 6-8　异色瓢虫鞘翅色斑的遗传

性现象。再如，紫花辣椒与白花辣椒杂交，其 F_1 出现新类型，花的边缘为紫色、中央为白色，呈亲本性状的镶嵌。

（2）显性和隐性的关系　显性作用类型之间往往没有严格的界限，只是根据对性状表现的观察和分析进行的一种划分，由于观察和分析的水平角度不同，相对性状间可能表现为不同的显隐性关系。例如，孟德尔根据豌豆种子的外形，发现圆粒对皱粒是完全显性。但是在用显微镜观察豌豆种子淀粉粒的形状和结构时发现，纯合圆粒种子淀粉粒持水力强，发育完善，结构饱满；纯合皱粒种子淀粉粒持水力较弱，发育不完善，表现皱缩；而 F_1 杂合种子淀粉粒发育和结构是前两者的中间型，而外形为圆粒。故从种子外表观察，圆粒对皱粒是完全显性；但是深入研究淀粉粒的形态结构，则可发现它是不完全显性。鉴别性状的显性表现也取决于所依据的标准而改变。这就是显隐关系的相对性。

（3）环境影响显性性状　遗传学实验表明，显性性状基因与隐性性状基因的关系并不是彼此直接抑制或促进的关系，而是分别控制各自所决定的代谢过程，从而控制性状的发育。环境条件具有较大的影响作用。

例如：兔子的皮下脂肪有白色和黄色的区别，白色是由显性基因 Y 决定的，黄色是由隐性基因 y 决定的。由于显性基因 Y 能控制黄色素分解酶的合成，所以，当 YY、Yy 基因型兔子吃了绿色植物后，绿色植物中含有的大量的黄色素，可以被黄色素分解酶所破坏。由于隐性基因 y 没有这种作用，所以 yy 基因型兔子脂肪是黄色的。这表明，一个基因是显性还是隐性，决定于它们各自的作用性质，即决定于它们能不能控制某种酶的合成。

上例中，yy 兔子出生后如果不吃含叶绿素和黄色素的食物，即使它不能合成黄色素分解酶，其脂肪仍表现白色。再如：金鱼草的红花品种与象牙白花品种杂交，其 F_1 如果在低温强光照的条件下，花为红色；如果在高温遮光的条件下，花为象牙白色。以上例子说明，

显性作用是相对的，当受到生物体内、外环境条件的影响而可能有所改变。

2. 非等位基因间的相互作用

对两对性状而言，F_2 表现呈 $9:3:3:1$ 的分离比时，表明是由两对相对基因自由组合的结果；当两对等位基因不出现 $9:3:3:1$ 分离比例时，可能是由于两对基因间相互作用的结果，即基因互作。基因互作是不同基因间的相互作用，可以影响性状的表现。

(1) 上位作用　一对等位基因受到另一对等位基因的制约，并随着后者不同使前者的表现型有所差异，后者即为上位基因。这一现象称为上位作用。如在家兔中，基因 C 和 c 决定黑色素的形成，而 G 和 g 控制黑色素在毛内的分布情况。每一个体至少有一个显性基因 C 才能合成黑色素，因而才能显示出颜色来，而 G 和 g 也只有在这时才能显示作用，G 才能使毛色成为灰色。因 C 存在时，基因型 GG 或 Gg 表现为灰色，gg 表现为黑色；当 C 不存在时，即在 cc 个体中，GG、Gg 和 gg 都为白色。基因 C 对 G 和 g 为上位基因。

上述上位作用与显性作用不同，上位作用发生于两对不同等位基因之间，而显性作用则发生于同一对等位基因的两个基因之间。

(2) 抑制作用　一个基因抑制非等位的另一个基因的作用，使后者的作用不能显示出来，这个基因称抑制基因。如把中国家蚕品种中结黄茧的家蚕与结白茧的杂交，杂种是黄茧的，这说明黄茧是显性性状、白茧是隐性性状。但如果把结黄茧的品种和欧洲的结白茧的品种交配，却都是白茧的，表明欧洲品种的白茧是显性的。在这里，黄茧的显性基因（Y）的效应没有显示出来，这是因为欧洲种存在另一对非等位基因（W），它的存在抑制了基因 Y，使之不能表达。

上位作用和抑制作用不同，抑制基因本身不能决定性状，而显性上位基因除遮盖其他基因的表现外，本身还能决定性状。

(3) 互补作用　多个非等位基因同时存在时，才表现出某一性状，这些基因称为互补基因，这种基因互作的类型称为互补作用。例如，在香豌豆中有两个白花品种，二者杂交产生的 F_1 开紫花。F_1 植株自交，其 F_2 群体分离为 9/16 紫花与 7/16 白花。该杂交组合涉及两对基因的分离。从 F_1 和 F_2 群体的 9/16 开紫花，说明两对显性基因的互补作用。如果紫花所涉及的两个显性基因为 C 和 P，则一白花为 $CCpp$，另一白花为 $ccPP$（图 6-9）。

P　　　　　　　白花 $CCpp$ × 白花 $ccPP$

$\downarrow$

F_1　　　　　　　紫花（$CcPp$）

$\downarrow \otimes$

F_2　9 紫花（$C\_P\_$）：7 白花（$3C\_pp + 3ccP\_ + 1ccpp$）

图 6-9　香豌豆花色遗传

如在豌豆中 $CcPp$ 植株开紫花，$ccPp$ 或 $Ccpp$ 或 $ccPP$ 植株都开白花，这说明基因 C 和 P 只有同时存在时才显紫色，两者中任何一个发生了突变都开白花。这里 C 和 P 就是互补基因。

(4) 积加效应　两种显性基因同时存在时产生一种性状，单独存在时能分别表现相似的性状，两种基因均为隐性时又表现为另一种性状，F_2 产生 $9:6:1$ 的比例。

例如：南瓜扁盘形对圆球形为显性，扁盘形对长圆形为显性。

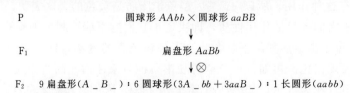

P　　　　　　　圆球形 $AAbb$ × 圆球形 $aaBB$

$\downarrow$

F_1　　　　　　　扁盘形 $AaBb$

$\downarrow \otimes$

F_2　9 扁盘形（$A\_B\_$）：6 圆球形（$3A\_bb + 3aaB\_$）：1 长圆形（$aabb$）

2 个显性基因时表现扁盘形，1 个显性基因表现圆球形，没有显性基因即全隐性基因时表现长圆形。

(5) 重叠效应 两对或多对独立基因对表现型能产生相同的影响，F_2 产生 15∶1 的比例。重叠作用也称重复作用，只要有一个显性重叠基因存在，该性状就能表现。表现相同作用的基因叫重叠基因。

例如：荠菜蒴果多是三角形，很少见到卵圆形的。三角形为显性，卵圆形为隐性。

$$P \qquad 三角形\ T_1T_1T_2T_2 \times 卵圆形\ t_1t_1t_2t_2$$
$$\downarrow$$
$$F_1 \qquad 三角形\ T_1t_1T_2t_2$$
$$\downarrow \otimes$$
$$F_2 \quad 15\ 三角形(9T_1\_T_2\_ + 3T_1\_t_2t_2 + 3t_1t_1T_2\_) ∶ 1\ 卵圆形(t_1t_1t_2t_2)$$

可见只要有显性基因存在就表现为三角形，没有显性基因存在才表现为卵圆形，这显然是由于每对基因中的显性基因都具有使蒴果表现为三角形的作用。

当杂交试验涉及 3 对重叠基因时，F_2 的分离比例则为 63∶1，其余类推。这些显性基因的显性作用相同，但并不表现积加效应，显性基因的多少并不影响显性性状的发育。但在数量性状遗传的情况下，也会产生积加效应。

综上所述以上各种情况实际上是 9∶3∶3∶1 基本型的演变，是由基因间互作造成的。两对非等位基因由于基因互作，杂交分离的类型和比例与典型的孟德尔遗传的比例虽然不同，但这并不能因此否定孟德尔遗传的基本规律，而应该认为这是对它进一步的深化和发展。基因互作的两种情况：一是基因内互作，指同一位点上等位基因的相互作用，为显性或不完全显性和隐性；二是基因间互作，指不同位点非等位基因相互作用共同控制一个性状，如上位性和抑制等。

3. 多因一效和一因多效

在基因与性状的关系上，孟德尔定律中一个基因控制一个性状。而基因互作事例说明一个性状常常受许多不同基因的影响。许多基因影响同一性状的表现称为多因一效。例如：玉米正常叶绿素的形成与 50 多个基因有关，其中任何一对改变，都会引起叶绿素的消失或改变。棉花的 $gl1—gl6$ 腺体基因，其中任何一对改变，都会影响腺体分布和消失。

另一方面，一个基因也可以影响许多性状的发育，称为一因多效。孟德尔在豌豆杂交试验中发现，红花植株伴有叶腋有黑斑、结灰色种皮的种子，白花植株叶腋无黑斑而结淡色种皮的种子。这三种性状总是连在一起遗传，仿佛是一个遗传单位。可见决定豌豆红花或白花的基因不单影响花色，而且也控制种子颜色和叶腋上黑斑的有无，一个基因控制三个性状。再如水稻矮生基因也常常有许多效应的表现，除了表现矮化作用外，还有提高分蘖力、增加叶绿素含量的作用，还可使栅栏细胞纵向伸长。

多因一效与一因多效现象可从生物个体发育整体上理解：一方面性状是由许多基因所控制的许多生化过程连续作用的结果。另一方面如果某一基因发生了改变，其影响主要是在以该基因为主的生化过程中，但也会影响与该生化过程有联系的其他生化过程，从而影响其他性状的发育。

四、遗传的染色体学说

孟德尔所说的遗传因子存在于生物体的什么地方呢？美国哥伦比亚大学的 Walter Sutton

研究蚱蜢的精子发生时，发现了染色体在配子的形成和受精过程中的行为与孟德尔遗传因子行为的惊人一致现象，提出了孟德尔遗传因子在染色体上的假说，后被证实，因此称之为遗传的染色体学说。染色体与遗传因子行为的比较如下。

① 体细胞中染色体是成对存在的，而孟德尔的遗传因子，在体细胞中也是成对存在的。

② 染色体在生殖细胞成熟过程中，经过减数分裂而减少一半，孟德尔的遗传因子在生殖细胞即配子中也只有一半数目。

③ 每对同源染色体一个来自父体，一个来自母体。每对决定相对性状的因子（等位基因）一个来自父本，一个来自母本。

④ 在减数分裂时一个配子只能得到每一对染色体（同源染色体）中的一个。这一点符合分离定律。

⑤ 在受精过程中，雌雄配子的结合，使染色体恢复原来的二倍体数目。而孟德尔也假定遗传因子在受精过程中，由两个亲本的结合而恢复为原来的成对状态。

⑥ 非同源染色体进入生殖细胞时的配合，是有均等机会的自由组合。例如 Y 与 y 为一对染色体，R 与 r 为一对染色体，那么 Y 可以与 R 一同进入一个配子，也可以与 r 同进入一个配子；同样，y 同 R、r 的组合机会也是相等的。这与孟德尔第二定律所假定的自由组合完全一致。

以上这些比较，显示出染色体的行为与遗传因子的行为是平行的，因此 Sutton 提出，遗传因子是位于染色体上的。等位基因位于同源染色体上的相同位置上。配子成熟过程减数分裂时同源染色体分离是分离定律的细胞学基础；非同源染色体的随机组合是自由组合定律的细胞学基础。即位于染色体上的遗传因子是在减数分裂时，随着同源染色体的分离和非同源染色体的自由组合而实现了分离和自由组合的。

五、基因的连锁与交换

上述孟德尔遗传定律只是适用于各等位基因分别位于不同的同源染色体上。假如有 2 对基因是位于同一对染色体上就既难分离也难自由组合了，位于同一条染色体上的基因会怎样遗传呢？

1. 连锁与交换定律

性状的连锁遗传现象是贝特森（W. Bateson）等于 1905 年在香豌豆的两对性状杂交试验中首先发现的。F_2 分离比不符合 9：3：3：1，亲组合较多，重组合偏少。显然不能用独立分配规律来解释，本为同一亲本的两个性状，在 F_2 中常常有联系在一起的倾向，这说明来自同一亲本的这些基因，有较多连在一起传递的可能。这种同一亲本所具有的两个性状联系在一起遗传的现象称为连锁。对于这个结果 W. Bateson 等人未能作出圆满的解释。摩尔根（T. H. Morgan, 1866—1945）和他的同事 C. B. Bridges 等用果蝇为研究材料，也发现了同样的遗传现象，并通过大量的研究对此作出了科学的解释。摩尔根以果蝇为试验材料对这个问题进行了深入细致的研究，发现了遗传学的第三个定律——连锁与交换定律。并且摩尔根还根据自己的研究创立了基因论，将遗传因子命名为基因，把基因定位在染色体上，因此染色体遗传学说也称基因学说。摩尔根对遗传学贡献巨大，成为现代遗传学的奠基人之一。

野生果蝇的身体是灰色的，个别的体色突变成了黑色。野生的果蝇长翅，有的突变为小片状的残翅。这两个变化都是基因突变可以遗传的，灰体对黑体是显性，长翅对残翅是显性。摩尔根用灰身残翅的雄果蝇与黑身长翅的雌果蝇交配得到的 F_1 全是灰身长翅，这是可以预期的结果。把 F_1 的雄果蝇（$BbVv$）与双隐性（黑身残翅雌果蝇 $bbvv$）测交，按自由组合定律来分析，F_2 应有 4 种，即灰身长翅、灰身残翅、黑身长翅及黑身残翅，比例应为 $1:1:1:1$。但实际实验结果却只出现了 2 个与亲代完全相同的类型，即灰身残翅与黑身长翅，且两者为 $1:1$ 的比例（图 6-10）。显然，这两对性状表现为连锁关系，即灰身总与残翅在一起、黑身总与长翅在一起。

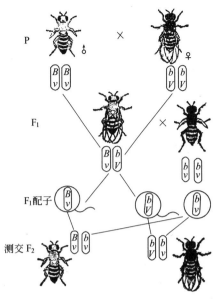

图 6-10 果蝇的完全连锁

　　摩尔根这样解释：2 对基因位于同一对染色体上，因此它们不能分开，不能自由组合。在这一例子中，第一个亲本是灰身残翅，灰身（B）与残翅（v）是连在一起的 Bv。第二个亲本黑身（b）与长翅（V）是连在一起的 bV。F_1 是灰身长翅（$BbVv$）。由于 Bv 在同一个染色体上、bV 同在另一个染色体上，因而 F_1 只能产生 2 种配子，即 Bv 和 bV，所以在与双隐性 $bbvv$ 交配时，F_2 只能产生灰身残翅（$Bbvv$）和黑身长翅（$bbVv$）两种后代。这是一个完全连锁而没有交换的例子，也就是说，体色和翅长短的 2 个基因是连在一起传递的。由于雄果蝇在减数分裂时没有发生染色体间的交换，所以这两个位于同一染色体上的基因只能是一起遗传而不可能分开。

　　如果用 F_1 的雌果蝇（$BbVv$）代替雄果蝇与双隐性（$bbvv$）的雄果蝇交配，后代则出现了 4 种类型，其比例不是 $1:1:1:1$，而是和亲本相同的 2 种类型多而重组类型的少，即灰身残翅和黑身长翅各占 41.5%，灰身长翅和黑身残翅只各占 8.5%（图 6-11）。这是因为灰身（B）与残翅（v）之间总是表现连在一起遗传，但是部分细胞在减数分裂的前期联会时，四分体之间可以发生染色体片段的交换，因而染色体上的基因也发生了重组，打破了原有的连锁关系，出现了少数灰身长翅与黑身残翅的配子，受精后产生了灰身长翅及黑身残翅的重组类型后代，这就是交换。

　　综上所述位于同一同源染色体上的非等位基因连在一起而遗传的现象，称为连锁遗传。在同一同源染色体上的两个非等位基因之间不发生非姊妹染色单体之间的交换，则这两个非等位基因总是联系在一起的遗传现象叫做完全连锁。完全连锁中测交后代只出现亲本类型。这种情形是很少见的。一般的情况是不完全连锁，即位于同一同源染色体上非等位基因之间或多或少地发生非姊妹染色单体之间的交换，测交后代大部分为亲本类型，少数为重组类型。

2. 连锁群

　　对一种生物来说基因是很多的，其数目会远远超过染色体的数目。例如人只有 23 对染色体，而人的基因大概有 10 万个。因此，必然有许多基因同在一个染色体上，一起连锁遗传。同一个染色体上的这些基因就构成一个连锁群。连锁群的数目与染色体的数目一致。果蝇所有已知的基因，根据连锁的情况正好构成 4 个连锁群，而果蝇细胞中就有 4 对染色体，二者数目相符。这一点可以说是染色体遗传学说的又一个证明。

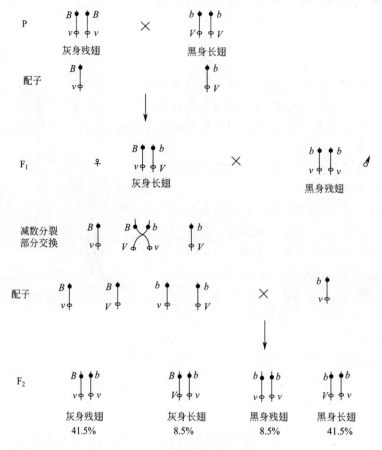

图 6-11   果蝇的不完全连锁

3. 基因定位与交换率

连锁和交换的研究不仅说明基因是位于染色体上的,它还说明基因在染色体上是固定在一定位置上的,并且等位基因在 2 个同源染色体上的位点是一致的,因此这样才有可能相互交换。非等位基因在染色体上是不同位点的,位于同一同源染色体上的非等位基因间是有一定距离的,可以发生互换。杂交实验证明,染色体上各基因之间的交换率是不同的。例如,灰身与长翅之间的交换率和灰身与朱红眼之间的交换率就有差异,而这个差异在反复实验中总是恒定的。为什么同在一条染色体上,发生交换的频率却有上述现象呢?最好的解释是基因呈直线排列,彼此距离不同。两个基因靠得越近,其间染色体交叉的机会就越少,因而基因的交换率越小;反之,交换率就越大。或者说,基因的交换率反映了两基因之间的相对距离。根据这一设想,利用这个距离可以把基因按顺序定位在染色体上,确定基因在染色体上位置的方法称为基因定位或遗传作图(图 6-12、图 6-13)。

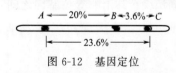

图 6-12   基因定位

所谓的交换率是指同源染色体上的非姊妹染色单体间有关基因的染色体片段发生交换的频率。一般估算交换率的公式为:交换率(%)=(重新组合配子数/总配子数)×100。首先要知道重组型配子数,测定重组型配子数的简易方法有测交法和自交法两种。用测交法测定交换值,是用杂种 F₁ 与隐性纯合体杂交,然后根据测交后代的表现型种类和数目,来计算重组型和亲型配子的数目。

例如 A 基因与 B 基因之间的交换率为 20%（每 100 个受精卵中有 20 个发生了交换），A 基因与 C 基因间的交换率为 23.6%，而 B 基因与 C 基因之间的交换率是 3.6%，那么这 3 个基因在染色体上的排列如图 6-12 所示。

必须指出，基因图上标明的距离与实际距离一般成正比，同时顺序也不会错，但不一定完全就与交换率的数值相同。因为染色体的交换还有一些其他影响因素，有时某一区域更容易发生交换，因而这一区域的交换率就高一些，基因图上的距离就会偏长一些。但是，尽管基因图有这些不足，它对于基因相互作用、基因位置效应的研究，都起到了推动作用。许多生物遗传图已经构建。

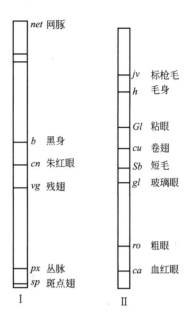

图 6-13　果蝇的连锁遗传图

图中所示为部分染色体上的部分基因

六、性染色体和伴性遗传

1. 性染色体

生物的染色体可以区分为常染色体和性染色体。凡是与性别决定直接有关的一个或一对染色体就是性染色体，其余的染色体则统称为常染色体，并常以 A 表示。常染色体的每对同源染色体一般都是同型的，即形态、结构和大小等都基本相似；唯有性染色体是单个的或是成对的，却往往是异型的，即形态、结构和大小以至功能都有所不同。例如果蝇有 4 对染色体（2n＝8），其中 3 对是常染色体，1 对是性染色体。雄果蝇除 3 对常染色体之外，有一大一小的 1 对性染色体，大的称为 Y 染色体，小的称为 X 染色体。雌果蝇除 3 对与雄性完全相同的常染色体外，另有一对 X 染色体。因此，雌果蝇的染色体为 3AA＋XX，雄果蝇的为 3AA＋XY。

2. 性别决定

由性染色体决定雌雄性别的方式主要有雄杂合型和雌杂合型两种类型。

（1）雄杂合型　雄杂合型即 XY 型，在生物界较为普遍，大多雌雄异体的植物、人和全部哺乳动物、多数昆虫如果蝇、一些鱼类和两栖类都属于这一类型。这类生物在配子形成时，由于雄性个体是异配子性别，可产生含有 X 和 Y 两种雄配子；雌性个体是同配子性别，只产生含有 X 一种雌配子。因此当雌雄配子结合受精时，含 X 的卵细胞与含 X 的精子结合形成的受精卵（XX），将发育成雌性；含 X 的卵细胞与含 Y 的精子结合形成的受精卵（XY），将发育成雄性。因而雌性和雄性的比例（简称性比）一般总是 1∶1。人类的性染色体属于 XY 型（图 6-14）。在所含有的 23 对染色体（2n＝46）中，22 对是常染色体，1 对是性染色体。女性的染色体为 22AA＋XX，男性的为 22AA＋XY。不过人类的 X 染色体在形态结构上明显地大于 Y 染色体。同样，在配子形成时，男性能产生 X 和 Y 两种精子，而女性只能产生 X 一种卵细胞，由此可见，生男生女是由男方的精子类型决定的；而且受孕后生男生女的概率总是各占二分之一，即在群体中男女性比总是 1∶1。与 XY 型相似的还有 XO 型。它的雌性的性染色体为 XX；雄性的性染色体只有一个 X，而没有 Y，不成对。其雄性个体产生含有 X 和不含有 X 两种雄配子，故称为 XO 型，蝗虫、蟋蟀等就是属于这一类型。

（2）雌杂合型   雌杂合型即 ZW 型，鸟类、鳞翅目昆虫家蚕、蛾类、蝶类等属于这一类型。该类型与 XY 型恰恰相反，雌性个体是异配子性别，即 ZW；而雄性个体是同配子性别，即 ZZ。在配子形成时，雌性个体产生含有 Z 和 W 两种雌配子，而雄性只产生含有 Z 一种雄配子。故在结合受精时，所形成的雌雄性比同样是 1∶1，如图 6-15 所示。

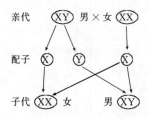

图 6-14   XY 型性别决定

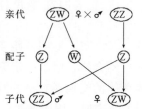

图 6-15   ZW 型性别决定

高等动物的性别决定除上述两种类型以外，还有第三种情况，即取决于染色体的倍数性。换而言之，与是否受精有关。例如，蜜蜂、蚂蚁等由正常受精卵发育的二倍体（$2n$）为雌性；不受精的卵，而由孤雌生殖而发育的单倍体（n）则为雄性。

3. 伴性遗传

伴性遗传是指位于性染色体上的基因控制的某些性状总是伴随性别而遗传的现象，又称性连锁，例如，果蝇眼色的遗传（图 6-16）。野生果蝇的眼是红色的，摩尔根在实验中发现了个别的白眼突变个体。摩尔根红眼雌果蝇和白眼雄果蝇交配，产生的 F_1 全是红眼的，表明白色是隐性。再让 F_1 的雌、雄果蝇进行繁殖，F_2 有红眼也有白眼，比例为 3∶1。从这一实验他们推断，白眼基因是隐性的，亲代白眼雄果蝇是隐性纯合子，红眼雌果蝇是显性纯合子，其遗传符合孟德尔的一对因子遗传的规律。但是白眼的全是雄性，红眼中雌雄之比为 2∶1，白眼和红眼的遗传与性别有关。这个结果表明白眼的遗传是与雄性相联系的，同时可以推理雄性白眼是通过 F_1 雌果蝇传给 F_2 雄果蝇的。根据这一结果，摩尔根等推论，红眼是显性（W），白眼是隐性（w），基因是位于 X 染色体上的，Y 染色体上没有眼色等位基因。雄果蝇只有一个 X 染色体，因而只要这一个染色体

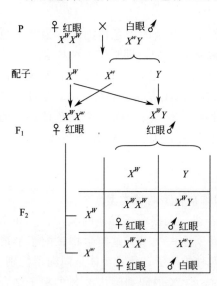

图 6-16   果蝇眼色的遗传

上有隐性基因，白眼就能表现出来。所以白眼雄果蝇（X^wy）与红眼雌果蝇（X^WX^w）交配，F_1 无论雌雄都含有显性基因 W，因而都是红眼。但雄果蝇是红眼（X^WY）纯合子，雌果蝇是红眼（X^WX^w）杂合子，所以 F_1 代杂交，F_2 只有雄果蝇才能表现白眼。

摩尔根推测，把白眼雄果蝇（X^wy）和雄性白眼果蝇的红眼女儿（X^WX^w）杂交，就有可能获得白眼雌果蝇。实验的结果证实了他的推测：雌果蝇中有一半是白眼的。可见白眼基因是位于 X 染色体上的。

伴性遗传很重要，人约有 80 种性状是伴性遗传的。红绿色盲、血友病等都是伴性遗传的病症。男性患这些疾病的频率较高，这和果蝇的眼色遗传一致。

人类色盲有许多类型，最常见的红绿色盲是伴性遗传的。对色盲家系的调查结果表明，患色盲病的男性比女性多，而且色盲一般是由男性通过他的女儿遗传给他的外孙子。已知控制色盲的基因是隐性 c，位于 X 染色体上，而 Y 染色体上不携带它的等位基因。因此，女性在 $X^C X^c$ 杂合条件下虽有色盲基因，但不表现色盲；只有在 $X^c X^c$ 隐性纯合条件下才是色盲。男性则不然，由于 Y 染色体上不携带对应的基因，当 X 染色体上携带 C 时就表现正常，携带 c 时就表现色盲，所以男性比较容易患色盲。这就是色盲患者总是男性多于女性的原因。如果母亲患色盲（$X^c X^c$）而父亲正常（$X^C Y$），其儿子必患色盲，而女儿表现正常。如果父亲患色盲（$X^c Y$），而母亲正常（$X^C X^C$），则其子女都表现正常。如果父亲患色盲而母亲正常（$X^C X^c$）携带色盲基因，其子女的半数患色盲；有时父母都表现正常，但其儿子的半数可能患色盲，这是因为母亲有潜在色盲基因的缘故，这种由父亲传给女儿，再通过由女儿传给外孙的遗传现象称为交叉遗传。上述 4 种伴性遗传的情况如图 6-17 所示。

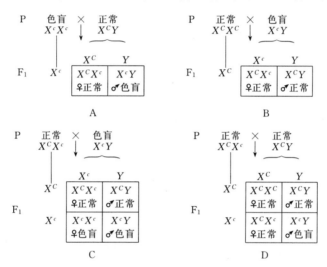

图 6-17　人类各婚配形式下色盲的遗传

第二节　遗传的分子基础

一、遗传物质——DNA

生物的染色体是核酸和蛋白质的复合物。核酸主要是脱氧核糖核酸（DNA），其次是核糖核酸（RNA）；蛋白质主要有碱性蛋白（即组蛋白）与酸性蛋白（即非组蛋白）两种。核酸与蛋白质结合形成染色质，在分子遗传学中已拥有了大量的直接和间接的证据，证明 DNA 是主要的遗传物质，而在缺乏 DNA 的某些病毒中，RNA 就是遗传物质。而基因是 DNA 分子的片段。

1. DNA 是遗传物质的证明

DNA 是遗传物质的证据来自肺炎链球菌的转化实验。肺炎链球菌有 2 个不同类型：一种是粗糙型（R 型），没有荚膜，不致病，无毒性，在培养基上形成粗糙的群落；另一种是光滑型（S 型），有荚膜，致病，具有毒性，在培养基上形成光滑的群落。实验表明，若把有荚膜的 S 株细胞加热（65℃）杀死，它就失去了致病性，进入动物体不再致死。如果把这种加热杀死的 S 株细菌（已不致死）与活的无荚膜的 R 株细菌（本就不致死）混合注射到小鼠体内时，小鼠竟发生了肺炎而死亡！检查死亡小鼠的血液，发现了活的 S 菌。

由此可以这样认为，有荚膜的死细菌中有某些物质（转化因子）进入了无荚膜的活细菌，使原来没有毒性的细菌转化为有荚膜的毒细菌了。后来又发现，这些转化了的有荚膜细菌繁殖的后代也都是有荚膜的，可见这种转化是可以遗传的，是遗传性状的转化。由此认为无毒株转化为有毒株是细菌遗传性的转变。那么，这一引起转化的物质是什么呢？美国 O. Avery 等人终于证明这一转化物质是 DNA。他们发现，只要把有荚膜的 S 株细菌的 DNA 提取出来，放入无荚膜的 R 株细菌培养基中，后者就会变为有荚膜的毒菌株（图 6-18）。这些实验证明，无荚膜的 R 株细菌之所以转变为有荚膜的毒株，乃是由于 S 株细菌的 DNA 进入了 R 株细胞之内，引起了后者遗传性改变所致。

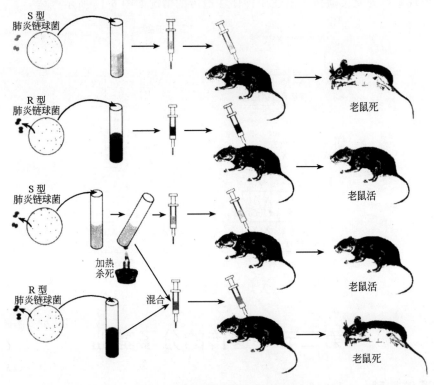

图 6-18   肺炎链球菌的转化实验

(引自吴庆余，2002)

2. DNA 的分子结构与 DNA 的复制

DNA 的分子结构前面章节已经介绍，这里只介绍 DNA 的复制。

（1）DNA 复制的特点

① 半保留复制。DNA 既然是主要的遗传物质，它必然具备自我复制的能力。沃森和克里克提出 DNA 分子的双螺旋结构模型时，对 DNA 复制也进行了假设，根据 DNA 分子的双螺旋模型认为 DNA 分子的复制首先是从它的一端的氢键逐渐断开。当双螺旋的一端拆开为两条单链，而另一端仍保持双链状态时，以分开的双链为模板，从细胞核内吸取游离的核苷酸，按照碱基配对的方式（即 A 与 T 配对，G 与 C 配对）合成新链。新链与模板链互相盘旋在一起，形成 DNA 的双链结构。这样，随着 DNA 分子双螺旋的完全拆

开，就逐渐形成了两个新的 DNA 分子。由于新合成的 DNA 分子保留了原来母 DNA 分子双链中的一条链，因此 DNA 的这种复制方式称为半保留复制（图 6-19）。这种 DNA 复制方式已被大量试验所证实，而且这种复制方式对遗传物质保持稳定具有非常重要的意义和作用。

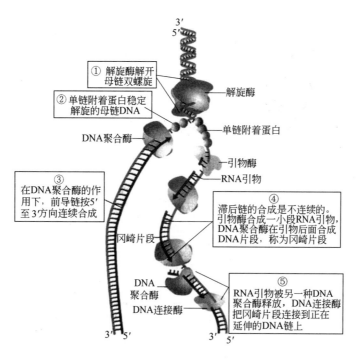

图 6-19　DNA 复制

（引自吴庆余，2002）

② DNA 复制的半不连续性。那么复制是如何开始的呢？在大多数细菌及病毒中，只有一个复制起点，控制整个染色体的复制。在真核生物中的 DNA 复制是多起点的。大多数生物的 DNA 复制是双向的，即从复制点开始向两个方向同时进行，最后完成复制。当双链 DNA 分子解链成为两个单链的 DNA 模板进行复制时，解螺旋的部位呈眼状，在双链分开处与尚未分开的部分呈 "Y" 形，这个结构称为复制叉。复制时，同一个复制起点处有两个复制叉。复制叉各向一个方向移动。由于 DNA 聚合酶只能使新 DNA 从 $5' \rightarrow 3'$ 方向合成，而两条 DNA 链的方向呈反向平行，所以当 DNA 解链合成新链时，在复制叉的两条链上，模板 DNA 一条链的 $3' \rightarrow 5'$ 方向与复制叉移动方向相同，能够连续地合成。而一条链的 $3' \rightarrow 5'$ 方向与复制叉走向相反，就不能沿着复制叉方向连续地合成，这条链复制时首先合成 DNA 短片段即冈崎片段。然后冈崎片段被 DNA 连接酶连接在一起，形成一条完整的核苷酸链（图 6-19）。因此，整个 DNA 复制是半不连续的。

（2）DNA 复制的全过程

① 第一步是双链 DNA 的解螺旋。从复制点开始，螺旋酶在复制叉的前端使 DNA 解螺旋，由复制基因编码的螺旋酶沿模板 DNA $3' \rightarrow 5'$ 方向从外向内在一条链上移动，而另一螺旋酶亦沿模板 DNA $3' \rightarrow 5'$ 方向从内向外在另一条链上移动。

② 第二步是 DNA 复制的开始，引物酶复合体结合在 DNA 单链上，合成小片段的 RNA 引物。在 DNA 聚合酶的作用下，以引物链为起点，以两条母链为模板链按照碱基互

补配对原则合成互补的 DNA 链。这样经过半保留性的、半不连续的合成，形成了两条新链 DNA。在此过程中有许多事件由酶参加完成。

3. DNA 的修复

DNA 复制过程总是相当准确的，但是难免会发生差错。物种突变率是很低的，每一代细胞 10^9 bp 中只有 1 个碱基对发生突变。这是由于生物自身有相应的修复机制，从而保证 DNA 的稳定。这也是生物的耐受性之一。

DNA 修复是指双链 DNA 上的损伤得到修复的现象。现在已知在生物体中 DNA 有以下三种修复方式。

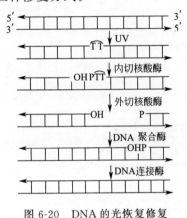

图 6-20　DNA 的光恢复修复

（1）光恢复修复　由紫外线所造成的 DNA 损伤（胸腺嘧啶二聚体），由于光恢复酶的催化，在可见光照射后可以切开损伤，恢复成完整 DNA 的状态。这是较简单的修复方式，一般都能将 DNA 修复到原样（图 6-20）。

（2）切除修复　切除修复是修复 DNA 损伤最为普遍的方式之一，对多种 DNA 损伤包括碱基脱落形成的无碱基位点、嘧啶二聚体、碱基烷基化、单链断裂等都能起修复作用。该方式普遍存在于各种生物细胞中，也是人体细胞主要的 DNA 修复机制。修复过程需要多种酶的一系列作用，嘧啶二聚体或某种碱基损伤可以被切除，然后通过相对的一条完整无损的 DNA 链作为模板重新进行合成，在这个被切除的部分中填上正常的碱基排列。

（3）重组修复（复制后修复）　上述的切除修复在切除损伤段落后是以原来正确的互补链为模板来合成新的段落而做到修复的。但在某些情况下没有互补链可以直接利用，如果 DNA 发生了损伤，经复制后有新的 DNA 会出现断裂，这种情况是以重组修复方式修复。由于 DNA 上发生损伤，在以它作为模板所产生的新的 DNA 中，相对原来发生损伤的地方就会出现缺口，从原来另一条完整无损的链上可以切下相应的核苷酸部分填到这个缺口中去，这就是重组修复的机制。修复过程是生物体内普遍存在的正常生理过程，从病毒到人都具有 DNA 修复的能力。当然不是 DNA 任何损伤都可以修复，否则就不会有生物突变了。人的皮肤癌患者常常是因为光恢复修复功能不足而引起的。

4. RNA 及核糖体

（1）RNA　RNA 的分子结构与 DNA 相似，也是由 4 种核苷酸组成的多聚体。但它与 DNA 有几个方面的不同。RNA 的核苷酸是核糖而不是脱氧核糖。4 种碱基是 AUCG，有一个差别就是 RNA 中用尿嘧啶（U）替代了 T 与 A 配对。另一重要区别是，绝大多数的 RNA 以单链形式存在，但可以折叠起来形成局部双链区域。在这些区域内，互补的碱基可以形成氢键。少数以 RNA 为遗传物质的动物病毒含有双链 RNA。在细胞里，RNA 都是从 DNA 转录而来的，因部位和功能的不同，可分为以下几种。

① 信使 RNA（mRNA）。信使 RNA 是以 DNA 双链中的一条链为模板，按照碱基配对原则在核内合成的。mRNA 与 DNA 模板链互补。它起着传递 DNA 上遗传信息的作用，故称信使 RNA，DNA 将通过它将遗传信息翻译为蛋白质。mRNA 含量占全部 RNA 的 5%～6%。

mRNA 分子有三个主要部分。它的 5′端是领头序列，并不编码氨基酸，只向核糖体提供蛋白质合成起始的信息。接着领头序列的是 mRNA 的编码序列，这个序列决定翻译过程中蛋白质的氨基酸序列。跟随编码序列后面的是构成 mRNA 的其余部分，即位于 3′端的结尾序列，不编码氨基酸，它指示编码序列翻译的终止（图 6-21）。

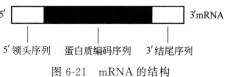

图 6-21　mRNA 的结构

　　② 转移 RNA。转移 RNA（tRNA）存在于细胞质中，种类在 40 种以上，作用是转运各种氨基酸。不同氨基酸对应着不同的 tRNA，每一种氨基酸各与一种或一种以上的 tRNA 相结合。tRNA 是最小的 RNA，约含 80 个核苷酸，是根据 DNA 上相应的碱基序列（tRNA 基因）互补合成的，tRNA 在全部 RNA 中约占 15%。它们的碱基序列都能折叠成三叶草形（图 6-22）。在 tRNA 上有一组能识别与自己所转运氨基酸相对应的遗传密码的碱基，称"反密码子"。tRNA 有如下共性，即具有三个环，一个反密码子环，在这个环的顶端有 3 个暴露的碱基称为反密码子，这个反密码子能与 mRNA 链上互补的密码子配对；一个富含鸟嘌呤的环；一个胸腺嘧啶环。一些 tRNA 还可能有一个额外环（附加环），但其余各环在蛋白质合成中的作用还不清楚。

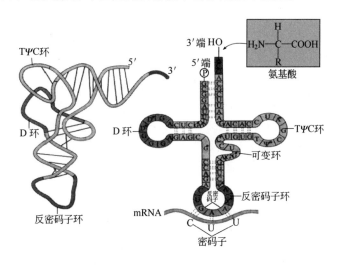

图 6-22　tRNA 三叶草形结构

　　③ 核糖体 RNA。核糖体 RNA 即 rRNA，在 3 类 RNA 中是种类最多、分子量最大的一类 RNA，它与蛋白质结合而构成核糖体，其功能是作为 mRNA 的支架，使 mRNA 分子在其上展开，实现蛋白质的合成。rRNA 在蛋白质合成中的功能尚未完全了解。

　　(2) 核糖体　核糖体是由 rRNA 和蛋白质共同组成的复合体，是蛋白质合成的场所。核糖体与 mRNA 结合在一起，以利于 tRNA 的反密码子与 mRNA 的密码子发生配对，使多肽链得以合成。核糖体是一种复合结构，无论是原核生物还是真核生物，核糖体都是由大小不同的两个亚基组成的哑铃形。每个亚单位至少包含一个 rRNA 分子和大量的蛋白质。如大肠杆菌核糖体的大小为 70S，由 50S 的大亚基和 30S 的小亚基组成。每个核糖体由镁离子（Mg^{2+}）将大小不同的两个亚基结合起来呈不倒翁状，结合状态下能合成蛋白质。若 Mg^{2+} 浓度降低，两个亚基又会发生解离发挥作用，失去功能；这样在进行多肽的合成中可以反复利用。通常 mRNA 必须与核糖体结合起来，才能合成多肽，而且在绝大多数情况下，一个 mRNA 要同两个以上的核糖体结合起来形成一串核糖体，称为多聚核糖体，这样多个核糖体就可以同时翻译一个 mRNA 分子，这就大大提高了蛋白质合成的效率。核糖体上除了 mRNA 附着的位置外，还有两个专供 tRNA 附着的位置 A 位（氨基酸部位）和 P 位。A 位是新进入核糖体的氨酰-tRNA 停留的位置，P 位（蛋白质部位）则是携带生长多肽链的 tRNA 停留的位置。在有关酶的作用下，进入 A 位的氨基酸被一个接一个地添加到新生多肽链的羧基端。核糖体、mRNA 和 tRNA 是蛋白质合成所必需的（参见图 6-26、图 6-27）。

除了上述 3 种主要的 RNA 外，还有核内异质 RNA（hnRNA）（它是 mRNA 的前体），以及小核 RNA 或核内小 RNA（snRNA）（它是真核生物转录后加工过程中 RNA 剪接体的主要成分）等。

二、遗传信息的表达

1. 基因表达与中心法则

蛋白质是由 20 种不同的氨基酸组成的多肽链，每种蛋白质都有其特定的氨基酸序列。前面我们已经介绍，遗传信息储存于 DNA。而由 DNA 所含的碱基序列如何表达为蛋白质，以下将详细介绍。

基因是遗传的基本结构和功能单位，是含有生物信息的 DNA 片段，根据这些生物信息可以编码具有生物功能的产物，包括 RNA 和多肽链。基因表达是指生物基因组中结构基因所携带的遗传信息经过转录、翻译等一系列过程，合成特定的蛋白质，进而发挥其特定的生物学功能和生物学效应的全过程。概括地讲，基因表达就是从 DNA 到蛋白质的过程。

DNA 的遗传信息可以由于自我复制而传给新一代的 DNA 分子，也可以转录成 mRNA，mRNA 再把信息翻译成蛋白质，这样信息流是由 DNA 经过 RNA 再到蛋白质的，这样的信息流方向称为中心法则。遗传信息的转录和翻译完全符合这一法则，但方向不是唯一的。

另有两种情况，一是某些致癌病毒中发现 RNA 也可作为模板合成 DNA，这个过程称为逆转录或反转录，是在反转录酶作用下完成的，DNA 再以转录的方式产生病毒 RNA。这些 DNA 在寄生细胞中被整合到染色体的 DNA 中，结果细胞不仅合成自身的蛋白质，还同时合成病毒特异的某些蛋白质，这就造成了细胞的恶性转化。这一发现不仅证明了致癌RNA 病毒所以造成恶性转化的原因，还证明了 RNA 在反转录酶存在下的反转录功能。反转录酶的发现启示人们在试管中制造特定的 DNA 成为可能。我们可以人工合成 mRNA，然后通过反转录来合成 DNA（cDNA），这为基因工程开辟了一条新途径。二是有些 RNA 病毒中的 RNA 可以自我复制，一些植物 RNA 病毒如烟草花叶病毒 TMV、动物 RNA 病毒如脊髓灰质炎病毒以及 RNA 噬菌体等在侵入细胞后，可以产生 RNA 复制酶，然后以自己为模板复制出互补的 RNA，再由这些 RNA 复制出和原来一样的 RNA，这两个发现表明遗传信息的传递不是单向的。从中心法则可以知道，DNA 控制着蛋白质的合成。此外，近年来研究发现，在离体实验条件下，DNA 还可直接指导蛋白质的合成。用链霉素或新霉素可使核糖体与单链 DNA 结合，这一单链 DNA 就可代替 mRNA 转录成多肽。这一过程在正常细胞中可能不存在，但却是一个可能的过程。以上丰富了中心法则，如图 6-23 所示。

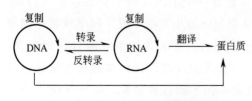

图 6-23　中心法则示意图

蛋白质的合成过程包括转录和翻译两个步骤。转录是 RNA 的合成，是双链 DNA 分子上的信息转移到单链 RNA 分子上的过程。翻译是单链 RNA 分子中的遗传信息转变成蛋白质的氨基酸顺序的过程。

2. 转录：从 DNA 到 RNA

无论是真核生物还是原核生物，转录都是在 RNA 聚合酶的催化下进行的。DNA 双链中只有一条单链被拷贝成单链 RNA。像复制一样，转录前先是 DNA 解开，作为模板链的一条称为有义链，与之互补的称为无义链（图 6-24）。原核生物中 RNA 聚合酶只有一种，各种 RNA 的合成都由它催化，真核生物中 RNA 聚合酶有 RNA 聚合酶Ⅰ、RNA 聚合酶Ⅱ和 RNA 聚合酶Ⅲ 3 种，其中 RNA 聚合酶Ⅱ专门负责 mRNA 的合成。转录开始时，RNA 聚合酶附着到 DNA 上由特定碱基序列组成的启动子上。接着使 DNA 双链解开，开始转录。由于 RNA 聚合酶只能将新核苷酸添加到新生链的 3′ 端，转录时 mRNA 分子按照 5′→3′ 方向延长，因此

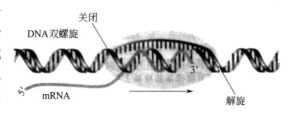

图 6-24　转录

解开的 DNA 双链中只有一条链可以充当转录的模板。RNA 聚合酶Ⅱ沿着 DNA 模板链由 3′→5′ 端移行，每次解开 DNA 双螺旋刚好一个圈大约有 10 个核苷酸暴露出来供 RNA 合成时的碱基配对，将核苷酸逐个添加到 RNA 新生链的 3′ 端，直至暴露的模板用完，又继续下一圈的解螺旋与转录，已用过的 DNA 模板链与原来的互补链之间又重新恢复双螺旋状态。当 RNA 聚合酶移行到 DNA 上的终止位点时即停止转录，新合成的 RNA 脱离模板 DNA，游离于细胞核中。

原核生物转录合成的 mRNA 很少需要经过加工，有的甚至转录尚未结束，只要先前合成的一段 RNA 与 DNA 模板脱离就能马上用于翻译。真核生物中核内合成的这种 RNA 称为核内异质 RNA（hnRNA）。hnRNA 分子量较大，不能直接用于翻译，必须在核内经过加工后进入细胞质才能变为成熟的 mRNA。真核生物的 mRNA 加工包括以下几个方面。

(1) 加帽形成领头序列　当 mRNA 链合成大概达到 30 个核苷酸后，在其 5′ 端加上一个 7-甲基化鸟嘌呤作为帽子。5′帽子的主要功能是防止本身被细胞质中某些酶破坏，且可以作为核糖体小亚基识别并与之结合的信号。

(2) 加尾形成结尾序列　在 hnRNA 的 3′ 端加上 150～200 个腺苷酸组成的多聚腺嘌呤核苷酸尾巴，它对增加本身在细胞质中的稳定性以及从细胞核向细胞质的运输具有重要作用。

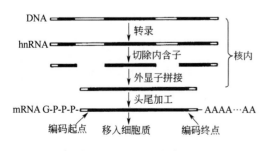

图 6-25　mRNA 的加工

(3) 剪接形成编码序列　在 hnRNA 链上存在不编码氨基酸的内含子（intron）和编码氨基酸的外显子（exon），因此必须对 mRNA 分子进行剪接，剪切掉内含子，把几个外显子拼接起来才能成为成熟的 mRNA，如图 6-25 所示。

3. 翻译：从 RNA 到蛋白质

简单讲，蛋白质合成发生在核糖体上。编

码在 mRNA 上的遗传信息（核苷酸序列）并将其转变为特定的氨基酸序列的过程称为翻译。通过蛋白质或酶的活动，使生物表现特定的性状。

(1) 遗传密码　mRNA 的核苷酸顺序怎样决定蛋白质的氨基酸顺序呢？为了说明这个问题，首先介绍遗传密码。

DNA 链由 4 种只有碱基差别的核苷酸编写而成，蛋白质的多肽链由 20 种天然氨基酸编写而成，那么 4 种核苷酸如何编码 20 种氨基酸呢？如果 1 个核苷酸决定 1 个氨基酸在肽链中的位置，那么 4 种核苷酸只能编码 $4^1 = 4$ 种氨基酸，如果相邻的 2 个核苷酸决定 1 个氨基酸，那么 4 种核苷酸只能编码 $4^2 = 16$ 种氨基酸，如果 3 个核苷酸决定一个氨基酸，那么 4 种核苷酸可以编码 $4^3 = 64$ 种氨基酸，因此，把 3 个核苷酸组合在一起的方式称为三联体密码。实验证明，mRNA 中有 4 种碱基，每 3 个组成一个密码子，共可组成 $4^3 = 64$ 种密码子，为 20 种氨基酸编码，除色氨酸只有一个密码子（UGG）外，其他氨基酸均有多于一个的密码子。一个氨基酸由一个以上的三联体密码编码的现象称为简并，编码同一氨基酸的密码称为同义密码。例如，AUG 既编码甲硫氨酸又是起始密码。目前的研究表明，除了线粒体等极少数的情况下，遗传密码对整个生物界都是通用的，且所有的核酸语言都是由四个碱基符号编成，所有的蛋白质语言都是由 20 种氨基酸编成，见表 6-3。遗传密码通用性的例外情况见表 6-4。

表 6-3　20 种氨基酸的遗传密码字典

第一碱基	第 二 碱 基				第三碱基
	U	C	A	G	
U	UUU　苯丙氨酸	UCU　丝氨酸	UAU　酪氨酸	UGU　半胱氨酸	U
	UUC　苯丙氨酸	UCC　丝氨酸	UAC　酪氨酸	UGC　半胱氨酸	C
	UUA　亮氨酸	UCA　丝氨酸	UAA　终止信号	UGA　终止信号	A
	UUG　亮氨酸	UCG　丝氨酸	UAG　终止信号	UGG　色氨酸	G
C	CUU　亮氨酸	CCU　脯氨酸	CAU　组氨酸	CGU　精氨酸	U
	CUC　亮氨酸	CCC　脯氨酸	CAC　组氨酸	CGC　精氨酸	C
	CUA　亮氨酸	CCA　谷氨酰胺	CAA　谷氨酰胺	CGA　精氨酸	A
	CUG　亮氨酸	CCG　脯氨酸	CAG　谷氨酰胺	CGG　精氨酸	G
A	AUU　异亮氨酸	ACU　苏氨酸	AAU　天冬酰胺	AGU　丝氨酸	U
	AUC　异亮氨酸	ACC　苏氨酸	AAC　天冬酰胺	AGC　丝氨酸	C
	AUA　异亮氨酸	ACA　苏氨酸	AAA　赖氨酸	AGA　精氨酸	A
	AUG　甲硫氨酸/起始信号	ACG　苏氨酸	AAG　赖氨酸	AGG　精氨酸	G
G	GUU　缬氨酸	GCU　丙氨酸	GAU　天冬氨酸	GGU　甘氨酸	U
	GUC　缬氨酸	GCC　丙氨酸	GAC　天冬氨酸	GGC　甘氨酸	C
	GUA　缬氨酸	GCA　丙氨酸	GAA　谷氨酸	GGA　甘氨酸	A
	GUG　缬氨酸	GCG　丙氨酸	GAG　谷氨酸	GGG　甘氨酸	G

表 6-4 遗传密码通用性的例外情况

密码子	通用情况	例外情况	生物
UGA	终止信号	色氨酸	哺乳动物、酵母线粒体,支原体
CUA	亮氨酸	苏氨酸	酵母线粒体
AGA	精氨酸	丝氨酸	果蝇线粒体
AGA、AGG	精氨酸	终止信号	哺乳动物线粒体
AUA	异亮氨酸	甲硫氨酸	哺乳动物线粒体
UAA、UGA	终止信号	谷氨酸	草履虫,四膜虫

遗传密码有以下特性:

① 遗传密码为三联体的。mRNA 上相邻的三个核苷酸决定多肽链上一个氨基酸。

② 遗传密码是不带分隔的。在翻译时是连续译读的,一次读三个核苷酸(即一个密码子),不漏读。阅读的起点一旦确定,就按三个核苷酸一组的密码子一个接一个地读下去。

③ 遗传密码具有保守性。所有生物通用的遗传语言,极少数例外。

④ 遗传密码有简并现象。

⑤ 遗传密码的专一性。在决定氨基酸的多个同义密码子中,前 2 个碱基一致,区别往往只是第三个碱基不同。似乎氨基酸主要由前两个碱基决定,第 3 个碱基的改变常不引起氨基酸的改变。

⑥ 遗传密码中含有蛋白质合成的起始和终止密码。最常见的作为蛋白质合成起始信号的是 AUG,个别用 GUG。在 64 个密码子中,有 61 个密码子是编码氨基酸的,称为有义密码子。其余 3 个密码子:UAG、UAA 和 UGA 并不编码氨基酸,这三个密码子称为终止密码子,这些密码子的出现,作为多肽链翻译过程的终止信号。

(2)翻译的过程 蛋白质合成在核糖体上进行,以 mRNA 为模板,从 5′→3′方向,以 tRNA 为运载工具将氨基酸运送到核糖体上合成的部位 A 位和 P 位,然后氨基酸顺次连接起来。多肽从 N 末端到 C 末端方向合成。蛋白质的合成也分为三个基本阶段,即起始、伸长和终止(图 6-26),在原核生物和真核生物上相似。蛋白质合成都是从 mRNA 的起始密码子(即 AUG 密码子)开始,因此新合成的蛋白质是以甲硫氨酸开始的。在某些情况下,甲硫氨酸随后被切除。蛋白质合成一旦启动,其伸长阶段就随之开始。这个阶段分为 3 个步骤,即氨酰-tRNA 与核糖体的结合、多肽链的形成以及核糖体沿 mRNA 的移动,每次移动一个密码子,多肽链的伸长直到 mRNA 编码终止密码子为止,核糖体在释放因子蛋白质的

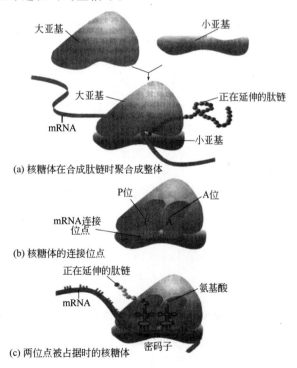

(a) 核糖体在合成肽链时聚合成整体

(b) 核糖体的连接位点

(c) 两位点被占据时的核糖体

图 6-26 核糖体及蛋白质的合成

(引自吴庆余,2002)

作用下识别终止密码子，终止密码子不编码任何的氨基酸，因此细胞中没有相应反密码子的
tRNA，合成结束。同时，核糖体分解成大亚基和小亚基，翻译完成。

各步骤有许多酶参与反应。翻译是一个快速过程，在一个核糖体上一段肽链的合成
平均不到 1min。事实上，随着多肽链的延伸，当 mRNA 上蛋白质合成的起始位置移出核
糖体后，另一个核糖体可以识别起始位点，并与之结合，也开始了下一次多肽链的合成。
前已叙及，mRNA 上会形成多聚核糖体，依次合成，这就会大大提高蛋白质合成的效率
（图 6-27）。保证翻译准确进行的两个事件是：①特定 tRNA 只结合特定的氨基酸进行运输。
②tRNA 上互补的反密码子与 mRNA 的密码子之间的特异性结合。

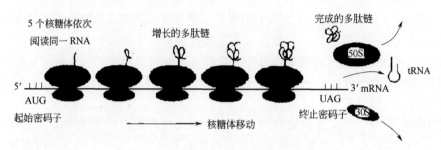

图 6-27   mRNA 上多聚核糖体合成多肽

三、基因表达的调控

DNA 上有许多基因，而它们并不是同时表达的，什么时间哪类基因表达、哪类基因关
闭，对这个过程的调节称为基因表达调控。基因表达调控在细胞适应环境、实现细胞分化、
生长发育和繁殖等方面具有重要的生物学意义。基因表达调控主要发生在 3 个水平上，即
DNA 水平上的调控、转录水平上的调控和翻译水平上的调控。不同生物使用不同信号来指
挥基因调控，原核生物和真核生物之间存在很大差异。

1. 原核生物的基因调控

单细胞的原核生物对环境条件具有高度的适应性，可以迅速调节各种基因的表达水平，
以适应不断变化的环境条件。原核生物主要是在转录水平上调控基因的表达，其次是翻译水
平。当需要这种产物时，就大量合成这种 mRNA，当不需要这种产物时就抑制这种 mRNA
的转录，就是让相应的基因不表达。通常所说的基因不表达，并不是说这个基因就完全不转
录为 mRNA，而是转录的水平很低，维持在一个基础水平（本底水平）。这里主要介绍转录
水平上的调控。

在原核生物中，关于大肠杆菌（*E.coli*）乳糖代谢的调控研究得最为清楚。20 世纪 50
年代末，法国科学家 Jacob 和 Monod 在研究中发现，大肠杆菌生长在含有乳糖的培养基上
时乳糖代谢酶浓度与有没有乳糖相关的事实，提出了乳糖操纵子模型（图 6-28），用来阐述
乳糖代谢中基因表达的调控机制。

在正常情况下，*E.coli* 是以葡萄糖作为碳源的，在没有葡萄糖、只有乳糖存在的条件
下，也能以乳糖为碳源而生存。葡萄糖是单糖，*E.coli* 利用它最为方便和经济。乳糖是双
糖，是葡萄糖和半乳糖的复合物。以乳糖为碳源必须先将乳糖分解为葡萄糖和半乳糖，再将
半乳糖转化为葡萄糖，这就需要另外的 3 种酶：β-半乳糖苷酶，将乳糖分解成半乳糖和葡萄
糖；半乳糖渗透酶，帮助细菌从培养基中摄取乳糖；硫半乳糖苷转乙酰酶，作用不明。

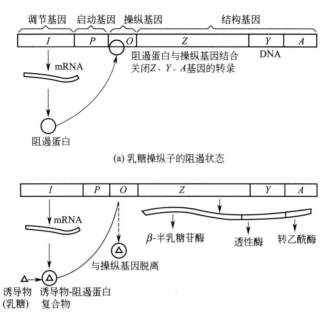

(a) 乳糖操纵子的阻遏状态

(b) 乳糖操纵子的诱导状态

图 6-28 乳糖操纵子模型

在有葡萄糖存在时，细菌体内的这三种酶含量很低，每个细胞中只有 3～5 个分子的 β-半乳糖苷酶。当培养基中没有葡萄糖而有乳糖存在时，这三种酶的量急剧增加，2～3min 内即可增加 1000 倍以上，而且是三种酶成比例增加。一旦乳糖用完，在 2～3min 内这三种酶的量又很快下降到本底水平。涉及这一基因调控系统的基因有如下 4 类（图 6-28）。

(1) 结构基因 结构基因有 3 个，分别为 A（硫半乳糖苷转乙酰酶基因）、Y（半乳糖渗透酶基因）、Z（β-半乳糖苷酶基因）。它们能通过转录、翻译而使细胞产生一定的酶系统和结构蛋白，因而是与生物性状的发育和表现直接有关的基因。

(2) 操纵基因 O 此基因控制结构基因转录的速度，位于结构基因的邻近，不能转录为 RNA。

(3) 转录的启动基因 P 此基因也位于操纵基因的附近，它的作用是给出信号，使 mRNA 合成开始。启动基因也不能转录为 RNA。

(4) 调节基因 I I 编码一种蛋白质，称为阻遏物，来调节操纵基因的活动。可在无乳糖存在时，阻遏物与 O 结合，关闭三个结构基因，使之不能被转录。

当培养基中没有乳糖时，阻遏蛋白识别操纵基因并与之结合，阻止了 RNA 聚合酶与启动基因结合，结构基因也被抑制，不能转录形成编码 3 种酶的 mRNA。当培养基内加入乳糖后，乳糖在透性酶作用下进入细胞，经 β-半乳糖苷酶催化，分解成半乳糖和葡萄糖，但其中一小部分会转变成乳糖的一种异构体——异乳糖，异乳糖作为诱导物与阻遏蛋白结合，使阻遏蛋白的构象发生改变，使其与操纵基因解聚，失去阻遏作用，RNA 聚合酶与启动基因结合，并使结构基因活化，就开始了 3 种酶的转录和翻译。乳糖操纵子是一个自我调节系统，乳糖在这个系统中起诱导作用。乳糖用完后，异乳糖的浓度急剧下降，阻遏物不再与异乳糖结合，又与 O 结合，阻止 RNA 聚合酶的工作，立刻关闭结构基因。

上述调控通常是几个作用相关的基因在染色体上串联排列在一起，由同一个调控系统来控制。这样的一个整体称为一个操纵子。调节乳糖消化酶产生的操纵子就称为乳糖操纵子。

除乳糖操纵子外，原核生物中还有色氨酸操纵子、阿拉伯糖操纵子等多种不同的操纵子模型和相应的基因表达调控机制。

2. 真核生物的基因调控

真核生物比原核生物的基因表达调控复杂得多。真核生物只有少数基因的表达调控与外界环境变化直接有关，大多数的基因表达与生物体的发育、分化等生命现象密切相关。真核生物基因表达调控最明显的特征是能在特定的时间和特定的细胞中激活特定的基因，从而实现有序的、不可逆的分化和发育过程，并使生物的组织和器官在一定的环境条件范围内保持正常的生理功能。真核生物中，基因的差别表达是细胞分化和功能的核心。真核细胞具有选择性激活和抑制基因表达的机制，如果基因在错误的时间或细胞中表达或过量表达，都会破坏细胞的正常代谢，甚至导致细胞死亡。另外，真核生物细胞的转录和翻译在时间和空间上都不相同，转录在细胞核内、翻译则在细胞质中有规律地进行，而翻译产物的分布、定位及功能活性调节也都是可控制的环节。真核生物基因表达的调控可以发生在 DNA 水平的调控，转录前水平的调控，转录水平的调控，转录后水平的调控，翻译水平的调控和翻译后水平的调控等多种不同的层次。迄今为止对于真核生物基因调控的研究还处于探索阶段。

四、人类基因组计划

1. 启动人类基因组计划的意义

人类基因组计划（human genome project，HGP）是由美国科学家率先提出，于 1990 年正式启动的，由美国、英国、法国、德国、日本和中国等国科学家共同参与的研究计划，旨在为 30 多亿个碱基对构成的人类基因组精确测序，找到人类所有的基因并搞清其在染色体上的位置，破译人类全部遗传信息。它与曼哈顿原子弹计划和阿波罗计划一起被誉为 20 世纪科学史上三个里程碑。HGP 的目的是解码生命、了解生命的起源、了解生命体生长发育的规律、认识种属之间和个体之间存在差异的起因、认识疾病产生的机制以及长寿与衰老等生命现象，以及为疾病的诊治提供科学依据。在 HGP 中，还包括对 5 种生物基因组的研究，即大肠杆菌、酵母、线虫、果蝇和小鼠，称之为人类的 5 种"模式生物"。我国 HGP 于 1994 年在吴旻、强伯勤、陈竺、杨焕明的倡导下启动，1999 年 7 月在国际人类基因组注册，得到完成人类 3 号染色体短臂上一个约 30Mb（百万碱基对）区域的测序任务，该区域约占人类整个基因组的 1%。

2. HGP 的研究内容

HGP 的主要内容是完成人体 23 对染色体的全部基因的遗传谱图和物理谱图，完成 24 条染色体上 30 亿个碱基的序列测定。其主要任务是建立四种图谱：①遗传图谱又称连锁图谱，它是以具有遗传多态性（在一个遗传位点上具有一个以上的等位基因，在群体中的出现频率皆高于 1%）的遗传标记为"路标"，以遗传学距离为图距的基因组图。②物理图谱，物理图谱是指有关构成基因组的全部基因的排列和间距的信息，它是通过对构成基因组的 DNA 分子进行测定而绘制的。绘制物理图谱的目的是把有关基因的遗传信息及其在每条染色体上的相对位置线性而系统地排列出来。③序列图谱，随着遗传图谱和物理图谱的完成，测序就成为重中之重的工作。DNA 序列分析技术是一个包括制备 DNA 片段化及碱基分析、DNA 信息翻译的多阶段的过程。通过测序得到基因组的序列图谱。④基因图谱，基因图谱是在识别基因组所包含的蛋白质编码序列的基础上绘制的结合有关基因序列、位置及表达模式等信息的图谱。其实质是基因的功能确定与分析。

　　经过多国科学家的共同努力，到 1999 年就破译了人类第 22 对染色体中所有（545 个）与蛋白质合成有关的基因序列，这是人类首次了解了一条完整的人染色体的结构，它可能使人们找到多种治疗疾病的新方法。2003 年，中、美、日、德、法、英 6 国科学家宣布人类基因组序列图绘制成功，人类基因组计划的所有目标全部实现。2006 年 5 月 18 日，美国和英国科学家在英国《自然》杂志网络版上发表了人类最后一个染色体——1 号染色体的基因测序，表明人类基因组测序全部完成。

3. 人类基因组计划的延伸

　　完成测序后意味着结构基因组学的结束。所以人们在从事人类基因组计划的同时，又同时盯上了人类基因组计划以后的领域，也就是所谓"后基因组计划"。使用"功能基因组学"一词也许能更好地表达这一设想的实质。功能基因组学延伸的内容有人类基因组多样性计划、环境基因组学、肿瘤基因组解剖学计划及药物基因组学等。其核心问题一般包括基因组多样性、遗传疾病产生的起因、基因表达调控的协调作用以及蛋白质产物的功能等。模式生物体在研究功能基因组学中将起到重要的工具作用。此外，HGP 及其延伸内容决定性的成功取决于生物信息学和计算机生物学的发展和应用，主要体现在数据库对数据的储存能力和分析工具的开发方面。这些都将成为人类基因组计划延伸篇中的主要内容。

4. HGP 研究的应用

　　人类基因组计划的成果不仅可以揭示人类生命活动的奥秘，追溯人类基因的起源，而且人类 6 千多种单基因遗传性疾病和严重危害人类健康的多基因易感性疾病的致病机理有望得到彻底阐明，为这些疾病的诊断、治疗和预防奠定基础。同时，人类基因组计划的实施还将带动医药业、农业、工业等相关行业的发展，产生极其巨大的经济效益和无法估量的社会效益。日新月异的生物医学研究是人类基因组计划的另一受益者。随着计划的不断发展，将培养出能熟练使用研究工具、利用知识资源、从事使整个人类的健康水平不断提高的生物学家。自从人类基因组计划一开始，人们就清楚地认识到获得和利用这些遗传学知识对个人、社会都具有重大意义。社会也形成了许多关于公众和专业讨论的政策机构，参与人类遗传学研究与伦理、法律及社会有关问题的分析。

5. HGP 的负面作用

　　科学技术的发展往往兼有正反两方面作用，生物技术也是一把"双刃剑"。人类基因组计划在实现其目标的过程中引发了连锁的不良反应。在带给人类新的社会、经济效益的同时，也带来了潜在的负面影响，例如，带来社会价值观、人文伦理、社会安全、人类发展进化等问题的冲突，潜在基因歧视，基因战争，生物武器，基因重组造成生态平衡破坏，基因对伦理道德的挑战等。如何充分考虑到 HGP 突破性可能带来的负面影响、让它们最大限度地造福人类，已成为新世纪摆在我们面前的一项迫切课题，要制定对策，保证人类基因组计划的健康发展。

　　21 世纪是人类基因组研究的收获时代，它不仅将赋予人们各种基础研究的重要成果，也会带来巨大的经济效益和社会效益。在未来的几年中 DNA 序列数据将以意想不到的速度增长，这是一个难得的机会，我国应尽早利用这些数据从而有可能走在国际科学界的最前沿，为全人类发展及其为科学研究而努力。

第三节　生物的变异

　　本章第一节中介绍了生物的遗传且包含了染色体重组引起的变异规律，而生物变异的存在非常普遍。生物重组引起变异的原因主要有两种，即遗传物质的改变（突变）和环境因素的影响。源于环境因素的个体差异不能遗传给下一代。而体细胞突变至多影响一定数量的细胞、组织或器官，形成所谓的嵌合体；生殖细胞（确切地说是精子和卵子）突变则可能对整个子代机体产生影响，并且，相应的变异可以遗传给下一代。突变对于生物的变异有更深的影响。突变可以发生在染色体水平上，也可以发生在基因水平上，即染色体畸变和基因突变。

一、染色体畸变

染色体数目和结构的改变，称为染色体畸变。正常细胞的染色体数目和结构是恒定的，这是维持遗传稳定性和连续性以及正常功能的物质基础。一旦染色体的数目和结构发生异常，就可能导致生物变异。染色体畸变一般是染色体较大的异常变化，光学显微镜下可观察到，故常用核型分析方法检查染色体畸变。

1. 染色体结构变异

染色体结构的变异是指染色单体上发生的改变（畸变），可以分为 4 类，即缺失、重复、倒位和易位（图 6-29）。

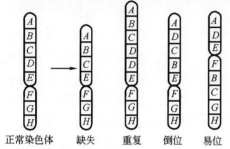

图 6-29　染色体结构的变异

（1）缺失　缺失即一条染色体断裂而失去一段。缺失的片段可以位于染色体的中间，也可以位于染色体的末端。缺失是由于诸如热、辐射、病毒、化合物或由于重组酶的错误等原因引起的染色体断裂。缺失的后果取决于缺失的基因。在二倍体生物，缺失的影响可能较小，这是由于另一同源染色体上带有缺失染色体缺失了的那一部分基因。如果失去的基因是显性的，同源染色体上保留下来的则是隐性的，这一本来不能显出的隐性性状就能显出来了，则后果是严重的。如果缺失包括着丝粒，结果会产生无着丝粒染色体，后者常在减数分裂过程中丢失，导致整条染色体从基因组中丢失。

（2）重复　重复即一条染色体的断裂片段连到同源染色体的相应部位，结果后者染色体的片段加倍。重复可能或不可能导致生物体的致死。

（3）倒位　倒位即一条染色体的断裂片段位置倒过来后重新连接到所产生的染色体上去。倒位的结果是基因没有损失，但是联会时两同源染色体很难成对，因而很少发生交换和染色体重组。通常，倒位发生时遗传物质并没有丢失。当断裂点发生在基因内或在控制基因表达的区段内时，会导致表现型的改变。有时会改变倒位片段内基因与倒位片段两边基因之间的连锁关系。

（4）易位　染色体发生断裂，断裂片段接到非同源染色体上的现象称为易位。

染色体结构改变，严重的可以造成死亡。特别是缺失，如果当两个同源染色体相同的部分缺失时，某些基因就都不存在，这就可以造成死亡。多数情况是造成遗传病变，如儿童猫叫综合征就是由于第 5 号染色体短臂缺失所致。

2. 染色体数目变异

染色体数目变异包括整倍体变异和非整倍体变异。

（1）整倍体变异　生物多是二倍体的，如果体细胞中染色体数目的变异是以二倍体产生的正常配子中的染色体数为单位进行整数倍的增减称为整倍体变异。常分为单倍体（一倍体）和多倍体（图6-30）。

单倍体是具有配子染色体数（n）的个体。单倍体只有一组染色体，如玉米是二倍体，它的单倍体就是一倍体，普通小麦是异源6倍体，它的单倍体是三倍体。一些生物把一倍体生物作为它们的生命周期的一部分，如低等植物的配子体；再如一些雄性黄蜂、蚂蚁和蜜蜂是正常的单倍体，它们是从未受精的卵中发育产生的。而高等生物体一倍性极少出现。许多二倍体真核生物是杂合体，染色体上的隐性基因被显性的等位基因所抑制，一倍体属于隐性致死突

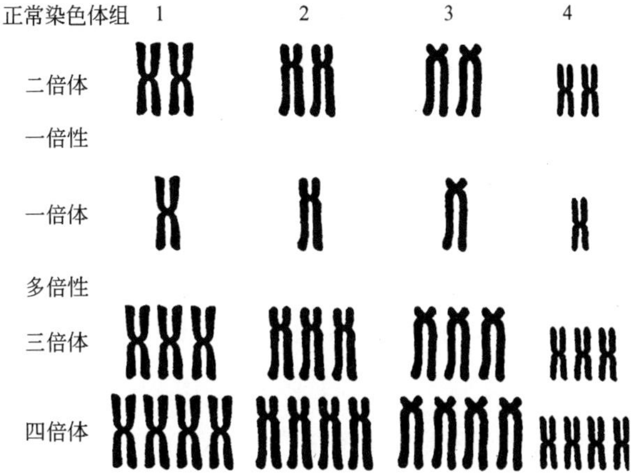

图 6-30　染色体的整倍体变异

变，因此许多一倍体是不能生存的，单倍体正常情况下是高度不育的。近年来，一倍体被广泛用于植物育种中，通过植物的花药培养，从正常的单倍体花粉中培养成一倍体植株，这些一倍体可通过技术手段加倍成为二倍体，使基因纯合，用于研究某些遗传特性及应用。

多倍体是指体细胞中的染色体数为二倍体配子染色体数的 3 倍或大于 3 的倍数的个体。其特点是以二倍体产生的正常配子中的染色体数为单位进行成倍增加。如果与正常二倍体细胞比，具有三个染色体组称为三倍体，具有四个的是四倍体。假设二倍体细胞有丝分裂时染色体复制后，但由于某种原因细胞质分裂未能正常进行，则这个细胞的染色体就要加倍而变成四倍体。这样的细胞减数分裂产生配子的染色体数是原来二倍体产生配子的染色体数的 2 倍；雌、雄配子结合的合子就是四倍体，这个四倍体生物的配子与原二倍体产生的配子结合而成的合子就是三倍体。如三倍体无籽西瓜就是这样产生的。普通西瓜为二倍体（$2n=22$），其产生的配子有 11 条染色体，即 $n=11$；普通西瓜染色体加倍（如用秋水仙素溶液诱导）得四倍体西瓜（$4n=44$）；以四倍体西瓜为母本（配子 $2n=22$），与普通西瓜为父本（配子 $n=11$）杂交产生三倍体西瓜（$3n=33$），因为它不能产生能育的配子，不能正常结子，即无籽。那么三倍体西瓜和四倍体西瓜都属于多倍体。显然，染色体数目的变异会引起个体性状的变异，如二倍体、三倍体和四倍体西瓜无论在根、茎、叶性状，还是产量和品质等性状上，都有明显差异。

当动物具有多于两个染色体组时，其后果是严重的，可以致死。因此动物多倍体的证据通常来自对自然流产胎儿的研究。多倍性是人类和动物早期自然流产的主要原因之一。许多多倍体植物虽然是不育的，但植物对多倍体具有较强的忍受能力，可以正常生存。

（2）非整倍体变异　如果体细胞中染色体数目丢失或添加了一条或几条完整的染色体，这种染色体非整倍性增加或减少称为非整倍体变异。如细胞分裂时，有一条染色体的 2 个染色单体不能分开，而一同移入一个子细胞中，结果一个子细胞多了一个染色体、另一个子细胞少了相应的一条染色体。其中，多出一条染色体时，构成该染色体的三体性（$2n+1$）；

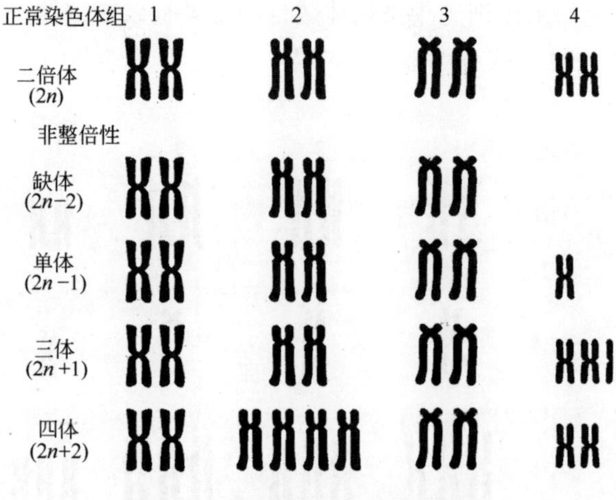

正常染色体组　1　　　　2　　　　3　　　　4

二倍体
(2n)

非整倍性

缺体
(2n-2)

单体
(2n-1)

三体
(2n+1)

四体
(2n+2)

图 6-31　果蝇染色体非整倍体变异

少一条染色体时，构成该染色体的单体性（2n-1）。如果增加了一对染色体则为四体性（2n+2），如果丢失了一对则为缺体性（2n-2）（图 6-31）。

染色体非整倍体常可引起遗传性状的改变。单个染色体的缺少或增多比整套染色体的缺少或增多的影响还要大，这表明遗传物质平衡的重要性。人如果是三体，大多出生后不久就要死亡。有些三体生物可以不死，但也要引起严重的疾病，人的性染色体如果是 XXY，少数人正常，但多数要患 Klinefelter 综合征（先天性睾丸发育不全），当人的第 21 号染色体多了一条（即 21 三体），染色体总数不是 46 条而是 47 条了，这样小儿患唐氏综合征。

二、基因突变

1. 基因结构的改变

基因突变是指由于 DNA 碱基对的取代、增添或缺失而引起的基因结构的变化，亦称点突变。通过突变而出现的基因称为突变基因，基因突变产生它的等位基因，具有突变基因的细胞或个体称为突变型。基因突变是生物变异的主要原因，是生物进化的主要因素。基因突变发生于生殖细胞中，可以遗传给后代。基因突变也可以发生在体细胞中，体细胞突变可以引起当代生物的形态或生理上的变化，但是不能遗传下去。根据基因结构的改变方式，基因突变可分为碱基替换突变和移码突变。

(1) 碱基替换突变　一个正确的碱基对被一个错误的碱基对替代的突变叫碱基替换突变。例如 DNA 分子中的 CG 碱基对被 GC 或 AT 或 TA 所代替，AT 碱基对被 TA 或 GC 或 CG 所代替。嘌呤间或嘧啶间的替换称转换，而发生在嘌呤和嘧啶间的称颠换（图 6-32）。碱基替换过程只改变被替换碱基的那个密码子，也就是每一次碱基替换只改变一个密码子，不会涉及其他的密码子。

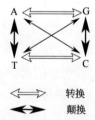

转换
颠换

图 6-32　碱基的替换

引起碱基替换突变的原因和途径有两个，一是碱基类似物的掺入，例如在大肠杆菌培养基中加入 5-溴尿嘧啶（5-BU）后，会使 DNA 的一部分胸腺嘧啶被 5-BU 所取代，从而导致 AT 碱基对变成 GC 碱基对，或者 GC 碱基对变成 AT 碱基对；二是某些化学物质如亚硝酸、亚硝基胍、硫酸二乙酯和氮芥等，以及紫外线照射，也能引起碱基替换突变。典型的镰刀型细胞贫血症是由于一组三联体密码子中的一个碱基对发生了改变，使原来的谷氨酸变为缬氨酸了。该病在非洲恶性疟疾病猖獗地区较多，这在自然选择上是有意义的，含镰刀型细胞基因的人对恶性疟疾有较强的抵抗力。所以自然选择的结果是这一基因保存下来了。

(2) 移码突变　基因中插入或者缺失一个或几个碱基对，使全部密码发生了变化，称为移码突变。无论是在 DNA 碱基序列中插入或丢失一个或几个碱基，都将打乱原来的密码子，使插入或丢失位置后面的密码子发生改变，都将成为错误密码，结果转录和翻译都必然要发生异常。失去一个碱基对，将引起同样的遗传后果。例如，一个正常的密码编组是……UUU、AAA、UUU……，当增加一个 A 时，就使编码顺序改变，成为……AUU、UAA、AUU……，这样就要引起基因突变。移码突变由于能引起蛋白质分子的全部改变，或形成不正常的蛋白质，而常导致生物死亡。有时生物也可能不死：如果前面有一个插入，后面立即有一个丢失，两者相抵，这样就可以引起可能存活的突变。

2. 自发突变和诱发突变

依据 DNA 分子结构的改变引起突变的原因，基因突变通常包括两种类型，即自发突变和诱发突变。在自然条件下发生的突变叫自发突变，由人工利用物理因素或化学药剂诱发的突变叫诱发突变。诱发突变通过深入的诱变实验，在一定程度上认识诱变因素的诱变机制，为进一步定向诱变开辟了途径，在生产上人工诱变是产生生物新品种的重要方法。

(1) 自发突变 自发突变是在自然中发生的，不存在人类的干扰。前面描述的各种类型的点突变都是自发的。长期以来遗传学家们认为自发突变是由环境中固有的诱变剂所产生的，如放射线和化学物质。有证据表明虽然自发突变率非常低，但对于仅有的突变而言仍然是太高了。

人们常用突变率和突变频率对突变的发生进行定量描述。突变率是指在单位时间内某种突变发生的概率，即每代每对核苷的突变概率数或每代每个基因的突变概率。突变频率是指在一个细胞群体或个体中，某种突变发生的数目，即每 10 万个生物中发生突变体的数目，或每百万个配子中突变的数目。在自然状态下，生物基因突变的频率是很低的。据估计，在高等生物中，大约十万个到一亿个生殖细胞中，才会有一个生殖细胞发生基因突变，突变频率是 $10^{-8} \sim 10^{-5}$。

引起自发突变的因素很多，主要包括 DNA 复制中的错误和 DNA 自发的化学改变。

① DNA 复制错误。在 DNA 复制时可能产生碱基的错配，如 A-C 配对。当带有 A-C 错配的 DNA 重新复制时，产生的两条子链中，一条子链在错配的位置上形成 G-C 时，而另一条子链的相应位点将形成 A-T 对，这样就产生了碱基对的转换。

在 DNA 复制中少量碱基的增加和缺失也能自发产生，这可能是由于新合成链或模板链错误的环出（跳格）而产生的。若是新合成的链的环出可增加一个碱基对；若在模板链上的环出则会缺失一个碱基对。DNA 中少量碱基的增加和减少，除增加或减少 3 个碱基以外，都会引起移码突变。

② 自发的化学变化。引起自发突变的化学变化有特殊碱基脱嘌呤、脱氨（基）作用和氧化作用损伤碱基三种途径。

a. 脱嘌呤：在脱嘌呤时，脱氧核糖和嘌呤之间的糖苷键断裂，A 或 G 从 DNA 上被切下来，在培养中的哺乳动物细胞增殖期有数以千计的嘌呤通过脱嘌呤作用而失去了，若这种损伤得不到修复的话，在 DNA 复制时，就没有碱基特异地与之互补，而是随机地选择一个碱基插进去，这样很可能产生一个与原来不同的碱基对，结果导致突变。

b. 脱氨基作用：通过脱氨基作用由 C-G 转化成 T-A，因为胞嘧啶 C 容易失去一个氨基而成为尿嘧啶 U，这样尿嘧啶代替了胞嘧啶，在 DNA 复制中，就会发生有关的碱基置换，即 U 会与 A 配对（U-A），然后在进一步的复制中，会出现 T 与 A 配对，这样 DNA 分子中原来的 C-G 位置就会最终变成 T-A，于是有关的密码子就改变了。

c. 氧化作用：有活性的氧化剂，例如过氧化物原子团（O_2^-）、过氧化氢（H_2O_2）和羟基（—OH）等需氧代谢的副产物，它们可导致 DNA 的氧化损伤，导致突变和人类的疾病，G 氧化后产生 8-氧-7,8-二氢脱氧鸟嘌呤、8-氧鸟嘌呤（8-O-G）或"GO"，GO 可和 A 错配，导致 G→T。

（2）诱发突变　由于自发突变的频率很低，这对保持物种的稳定具有重要意义，但是在实际应用及研究中低的突变频率成了获得更多变异的障碍了。通过一定数目的生物进行基因突变的研究表明，诱变剂可以增加突变的频率。实验中常用的放射线和化学物质诱发基因突变，两者涉及特殊的作用机制。

① 射线。电磁波谱中比可见光的波长要短一些的部分（即少于 $1\mu m$）构成非离子射线和离子射线，前者有紫外线，后者包括 X 射线、γ 射线、α 射线、β 射线。由于当波长减小时能量增大，因此射线比可见光的能量要高一些；离子射线比非离子射线的能量大；γ 射线要比 X 射线能量大。X 射线、γ 射线用于外照射诱变。X 射线也可用于透视诊断，γ 射线用于放射治疗。电离射线可诱导基因突变和染色体的断裂。电离射线诱发突变的特点是诱变是随机的，不存在特异性。不同条件的辐射引起的变异不同，不同的辐射可以引起相同的变异。所以只能利用这种诱导条件得到变异，不能期望一定的处理得到一定的变异。一般来说，辐射所含的能量愈大，诱变的效率愈高。

紫外线（ultraviolet ray，UV）是非电离化的，这是因为 UV 带有 $3\sim5eV$ 的能量，能量比 X 射线要低，其穿透力也十分有限。太阳是紫外线很强的能源，但很多的 UV 被臭氧层遮蔽了。阳光中存在着大量的 UV，进行日光浴的人皮肤被晒得发黑就是一个证据。但一定剂量的照射，足以引起一个分子中某些化学键发生断裂、交联而产生化学变化，所以紫外线是常用的诱变剂，高能可使它杀死细胞。对于遗传学、其他科学和医学界都广泛应用 UV 的这一性能，UV 常被用来杀菌。UV 还能引起突变，这是因为 DNA 中的嘌呤和嘧啶吸收光很强，特别是对波长为 $254\sim260nm$ UV 敏感。这种波长的 UV 能通过 DNA 光化学变化初步诱导基因突变，使 DNA 合成延伸衰减。

UV 其主要效应是诱导形成胸腺嘧啶二聚体。DNA 中嘧啶对紫外线诱变的敏感性要比嘌呤大 10 倍左右，常见 T-T 二聚体：以共价键在相邻的两个碱基间联结而成的嘧啶二聚体，常以 T͡T 表示，是发生在 DNA 的同一条链上或两条互补链上的两个嘧啶间的两个相邻的胸腺嘧啶残基间形成 T͡T，也可形成 T-C 或 C-C 二聚体。

大剂量的紫外线照射能引起 DNA 双螺旋的局部变性，互相靠近引起交联。这样当 DNA 复制时，两链间的交联会阻碍双链的分开与复制，同一条链上相邻胸腺嘧啶之间二聚体的形成，则会阻碍碱基的正常配对，这样，不是导致复制的突然停止，就是导致在新形成的链上诱发一个改变了的基因序列。

胸苷二聚体是完全可以被特殊的细胞系统所修复的（前述），通常突变是由于 UV 的照射使 T͡T 的持续存在或未能修复所致。

实验证明，紫外线的作用有诱变的特异性，集中于 DNA 的特定部位。由于紫外线穿透力弱，常用于微生物及高等生物的配子诱变工作。

② 化学诱变剂。引起突变的化学物质叫化学诱变剂。化学药物诱变作用的特点是，某些诱变剂有特异性，即一定性质的药物能够诱发一定类型的变异，这样在遗传学研究上就可以根据目的利用一定的药物对生物进行定向诱变。诱变剂种类很多，根据化学诱变因素对

DNA 的作用方式，一般可把化学诱变剂分为以下几类。

a. 碱基的修饰剂：这种诱变剂并不是掺入到 DNA 中，而是通过直接修饰碱基的化学结构改变其性质而导致诱变，如亚硝酸、羟胺、烷化剂等。

亚硝酸（HNO_2）最明显的诱变作用是脱氨基，使鸟嘌呤（G）变成黄嘌呤、腺嘌呤（A）变成次黄嘌呤（H）、胞嘧啶（C）变成尿嘧啶（U）（图 6-33），碱基性质的改变改变了原来的配对特性，如 H 容易和 C 配对形成 H-C，在下一次复制时 C 和 G 形成 G-C，这样原来的 A-T 转换成了 G-C。真核生物的表现是组蛋白和核酸之间形成交联而诱发突变。

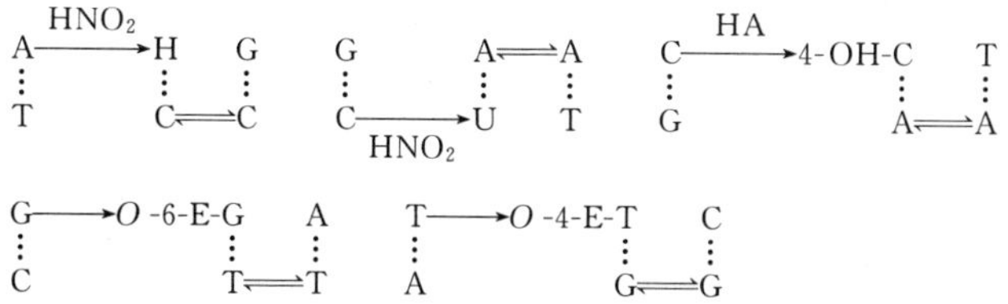

图 6-33　三种碱基修饰剂导致的碱基转换

羟胺（HA）也是一种碱基修饰剂，它只特异地和胞嘧啶起反应，在 C 原子上加上 —OH，产生 4-OH-C，此产物可以和 A 配对，使 C-G 转换成 T-A。羟胺是一种特异的点突变诱变剂，在真核生物细胞中，羟胺及其衍生物诱发产生染色体断裂。

烷化剂包括的种类很多，最早发现的化学诱变剂——芥子气，还有在工业上广泛应用的硫酸二乙酯、亚硝基胍（NG），还有甲基磺酸乙酯（EMS）、氮芥（NM）、甲基磺酸甲酯（MMS）等都属于烷化剂。它们的作用是使 DNA 的碱基烷基化，EMS 使 G 的第 6 位烷化、使 T 的第 4 位烷化，结果产生的 O-6-E-G 和 O-4-E-T 分别和 T、G 配对，导致原来的 G-C 对转换成 A-T 对；T-A 对转换成 C-G 对。

b. 碱基类似物：碱基类似物是一类化学结构与 DNA 中正常碱基十分相似的化学制剂，由于它们的结构类似于碱基，使 DNA 复制中发生配对错误。例如 5-溴尿嘧啶（5-BU）和 2-氨基嘌呤（2-AP）就有这样的作用，以 5-溴尿嘧啶为例。5-溴尿嘧啶是一种碱基类似物，它与胸腺嘧啶有类似的结构，仅在第 5 个碳原子上由溴（Br）取代了 T 的甲基。5-BU 有两种异构体，一种是酮式，另一种是烯醇式，它们可分别与 A 及 G 配对结合，这样在 DNA 复制中一旦掺入 5-BU 就会引起碱基的转换而产生突变。

把 E.coli 培养在含有 5-溴尿嘧啶的培养液中，菌体里有一部分 DNA 中的胸腺嘧啶便为 5-BU 所取代，一般 DNA 中含有 5-BU 愈多，则群体中发生突变的细菌也愈多，而且已发生突变的细菌，以后在不含溴化物的培养液中多次培养，仍旧保持突变的性状，这是因为正常的 DNA 分子中，T 和 A 处在相对的位置上，5-BU 像所有天然碱基一样，能从一种结构转变为另一种结构。通常 5-BU 在 DNA 分子中以酮式状态存在，这时它和胸腺嘧啶一样也能与腺嘌呤配对，但由于 5 位上的溴影响，5-BU 有时以烯醇式状态存在于 DNA 中，当 DNA 复制到这个碱基时，在它相对位置上便将出现一个 G，而在下一次 DNA 复制时，G 又按一般情况与 C 配对，这样原来的 A-T 碱基对转变为 G-C 碱基对，5-BU 的烯醇式可以与鸟嘌呤配对，所以它有时掺入到 DNA 取代胞嘧啶的位置，也可引起碱基对的改变。由 G-C 碱基对改变为 A-T 碱基对（图 6-34），这个过程完全是上述过程的回复，因为 5-BU 的烯醇式是比较少见的异构体，所以由 G-C 变为 A-T 要比 A-T 变为 G-C 少得多。再如 2-氨基嘌呤（2-AP）也是碱基的类似物，它也有两种异构体，一种是正常状态，另一种是稀有的状态，以亚胺的形式存在，它们可分别与 DNA 中正常的 T 和 C 配对结合（图 6-35）。当 2-AP 掺入到 DNA 复制中时，由于其异构体的变换而导致 A-T→C-G 或 G-C→A-T，其机制与 5-BU 相似。

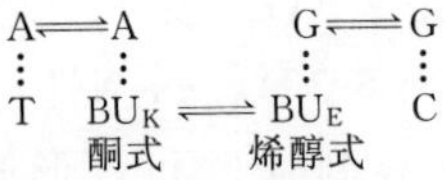

$$A \Longrightarrow A \qquad G \Longrightarrow G$$
$$T \quad BU_K \Longrightarrow BU_E \quad C$$
$$\text{酮式} \quad \text{烯醇式}$$

$$A \quad 2\text{-}AP \Longrightarrow 2\text{-}AP^* \quad G$$
$$T \Longrightarrow T \qquad C \Longrightarrow C$$

图 6-34　5-BU 的酮式和烯醇式及与 A、G 配对 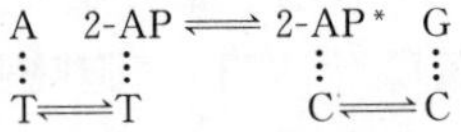　　　图 6-35　2-AP 诱变机制

另外，用于治疗艾滋病（获得性免疫缺陷综合征，acquired immune deficiency syndrome，AIDS）的一种药物叫叠氮胸苷（AZT），它也是一种碱基类似物。而 AZT 能作为 T 的类似物掺入到 DNA 中。AZT 在病毒 RNA→DNA 的阶段是反转录酶的底物，但在细胞中它却不是 DNA 聚合酶的合适底物。这样 AZT 的作用是一种选择性的毒物，可以抑制病毒 cDNA 的产物，阻断新的病毒的合成。

c. 引起移码突变的诱变剂：这一类化学诱变剂能嵌入 DNA 双链中心的碱基之间，引起碱基增加或缺失，引起碱基突变点以下全部遗传密码的"阅读"顺序发生改变，从而发生转录和翻译上的错误，导致突变。如烷化剂、吖啶类染料等，其中吖啶类是很重要的诱变剂。吖啶类诱发突变的一个重要特征是：吖啶类化合物所诱发的突变型可以由吖啶类来使之恢复，但不能由碱基类似物使之回复，这是因为吖啶类引起移码突变是通过增加（＋）或减少（－）一个或几个碱基对，所以对于增加一个碱基对的突变型，可由邻近一个碱基对的缺失而使遗传密码又回复原来的读法，出现回复突变，这自然不能由碱基对替换完成。研究和生产上常用吖啶类染料进行定向诱导突变。

d. 其他：另外，生物因素如病毒等可以引起基因突变，过高或过低的温度也能引起突变。

诱变主要有两层含义，一方面对人类和牲畜健康构成严重威胁，人类的遗传病等就是基因突变的结果；另一方面，诱变育种已取得显著的经济效益。用物理因素（如辐射线）或诱变剂来处理生物，极大提高突变率，通过人工选择可以得到高产稳产优良品种。例如，从天然变种中选育出来的菌种生产青霉素的产量仅为 20～250 单位/mL。后来经过多次诱变处理，选育出高产菌种，青霉素的产量高达几万单位/mL 以上。近年来我国利用 X 射线和 γ 射线诱变油菜、四季豆、大麦、水稻、棉花、谷子等作物，选育成功多个新的优良品种。诱变育种已成为有效的常规育种方法。此外它还可以用于基因工程研究和医学研究中。

第四节　生物的进化

进化是生物界的基本特征，也是生物界运动的总规律。生物世界千姿百态、错综复杂，它是怎么产生、又是怎么发展变化的呢？对此，历史上有过不同的观点和学说，而进化论是说明生物世界来源与发展变化的科学理论。在地球上，随着自然条件的变化，生物的进化经历着一个由简单到复杂、由低级到高级的长期历史发展的过程。现代生存的生物是由过去生活过的生物演变而来的，并且每种生物一般都是与它的生活环境相适应的。随着科学的发展，生物进化的研究已从拉马克、达尔文的进化论发展成为现代的进化学说。

近代科学诞生以前，进化思想发展缓慢，当时广为流行的是神创论和物种不变论。这种观点直到 18 世纪仍在生物学中占统治地位，其代表人物是瑞典植物学家林奈（1707—

1778)。他所创立的分类系统虽然比较科学，但他却把物种看作是上帝创造的不可改变的产物，但晚年接受物种可变的观点。法国学者布丰（1707—1788）相信物种是变化的，现代的动物是少数原始类型的后代。他认为气候、食物和人的驯养等外因可引起动物性状的变异。另一法国学者拉马克（1744—1829）创立了第一个比较系统的进化理论体系，提出环境变化是物种变化的原因，总结为"用进废退"和"获得性遗传"两个原则。环境的改变使得生活在这个环境中的生物有的器官由于经常使用而发达、有的器官则由于不用而退化，这就是"用进废退"。这种由于环境变化而引起的变异能够遗传下去，这就是"获得性遗传"。1859年达尔文发表《物种起源》一书，论证了地球上现存的生物都是由共同祖先发展而来，它们之间有亲缘关系，并提出自然选择学说以说明进化的原因，从而创立了科学的进化理论，揭示了生物发展的历史规律。达尔文的进化理论中关于可遗传变异的性质和来源是一个悬而未决的问题，达尔文倾向于接受拉马克倡导的获得性状遗传观点。拉马克的进化学说中主观推测较多，相对的争议也较多，但拉马克的学说为达尔文的科学进化论的诞生奠定了基础。而以自然选择学说的拥护者、生物学家魏斯曼（1834—1914）为代表的新达尔文主义，把种质论和自然选择学说相结合，认为环境对遗传没有任何影响。孟德尔遗传理论的建立被认为是对后一种观点的有力支持。20世纪40～50年代，以杜布赞斯基为代表的一批学者，将达尔文进化论与遗传学、系统分类学和古生物学结合，形成进化的综合学说。进化综合学说对进化的遗传机制进行了较全面的分析，包括群体遗传变异的产生、保存和累积过程，以及突变、重组、遗传漂变和自然选择等因素的作用等。60年代以后，随着分子生物学的发展，进化机制的研究延伸到分子水平，不断揭示出的新证据进一步丰富了达尔文的进化理论，同时也常常使它面临新的挑战。例如，分子进化的证据表明，生物的DNA分子以一定速度突变是生物进化的主要动力之一，除了自然选择之外，随机的遗传漂变也是生物进化的主要因素之一。

一、达尔文与进化论

达尔文（1809—1882）是英国著名生物学家，出生于一个医生家庭，年轻时曾在爱丁堡大学和剑桥大学分别学医学和神学，但他对地质学和自然历史有浓厚的兴趣。大学毕业之际，达尔文在Henslow的推荐下，随英国海军探测船"贝格尔号"参加了历时5年（1831～1836）的环球考察，所见所闻对其生物进化思想、自然选择学说的形成产生了重要的影响；1859年发表了《物种起源》一书，是达尔文贡献给生物学的不朽的伟大著作，提出了生存竞争和自然选择学说，引发了近代最重要的一次科学革命，因而达尔文被称为生物进化论的奠基人。

达尔文进化学说包括两部分内容，一是如前人布丰和拉马克的一些观点，如变异和遗传，二是达尔文自己创造的理论（自然选择）和一些经过修改和发展的概念，主要为性状分歧、物种形成与灭绝和系统树等。达尔文进化学说是一个综合学说，其核心为自然选择。

1. 自然选择学说

该学说主要观点是繁殖过剩、生存斗争；适者生存、不适者被淘汰。生物都有按几何级数增加个体数目的倾向，但是资源（如空间、食物等）又是有限的，繁殖往往过剩，因而，同一物种内的不同个体以及不同物种之间为获得生存机会而竞争，并导致大量个体的死亡。在自然界，这种大比率的死亡是一种淘汰过程。达尔文认为，生物在自然状态下有大量的变异，同一物种内的个体存在着差异，因此，在一定的环境条件下，这些有差异的个体的生存与繁殖机会是不均等的，具有有利变异，即能够更好地适应环境的个体，具有较大的生存与繁殖的机会。因此，有利变异得以世代积累，不利变异则被淘汰。

2. 综合进化论

在达尔文的进化论发表后，虽然大多数人接受了进化思想，但对自然选择学说仍持有很大异议。直到20世纪30年代，随着居群遗传学研究的进展，发现自然选择可以造成基因库的很大变化，这种把现代遗传学（突变、基因漂移及基因交流）与达尔文的自然选择结合起来作为进化的主要机制的思想被称之为"综合进化论"。

二、生物进化的历程和证据

1. 生物进化经历的基本历程

（1）从分子到第一个细胞　地球的年龄约为46亿年。早期的地球没有任何生命的踪迹，有化石记录的生命史已追溯到35亿年前。地球上的生命起源，即从分子到第一个细胞形成的过程应该在35亿年前10亿年间，经历了以下过程，即由无机小分子→有机小分子→生物大分子→原始的细胞。早期地球炽热，温度很高，外面有原始地球大气。大气层中含有多种碳氢化合物，如氨（NH_3）、甲烷（CH_4）、氰化氢（HCN）、硫化氢（H_2S）、氢（H_2）和水（H_2O）等，但没有游离的氧，这是原始生命诞生的重要条件。因为在这样的大气条件下形成的有机分子不被氧化可长期积累和保存下来。此外，高空没有臭氧层，太阳的紫外线可以全部直射到地面，为小分子有机物的合成提供了能量。随着降水，大气中的一些气体和地壳表面可溶性化合物被溶解在水中，这些成分在外界高能如宇宙射线、太阳紫外线、闪电、高温等的作用下，可自然合成一系列的小分子有机化合物，例如氨基酸、核苷酸、单糖、脂肪酸和卟啉等，它们经过雨水的冲刷作用，最后汇集在原始海洋中，使海水成为富含有机物质的溶液——"原始汤"，从而为生命的诞生准备了必要的物质条件。简单的有机分子氨基酸、核苷酸等能结合形成多聚体，但如何产生蛋白质和核苷酸，对此过程还不是很清楚。生物大分子单独不能表现生命，且易遭受破坏，只有它们结合在一起形成分子体系可表现生命现象。实验证明这样形成的团聚体能进行生殖、合成、分解、生长等现象，是非生命向生命过渡的一种重要形式。这些生命团聚体是如何形成第一个原始细胞的？没有找到任何化石记录。可以推断这个事件是发生在40亿～35亿年前。

（2）从原核细胞到真核细胞　近代细胞超微结构的研究揭示出原核细胞与真核细胞之间内部结构的悬殊差别，证明生物界内部在结构上的最大的区别存在于原核生物（细菌、蓝细菌）与真核生物之间。生命史研究证明，原核生物在地球上出现很早，而且在整个生命史的前3/4的时间里，是地球生物圈的唯一的或主要的成员。从化石记录来看较可靠的、大量的真核生物化石出现于元古代晚期，即10亿～8亿年前。

从原核细胞向真核细胞进化这是个最重要的事件。由于原核细胞与真核细胞之间差别很大，且缺少连续的中间过渡类型，因此学者们在进化过渡方式上的争论持续了多年，主张渐进式的进化与主张通过细胞内共生而实现过渡的两种观点截然对立。

主张真核生物起源于细胞内共生的观点源自植物叶绿体可以自主繁殖、分裂，从而认为植物的质体来源于"寄生"的蓝绿藻（即蓝细菌）。细胞内共生的假说内容是：真核细胞的线粒体和质体来源于共生的真细菌（线粒体可能来源于紫细菌，质体来源于蓝细菌），运动器（包括鞭毛和胞内微管系统）来自共生的螺旋体类的真细菌。这一假说除了有许多自然界的细胞内共生的事实和真核细胞器相对的独立性，以及细胞器DNA中有与原核生物DNA

相同的序列等有利的论据之外，还得到了近来比较分子生物学方面的研究结果的支持。但是，内共生假说对细胞核起源难以解释。可见内共生假说这方面的论据是不足的。关于从原核细胞到真核细胞的进化过渡途径，至今仍有争论。

(3) 从单细胞生物到多细胞生物 由单细胞生物向多细胞生物的进化是继真核细胞起源之后的又一重大进化事件。一般认为，植物、动物的共同祖先是原始绿色鞭毛生物。随着营养方式的分化，其中一支发展成了植物，另一支发展成了动物。动植物的出现是自然界的一次大分化。从此，它们分道扬镳，开始了各自的发展史。

(4) 多细胞动物的历史 一般可分为以下所述两个主要阶段。

① 多细胞无脊椎动物时代。从 5.7 亿年前的寒武纪到 4.05 亿年前的晚志留纪是无脊椎动物的时代。原始的多细胞动物是从单细胞动物的群体分化来的。现存的多细胞动物大多属三胚层动物。但在地质年代，刚形成的多细胞动物则是二胚层的，它们类似于现代的腔肠动物。后来动物进一步分化出现中胚层，成为三胚层动物。

关于三胚层动物的起源，留给我们的化石记录是从古生代寒武纪早期才开始的。当时呈现的多细胞无脊椎动物至少有七个门类。而早期的类型体型小、没有硬壳的没有化石保存下来。推测，在前寒武纪，无脊椎动物已经走过了一段漫长的历程，到了 5 亿年前的寒武纪，已是具有硬壳的无脊椎动物的鼎盛时代了。

在"寒武海"中，占合成优势的是节肢动物三叶虫。它的化石数量和种类约占寒武纪海洋动物化石群的 60% 以上，因此寒武纪又称"三叶虫时代"。但由于三叶虫陆地生活适应能力差，从古生代中期就日趋衰落，到了古生代末灭绝。代之以陆生无脊椎动物昆虫类崛起。昆虫类是节肢动物中最庞大的类群之一，它约占全部动物总数的 80%。昆虫在适应环境的能力上都是十分成功的，因此它成为较早登陆的动物。到了 2.85 亿年前的晚石炭纪，翅膀发达的昆虫如古蜻蜓就布满了许多地区。昆虫等陆生无脊椎动物的兴起，标志着无脊椎动物从水生发展到陆生生活时代。

② 脊椎动物时代。脊椎动物是随着有颌类的出现才开始繁盛起来的。从 4 亿年前的晚志留纪至今，被认为是脊椎动物时代。脊椎动物的发展可分为五个阶段。

大约从晚志留纪至泥盆纪是鱼类的时代。最早的有颌类动物是盾皮鱼类。盾皮鱼类出现于晚志留纪，它不仅已有了上下颌，还有偶鳍。在泥盆纪达到了全盛，但笨重的骨甲和不甚发达的偶鳍却使它仍然行动不便，因此，在泥盆纪后期，随着那些已摆脱沉重的骨甲束缚的硬骨鱼和软骨鱼的崛起，盾皮鱼类逐渐衰退灭绝。

从泥盆纪末期到石炭纪末期（3.5 亿～2.85 亿年前）是两栖动物的时代。大约在泥盆纪末期，出现了一种称鱼石螈的动物，它被认为是最早的两栖类，在形态上具有从鱼类到两栖类的过渡性质。鱼石螈可能是两栖动物的直接祖先或最早的两栖动物坚头类。坚头类动物登陆后，整个脊柱就开始了分化，按脊椎骨椎体发育方式的不同分两支发展为弓椎类和壳椎类。弓椎类在石炭纪早期，由鱼石螈演化为始椎类和块椎类，到三叠纪又从块椎类分化出全椎类。现存的两栖类是块椎类和壳椎类的后裔。

爬行类是真正的陆生动物。最早的爬行动物杯龙类出现于石炭纪末。杯龙类是爬行纲进化的主干。双孔亚纲的蜥龙目和鸟龙目俗称为"恐龙类"。恐龙出现于 2 亿年前的三叠纪中期，灭绝于 6500 万年前的白垩纪末，在地球上曾独霸约 1.4 亿年之久。中生代的水陆和空中充斥着大量的恐龙，盛极一时。后来在很短的时间内绝灭了。

鸟类是从爬行类分化出来具有恒温，并能适应飞翔生活的一支动物类群。鸟纲分为古鸟亚纲和今鸟亚纲两大类。古鸟亚纲的始祖鸟具有爬行类和鸟类的过渡形态，根据骨骼结构特点的分析，始祖鸟应起源于原始爬行类的槽齿目，出现于晚侏罗纪。到白垩纪，鸟类已属今鸟亚纲，它们与现代鸟有许多相似点。到新生代，鸟类已全部成为现代类型。

哺乳类是最高级的一类脊椎动物。大约在2亿年前的三叠纪后期，哺乳类起源于爬行类动物兽孔目中较进步的原始兽齿类的某些类别，演变为哺乳动物的单孔类，以后逐渐为高等种类代替。进入新生代后，以食虫类为主干的有胎盘类迅速分化发展，占整个哺乳动物总数的95％以上，至今一直称雄全球，因此常称新生代是哺乳动物的时代。

(5) 多细胞植物的进化   植物的发展过程一般可划分为四个主要阶段。

① 藻类植物时代。藻类植物的变化可以具体划分为三个阶段，即单细胞藻类植物时代、多细胞藻类植物时代和大型藻类植物时代。从前寒武纪至泥盆纪，地球上以藻类为主，所以称为藻类植物时代。藻类植物在进化上属低等植物。它们水生，结构简单，无根、茎、叶的分化，一部分浅海类型演化为绿藻，而另一部分深海类型则演化为褐藻、红藻等。在9亿～7亿年前，出现了多细胞藻类植物后，高级藻类才开始发展。到寒武纪早期，藻类植物进化的轮廓大致完成。到4.4亿年前的志留纪，藻类植物时代结束。

② 蕨类植物时代。从4.4亿年到2.3亿年前的三叠纪早期，地球上以蕨类植物为主。这个时代植物已经登陆，所以又称陆生植物时代。在它的早期以裸蕨为主；中期以石松和楔叶植物为主；晚期以真蕨中的厚囊蕨和种子蕨为主。

③ 裸子植物时代。从晚三叠纪到晚白垩纪，在植物进化中以裸子植物为主。早期主要是苏铁和本内苏铁植物；晚期在北半球主要是银杏和松柏；在南半球是松柏。进入中生代，它们更加繁盛。在中生代炎热而干燥的气候条件下，裸子植物又占了显著的地位，在许多地区形成大片的森林。裸子植物与蕨类植物相比，最大的变化是形成裸露的种子，并在受精过程中产生了花粉粒。精子经花粉管到达卵细胞，这样，受精作用不再受外界水的限制。有了种子和花粉管，裸子植物就更加适应环境，在造山运动剧烈的二叠纪，占据了陆地上的优势地位而鼎盛于中生代。

④ 被子植物时代。被子植物是登陆植物中最高级的类群，它具有一系列更适应于陆地生活的结构。在被子植物中，发达的维管组织、出现的导管和纤维两种细胞，不仅增强了物质运输机能，也加强了支持作用。尤其是由于其双受精作用和新型胚乳的出现，大大增强了胚的发育能力和后代对环境的适应能力。

被子植物在早白垩纪就已出现，到晚白垩纪才开始繁荣。在白垩纪和第三纪的早期，被子植物基本上是乔木；到渐新世才出现大量的灌木和草本植物。到第三纪中期，由于传粉方式的多样化，促进了异花授粉和杂交。第四纪时，被子植物受到寒流的影响，多倍体大量出现。

生命在地球上已经生存了35亿年之久，自其诞生之日起就不停息地变化，并在变化中延续、演进。纵观生物的进化历史不难看出生物个体结构的复杂性和多样性的增长趋势。

2. 生物进化的证据

达尔文自然选择学说的依据包括一些古生物学、形态解剖学、胚胎学和生态学证据。现代进化生物学家除掌握了上述各方面更丰富的证据之外，又增加了大量分子生物学的新证据。

(1) 古生物学证据   利用古生物学家多年来在世界各地发掘的化石资料，可以大致确定生物进化历程与地质年代的关系。约35亿年前的最古老的生物化石是原核细胞，10多亿年前出现真核单细胞生物，7亿年前后出现多细胞低等动物、植物，随后才依次出现由低等到高等各个门类的动物和植物。不同生物种类之间过渡类型物种化石的发现具有特殊意义，例如 1861 年在德国发现的兼有爬行类和鸟类特征的始祖鸟化石，提供了鸟类由爬行类进化而来的有力证据。

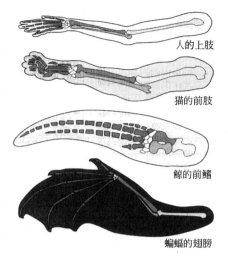

　　（2）**解剖学和胚胎学证据**　进化过程中出现的新结构通常是在原始结构基础上的变异。解剖学上的同源器官指不同生物具有的功能不同但基本结构非常相似，来源于某个共同祖先器官的各种器官。例如，蝙蝠的翅膀、鲸的鳍、猎豹的前腿和人的上肢这些不同生物的器官尽管各自的功能完全不同，但其基本构造相似，表明它们是同源器官（部分参见图 6-36）。

　　生物由单细胞向多细胞复杂生物的进化是逐步完成的，在进化过程中基本的分化发育过程会被保存下来。因此，高等动物从一个受精卵发育成一个完整的生物个体的胚胎发育可以真实地重演主要进化过程。

人的上肢

猫的前肢

鲸的前鳍

蝙蝠的翅膀

图 6-36　同源器官
同源结构反映了生物进化的轨迹

例如，鱼、两栖动物、爬行动物、鸟类、很多哺乳动物和人的胚胎发育在初期阶段都非常相似，差异是在胚胎发育的中后期才出现的，与这些生物进化中共同祖先的出现次序大体一致（图 6-37）。

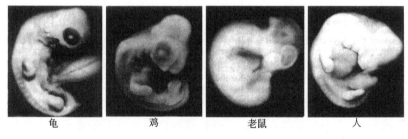

龟　　　　鸡　　　　老鼠　　　　人

图 6-37　胚胎发育
几种脊椎动物胚胎发育的早期形态

　　（3）**生态学证据**　引导达尔文形成进化观点的最早线索之一是生物地理分布以及各地生物对当地特殊生存环境的适应性变异。达尔文在加拉巴戈斯群岛的不同岛屿上采集的地雀标本中，外形及大小区别很大，与各种鸟的食性适应性直接有关。达尔文认为这是来自美洲大陆的同一种鸟迁移到群岛后，在自然选择作用下对各个岛屿独特环境的适应性进化的结果。

　　（4）**分子生物学证据**　近来，进化生物学的迅速发展在很大程度上得益于分子生物学手段的应用。关于生命起源和早期生物进化的很多信息都是由分子生物学研究获得的。例如，生物界几乎通用一套遗传密码，各种生物的 rRNA、tRNA 的基本分子结构相似。这些共同特征表明所有生物有共同的起源。对于不同生物之间的进化关系，也可以通过对它们同类分子之间的结构差异比较，从而进行更精确的分析。亲缘关系较近的物种之间，在同源分子的结构上具有更多的相似性。例如，通过比较不同生物的同源蛋白质的氨基酸组成的差异，或通过比较不同生物的 DNA 的同源序列碱基排列的差异，都能分析不同生物之间亲缘关系的远近。

三、人类的起源和进化

人类起源是重要的基本理论问题。在这个问题上，始终存在着辩证唯物主义与唯心论和形而上学的斗争。神创论者认为上帝创造了万物，同时也创造了人。1862 年英国生物学家赫胥黎首次提出了"人猿同祖"理论。1871 年达尔文在他的《人类起源与性选择》一书中，以丰富的科学事实，论证了人类是由已绝灭的古猿进化来的。现在从其他学科，比如胚胎学、比较解剖学、现代生物学及生物化学等学科中寻找到了证据。根据这些证据，人们推测地球生物进化的总模式是：无脊椎动物→脊椎动物→哺乳动物→灵长类动物→猿猴类动物→人类。马克思十分欣赏达尔文的进化论，同时认为，在由猿到人的进化中劳动起了决定性的作用。人类的直系祖先南方古猿出现于约 400 万年前，和现代人相比身体稍矮，脑容积只有现在的 1/3 左右。尽管南方古猿的脑容量并不比猪的大，但是，它们已经能够直立行走。曾经有几个不同种的南方古猿在非洲共存了相当长的时间。一般认为，南方古猿阿法种是人与猿的直接祖先，由它们演化产生了人属和后来的南方古猿，例如南方古猿非洲种。南方古猿在距今 130 年前绝灭。人属的第一个成员——能人出现于 200 万年前，他们总共在非洲东部生活了约 50 万年。能人会使用工具，脑大小介于南方古猿和现代人之间。人属的其他成员还有直立人、智人。智人被视为现代人类。另一方面，许多化石证据显示，人类进化是一个不规则的分支过程，它并不表现为简单的阶梯状，即南方古猿阿法种→能人→直立人→智人。目前，我们还无法描绘出人类进化的详细图景。

大多数学者把全世界人类分为四大人种：黄种人（亚美人种或蒙古人种），白种人（欧亚人种或欧罗巴人种），黑种人（赤道人种或尼格罗人种），棕种人（澳大利亚人种）。也有学者将人类分为黄种人、白种人和黑种人三种。现存的人种的肤色、头发的形状和颜色相差甚远，那么他们是如何分化的、是否起源于共同祖先是人类学长期争论不休的问题。"一祖论"认为现代人种都是从共同祖先进化而来；"多祖论"则认为彼此独立地发展，有多个起源中心。近代生物学研究证明同祖论是正确的，所有人种来自共同祖先，都属于同一个发展阶段（新人阶段），由于所处环境不同，经过长期的自然选择，形成了现今各种各样的种族。

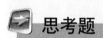

思考题

一、问答题

1. 简述分离定律、自由组合定律、连锁和交换规律及伴性遗传的主要内容。

2. 何谓伴性遗传？人类有哪些性状是伴性遗传的？

3. 何谓染色体畸变，有哪些类型？何谓基因突变，它有哪些表现形式？

4. 简述基因控制蛋白质合成的过程（包括转录和翻译）。

5. RNA 的转录过程分为哪几个基本步骤？

6. 遗传密码有哪些基本特征？

7. 比较辐射诱变与化学因素诱变的特点。

8. 简述达尔文进化论自然选择的理论。

9. 生物进化经历了哪些基本历程？

二、计算和推理

1. 人类惯用右手（L）对惯用左手（l）是显性，问下列杂交后代中可以出现哪些基因型和表现型？它们的比例如何？

(1) $LL \times ll$　　(2) $Ll \times ll$　　(3) $Ll \times Ll$　　(4) $ll \times ll$

2. 花生种皮紫色（R）对红色（r）为显性，厚壳（T）对薄壳（t）为显性。R-r 和 T-t 是独立遗传的。指出下列各种杂交组合的：①亲本的表现型、配子种类和比例；②F_1 的基因型种类和比例、表现型种类和比例。

(1) $Ttrr \times ttRR$　　(2) $TTRR \times ttrr$　　(3) $TtRr \times ttRr$　　(4) $ttRr \times Ttrr$

3. 番茄的红果（R）对黄果（r）为显性，二室（M）对多室（m）为显性。两对基因是独立遗传的。当一株红果、二室的番茄与一株红果、多室的番茄杂交后，F_1 群体内有：3/8 的植株为红果、二室的，3/8 是红果、多室的，1/8 是黄果、二室的，1/8 是黄果、多室的。试问这两个亲本植株是怎样的基因型？

4. 大豆的紫花基因 P 对白花基因 p 为显性，紫花×白花的 F_1 全为紫花，F_2 共有 1653 株，其中紫花 1240 株，白花 413 株，试用基因型说明这一试验结果。

5. 果蝇的长翅（V）对残翅（v）是显性，该基因位于常染色体上；红眼（W）对白眼（w）是显性，该基因位于 X 染色体上。现在让长翅红眼的杂合体与残翅白眼纯合体交配，F_1 的基因型如何？

6. 在鼠中基因型为 YY 是灰色鼠，基因型为 Yy 是黄色鼠；基因型为 yy 的鼠胚胎早期就死亡了，问：黄鼠×黄鼠、黄鼠×灰鼠其 F_1 的表现型如何？

7. 一个父亲为色盲的正常女子，与一个正常的男子婚配，则他们的孩子表现型及比率如何？

第七章

生物的多样性及其保护

学习目标
1. 了解物种多样性、遗传多样性、生态系统多样性的概念和内涵;
2. 掌握生物分类的依据、阶层和命名;
3. 掌握各生物界的主要特征、类群、在自然界中的作用及与人类的关系;
4. 理解生物多样性保护的意义。

第一节　生物的多样性及分类

生物多样性是近年来国内外最为流行的一个词汇。由于自然资源的合理利用和生态环境的保护是人类实现可持续发展的基础,因此生物多样性的研究和保护已经成为世界各国普遍重视的一个问题。现在无论是联合国还是世界各国政府每年都投入大量的人力和资金开展生物多样性的研究与保护工作,一些非政府组织也积极支持和参与全球性的生物多样性的保护工作。1992 年,包括中国在内的一些国家签署了《生物多样性公约》,标志着世界范围内的自然保护工作从以往对珍稀濒危物种的保护转入到了对生物多样性的保护。

一、生物的多样性

生物多样性是一个描述自然界多样性程度的一个内容广泛的概念,至今还没有一个严格、统一的定义。目前,对生物多样性的含义,不同的学者所下的定义是不同的。

1992 年,联合国环境与发展会议（UNCED）签署的《生物多样性公约》中将生物多样性定义为:"生物多样性是指所有来源的形形色色的生物体,这些来源包括陆地、海洋和其他水生生态系统及其所构成的生态综合体;这包括物种内、物种间和生态系统的多样性。"

1995 年,联合国环境规划署（UNEP）发表的关于全球生物多样性的巨著《全球生物多样性评估》给出一个较简单的定义:生物多样性是所有生物种类、种内遗传变异和它们与生存环境构成的生态系统的总称。

1997 年,在《保护生物学》一书中,蒋志刚等给生物多样性所下的定义为:"生物多样性是生物及其环境形成的生态复合体以及与此相关的各种生态过程的综合,包括动物、植物、微生物和它们所拥有的基因以及它们与其生存环境形成的复杂的生态系统"。

虽然以上对生物多样性的解释不同,但他们所表述的内容是基本一致的。因此,我们认为"生物多样性是生物之间以及与其生存环境之间复杂关系的体现,是生物资源多姿多彩的标志"。衡量生物多样性的尺度，一是物种的丰富程度，二是物种的优势和均匀性。生物多样性对于维持生态系统的平衡，满足人类对于物质和能量的需要，改良、培育、栽培植物和饲养动物，促使科学技术和文化的发展，为人类提供治疗疾病的药物，都有着重要的作用。

1. 物种多样性

物种多样性是生物多样性多个研究层次中最重要的环节之一，既是遗传多样性分化的源泉，又是生态系统多样性形成的基础。物种多样性是反映群落结构和功能特征的有效指标，是生态系统稳定性的量度指标。

(1) 物种的概念　物种是具有一定形态和生理特征，居于一定自然分布区的生物群类。物种简称"种"，是生物进化和生物分类的基本单位，也是物种多样性研究的基础与前提。一个物种的个体一般不与其他物种中的个体交配，即使交配，一般也不能产生有生殖能力的后代。每一个物种都具有特定的遗传基因，可代代相传，从而保持物种的稳定性。但物种也可以通过变异、遗传和自然选择，发展成另一个新种。物种，特别是野生物种，对人类既有巨大的经济价值，又有无可估量的科学文化价值。

林奈相信物种不变，他的《自然系统》没有亲缘概念。直到1859年，达尔文的《物种起源》出版以后，进化思想才在分类学中得到贯彻，明确了分类研究在于探索生物之间的亲缘关系，使分类系统成为生物系谱——系统分类学由此诞生。物种指一个动物或植物群，其所有成员在形态上极为相似，以至可以认为它们是一些变异很小的相同的有机体，它们中的各个成员间可以正常交配并繁育出有生殖能力的后代，物种是生物分类的基本单元，也是生物繁殖的基本单元。

林奈和达尔文的物种概念是个体概念——物种是一群相似的个体。20世纪三四十年代，随着"新系统学"的发展，强调了群体概念。物种不是毫不相干的个体，而是以个体集合为大大小小的种群单元而存在的，物种是"种群"集团，种群是种内的繁殖单元。分类学上当前流行的物种定义就是以种群为单元的 E. 迈尔定义："物种是由自然种群所组成的集团，种群之间可以相互交流繁殖（实际的或潜在的），而与其他这样的集团在生殖上是隔离的"。该定义沿用了生殖隔离的标准，它所突出的是群体概念。生殖隔离作为标准，只适用于有性物种，不适用于无性物种和化石物种。对于无性和化石物种，一般是从特征的间断程度，以判断种类划分。一个比较笼统的定义："物种是生命系统线上的基本间断"，可以适用于一切物种。可以说物种的概念及定义并未真正解决，同时，"种"以上的分类亦同样有归并与细分之争。

(2) 物种多样性的概念　物种多样性从理论上讲是指地球上所有动物、植物、微生物等生物种类的丰富程度，是生物多样性在物种水平上的表现形式。这就意味着物种多样性研究要以物种为单元，以系统为基础，探讨物种多样性的空间格局、时间格局和生物学格局，从进化和系统发育的角度认识物种多样性的产生与发展历史。

① 一定区域范围内物种的丰富度。认识一个地区内物种的多样化，主要通过区域物种调查，从分类学、系统学和生物地理学角度对一定区域内物种的状况进行研究。

② 特定群落及生态系统单元的均匀性。这是从生态学角度对群落的结构水平进行研究，强调物种多样性的生态学意义，如群落的物种组成、物种多样性程度、生态功能群的划分、物种在能量流和物质流中的作用等。

③ 一定进化时段或进化支系的物种多样性。从生物演化角度看，物种多样性随时间推

移呈现特殊的变化规律，不仅生物物种本身以及物种的集合（分类单元）有起源、发展、退缩和消亡的过程，就是物种多样性整体也有自己特定的演变规律。

关于物种多样性研究的内容，主要集中在物种多样性的现状（包括受威胁现状）和物种多样性的形成、演化及维持机制等方面。要知道物种数量及系统进化必须依赖于分类学、生物统计学和生物地理学等学科的研究。分类学是对有机体进行分类的理论和实践。生物统计学是研究有机体的类别、多样性以及它们之间相互关系的科学。生物地理学是研究有机体过去和现在分布的科学，它试图阐明有机体及其较高级别类群分布的多种多样格局。在自然界中的物种形成不断延续到现在，也必然会延续到将来。物种在演化过程中，种群经常在遗传上发生变化，这种变化可能是源于生物学的（由于食物改变及竞争关系）或是环境的（气候变化、水的有效性、土壤特征等）因素。当种群在遗传上有很多变化，再也不能与产生它的原生种进行交配时，就形成了新种。这类新的物种形成被称为系统进化。由一个原生祖先进化为两个或更多的新种，这可能是由于地理障碍如江河、山脉、海洋致使该物种不能超越，妨碍了同种内不同种群间的交流，使这些种群在遗传上适应了特定的新的岛屿、山地和深谷环境。在正常情况下新种的起源是一个漫长的过程，发生通常以数千年计，至少也需几百年。新科、新属的演化过程更慢，可能经历几十万甚至几百万年。即使地球上不断有新种形成，但现今物种灭绝速度大约超过新种形成速度的1000倍，这是十分严峻的形势。

2. 遗传多样性

（1）概念　遗传多样性是生物多样性的重要组成部分。广义的遗传多样性是指地球上生物所携带的各种遗传信息的总和。这些遗传信息储存在生物个体的基因之中。因此，遗传多样性也就是生物的遗传基因的多样性。任何一个物种或一个生物个体都保存着大量的遗传基因，因此，可被看作是一个基因库。一个物种所包含的基因越丰富，它对环境的适应能力越强。基因的多样性是生命进化和物种分化的基础。

但一般所指的遗传多样性是指生物种内基因的变化，即种内个体或一个群体内不同个体的遗传变异总和。种内多样性是物种以上各水平多样性的最重要来源。遗传变异、生活史特点、种群动态及其遗传结构等决定或影响着一个物种与其他物种及其环境相互作用的方式。而且，种内多样性是一个物种对人为干扰能否进行成功反应的决定因素。种内的遗传变异程度也决定其进化的潜能。

所有的遗传多样性都发生在不同水平上：居群（也称种群、群体）水平、个体水平、组织和细胞水平以及分子水平。其表现是多层次的，可以在细胞、器官、生理代谢以及形态学水平上表现出来。形态学水平上的变异是最易观察和引起人们注意的一种表型变异。例如，人类群体在脸部特征、皮肤色素、身体外形、身高、体重等方面都表现出差异。动植物分类学上的亚种、变种、变型、生态型等的确立，农业上的家养动物和农作物品种的划分，基本上是建立在形态学水平上。

生物类群在生理、代谢产物、习性及本能方面也广泛存在着变异。例如，同一种鸟所筑的巢很不相同；同是家猫，有的喜欢捕捉鼹鼠，有的甚至爱捕捉别的小动物。对人类和家养动物蛋白质主要来源的种子蛋白的研究表明，植物类群中存在着极为丰富的种子蛋白多样性。此外，许多植物在 CO_2 交换速率、对光周期的反应、抗寒、抗旱、抗虫性以及生长速率等方面均存在着种内的遗传差异。如在欧亚大陆广泛分布的欧洲赤松中，其最速生和最慢生的变种之间生长速度相差4倍；在瑞典中部栽培时，有的变种100%成活，而另一些变种100%冻死。

遗传多样性作为生物多样性的中心环节，它包括两个方面，一方面遗传多样性是物种多样性和生态多样性的基础，任何物种都有其独特的基因库和遗传组织形式，物种的多样性也就显示了基因的多样性；另一方面，物种是构成生物群落进而组成生态系统的基本单元，生态系统的多样性离不开物种多样性，同样也离不开不同物种所具有的遗传多样性。

（2）遗传多样性研究具有重要的理论和实际意义

① 有助于进一步探讨生物进化的历史和适应潜力。一个物种遗传多样性水平高低和其群体遗传结构是长期进化的结果，它还将影响其未来的生存和发展。一个居群（或物种）遗传多样性越高或遗传变异越丰富，对环境变化的适应能力就越强，越容易扩展其分布范围和开拓新的环境，理论推导和大量实验证据表明，生物居群中遗传变异的大小与其进化速率成正比。

② 遗传多样性是保护生物学研究的核心之一。只有掌握种内遗传变异的大小、时空分布及其与环境条件的关系，才能采取科学有效的措施来保护人类赖以生存的遗传资源（基因），挽救濒于绝灭的物种，保护受威胁的物种，制定对珍稀濒危物种保护的方针和措施。

③ 对遗传多样性的认识是生物各分支学科重要的背景资料。对遗传多样性的研究无疑有助于人们更清楚地认识生物多样性的起源和进化，尤其能加深人们对微观进化的认识，为动植物的分类、进化研究提供有益的资料，进而为动植物育种和遗传改良奠定基础。

④ 有助于生物资源的保存和利用。自从人类诞生以来，动植物的遗传多样性就被人类有意无意地加以利用，也因此才有当今数以万计的家养动物和栽培植物地方品种和品系。此外，家养动物和栽培植物的祖型或野生近缘种中存在着十分丰富的遗传多样性。目前在生产实践中普遍存在人工繁殖或栽培群体经济性状衰退，这和其遗传多样性的降低有密切关系。在鱼类的人工繁殖过程中，已发现稀有基因丢失和等位基因频率的改变导致鱼类适应性、生长性能和繁殖能力下降。在农业生产中，过于强调高产品种的推广和外来品种的引进，已导致不少地方品种的丢失。在许多栽培作物从野生状况被引种驯化为栽培品种的过程中，群体内和群体间的遗传多样性明显下降，对病虫害等不利环境的抗性逐渐减弱。驯化物种遗传多样性的丧失比野生物种的丧失对人类幸福的威胁更大，因此，研究和利用栽培植物和驯养动物野生近缘种所含有的遗传变异，尤其是那些与产量、质量、抗性等性状相关的遗传变异是这些动植物遗传改良成功的关键。

3. 生态系统多样性

生态系统多样性是指生物圈内不同生境、生物群落和生态系统的多样性以及生态系统内生境差异、生态过程变化的多样性。其中，生境的多样性是生态系统多样性形成的基础，生物群落的多样化可以反映生态系统类型的多样性。无论是物种多样性还是遗传多样性，都是寓于生态系统多样性之中。

生态系统是各种生物与其周围环境所构成的自然综合体。所有的物种都是生态系统的组成部分。在生态系统中，不仅各个物种之间相互依赖、彼此制约，而且生物与其周围的各种环境因子也是相互作用的。从结构上看，生态系统主要由生产者、消费者、分解者所构成。生态系统的功能是对地球上的各种化学元素进行循环以及维持能量在各组分之间的正常流动。

生态系统多样性还主要由于生态系统是由具有不同营养特点的生物所组成，也就是营养多样性。植物是第一生产者，是生态系统所有其他生物的食物源泉，也是食物链或食物网的起点。在生态系统中存在着各种草食动物、肉食动物、杂食动物、分解者生物、互惠共生生物、附生生物、腐生生物以及共栖生物等，它们构成了生态系统复杂的食物网，这些具有不同营养特点的生物对生态系统过程具有十分重要的贡献，它们导致了能流、物流的多样化过程，以及生物之间复杂的相互作用。

因此，生态系统中的物种的动态变化，影响着整个生态系统的动态发展，而生态系统的多样性指数与生态系统的稳定性程度息息相关。

二、生物的分类

1. 分类的依据

1859 年达尔文出版了《物种起源》一书，其进化论的确立及生物科学的发展，使人们逐渐认识到现存的生物种类和类群的多样性乃是由古代的生物经过几十亿年的长期进化而形成的，各种生物之间存在着不同程度的亲缘关系。分类学应该反映这种亲缘关系，反映生物进化的脉络。

现代生物分类学研究生物的系统发育，特别强调分类和系统发育的关系。在研究分类的过程中，分类学家追求的是划分的分类单元应是"自然"的类群，提出的分类系统力求反映客观实际，也就是说要符合系统发育的原则。因为系统发育的亲缘关系是生物进化过程的实际反映。因此，研究各生物类群的分类学家，都把组建该类群的系统发育作为主要目标，以便在此基础上按照生物系统发育的历史，编制生物的多层次分类系统，即自然分类系统。

植物的自然分类法是以植物的形态结构作为分类依据，以植物之间的亲缘关系作为分类标准的分类方法。从生物进化的理论得知，种类繁多的植物，实际上是大致同源的。物种之间相似程度的差别，能够显示出它们之间亲缘关系上的远近。判断植物之间的亲缘关系的方法，是根据植物之间相同点的多少。例如，菊花和向日葵在形态结构等方面有许多相同点，如它们都具有头状花序、花序下有总苞、雄蕊 5 枚以及花药合生等，于是就认为它们的亲缘关系比较接近；而菊花与大豆相同的地方就比较少，如大豆花是大小和形状都不相同的蝶形花瓣、二体雄蕊（花丝 9 枚合生、1 枚离生），于是就认为它们的亲缘关系比较疏远。

近年来，随着科学的发展，植物的分类已经不仅以形态结构为依据，而且得到了生理学、生物化学、遗传学和古植物学等学科的密切配合。各国植物学家正在这方面继续展开深入的研究，以便使植物分类的方法更加完善。

动物的自然分类方法更加复杂，主要是根据同源性进行分类。分类学家必须考虑多种多样的特征，这些特征包括结构、功能、生物化学、行为、营养、胚胎发育、遗传、细胞和分子组成、进化历史及生态上的相互作用等，特征越稳定，在确定分类时就越有价值。

2. 生物分类的阶层和命名

(1) 分类的阶层　在自然分类系统中，分类学家将生物划分为：界、门、纲、目、科、属、种七个等级，有时为了将种的分类地位更准确地表达出来，在种以前的六个基本分类等级之间加入中间等级。如在某一分类等级下可加亚-（sub-），即：亚门、亚纲、亚科、亚种等。在某一分类等级上可加设总-（super-），即：总纲、总目、总科等。

(2) 生物的命名　给生物命名，不同国家、不同民族、不同地区对同一种生物有不同的名称，这样就出现很多混乱，主要表现在两个方面：同物异名和同名异物。

根据国际规定，生物的各级名称即学名一律使用拉丁文或者拉丁化的文字。属和属以上的分类单位用一个字表示，即单名法。种用两个字表示，即双名法，物种的完整名称由属名和种名（也有人称种加名）共同构成。亚种用三个字表示，即三名法，直接在种名后加上亚种名。完整的学名后面还要有命名人和命名的时间，命名人和命名的时间之间加上"，"。有时候属名后还可以加上用括号括起的亚属名，而一般使用时不用写这些。如果原来的命名有修正，则原命名人加上括号。属名和命名人第一个字母要大写，种名和亚种名用小写，属名、种名和亚种名都用斜体字，其他名称则用正体字。如果前面已经提到，后面的属名和种名可以用缩写，缩写的后面要加点"."。名称一行写不下要移行时，要按音节移行，不能将音节拆开，而且要加"-"连接。

比如，猫科：Felidae Gray，1821；豹属：*Panthera* Oken，1816；虎：*Panthera tigris*（Linnaeus，1758），也可以写成 *Panthera*（*tigris*）*tigris*（Linnaeus，1758）；东北虎：*Panthera tigris altaica*（Termminck，1845），如果前面已经提到过华南虎，则东北虎的名字可简写为 *P. t. altaica*。林奈（Linnaeus）最初为虎命名时归入的是猫属，虎的原名为 *Felis tigris* Linnaeus，1758，东北虎的原名为 *Felis tigris altaica* Termminck，1845。现在虎则归入豹属，所以命名人加上了括号。

生物命名有一个基本原则称为优先率，即一个生物分类单位的有效名称，应以最早正式刊出的名称为准。如果发现同物异名或者异物同名的情况，应保留最早的名称，废除较晚的命名。没有两个属的动物可以有相同的属名，也没有两个属的植物有相同的属名，一个属中也没有两个种有相同的种名。但是动物和植物可以有相同的属名，不同属中可以有相同的种名，但是亲缘关系密切的属中应避免相同的种名，以免分类调整归为一属的时候发生混乱。

学名中还可以看到一些缩写和符号。比如：aff. 是 affinis 的缩写，写在种名前，意为亲近，翻译为近亲种，古生物比较常用；var. 是 varietas 的缩写，意为变种，写在种名后、变种名前，主要表示地理意义上的变种，也可用于其他意义的变种，比如我国的家鹅的名字 *Anser cygnoides* var. *domestica* 就是在鸿雁的学名后加上饲养构成的，即鸿雁驯化变种。et 是和的意思，比如由两个人联合命名则在二人间加上 et.，比如泥河湾巨剑齿虎 *Megantereon nihowanensis* Teilhard et Piveteau，1930，如果命名人为三人以上，则在一个人后面加上 et al.，如南雄阶齿兽 *Bemalambda nanhsiungensis* Chow et al.，1973。gen. 是属 genus 的缩写，sp. 和 spp. 是种 species 的缩写，sp. 是种的单数，spp. 是种的复数，sp. 写在属名之后，表示不能确定种名的未定种。nov. 是 nova（新）的缩写，gen. nov. 表示新属，sp. nov. 表示新种，gen. et. sp. nov. 表示第一次发表的新种、新属。

3. 五界分类系统

目前世界上已发现约有三百万种生物。生物种类如此繁多，为了研究和利用它们，就必须对其进行科学的分类。历史上，人们曾先后提出过不少生物分类系统。18 世纪上半叶，林奈创立了现代生物分类系统，为植物分类命名，被誉为"植物王子"。1969 年，魏泰克（R. H. Whittaker）根据细胞结构的复杂程度及营养方式将细菌和蓝藻、真菌从植物界中分出，分别另立为界，提出了生物分类的五界系统，即原核生物界（包括细菌和蓝藻等）、原生生物界、真菌界、植物界和动物界。

所有的原核生物归属于原核生物界，其余的四个都是真核生物。在原生生物界内有不同的生物，其中有单细胞和多细胞的，但是它们都没有出现组织。原生生物界是真菌界、植物界、动物界的祖先。真菌界包括低等真菌和高等真菌。低等真菌（如卵菌、壶菌、接合菌）从不能进行光合作用的鞭毛进化而来，高等真菌（担子菌、子囊菌）从低等真菌进化而来。真菌靠吸收组织伸入食物源内吸收营养。真菌和植物有着不同的起源和不同的营养类型。植物是自养生物，由原核生物和原生生物进化而来。动物的营养靠从周围环境中获取，从原生生物进化而来。五界生物的主要特征见表 7-1。

表 7-1　五界生物的主要特征

界	细胞类型	营养方式	细胞数目	运动特点	举　例
原核生物界	原核细胞	自养或异养	单细胞或群体	多数不能运动,少数用鞭毛运动	细菌、蓝藻
原生生物界	真核细胞	自养或异养	单细胞或群体	用鞭毛、纤维或伪足运动	草履虫、甲藻、变形虫
真菌界	真核细胞	异养,吸收养料	单细胞或多细胞	绝大多数不能运动,少数种类如营养期的黏菌用伪足运动	酵母菌、蘑菇
植物界	真核细胞	自养,进行光合作用	多细胞	绝大多数不能运动,衣藻等少数种类用鞭毛运动	葫芦藓、绿藻、松、杨、桃
动物界	真核细胞	异养,摄取食物	多细胞	大多数能够自由运动,海葵、珊瑚等少数种类营固着生活	蚯蚓、蝗虫、鲫鱼、马

五界说在生物发展史方面,显示了生物进化的三大阶段,即原核细胞阶段、真核单细胞阶段和真核多细胞阶段。在各界生物相互关系方面,反映了真核多细胞生物进化的三大方向:靠制造有机物进行自养的植物,它们是自然界的生产者;靠摄取有机物进行异养的动物,它们是自然界的消费者;靠分解并吸收有机物进行异养的真菌,它们是自然界的分解者。五界说能够较好地反映出自然界的实际,因而得到了多数生物学家的认同。但是五界系统没有反映出非细胞生物阶段,因此由我国学者陈世骧（1979）及国外学者提出加一个病毒界,提出了三总界六界系统。

依据五界说,生物分为植物界、动物界、真菌界、原生生物界和原核生物界 5 大界。按照从高到低的顺序,依次有界、门、纲、目、科、属、种 7 个阶元。比如,人类属于动物界、脊椎动物门、哺乳动物纲、灵长动物目、人科、人属、智人种。生物化学、免疫学、遗传学以及分子生物学的成就给分类学带来了技术上的革命,从宏观到微观,分类学研究越发客观、公正和精确。

第二节　原核生物界 原生生物界 真菌界

一、原核生物界

在演化上,原核生物界的生物是最古老的;在现今,原核生物数目是最多的。它们能自古代繁衍迄今,其成功的要素,从生物学的观点而言,则无疑是因为它们的细胞分裂速度快,以及代谢的多歧性。原核类能生存于许多为其他生物所不能忍受的环境中,例如南极的冰块、海洋深处,乃至几近沸点的温泉中,有些种类能生存于缺乏游离氧的环境中,而以无氧呼吸的方式获得能量。

1. 主要特征

原核生物是一种无细胞核的单细胞生物,它们的细胞内没有任何带膜的细胞器。原核生物包括细菌和以前称作"蓝绿藻"的蓝细菌,是现存生物中最简单的一群,以分裂生殖繁殖后代。原核生物曾是地球上唯一的生命形式，它们独占地球长达 20 亿年以上。如今它们还是很兴盛，而且在营养盐的循环上扮演着重要角色。

2. 主要类群

原核生物是目前已知的结构最简单，并能独立生活的一类细胞生物，它们大约出现在 35 亿年前，其生物种类至少包括 4000 种，在生物进化的历程中分为两大类群：①细菌类，又称真细菌类；②古细菌类。

（1）细菌

① 主要特征。细菌个体十分微小，平均直径为 $0.5 \sim 1\mu m$；杆菌一般较长，达 $2 \sim 3\mu m$。细菌约有 2000 种，根据形状可以分为球菌、杆菌及螺旋菌（图 7-1），如肺炎球菌、枯草杆菌、霍乱弧菌。大多数细菌是杆状的，球状次之，螺旋状较为少见。

细菌细胞壁成分是黏质复合物，有的种类在壁外会产生一种疏松透明的黏液层，称之为荚膜，主要是起到保护、抗吞噬、抗干燥作用。有些细菌具有鞭毛，即在菌体上附有细长呈波浪状的具有运动功能的丝状毛，如杆菌和螺旋菌等。核质分散于细胞质中，具有一个独特的环形染色体，它具有传递遗传性状的功能（图 7-2）。此外，细菌细胞内还含有一种染色体以外的能独立复制、可转移、相溶与不相溶、大小不等、控制次要性状的环状 DNA 片段，称质粒。在生物工程中，质粒常作为脱氧核糖核酸的分子载体。

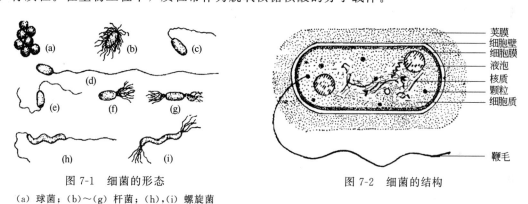

图 7-1　细菌的形态
（a）球菌；（b）～（g）杆菌；（h），（i）螺旋菌

图 7-2　细菌的结构

繁殖方式一般主要是二分裂，即一个细胞通过直接分裂产生两个细胞。细菌的分裂速度极快，一般在 $20 \sim 30\min$ 分裂一次，在固体培养基上裂殖形成肉眼可见的群体称菌落。在环境不适宜情况下，细菌原生质失水浓缩，形成芽孢。芽孢壁厚、渗透性差、含水量低，是细菌的休眠体，能够抵抗恶劣的环境因素，如马铃薯杆菌的芽孢在 $100℃$ 高温下 6h 仍具有活力。许多芽孢经数十年甚至数百年仍具有生活力。

② 细菌的作用及经济意义。一些腐生菌对维持生态系统的稳定性具有决定性的意义。由于它们具有对枯死有机质碎屑的分解作用，才使得有机质不至于大量积累，而且可以使分解产生的无机物质返还土壤或大气，参与物质循环。因此它们被称为"分解者"。在工业上，利用细菌可生产乙醇、丙酮和醋酸等产品。

（2）放线菌　放线菌是一类具有丝状分支细胞和无性孢子的革兰阳性原核微生物，主要存在于含有机质丰富的中性或偏碱性的土壤中，在空气、淡水和海水等处也有一定的分布。

放线菌的细胞结构和细菌没有多大区别，但是它们的形态比细菌复杂些，在显微镜下，像一团纠结在一起的缝衣线，我们把这些像缝衣线一样的结构叫做菌丝。如果把它们培养在固体培养基上，会长出坚硬的菌落，不同种类的放线菌的菌落颜色不同。如果用放大镜观察这些菌落，会发现它们的周围好像图画中向四周放射着光芒的太阳，放线菌也就因此而得名。

大多数放线菌有发达的分支菌丝。菌丝纤细，宽度近于杆状细菌，为 $0.5\sim1\mu m$。菌丝可分为：营养菌丝，伸向培养基内部的菌丝又称基质菌丝，主要功能是吸收营养物质，有的可产生各种色素，把培养基染成各种各样的颜色，这是菌种鉴定的重要依据；气生菌丝，长在培养基表面的菌丝，暴露在空气中，又称二级菌丝。当营养充足、温度合适时，在气生菌丝上会分化出可产生孢子的孢子丝，孢子丝的形状和排列方式因种而异，有直的，有波浪形的，还有卷曲成螺旋状的。成熟的孢子从孢子丝上脱落下来，在有足够的水分和合适温度的环境下，便会萌发成菌丝，然后再形成孢子。如此周而复始，不断生存和繁衍。

除了少数放线菌会引起动物、植物和人类疾病外，我们今天认识的大部分放线菌对人类都没有害处。应该特别强调的是，放线菌对维护人类健康的贡献比其他微生物都要大。目前在我们治疗疾病用的抗生素中，有 70% 是用放线菌生产的，现已发现和分离到由放线菌产生的抗生素就有 4000 多种，其中 50 多种已广泛应用，如链霉素、红霉素、四环素等。此外，很多放线菌还能用于农业生产的杀虫剂、除草剂等。农业抗生素对环境没有污染，在防治植物病害时还能刺激植物生长。目前应用于防治植物病害的抗生素主要来源于放线菌中的链霉菌属。

(3) 古细菌　古细菌这个概念是由美国人 C. R. 沃斯于 1977 年首先提出的，这是一类在生化特性和信息高分子一级结构上与一般细菌不同的原核微生物，多生活在极端的生态环境中，具有独特的 16S 核糖体 RNA 寡核苷酸谱。它们既有原核生物的某些特征，如无核膜及内膜系统；又有真核生物的特征，如以甲硫氨酸起始蛋白质的合成、核糖体对氯霉素不敏感、RNA 聚合酶和真核细胞的相似、DNA 具有内含子并结合有组蛋白；此外还具有既不同于原核细胞也不同于真核细胞的特征，如：细胞膜中的脂类是不可皂化的；细胞壁不含肽聚糖，有的以蛋白质为主，有的含杂多糖，有的类似于肽聚糖，但都不含胞壁酸、D 型氨基酸和二氨基庚二酸。研究和揭示它们的性质，对于早期生物进化的认识具有重要的意义。

古细菌包括产甲烷细菌、极端嗜盐细菌和嗜酸嗜热细菌。由于古细菌所栖息的环境和地球发生的早期有相似之处，如高温、缺氧，而且由于古细菌在结构和代谢上的特殊性，它们可能代表最古老的细菌。它们保持了古老的形态，很早就和其他细菌分开了。所以人们提出将古细菌从原核生物中分出，成为与原核生物（即真细菌）、真核生物并列的一类。

(4) 蓝藻　蓝藻又称蓝细菌，是一门最原始、最古老的低等藻类植物。其主要特征是：由单细胞或由许多细胞组成的群体或丝状体，细胞内无真正的细胞核或没有定形的核，在细胞原生质中央含有核质，叫中央质，又叫中央体。核质无核膜和核仁的结构，但有核的功能。因此，近代大多数学者将蓝藻从植物界中分出来，和具原核的细菌等一起，立为原核生物界。

蓝藻不具叶绿体、线粒体、高尔基体、内质网和液泡等细胞器，含叶绿素 a，无叶绿素 b，含数种叶黄素和胡萝卜素，还含有藻胆素（是藻红素、藻蓝素和别藻蓝素的总称）。一般说，凡含叶绿素 a 和藻蓝素量较大的，细胞大多呈蓝绿色。同样，也有少数种类含有较多的藻红素，藻体多呈红色，如生于红海中的一种蓝藻，名叫红海束毛藻，由于它含的藻红素量多，藻体呈红色，而且繁殖得也快，故使海水也呈红色，红海便由此而得名。蓝藻虽无叶绿体，但在电镜下可见细胞质中有很多光合膜，叫类囊体，各种光合色素均附于其上，光合作用过程在此进行。

蓝藻的细胞壁和细菌的细胞壁的化学组成类似，主要为黏肽；储藏的光合产物主要为蓝藻淀粉和蓝藻颗粒体等；生活史中均无具鞭毛的细胞；繁殖方式有两类，一种为营养繁殖，包括细胞直接分裂（即裂殖）、群体破裂和丝状体产生藻殖段等几种方法，另一种为某些蓝藻可产生内生孢子或外生孢子等，以进行无性生殖。目前尚未发现蓝藻有真正的有性生殖。

蓝藻在植物进化系统研究上有着极其重要的地位，在地球上大约出现在距今35亿～33亿年前，现在已知约150属，1500多种，分布广泛，但仍以生活在水中的为多，且淡水中的多，海水中的少，有不少蓝藻可以直接固定大气中的氮，以提高土壤肥力，使作物增产；还有的蓝藻为人们的食品，如著名的发菜和普通念珠藻（地木耳）等。但在一些营养丰富的水体中，有些蓝藻常于夏季大量繁殖，并在水面形成一层蓝绿色而有腥臭味的浮沫，称为"水华"，甚至有些种类还会产生一些毒素，加剧了水质恶化，对鱼类等水生动物，以及人、畜均有很大危害，严重时会造成鱼类的死亡。

(5) 其他原核生物

① 立克次体。立克次体是一类严格细胞内寄生的原核细胞型微生物，在形态结构、化学组成及代谢方式等方面均与细菌类似，如具有细胞壁、以二分裂方式繁殖、含有 RNA 和 DNA 两种核酸、由于酶系不完整需在活细胞内寄生以及对多种抗生素敏感等。

② 衣原体。衣原体是一类在真核细胞内专营寄生生活的微生物。研究发现这类微生物在很多方面和革兰阴性细菌相似。根据抗原构造、包含体的性质、对磺胺敏感性的不同，将衣原体属分为沙眼衣原体、鹦鹉热衣原体和肺炎衣原体三个种。衣原体广泛寄生于人、哺乳动物及禽类，仅少数致病，主要是通过性接触传播，进入生殖道后，喜欢进入黏膜细胞内生长繁殖，在女性引起子宫内膜炎、输卵管炎、盆腔炎、尿道炎等，在男性可引起尿道炎、附睾炎、直肠炎等炎症。女性感染沙眼衣原体，会引起不孕、异位妊娠（宫外孕）、流产、死胎、胎膜早破、早产等。

③ 支原体。支原体是目前已知的一类能在无生命培养基上生长繁殖的最小的原核细胞型微生物。其在自然界分布广泛，种类多，分为两个属：一个为支原体属，有几十种；另一个为脲原体属，仅有一种。与人类感染有关的主要是肺炎支原体和解脲脲原体。

支原体的大小为 $0.2\sim0.3\mu m$，可通过滤菌器，常给细胞培养工作带来污染的麻烦。它们的突出特点是没有细胞壁，因而细胞柔软，形态多变，具有高度多形性。革兰染色不易着色，故常用 Giemsa 染色法将其染成淡紫色。在电镜下观察支原体细胞，可见其具有细胞膜，细胞内有核糖体、RNA 和环状 DNA。其细胞膜中胆固醇含量较多，约占36%，对保持细胞膜的完整性具有一定作用。凡能作用于胆固醇的物质（如两性霉素 B、皂素等）均可引起支原体膜的破坏而使支原体死亡。

支原体广泛存在于土壤、污水、昆虫、脊椎动物及人体内，是动植物和人类的病原菌之一。支原体不侵入机体组织与血液，而是在呼吸道或泌尿生殖道上皮细胞黏附并定居后，通过不同机制引起细胞损伤，如获取细胞膜上的脂质与胆固醇造成膜的损伤，释放神经（外）毒素、磷酸酶及过氧化氢等。

3. 原核生物的作用

在生态环境方面，原核生物担任着分解者的角色，可以分解动植物的遗骸而释放出能供植物利用的元素。原核类在固氮作用方面，也扮演着重要的角色。大气中虽然富含氮，但真核生物并不能直接利用空气中的氮，必须依靠原核生物中有些种类的固氮作用，使气态的氮转变为无机化合物如氨或铵离子后方可利用。

二、原生生物界

1. 主要特征

原生生物是单细胞生物，具有真核细胞的结构特点，具有核膜、核仁和由明显的膜系统构成的质膜内质网及膜结构形成的细胞器等。其个体较小，群体中各细胞的形态和功能没有出现分化，各自保留了较大的独立性，脱离群体后也能继续生活。

原生生物的细胞平均比原核生物的细胞长 10 倍，体积大 1000 倍。细胞体积的增大，可能是由于细胞核与细胞质、细胞器的分工合作有关，同时内质网膜、核膜和细胞质膜使细胞膜表面积增大，增大的膜表面积使得细胞可以进行有效的代谢、蛋白质的合成，以及其他功能。

原生生物都生存于水中，其营养方式有光能自养，也有异养。有的种类是吞噬性异养类型（如草履虫），有的为吸收式的腐生性异养类型（如黏菌），有的为寄生（如锥虫），还有少数种类有兼性自养和异养营养的功能（如眼虫）。

原生生物的生殖方式多样，有无性生殖和有性生殖。无性生殖最普遍的是裂殖，大多为横分裂，有些是纵分裂。有的裂殖为多核分裂繁殖。有些既可行无性生殖，也可行有性生殖。

2. 主要类群

原生生物的分类始终是个有争议的问题。目前，对原生生物界的各级分类还没有一个被公认的分类体系。Whittaker 提出的五界分类系统，是将真核单细胞生物归入原生生物界。以后，在 20 世纪 70～80 年代，原生生物界不断扩大，有人将所有藻类都放入原生生物界，只有高等植物才属于植物界，即原生生物界包括了一些多细胞生物，如海带等。同时，也将一些原属真菌界的生物如黏菌、水霉等归入原生生物界。随着生物科学的发展，对原生生物的分类会有更为明确、更接近自然的分类系统。

目前，我们将原生生物界主要分为三大类，包括类动物原生生物、类植物原生生物以及类真菌原生生物。

现存的类动物原生生物有 25 000～30 000 种，大都为可运动的掠食者或寄生者，可分为下列几类：具鞭毛的原生动物，如引起非洲昏睡病的锥体虫类、感染人类生殖道的滴虫类；似阿米巴的原生动物，藉伪足移动，如有壳或无壳的变形虫；有孔虫类；太阳虫类和放射虫类；孢子虫类，能滑行或不能运动，如疟原虫属会引起疟疾；纤毛虫类，利用众多的纤毛来运动和觅食，如草履虫。

类植物原生生物主要有甲藻门、金藻门和裸藻门等。甲藻多为单细胞，是海洋浮游生物的主要成员及光合作用的主要进行者，也是海水中的主要赤潮生物；金藻含大量胡萝卜素和叶黄素而呈金黄色，也是以单细胞为主，少数可成松散群体；眼虫是常见的裸藻生物，兼有一般动物和植物的营养特性，具有眼点、鞭毛、无细胞壁等动物细胞特点。

类真菌原生生物主要包括黏菌和水霉。它们的细胞壁含纤维素与几丁质，有游走细胞，具鞭毛或行变形虫运动，而与菌类不同；黏菌有吞噬作用，吞入固体食物，而菌类则分泌酶素，将食物分解而吸收。此外，有些水霉会储藏一种碳水化合物，此物质很像褐藻中的储藏物质，但与菌类、植物、动物都不同。黏菌和水霉传统上被视为菌类，但经由以上特征，它们较适合归在原生生物界。

3. 原生生物的作用

原生生物是人类和家畜的常见病原体。据报道，全世界至少有 1/4 人口由于原生生物的感染而得病。现发现的有 28 种原生生物可寄生在人体，如由利什曼虫引起的热黑病等。

原生生物也是自然界有机物及氧气的制造者。原生生物中的单细胞浮游藻类是水生动物的食物来源。据估计，植物光合作用所制造的有机物中有 54%～60% 是由这些单细胞或群体的浮游藻类产生的。

原生生物可用于处理污水，可以利用原生生物来消除有机废物、有害细菌以及对有害物质进行絮化沉淀等。由于原生生物对环境条件有一定的要求，对栖息地中某些环境因素的变化较为敏感，尤其是不同水质中必定生活着某些相对稳定的种类，因此在环境监测中可利用原生生物作为"指示植物"，判断水质污染程度。此外，原生生物还可用于生物农药、地质勘测等众多领域。

三、真菌界

1. 主要特征

绝大多数真菌是多细胞的真核生物，细胞中有核膜与核仁的分化，有线粒体等细胞器和内质网等内膜结构，具有细胞壁，但无根、茎、叶的分化，也没有光合色素，不能像植物一样自制养料，又不能像动物一样活动而摄取食物，基本是从其他生物、生物尸体或排泄物上摄取营养，营寄生或腐生生活。

(1) 真菌门 真菌门是人们日常生活中经常见到的一类典型的真核异养生物。

① 真菌门的特征

a. 真菌没有叶绿素，不能进行光合作用制造养料，所以它们的营养方式是异养的。异养方式多样，凡从活的动物、植物吸收养分的称为寄生；从死的动植物体或其他无生命的有机物中汲取养分的称为腐生；从活的有机体汲取养分，同时又提供该活体有利的生活条件，从而彼此间互相受益、互相依赖的称为共生。

b. 真菌除了少数种类是单细胞外，绝大多数是由纤细、管状的菌丝构成的，组成一个菌体的全部菌丝称为菌丝体。菌丝（图 7-3）一般都有隔膜，把菌丝分隔成许多细胞，称为

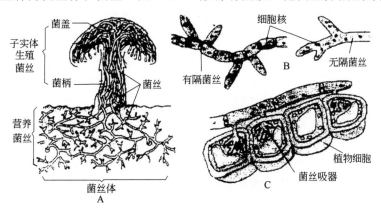

图 7-3 真菌的菌丝

A—蘑菇菌丝；B—有隔、无隔菌丝；C—菌丝吸器

（引自顾德兴，2000）

有隔菌丝，有的低等真菌的菌丝不具隔膜，称为无隔菌丝。菌丝细胞内含有原生质、细胞核、液泡、核糖体、线粒体、内质网，储藏的营养物质是糖、油脂和菌蛋白，而不含淀粉。细胞壁大多数由几丁质组成，少数由纤维素组成。

菌丝又是吸收养分的结构。腐生真菌可由菌丝直接从基质中吸收养分，或产生假根吸收养分。寄生菌在寄主细胞内寄生，直接和寄主的原生质接触汲取养分。

c. 真菌的繁殖方式有营养繁殖、无性繁殖和有性繁殖三种。其生活史是从孢子萌发开始，经过生长和发育阶段，最后又产生同样孢子的全部过程。

营养繁殖中常见的如菌丝断裂，每一条断裂的菌丝小段都可以发育成一个新的菌丝体。有些单细胞真菌，如裂殖酵母以细胞分裂方式进行繁殖。有的从母细胞上以出芽方式形成芽孢子进行繁殖，如胞质变浓，形成一种休眠细胞，即厚壁孢子。

无性繁殖产生各种类型的孢子，如孢囊孢子、分生孢子等。孢囊孢子是在孢囊内形成的不动孢子。分生孢子是由分生孢子梗的顶端或侧面产生的一种不动孢子。这些无性孢子在适宜的条件下萌发形成芽管，芽管又继续生长而形成新的菌丝体。

有性繁殖是很复杂的，方式是多样的，有同配生殖、异配生殖、接合生殖、卵式生殖；通常有性生殖也产生各种类型的孢子，如子囊孢子、担孢子等。真菌在产生各种有性孢子之前，一般经过三个不同的阶段。第一是质配阶段，由两个带核细胞的原生质相互结合为同一个细胞。第二是核配阶段，由质配带入同一细胞内的两个细胞核的融合。在低等真菌中，质配后立即进行核配，但在高等真菌中，双核细胞要持续相当长的时间才发生细胞核的融合。第三是减数分裂，重新使染色体数目减为单倍体，形成四个单倍体的核，产生四个有性孢子。

② 真菌门的主要类群。根据国际真菌研究所编著的《真菌词典》第7版（1983）记载，真菌有5950属，64 200种，我国已知的约有8000种。比较重要的有子囊菌纲、担子菌纲和半知菌纲。

a. 子囊菌纲：是真菌中最大的一门高等真菌，约35 000种，主要特征是除少数原始种类为单细胞类型外，都是由有横隔的菌丝组成的菌丝体。例如酵母菌、红色面包霉、赤霉、冬虫夏草等。子囊菌的无性生殖特别发达，有裂殖、芽殖或形成各种孢子，如分生孢子、节孢子、厚垣孢子（厚壁孢子）等。有性生殖产生子囊，内生子囊孢子，这是子囊菌亚门的最主要的特征，除少数原始种类子囊裸露不形成子实体外，如酵母菌，绝大多数子囊菌都产生子实体，子囊包于子实体内。子囊菌的子实体又称子囊果。

b. 担子菌纲：是高等真菌中的一类，担子菌是一群多种多样的真菌，全世界有1100属，16 000余种，都是由多细胞的菌丝体组成的有机体，菌丝均具有横隔膜。在整个发育过程中，产生两种形式不同的菌丝：一种是由担孢子萌发形成具有单核的菌丝，这叫做初生菌丝。以后通过单核菌丝的结合，核并不及时结合而保持双核的状态，这种菌丝叫次生菌丝。次生菌丝双核时期相当长，这是担子菌的特点之一。担子菌最大的特点是形成担子、担孢子。产生担孢子的复杂结构的菌丝体叫做担子果，就是担子菌的子实体。其形态、大小、颜色各不相同，如呈伞状、扇状、球状、头状、笔状等。

c. 半知菌纲：约25 000种，绝大多数种类为有隔菌丝组成的菌丝体，只以分生孢子进行繁殖，尚未发现其有性生殖过程；有些种类仅发现菌丝，连分生孢子也未发现，故名半知菌。半知菌绝大多数是腐生，约1/3是寄生在人、动物和植物体内，可引起疾病，如人的头癣、灰指甲、脚癣（香港脚）等均是由半知菌类的菌株引起的。半知菌代表如曲霉、青霉、木霉等。青霉产生青霉素；产黄青霉主要寄生在玉米、小麦等主要粮食作物上，产生的毒素可致小白鼠肝细胞癌变；黄曲霉产生黄曲霉毒素，可引发肝癌。

（2）地衣门 地衣是一类特殊的生物有机体，它不是单一的植物体，是由真菌和藻类高度结合的共生复合原生植物体。组成地衣的真菌绝大多数为子囊菌，少数为担子菌；组成地衣的藻类通常是蓝藻和绿藻。参与地衣的真菌是地衣的主导部分，地衣的子实体实际是真菌的子实体（图7-4）。并不是任何真菌都可以同任何藻类共生而形成地衣，只有那些在生物长期演化过程中与一定的藻类共生而生存下来的地衣型真菌才能与相应的地衣型藻类共生而形成地衣。地衣中的菌丝缠绕藻细胞，并包围藻类。藻类光合作用制造的营养物质供给整个植物体，菌类则吸收水分和无机盐，为藻类提供进行光合作用的原料。

现有记载地衣约有 500 属，26 000 种。它们分布极为广泛，从南北两极到赤道，从高山到平原，从森林到荒漠，无论是在瘠薄的峭壁、岩石、树皮上或沙漠地上，还是在潮湿的土壤地面，都有地衣的存在。地衣的适应能力极强，对营养条件要求不严，耐旱耐寒。

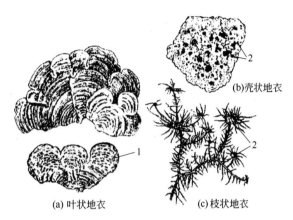

图 7-4　地衣的三种形态
1—着生担子的子实体；2—子囊盘

(a) 叶状地衣　(b)壳状地衣　(c)枝状地衣

地衣是自然界的先锋植物之一。它分泌的地衣酸对岩石的风化和土壤的形成具有一定的作用。地衣大多数是喜光植物，要求空气清洁新鲜，特别对 SO_2 非常敏感，所以在工业城市附近很少有地衣的生长，因此，地衣可作为鉴别大气污染程度的指示植物。另外，有些地衣如石耳可食用，松萝可入药，海石蕊地衣可以用来提取色素制成染料、酸碱指示剂或石蕊试纸等。

2. 真菌在自然界中的作用及其与人类的关系

（1）真菌在自然界中的作用 真菌在自然界中起着非常重要的作用。在地球生态系中，真菌作为分解者起着极其重要的作用。它们与细菌协力将大量的植物有机体分解还原至无机态，促进碳、氮、硫等元素的循环，不仅起到了"清洁工"的作用，还帮助植物界建立起自体施肥体系。在森林中，有众多的树种和其他绿色植物，它们的根部或组织与真菌共同形成菌根。菌根的形成相对地增大了树木吸收根的吸收面积，不断地吸水和吸收养料，同时还产生一些拮抗物质，抑制某些有害的菌种对树木的侵害，因此又可以说菌根是树木的天然保卫者。当森林树种和粮食作物受到某些害虫的威胁时，白僵菌和拟青霉等真菌便会积极寄生在虫体上，引起害虫疫病的流行，从而保护了树木和农作物。捕食性真菌常常捕食土壤中的线虫，从而保护了植物免受线虫之害，还有些真菌寄生在有害的病原菌上，限制病原菌对植物的危害。利用真菌产生的抗生素，不仅是医务界临床应用的良药，并且应用在植物病害的防治上也是大有前途的。但同时真菌在自然界中也有不利的一面，一切野生的和栽培的植物都可能被真菌侵害发生病害，造成一定的经济损失，甚至灾害。

（2）真菌与人类的关系 在食品工业中，制作面包、酒类以及用淀粉制糖，是绝对少不了真菌的。日常所用的酱油、食醋、豆腐乳、豆酱等副食品的加工也少不了真菌的作用。在化学工业中，如甘油、柠檬酸、乳酸、葡萄糖酸、衣原酸、延胡索酸等的生产，都是通过真菌的发酵作用完成的。中国出产的名贵药材，如茯苓、马勃、雷丸、虫草、灵芝、猪苓等，都是真菌的子实体。在现代药物中，青霉素、灰黄霉素、头孢霉素等名目繁多的抗生素类，都是利用真菌生产的药物。近年来，在猴头菌等真菌体中，发现了抗癌物质，其萃取液在医治癌症上发挥了很好的疗效。

但真菌对人类的危害也不容忽视。真菌引起的人的头癣、体癣、甲癣、脚癣，隐球酵母引起的脑炎和拟肺结核，都是使人致死的疾病。有许多真菌含有毒性物质，通过各种方式被摄入人和动物体内后就会中毒，轻则致病，重则致死。中国已报道的毒蘑菇达八十多种，中毒症状各异，常见腹鸣、呕吐、下泻、耳鸣、眩晕、幻觉、狂笑、狂奔、精神错乱、发汗、沉醉、大小便失禁、剧痛等症状，严重中毒时可致死。

真菌产生的毒素已知一百多种，它们常积存于大米、玉米、花生、黑麦草、蘑菇以及饲料饲草之中，引起人畜中毒。著名的黄曲霉毒素和岛青霉毒素，积留在粮食之中，一旦被人畜食用后便引起急性中毒，并已被证实可以致癌，应当引起注意。其他如饲草饲料因发霉或混有麦角菌而引起家畜中毒之例，屡见不鲜。

第三节　植　物　界

低等植物藻类是地球上最早出现且离不开水的植物。由于自然条件的变更，藻类朝着适应新的生活环境演化。某些绿藻离水登陆，加强了孢子体成为裸蕨植物。裸蕨植物登上陆地之后向着不同的方向发展，产生了叶片和根系，改进了茎的结构，出现了管胞组成的木质部及其周围的韧皮部，提高了对陆地生活的适应能力，逐渐离开水，演化成各种类型的高等植物。目前已知约有40万种植物。

一、苔藓植物

苔藓植物是高等植物中比较原始的类群，是由水生生活方式向陆地生活方式的过渡类群之一，多生于阴湿环境中。

1. 主要特征

苔藓植物是绿色自养型的陆生植物，植物体是配子体，它是由孢子萌发成原丝体，再由原丝体发育而成的。苔藓植物一般较小，大者不过几十厘米，通常看到的植物体（配子体）大致可以分成两种类型：一种是苔类，保持叶状体的形式；另一种是藓类，开始有类似茎、叶的分化。苔藓植物没有真根，只有假根（是表皮突起的单细胞或一列细胞组成的丝状体）。茎内组织分化水平不高，仅有皮部和中轴的分化，没有真正的维管束构造。叶多数由一层细胞组成，既能进行光合作用，也能直接吸收水分和养料。

苔藓植物的有性生殖器官在结构和功能上已出现分化，有性生殖时，在配子体（n）上产生由多细胞构成的雄性生殖器官精子器和雌性生殖器官颈卵器。精子器产生精子，精子有两条鞭毛借水游到颈卵器中与卵结合，卵细胞受精后成为合子（$2n$），合子在颈卵器内发育成胚，胚依靠配子体的营养发育成孢子体（$2n$），孢子体不能独立生活，只能寄生在配子体上。孢子体可分为孢蒴、蒴柄和基足。孢蒴是孢子体最主要的部分，孢蒴内的孢原组织细胞经多次分裂再经减数分裂，形成孢子（n），孢子成熟后，从孢蒴内散出，在适宜的环境中萌发成新的丝状体，称为原丝体，从原丝体上再生出配子体，即苔藓植物的营养体（图7-5）。

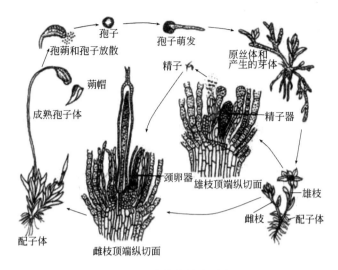

图 7-5　葫芦藓的生活史

由此可见，在苔藓植物的生活史中，从孢子萌发到形成配子体，配子体产生雌雄配子，这一阶段为有性世代。从受精卵发育成胚，由胚再发育形成孢子体的阶段称为无性世代。有性世代和无性世代互相交替形成了明显的世代交替。

2. 苔藓植物的分类

苔藓植物全世界约有 23 000 种，我国约有 2800 种，常分为三纲，即苔纲、角苔纲和藓纲。常见的是苔纲植物和藓纲植物。苔纲植物多为叶状体，少为茎叶体，具背腹性，两侧对称，假根为单细胞，孢子体结构简单；藓纲植物均为茎叶体，辐射对称，假根为单列细胞组成且分支，孢子体结构较苔纲复杂。苔纲的代表植物是地钱，藓纲的代表植物是葫芦藓，另外常见的苔藓植物有叶苔、角苔属、泥炭藓属、小金发藓属和真藓属等。

(1) 苔纲　苔类多生于阴湿的土地、岩石和树干上，亦可生于树叶上。有的种类也可以飘浮于水面，或完全沉于水中。苔类植物的营养体（配子体）形状很不一致，有的种类是叶状体，有的种类则有茎、叶的分化，但植物体多为背腹式。孢子体的构造比藓类简单，孢蒴无蒴齿，多数种类亦无蒴轴，孢蒴内除孢子外具有弹丝。孢子萌发时，原丝体阶段不发达。苔纲通常分为三目：地钱目、叶苔目和角苔目。

(2) 藓纲　藓类植物种类繁多，遍布世界各地，由于它们比苔类植物耐低温，因此，在温带、寒带、高山、冻原、森林、沼泽常能形成大片群落。藓纲植物多为辐射状，为有茎、叶区别的茎叶体，没有真正的根，茎下生多数假根，以假根牢固于地面。有些种类其茎内有中轴分化。叶在茎上为螺旋状排列，叶具中脉。配子体为直立式幼小绿色植物。雌雄生殖器官集生于同株异枝的枝端。精子器能产生会游动的精子，下雨时，精子会被雨水溅起，落在颈卵器附近，最后进入颈卵器，与卵子结合（受精作用）。受精卵发育成为孢子体。虽然藓类植物的孢子体具有叶绿素，但仍要依赖配子体。随着孢子体的成长，蒴柄增长，蒴盖脱落，孢子散出，如环境合适，孢子会萌发成原丝体。原丝体长出芽体，每一芽体分别长成一株新的配子体。藓纲通常分为三目：泥炭藓目、黑藓目和真藓目。

3. 苔藓植物在自然界中的作用及其与人类的关系

苔藓植物在自然界中起着非常重要的作用，它是自然界的拓荒者，是其他植物生长的开路先锋。苔藓植物都能够分泌一种液体，这种液体可以缓慢地溶解岩石表面，加速岩石的风化，促成土壤的形成；苔藓植物能够促使沼泽陆地化。泥炭藓、湿原藓等极耐水湿的苔藓植物在湖泊和沼泽地带生长繁殖，它们的衰老的植物体或植物体的下部，逐渐死亡和腐烂，并沉降到水底，时间久了，植物遗体就会越积越多，从而使苔藓植物不断地向湖泊和沼泽的中心发展，湖泊和沼泽的净水面积不断地缩小，湖底逐渐抬高，最后，湖泊和沼泽就变成了陆地。苔藓植物还可以作为土壤酸碱度的指示植物，比如生长着白发藓、大金发藓的土壤是酸性的土壤，生长着墙藓的土壤是碱性土壤；近年来，人们把苔藓植物当作大气污染的监测植物，例如，尖叶提灯藓和鳞叶藓对大气中的 SO_2 特别敏感；苔藓植物的水土保持作用也不容忽视，群集生长和垫状生长的苔藓植物，植株之间的空隙很多，因而具有良好的保持土壤和储蓄水分的作用，有些苔藓植物的本身，还有储藏大量水分的功能，像泥炭藓叶中大型的储水细胞，可以吸收高达本身重量 20 倍的水分。

苔藓植物在医药方面的应用有着悠久的历史。据载，金发藓属的土马骔有败热解毒作用，全草能乌发、活血、止血、利大小便。暖地大叶藓对治疗心血管病有较好的疗效。而一些仙鹤藓属、金发藓属等植物的提取液，对金黄色葡萄球菌有较强的抗菌作用。

另外苔藓植物因其茎、叶具有很强的吸水、保水能力，在园艺上常用于包装运输新鲜苗木，或作为播种后的覆盖物，以免水分过量蒸发。此外，泥炭藓或其他藓类所形成的泥炭，可作燃料及肥料。总之，随着人类对自然界认识的逐步深入，对苔藓植物的研究利用也将进一步得到发展。

二、蕨类植物

1. 主要特征

蕨类植物又称羊齿植物，是一群进化水平最高的孢子植物，也是最原始的具有维管束的植物，出现在古生代泥盆纪，石炭纪最繁盛，成高大森林，至二叠纪后大多灭绝，埋入地下变成煤层。

蕨类植物的孢子体有根、茎、叶的分化，且出现了维管系统。维管系统由木质部和韧皮部组成，木质部中含运送水分的管胞或导管分子，韧皮部中含有运输无机盐和养料的筛胞或筛管。配子体微小，多心形或垫状，绿色自养或与真菌共生，无根、茎、叶的分化，具单细胞的假根。有性生殖器官为精子器和颈卵器，无种子。由此可见蕨类植物在植物分类地位上属于高等植物范畴。这是植物进化史上出现的一大亮点。

蕨类植物另一个主要特征就是有明显的世代交替现象（图 7-6）。配子体退化，孢子体发达，配子体寄生在孢子体上。但蕨类植物的受精作用仍离不开水，从这一点分析，蕨类植物仍属于低等的高等植物。

2. 蕨类植物的分类

蕨类植物世界上现在约有 12 000 种，我国约有 2600 种，仅云南就有 1000 种，因此被称为"蕨类王国"。蕨类植物共分为 5 个纲：石松纲、水韭纲、松叶蕨纲（裸蕨纲）、木贼纲和真蕨纲。前 4 纲为小型叶蕨类，又称为拟蕨植物，是一些较原始而古老的蕨类植物，现存的种类很少。真蕨纲为大叶型蕨，是进化的也是现代极其繁茂的蕨类植物。

（1）石松纲 孢子体多为二叉式分支，小型叶，延生起源又称为拟叶，常螺旋状排列，有时对生或为轮生，有或无叶舌，孢子囊有厚壁，单生于孢子叶腋的基部，或聚生于枝端成孢子叶球，或称为孢子叶穗。孢子同型或孢子异型。现仅有石松目和卷柏目两目。

（2）水韭纲 现仅存水韭属，有 70 多种，我国有 2 种。它们生于水边或水底，叶细长

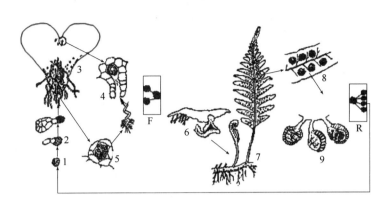

图 7-6　水龙骨属（*Polypodium*）的生活史
1—孢子；2—孢子萌发；3—原叶体；4—颈卵器；5—精子器；6—合子萌发成的幼孢子体；
7—成长的孢子体；8—孢子叶上生有孢子囊群；9—孢子囊；F—受精；R—减数分裂

似韭，<u>丛生于短粗的茎上，叶舌生于孢子囊的上方，有大小孢子囊及孢子。精子具有多鞭</u>毛。常见的有中华水韭。

（3）松叶蕨纲　松叶蕨纲也叫裸蕨纲，孢子体仅有假根。叶为小叶型，枝多次二叉分支。孢子囊生于柄状孢子叶近顶端。孢子同型，雌雄同体，游动精子螺旋形，具多数鞭毛。我国只有松叶蕨属一属。分布于我国南方的有松叶兰。

（4）木贼纲　茎具有明显的节和节间，叶小，鳞片状轮生。孢子囊穗生于枝顶，孢子叶盾状，下生多个孢子囊，孢子同型，具有 2 条弹丝，螺旋形游动精子，具有多数鞭毛。现在仅存有木贼属一属，有 30 多种，我国约有 9 种。常见的有：节节草，可作药用和磨光材料，也是农田杂草；木贼及问荆可入药，有清热利尿的作用，也为田间杂草。

（5）真蕨纲　叶为大叶型。孢子囊着生于叶缘或叶背，汇集成各种孢子囊群堆，有或无囊群盖。孢子同型。配子体常为心脏形，生殖器官生于腹面。真蕨是现今最繁茂的蕨类植物，约 10 000 种以上，我国有 40 科 2500 种，可分为厚囊蕨亚纲和薄囊蕨亚纲两个亚纲。

① 厚囊蕨亚纲。孢子囊为厚囊型，由一群细胞发育而成。孢子囊壁为多层细胞。本亚纲有 7 个科、12 属。我国有 5 科 6 属约 90 种。常见的有心叶瓶尔小草、瓶尔小草、狭叶瓶尔小草和蕨其等。

② 薄囊蕨亚纲。孢子囊为薄囊型，由一个细胞发育而来。孢子囊壁仅一层细胞，具有各式环带。孢子囊汇聚为各式孢子囊堆。孢子同型，很少为异型，有真蕨目（水龙骨目）、苹目、槐叶苹目三目。

关于蕨类植物的起源问题，多认为是起源于绿藻。它们都具有相似的叶绿素，储藏淀粉类物质、世代交替、有鞭毛的游动精子以及多细胞的性器官等也都相似。

3. 蕨类植物在自然界中的作用及其与人类的关系

蕨类植物与人类的关系十分密切。除古蕨类遗体在地层中形成的煤为人类提供了丰富的能源外，还有多方面经济价值。长期以来，人们就利用蕨类治疗各种疾病，《本草纲目》中就有不少记载。如海金沙可治尿道感染、尿道结石；骨碎补能坚骨补肾、活血止痛；用卷柏外敷治刀伤出血；用贯众治虫积腹痛和流感；鳞毛蕨及其近缘种的根状茎煎汤，为治疗牛羊的肝蛭病的特效药。蕨、菜蕨、水蕨、紫其及观音莲座等都可食用，许多种蕨的根状茎中富含淀粉，称蕨粉或山粉，不但可食，还可作酿酒的原料。石松的孢子称石松子粉，含有大量油脂，可作冶金工业上的优良脱模剂，使铸件表面光滑，减少砂眼。木贼的茎含硅质较多，可作木器和金属的磨光剂。满江红属蕨类通过与固氮蓝藻共生，能从空气中吸取和积累大量的氮，既是优质的绿肥，又是猪、鸭等畜禽的良好饲料。

蕨类植物的生活对外界环境条件的反应具有高度的敏感性，不少种类可作为指示植物。如卷柏、石韦、铁线蕨是钙质土的指示植物，狗脊、芒萁、石松等是酸性土的指示植物，桫椤与地耳蕨属的生长，指示热带和亚热带的气候。蕨类植物枝叶青翠，形态奇特优雅，常在庭院、温室栽培或制作成盆景，具有较高的观赏价值。

三、裸子植物

裸子植物发生发展的历史悠久，最初的裸子植物出现，约在 3.45 亿年前至 3.95 亿年之间的古生代泥盆纪，历经古生代的石炭纪、二叠纪，中生代的三叠纪、侏罗纪、白垩纪，新生代的第三纪、第四纪。从裸子植物发生到现在，地史气候经过多次重大变化，裸子植物种系也随之多次演变更替，老的种类相继灭绝，新的种类陆续演化出来，种类演替繁衍至今。现代的裸子植物有不少种类，是从约 250 万年前至 6500 万年之间的新生代第三纪出现的，又经过第四纪冰川时期保留下来。裸子植物在陆地生态系统中占有非常重要的地位，由裸子植物组成的森林约占全世界森林总面积的 80%。例如我国东北大兴安岭的落叶松林，吉林、辽宁的红松林，陕西秦岭的华山松林，甘肃的云杉和冷杉林，长江流域以南的马尾松和杉木林等。

1. 主要特征

裸子植物是介于蕨类植物和被子植物之间的一个类群，裸子植物没有真正的花，仍以孢子叶球作为主要的繁殖器官，其植物体（孢子体）发达，多为乔木、灌木，稀为亚灌木（如麻黄）或藤本（如买麻藤），大多数是常绿植物，极少为落叶性（如银杏、金钱松）；茎内维管束环状排列，有形成层及次生生长，但木质部仅有管胞，而无导管（除麻黄科、买麻藤科外），韧皮部有筛胞而无伴胞。叶为大型叶，有针形、条形、鳞片形，极少数为扁平形的阔叶。叶背的气孔线常多条紧密排列成淡色的气孔带。

裸子植物的枝有长、短之分；长枝细长，无限生长，叶在长枝上螺旋排列；短枝粗短，生长缓慢，叶簇生枝顶。该类植物网状中柱，有年轮。

孢子叶大多数聚生成球果状，称孢子叶球，孢子叶球单生或聚生成各式球序，通常是单性同株或异株。小孢子叶（雄蕊）聚生成孢子叶球（雄球花），每个小孢子叶下面生有储满小孢子（花粉）的小孢子囊（花粉囊）。大孢子叶（心皮）丛生或聚生成大孢子叶球（雌球花）（图 7-7）。

裸子植物每个大孢子上或边缘生有裸露的胚珠。胚珠裸生于心皮的边缘上，经过传粉、受精后发育成种子，所以称裸子植物，这是与被子植物的主要区别。裸子植物的配子体非常退化，微小，构造简单，完全寄生在孢子体上。大多数的裸子植物具多胚现象，这是由于一个雌配子体上的几个或多个颈卵器的卵细胞同时受精，形成多胚，或者由于一个受精卵在发育过程中发育成原胚，再由胚组织分裂为几个胚而形成多胚。裸子植物的种子由胚、胚乳和种皮等组成，胚来源于受精卵，是新一代孢子体，胚乳来源于雌配子体，种皮来源于珠被，是老一代的孢子体，因此，裸子植物的种子包含有三个不同的世代。

2. 裸子植物的分类

裸子植物出现于 3 亿年前的古生代晚期，是一群最进化的颈卵器植物，裸子植物广布世

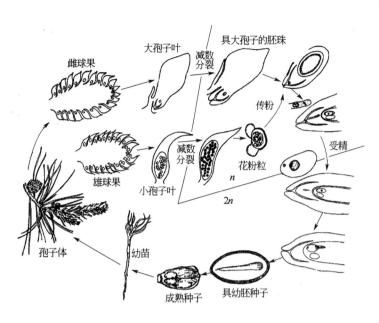

图 7-7　松的生活史

(引自吴相钰，2005)

界各地，特别是北半球亚热带高山地区及温带至寒带地区，常形成大面积的森林。现存的裸子植物共有 12 科，71 属，约 800 种。我国是裸子植物种类最多、资源最丰富的国家之一，有 11 科，41 属，236 种。其中有许多种类是中国特产种或称第三纪孑遗植物，或称"活化石"植物。裸子植物一般分为 5 个纲，即苏铁纲、银杏纲、松柏纲、红豆杉纲和买麻藤纲。我国的裸子植物多为林业经营上的重要用材树种，也是纤维、树脂、单宁等原料树种，少数种类的枝叶、花粉、种子、根皮等可供药用。

（1）苏铁纲（铁树纲）　常绿木本植物，茎干粗壮，常不分支。叶螺旋状排列，有鳞叶及营养叶，二者相互成环着生；鳞叶小，密被褐色毡毛；营养叶大，羽状深裂，集生于树干顶部（图 7-8）。孢子叶球亦生于茎顶，雌雄异株。游动精子有多数纤毛。染色体：X＝8、9、11、13。铁树纲植物在古生代的末期（二叠纪）兴起，中生代的侏罗纪相当繁盛，以后逐渐趋于衰退，现存的仅有 1 目，1 科，共 9 属，约 110 种，分布于南、北半球的热带及亚热带地区，其中 4 属产美洲、2 属产非洲、2 属产大洋洲、1 属产东亚。我国仅有铁树属 8 种。

图 7-8　铁树

A—植株外形；B—小孢子叶；
C—聚生的小孢子囊；D—大孢子叶及种子

（2）银杏纲　落叶乔木，枝条有长、短枝之分。叶扇形，先端 2 裂或波状缺刻，具分叉的脉序，在长枝上螺旋状散生，在短枝上簇生。球花单性，雌雄异株，精子具多纤毛。种子核果状，具 3 层种皮，胚乳丰富。本纲现仅残存 1 目，1 科，1 属，1 种，为我国特产，国内外栽培很广。染色体：X＝12。

（3）松柏纲（球果纲）

① 松柏纲的主要特征。常绿或落叶乔木，稀为灌木，茎多分支，常有长、短枝之分；

茎的髓部小，次生木质部发达，由管胞组成，无导管，具树脂道。叶单生或成束，针形、鳞形、钻形、条形或刺形，螺旋着生或交互对生或轮生，叶的表皮通常具较厚的角质层及下陷的气孔。孢子叶球单性，同株或异株，孢子叶常排列成球果状。小孢子有气囊或无气囊，精子无鞭毛。球果的种鳞与苞鳞离生（仅基部合生）、半合生（顶端分离）及完全合生。种子有翅或无翅，胚乳丰富，子叶2～10枚。松柏纲植物因叶子多为针形，故称为针叶树或针叶植物；又因孢子叶常排成球果状，也称为球果植物。

② 分类及代表植物。松柏纲植物是现代裸子植物中数目最多、分布最广的类群。现代松柏纲植物有44属，400余种，隶属于4科，即松科、杉科、柏科和南洋杉科，它们分布于南、北两半球，以北半球温带、寒温带的高山地带最为普遍。我国是松柏纲植物最古老的起源地，也是松柏植物最丰富的国家，并富有特有的属、种和第三纪孑遗植物，有3科，23属，约150种，为国产裸子植物中种类最多、经济价值最大的1个纲，分布几遍全国；另引入栽培1科，7属，50种，多为庭园绿化及造林树种。

(4) 红豆杉纲（紫杉纲） 常绿乔木或灌木，多分支。叶为条形、披针形、鳞形、钻形或退化成叶状枝。孢子叶球单性异株，稀同株。胚珠生于盘状或漏斗状的珠托上，或由囊状或杯状的套被所包围。种子具肉质的假种皮或外种皮。

在传统的分类中，本纲植物通常被放在松柏纲（目）中，但根据它们的大孢子叶特化为鳞片状的珠托或套被、不形成球果以及种子具肉质的假种皮或外种皮等特点，从松柏纲中分出而单列1纲。红豆杉纲植物有14属，约162种，隶属于3科，即罗汉松科、三尖杉科和红豆杉科。我国有3科，7属，33种。这三科在系统发育上有紧密关系，可能来自共同的祖先。

(5) 买麻藤纲（倪藤纲） 灌木或木质藤本，稀乔木或草本状小灌木。次生木质部常具导管，无树脂道。叶对生或轮生，叶片有各种类型，有细小膜质鞘状的，或绿色扁平状似双子叶植物的；也有肉质呈带状似单子叶植物的。孢子叶球单性，异株或同株，或有两性的痕迹，孢子叶球有类似于花被的盖被，也称假花被，盖被膜质、革质或肉质；胚珠1枚，珠被1～2层，具珠孔管；精子无纤毛；颈卵器极其退化或无；成熟大孢子叶球球果状、浆果状或细长穗状。种子包于由盖被发育而成的假种皮中，种皮1～2层，胚乳丰富。

买麻藤纲植物共有3目，3科，3属，约80种。我国有2目，2科，2属，19种，分布几遍全国。这类植物起源于新生代。茎内次生木质部有导管，孢子叶球有盖被，胚珠包裹于盖被内，许多种类有多核胚囊而无颈卵器，这些特征是裸子植物中最进化类群的性状。

四、被子植物

1. 主要特征

和裸子植物相比，被子植物有真正的花，故又叫有花植物，也有人称雌蕊植物，其组成是花被、雌蕊群、雄蕊群等，花被增强了传粉效率，达到了异花传粉；被子植物的胚珠包藏在闭合的子房内，得到良好的保护，子房在受精后形成的果实既保护种子又以各种方式帮助种子散布，这与裸子植物相比要完善得多；该类植物的孢子体要比裸子植物的发达得多，体内组织分化也极精细、完善，生理机能效率极高；具有双受精现象和三倍体的胚乳，此种胚乳不是单纯的雌配子体，而具有双亲的特性，使新植物体有更强的生活力；在解剖构造上，木质部有导管，韧皮部有筛管、伴胞，使输导组织结构和生理功能更加完善；被子植物的子房受精后发育成果实，这对种子的保护和传播有重要意义；被子植物的传粉方式多种多样，有虫媒、风媒、鸟媒、水媒等，因而被子植物可以适应各种生活环境；该类植物的生活型多种多样，可以生长在平原、高山、沙漠、盐碱地、湖泊、河流，甚至海洋中；同时在化学成分上，随着被子植物的演化而不断发展和变得复杂化，被子植物包含了所有天然化合物的各种类型，具有多种生理活性。

正是由于被子植物的上述特征，使被子植物具有强有力的生存竞争能力，优越于其他各类植物的内部条件，被子植物使地球颜色鲜明、种类繁多、变得生机勃勃。随着被子植物花形态之发展，果实、种子中高能量产物的储存，使得主要依赖植物的昆虫、鸟类及哺乳类迅速发展起来。

2. 被子植物的分类

被子植物是植物界进化最高级、种类最多、分布最广的类群之一。现知被子植物有 1 万多属，20 多万种，占植物界种类的一半以上。我国有 2700 余属，3 万种，其中特有属多达100 个以上，国家一级保护植物有 8 种，如珙桐、望天树和人参等；二级保护树种有 143种，如独叶草等；三级保护植物有 203 种，如野大豆等。根据植物的亲缘关系对被子植物进行了分类，并建立了分类系统，用以说明植物间的演化关系。被子植物分为两个纲，即双子叶植物纲和单子叶植物纲，其区别见表 7-2。

表 7-2 双子叶植物纲和单子叶植物纲的区别

项 目	双子叶植物纲	单子叶植物纲
根	直根系	须根系
茎	维管束成环状排列,有形成层	维管束成星散排列,无形成层
叶	具网状脉	具平形脉或弧形脉
花	各部分基数为 4 或 5,花粉粒具 3 个萌发孔	各部分基数为 3,花粉粒具单个萌发孔
胚	具 2 片子叶	具 1 片子叶

以上区别点不是绝对的，实际上有交错现象，如双子叶植物纲中的毛茛科、车前科、菊科等有须根系植物；胡椒科、睡莲科、毛茛科、石竹科等有维管束星散排列的植物；樟科、木兰科、小檗科、毛茛科有 3 基数的花；睡莲科、毛茛科、罂粟科、伞形科等有 1 片子叶的现象。单子叶植物纲中的天南星科、百合科、薯蓣科等有网状脉；眼子菜科、百合科、百部科等有 4 基数的花。

3. 被子植物在自然界中的作用及其与人类的关系

被子植物与人类生活关系非常密切，其中粮食有稻、大麦、小麦、大豆、高粱、玉米、马铃薯和板栗等；蔬菜有青菜、萝卜、冬瓜、番茄和洋葱等；油料有油菜、花生和芝麻等；轻工业原料有甘蔗为糖原料，茶为著名饮料，草棉为纺织原料，蓖麻为高级润滑油原料，橡胶为国防工业和交通原料，以及竹类为建筑和编织原料；水果有西瓜、苹果和菠萝等；药物有黄连和薄荷等；建筑用材有樟树、毛白杨、白桦树等；许多被子植物还可供观赏。

绿色植物具有调节空气和净化环境的重要作用，据报道，地球上的绿色植物每年能提供几百亿吨宝贵的氧气，同时从空气中取走几百亿吨的二氧化碳，故绿色植物是人类和一切动物赖以生存的物质基础。木材还可以为人类提供能源，中国的园林植物资源极为丰富，素有世界园林之母的雅号，栽种花卉已成为城市人们美化环境、调节空气和净化环境的重要时尚。

第四节 动 物 界

地球上现存动物约有 150 万种（图 7-9），它们形态各异，色彩缤纷，生活方式多样，显

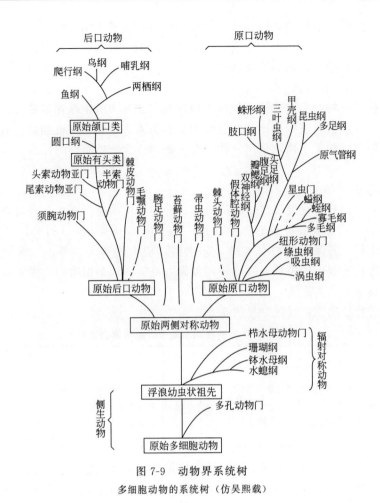

图 7-9　动物界系统树

多细胞动物的系统树（仿吴熙载）

示了动物生命巨大多样性，分为 35 门，70 余纲，约 350 目。各种分类方法也不尽相同，现仅就无脊椎动物和脊椎动物的主要特征加以介绍。

一、无脊椎动物

无脊椎动物的身体的中轴没有由脊椎骨构成的脊柱，主要包括海绵、腔肠、扁形、纽形、线虫、轮虫、环节、软体、节肢、腕足、棘皮等门类。

1. 海绵动物

海绵动物是低等的多细胞动物，细胞间保持着相对的独立性，尚无组织和器官的分化；体形多变，不规则，也不对称，多海产，营固着生活，单体或群体，约有 5000 种；每个个体由体壁和体壁围绕的中央腔构成。体壁由内、外两层细胞和中间的中胶层构成，两层细胞疏松地结合在一起。皮层部分细胞特化为管状即孔细胞，广泛分散在体表，故名多孔动物（图 7-10）。

图 7-10　海绵

孔细胞收缩，可控制水流，海绵动物有水管系统，水管系统中领细胞鞭毛的摆动使水形成水流，借水流在体内穿行而完成摄食、呼吸、排泄等机能，进行细胞内消化。海绵动物是最原始的后生动物，它们是单细胞动物向多细胞动物演化过程中发展起来的一个侧支，所以又称侧生动物。

已知的海绵动物约 1 万种，根据骨针、水沟系等特征，分为三纲：钙质海绵纲、六放海绵纲、寻常海绵纲。

2. 腔肠动物

腔肠动物是真正的双胚层多细胞动物。它们中大多数海产，只有水螅、桃花水母等少数种类生活在淡水中，营固着或漂浮生活。腔肠动物在动物的进化上居重要地位，首先出现胚层分化，为两胚层动物，身体辐射对称，有简单的组织分化，其中上皮组织占优势，分化了感觉细胞、腺细胞、消化细胞、刺细胞、间细胞、上皮肌肉细胞、消化循环腔、神经网等，这些结构可以使腔肠动物均衡地接触外界环境，获取食物。尤其是腔肠动物的网状神经系统，是动物界最早出现的一种原始的神经系统。腔肠动物有水螅体和水母体两种体型。水螅、珊瑚等是水螅体，适于附着生活；水母、海蜇等是水母体，适于漂浮生活（图 7-11）。腔肠动物在发育过程中有浮浪幼虫阶段。该幼虫有内外两胚层，表面有纤毛。一般认为多细胞动物是从一种类似浮浪幼虫的原始动物进化而来的。

现生的腔肠动物约 11 000 种，包括水螅纲、钵水母纲、珊瑚纲。珊瑚礁就是珊瑚纲的珊瑚虫群体生活死亡之后其外骨骼沉积下来形成的。

图 7-11　珊瑚（左）和水母（右）

3. 扁形动物

扁形动物是一类三胚层、两侧对称、无体腔、不分节、背腹扁平的动物，营自由生活或寄生生活，生活于海水、淡水或潮湿的土壤中。

扁形动物的两侧对称，使其身体有了前、后、左、右和背腹的分化。功能上也有分工，背面起保护作用，腹面主管运动与摄食，身体的前面主要是感觉，因此扁形动物的身体前端集中了感觉系统和神经系统，为脑的分化创造了条件。两侧对称的体型为动物由固定或漂浮的被动生活向自由运动的主动式生活的转变奠定基础。扁形动物的三个胚层的出现，即分化出的中胚层为肌肉系统和固定的生殖系统的分化奠定了基础。同时中胚层分化出的肌肉增强了动物的支持和运动能力，扩大了活动和摄食范围，增强了代谢水平，从而促进了神经系统、感觉器官，以及消化、呼吸、循环、排泄等器官系统的形成和发展。所以说中胚层的出现使动物达到了器官系统的分化水平。

三角涡虫是常见的种类，常躲在池塘、小溪石块之下。其头部有"脑"、眼点、化学感受器等，口位于腹面后 1/3 处，无肛门和体腔，雌雄同体。寄生的扁虫有吸虫和绦虫两类。它们的体表纤毛消失，感觉器官退化，有固着器官——吸盘、小钩等，消化系统退化或者完全消失，营渗透型营养，生殖系统极为发达，生活史复杂，有更换宿主的现象。

长江流域的血吸虫危害严重，雌雄异体，成体寄生于肠系膜或肝脏的血管中。血吸虫身体前后端各有一个吸盘，用以吸附在寄主的血管壁上。其卵随粪便排出，在水中卵内幼虫破壳而出。幼虫遍体纤毛，可游泳，称为毛蚴。毛蚴钻入钉螺体内，发育成孢蚴。每一个孢蚴又可产生多个第二代孢蚴。第二代孢蚴又可以各自产生多个尾蚴。尾蚴在水中游泳，遇到合适的时机穿过人的皮肤潜入人体，发育成血吸虫。患者肝、脾肿大，后期可引起肝硬化、象皮肿。

绦虫的种类很多，最常见的有猪肉绦虫和牛肉绦虫，成虫寄生在人的消化道中。幼虫名囊蚴，寄生在猪或牛的肌肉组织中，大如米粒。若误食，囊蚴会在人体的消化道中发育成绦虫成体。

扁形动物现存约 7000 种，分三纲：涡虫纲、吸虫纲、绦虫纲。

4. 线虫动物

大多数线虫营自由生活，广泛分布于淡水、海水、沙漠和土壤等自然环境中；少数营寄生生活的种类寄生于动植物体内和体表。独立生活的线虫体长不超过 1mm。寄生的种类也很多，如蛲虫、甜菜线虫、小麦线虫、蛔虫等。线虫在体壁和消化管之间出现了假体腔，它是囊胚腔的遗迹。线虫体表有角质膜，消化管后端出现了肛门，无循环和呼吸系统。线虫由于体表有角质层，环肌退化，有假体腔等特殊结构，使它成为动物进化中的一个盲支。

线虫动物分为两个纲：尾感器纲和无尾感器纲，若干目。

5. 环节动物

环节动物是最早出现分节和真体腔的三胚层动物。土壤中的蚯蚓，海洋中的沙蚕、毛翼虫、光虫，池塘和热带丛林中的蚂蟥，都是环节动物（图 7-12）。环节动物的身体由一系列重复的体节组成。体节不仅表现为体表的环纹，体内各器官系统也是按节排列的，如后肾管、神经节均为每体节一对。前后神经节以神经相连而成阶梯或神经系统，这种现象称为同

图 7-12　蚯蚓和沙蚕

律性分节。体节的出现促进了动物体形态构造和生理机能向更高一级的水平分化发展。环节动物的真体腔的出现，为内脏器官的发展提供了空间，并且使体壁与内脏器官隔离开，各自独立运动，互不牵扯。环节动物雌雄同体或异体。海产环节动物在发育过程中有担轮幼虫阶段。海产环节动物如沙蚕等，头部发达，每体节有一对肉质附肢，多刚毛。陆生种类如蚯蚓，各体节附肢退化，只留刚毛。蚂蟥适应了吸血生活，头尾都有吸盘，无附肢。

本门动物约 13 000 种，分为多毛纲、寡毛纲、蛭纲。

6. 软体动物

软体动物是动物界中除节肢动物外最大的一门。蜗牛、螺蛳、蚌、乌贼、鱿鱼等都是软体动物（图 7-13）。它们身体柔软，不分节，可分头、足和内脏三部分，体腔退化，身体背侧的皮肤延伸形成外套膜以保护身体。大多数软体动物都具有贝壳，其成分主要是碳酸钙和少量的壳基质，由外套膜上皮细胞分泌形成。由于许多海产软体动物在胚胎发育过程中也有担轮幼虫阶段，而且卵裂方式及排泄器官、体腔等与环节动物相同，所以认为软体动物与环节动物有较近的

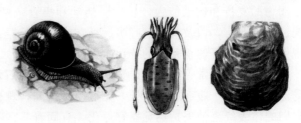

图 7-13　蜗牛、乌贼、珍珠贝

亲缘关系。软体动物的共同特征为：①身体不分体节，但可分为头、足、内脏团 3 个部分。②具外套膜和外套膜分泌的碳酸钙外壳（1 个或 2 个）。③次生体腔退化、缩小。④出现专门的呼吸器官鳃和肺。⑤口腔内多具齿舌，肛门常开口于外套腔。⑥神经中枢包括脑、足、侧和脏 4 对神经节。⑦大多数雌雄异体，海产种类的发育过程中一般要经过担轮幼虫和面盘幼虫阶段。

软体动物现存 47 000 余种，包括双神经纲、腹足纲、掘足纲、瓣鳃纲和头足纲。软体

动物多肉质，多数是营养珍品。

7. 节肢动物

节肢动物是动物界中数量最大、种类最多、分布最广的一门动物，已知的在一百万种以上，占动物界总数的 4/5 以上，其中大部分是昆虫。虾、蟹、蜘蛛、蜱、螨和昆虫等都是节肢动物（图 7-14）。节肢动物是无脊椎动物中唯一能升入天空飞翔的类群，与人类关系极其密切。节肢动物起源于环节动物或类似环节动物的祖先。因此，其许多特征与环节动物相似，如三胚层、两侧对称、真体腔、身体分节等，但又有许多特征比环节动物进步。节肢动物有如下几个共同特征：①身体一般分头、胸、腹三部分，摄食和感觉器官集中于头部，运动器官集中于胸部，内脏器官集中于腹部；②体表具外骨骼，使生长受到限制，因此在幼虫发育过程中有蜕皮现象，如家蚕等；③附肢分节，节与节以关节相连，从而大大加强了附肢的灵活性。附肢除运动功能外，还有触觉、嗅觉、捕食等功能。

图 7-14 节肢动物

已知节肢动物有 90 多万种，分为三个亚门七个纲。甲壳纲和三叶虫纲同属有鳃亚门；肢口纲、蛛形纲属有螯亚门；原气管纲、多足纲、昆虫纲属有气管亚门。

8. 棘皮动物

棘皮动物是身体呈次生性辐射对称的后口动物，没有头部分化。棘皮动物均为海产，如海星、海胆、海参、海百合等（图 7-15）。其现存 6000 余种，均为底栖不活跃的动物。有石灰质骨片构成的壳，并向外突出呈棘，故名棘皮动物。它们多数雌雄异体，在海水中受精。幼虫两侧对称，如羽腕幼虫。所以棘皮动物的辐射对称是次生辐射对称。海胆、海星是研究胚胎发育的好材料，海参是珍贵食品。

图 7-15 海星、海胆、海参

棘皮动物在胚胎发育中出现后口，又具有中胚层的内骨骼等。因此棘皮动物在动物进化上与脊索动物接近，是向脊索动物进化发展的一支动物。

二、脊椎动物

其成体由脊椎取代脊索支持身体，现存约 44 000 种。

1. 圆口纲

圆口纲是一类无可动的颌口、无鳞也无成对附肢的水生鱼形动物。比鱼纲低等，是现存的最低等的脊椎动物。因只有一个单个鼻孔，又称单鼻类。又因为鳃呈现囊状而称囊鳃类。圆口动物具有许多原始特征：终生保持脊索，脊椎骨只是位于脊索上的软骨片。终生保持软骨，无上下颌，肌肉分化少，仍保持原始的肌节排列。只有奇鳍而无偶鳍。没有真正的齿，只有表皮形成的角质齿。代表动物七鳃鳗头两侧有七对鳃裂，靠头部吸盘吸附在鱼体上，吸鱼类血液，营外寄生生活。现存圆口动物只有七鳃鳗目和盲鳗目两类。

2. 鱼纲

鱼纲是脊椎动物中种数最大的一类，约有 24 000 种。它们栖息于各种水体中，具有纺锤形、侧扁形、平扁形、棍棒形四种基本体型及一些特殊的体型。鱼类终生生活在水中，皮肤出现保护性鳞片，用鳃呼吸，有奇鳍（背鳍、臀鳍、尾鳍），也有偶鳍（胸鳍、腹鳍）。鱼类没有颈部，肌肉分节，脊柱仅分化为躯干椎和尾椎；头骨有颌骨；心脏一心房一心室，单循环；排泄器官为中肾。

图 7-16　软骨鱼——鲨鱼和鳐鱼

鱼纲分软骨鱼和硬骨鱼两大类（图 7-16、图 7-17）。软骨鱼包括全头亚纲和板鳃亚纲。前者如黑线银鲛；后者如各种鲨鱼、鳐鱼、鲛鱼等。软骨鱼全身骨骼为软骨，体表被盾鳞，口腹位，鳃裂外通，歪形尾，体内没有鳔，必须时刻游泳，否则即会下沉；体内受精，卵生、卵胎生或假生。硬骨鱼又可分为两类，一类是辐鳍鱼类，如鲤鱼、鲢鱼、黄鱼、金枪鱼、带鱼等，另一类是肉鳍鱼类，包括肺鱼和总鳍鱼。总鳍鱼现已基本灭绝，仅存一种，即矛尾鱼，其偶鳍的骨架与陆生脊椎动物的四肢骨相似，并有发达的肌肉附着其上，可在地面上支撑爬行，所以认为总鳍鱼可能是脊椎动物由水登陆的先驱。硬骨鱼的特点是骨骼为硬骨，体被骨鳞，少数为硬鳞或无鳞，口位于头部前端，上位、端位或下位，有骨质鳃盖，正尾，肠内没有螺旋瓣，多数有鳔；一般体外受精，卵生。

图 7-17　硬骨鱼——鲤鱼、带鱼、黄鱼、肺鱼

3. 两栖纲

两栖纲是脊椎动物从水生到陆生的过渡类型，显现了脊椎动物由水生到陆生的飞跃。幼体用鳃呼吸，成体用肺和皮肤呼吸。两栖类虽已登陆，但仍脱离不了水环境。它们的皮肤没有毛、羽、鳞等遮盖物，也无皮下脂肪，所以两栖动物还没有解决防止水分蒸发的问题。蝾螈、大鲵等有尾两栖类大多终生停留在水中。蛙、蟾蜍等无尾两栖类，虽然能生活在陆地，

但它们的生殖过程，如排卵、受精、胚胎发育以及幼体蝌蚪都离不开水环境。

现有两栖类大约 2500 种，分为无足目、有尾目、无尾目。体呈蠕虫状，无足目动物的四肢及带骨均退化，尾极短，椎骨双凹型，具肋骨，无胸骨，皮下具源于真皮的鳞片，眼多埋于皮下，营穴居生活，如鱼螈。有尾目动物的身体呈圆柱形，终生具长尾，一般有 2 对细弱的附肢，皮肤裸露无鳞，椎体在低等种类为双凹型、较高等种类为后凹型，具肋骨和胸骨，水栖游泳生活，无鼓膜和鼓室，无眼睑或具不活动的眼，如大鲵（娃娃鱼）、蝾螈。

无尾目为两栖纲高级类群，成体无尾，而具发达四肢，皮肤裸露，富有腺体，具鼓膜和眼睑、瞬膜，头骨骨化不全，椎体前凹或后凹型，具尾杆骨，肋骨短或缺，胸骨发达，成体陆栖或水陆两栖。常见的有大蟾蜍、中国林蛙等。

4. 爬行纲

爬行纲是一支完全适应了陆地生活的脊椎动物，如壁虎、龟、鳖、蛇、鳄等，多数陆生，少数水生或穴居（图 7-18）。它们在胚胎发育过程中出现了羊膜，因而摆脱了生殖过程对水的依赖而成为完全陆栖的脊椎动物。在各个器官系统方面表现出陆栖动物的典型特征，爬行类的皮肤一般覆盖有一层角质鳞，用以防止水分的大量散失，皮肤的呼吸作用丧失，增强胸廓，开始完全用肺呼吸；爬行类骨骼骨化程度增高，五指型附肢和带骨进一步发展；头部活动更加自如；神经系统又有了发展，代谢水平显著提高，出现了具高级排泄机能的后肾等。所以爬行类一旦在地球上出现就大为发展，以致中生代成了爬行类的极盛时期。

图 7-18　壁虎、龟、鳖、鳄

爬行动物现存约 6000 种，分四目：喙头目，仅存喙头蜥；鳄目，种类较少，半水生，四肢粗壮，趾具蹼，例如我国特产扬子鳄；鳞蜥目包括有四肢的蜥蜴类、壁虎类、蛇类等；龟鳖目为爬行类中特化的一支，具有骨甲，四肢较短，有的具爪或变鳍状，生活在陆地或海水、淡水水域，我国的大乌龟、海龟、玳瑁、鳖等具有较高的经济价值。

5. 鸟纲

鸟类是在中生代从爬行类分化出来的向空中发展的高等脊椎动物，是体表被覆羽毛、恒温、卵生和会飞翔的高等脊椎动物。就其身体结构而言，与其他陆生脊椎动物相似，但又具有一系列适应飞翔生活的特征。

鸟类身体分头、颈、躯干和尾几部分；外形呈流线型，体表被羽毛，能减少飞行阻力；头细小，头端具角质喙，是啄食器官；颈长而灵活，身体呈纺锤形、坚实；尾部短小，尾端着生扇形状尾羽，在飞行中起舵的作用，前肢特化为翼，后肢为足；颈椎多，所以颈长，能扭转 180°；神经系统和视觉发达；无齿而有角质喙；直肠短，无膀胱，输尿管直通泄殖腔；含氮排泄物为尿酸；长骨中空，坚硬而轻，且有气囊伸入其中；胸骨正中有龙骨突，发达的胸肌附着其上。多数雌鸟只保留左侧卵巢恒温，代谢旺盛。鸟类全身覆盖羽毛，以防体热外散。

现生活的鸟类 9000 多种，分为古鸟亚纲和新鸟亚纲。古鸟亚纲为早已灭绝的化石种类，如始祖鸟，其特征是具牙齿，肋骨无钩状突起，掌骨不合并、前肢指端具爪，有发达的尾骨，胸骨无龙骨突等。新鸟亚纲除少数已灭绝成为化石外，包括现生的全部鸟类，分为三个总目，分别为平胸总目，该目的鸟类特征为翼退化，胸骨不具龙骨突，不具尾综骨和尾脂腺，全身羽毛均匀分布，雄鸟具发达的交配器，足趾减至 2~3 趾，粗壮善奔跑，常见的如鸵鸟；企鹅总目的鸟类是适于潜水生活的中大型鸟类，前肢鳍状，具鳞片状羽毛（羽轴短而宽），尾短，腿短并移至躯体后方，趾间具蹼，在陆上行走时，躯体直立，左右摇摆，皮下脂肪发达，利于在寒冷地区和在水中保温，骨骼沉重不充气，龙骨突发达，利于前肢划水，游泳快速，代表种为王企鹅，分布在南极洲附近；突胸总目的鸟类与人类关系密切，包括现存的绝大多数鸟类，计 35 目，8500 种以上，分布遍及全世界，它们的共同特征是：胸骨具龙骨突，最后枚尾椎骨愈合成一块尾综骨，前肢为翼。

根据鸟类的生态习性和构造特征，大致分为七个主要的生态类群，即游禽类、涉禽类、鸠鸽类、鹑鸡类、猛禽类、攀禽类和鸣禽类。

6. 哺乳纲

哺乳纲是全身披毛、恒温、胎生和哺乳的脊椎动物，是脊椎动物中身体结构、功能、行为最复杂、最完善的高等动物类群。

多数哺乳动物具有高度发达的神经系统和感觉器官，能协调复杂的机能活动和适应多变的环境条件；出现口腔咀嚼和消化，进一步提高了对营养物质和能量的摄取；除单孔类如鸭嘴兽等为卵生外，其余均为胎生。胎生是更加完善的陆生繁殖方式，幼子出生后靠哺乳取得营养。胎生和哺乳使哺乳动物繁殖率大为提高。这些进步性特征使哺乳类能适应多样的环境，分布遍及全球，广泛适应于陆栖、穴居、飞翔和水栖等各类环境条件。

哺乳动物外形最显著特点是体表被毛，躯体结构与四肢着生均适于陆上快速运动，有明显的头、颈、躯干和尾等几部分，尾部趋于退化。由于适应不同生活方式，形态也有较大改变。水栖的呈鱼形，附肢退化呈桨状；飞翔的种类前肢特化，具翼膜；穴居种类体躯粗短，前肢多呈铲状。

哺乳类也是从古代爬行类进化而来的，但比鸟类更早。从爬行类分化出来后，哺乳动物分三支继续发展。最早的一支为原兽类（又称单孔类），如澳洲的鸭嘴兽和针鼹等，它们是唯一一类保持卵生的哺乳动物。鸭嘴兽腹部有分散的乳腺，它们还保留着泄殖腔。哺乳类进化的第二分支为后兽类（或有袋类），如澳洲的大袋鼠，泄殖腔消失，已有独立的生殖孔。有袋类无胎盘，幼崽还未发育成熟时就被产出，迅速爬进母兽腹面的育儿袋内，口衔母兽乳头继续发育，成熟后才跳出肯儿袋。原兽类和后兽类都是低级类型，它们的分布只局限于澳洲、新几内亚和南北美洲等地。除原兽类与后兽类外，其余哺乳动物均属真兽类（或胎盘哺乳类）。其特点是：有胎盘、胎生，有发达的乳腺，幼子出生后哺乳，体外披毛、体温恒定，有异形齿（即门、犬、前臼、臼齿 4 种类型）。

现存的哺乳动物共约 4200 种，我国约有 500 种，分为三个亚纲。原兽亚纲是最原始的哺乳类，卵生，但哺乳，有泄殖腔，又称单孔类，如鸭嘴兽。后兽亚纲是较低等的兽类，胎生，但无真正的胎盘，幼崽发育不成熟即产出，需在母兽腹部的育儿袋中继续发育，又称有袋类，如大袋鼠。真兽亚纲是最高等的哺乳类，有胎盘，乳腺发达，有乳头，异型齿，大脑皮质发达，如食虫目的刺猬、翼手目的蝙蝠等。

第五节　生物多样性的保护

生物多样性包括地球上所有植物、动物、微生物和它们拥有的基因以及由这些生物和环境构成的生态系统。保护生物多样性就是在生态系统、物种和基因三个水平上采取保护战略和保护措施。

生物多样性是地球上40亿年生物进化留下来的宝贵财富，是人类社会赖以生存和发展的基础，是人类及其子孙后代共有的宝贵财富。经济的可持续发展必须以良好的生态环境和可持续利用的生物多样性为基础。

一、生物多样性保护的重要性

1. 生物多样性与人类

我们赖以生存的地球，30多亿年以前开始有生物。经过几十亿年的漫长进化演变逐渐形成适合人类生存的生物圈，人类才得以出现。在人类诞生的初期，人类与生物多样性共同发展、进化。随着人类文明的发展，人类从被动适应自然到主动地改造大自然，逐渐地破坏了人类与生物多样性的和谐关系。人类生存繁衍的历史，可以说就是人类同大自然互相作用、共同发展和不断进化的历史。可以说人类只是地球整个生命圈中的一个分子，存在多样的生物种类与人类有着密切联系，正是在这个意义上，维持生物多样性正是为了更好地保存人类本身。

维持生物多样性不仅是人类可持续发展的自然基础和自然指标，更是可持续发展的理论依据和实现手段。首先，生物多样性及生态过程是地球生物圈的基本组成部分，直接使用价值巨大，其物种多样性为人类的基本生存需求如食物、药材、木材等方面提供了丰富的动植物资源，满足了人类基本生存需求。其次，生物多样性具有间接支持、保护经济活动和财产的环境调节功能，可以维持生态系统平衡和创造优良生存环境。生态系统的稳定性和多样性有利于涵养水源、巩固堤岸、防止土壤侵蚀和退化等，更有利于维持地球表层的水循环和调节全球气候变化。再有，生物多样性为人们提供潜在的医药资源，目前有记录的生物物种约有150万种，世界卫生组织的统计表明，发展中国家80％的人口依靠传统的天然药物治疗疾病，发达国家有40％的药物来自自然资源。我国有记载的药用植物有5000多种，常用的有1000多种。同时生物多样性还具有重要的科学研究价值，还可以作为人类防治疾病的试验对象等。每一个物种都具有独特的作用，在一些人类没有研究过的植物中，可能含有对抗人类疾病的成分。这些野生动植物如果绝迹，将会是人类的重大损失。

2. 生物多样性与生态系统

生态系统是一个高度等级化的系统，随着等级层次的提高，生物多样性和生态系统功能之间的连接也更密切。从进化方面看，现在地球上各种生物及其生态系统都是自然选择形成的，它们都表现出对环境的适应性。其一旦遭到破坏，将会带来生态系统的不稳定。从生态学原理方面看，生态系统营养结构和功能具有相对的稳定性，生物之间是相互依存和相互联系的，一种生物的毁灭，将威胁多种生物的生存。例如，某学者的研究表明，一棵正常生长50年的树，按生态效益估算，它的总价值相当于它的木材本身价值的667倍。因此，生物多

224   普通生物学

样性的增加，增强了生态系统的稳定性和生产力，同时生态系统的抗性和弹性随着生物物种多样性的增加而增强。可以说，生物物种的多样性对于促进生态系统的可持续性发展有重大意义。

3. 生物多样性对环境的影响

环境保护与生物多样性的关系是密不可分、相辅相成的。由于生物多样性可以提高生态系统的自身调节能力，推动人类生态系统的发展，所以在环境保护中，我们可以利用生物的多样性，来改善和促进人类生态系统的良性循环。例如在污水和固体废物的处理中，使用多种生物富集和降解污染物，以较低的费用达到变害为利的目的，此外，还可以利用多种生物改良土壤、防止水土流失，治理荒滩和沙漠，控制病虫害，以及对多种化学污染进行生物治理等。甚至生物多样性对于全球气候变暖可以产生积极的影响，全球变暖正威胁着全球生物多样性的保持，而人类的可持续发展又以生物多样性为依托。因此，无论是出于对生物多样性贡献的需要，还是出于对环境贡献的需要，我们更要注重保护生物的多样性，进而保护环境。

二、我国生物多样性概述

我国是地球上生物多样性最丰富的国家之一。中国有高等植物 3 万多种，脊椎动物 6347 种，分别约占世界总数的 10% 和 14%；陆生生态系统类型有 599 类。中国不但野生物种和生态系统类型众多，而且具有繁多的栽培植物和家养动物品种及其野生近缘种。此外，中国生物特有属、特有种多，动植物区系起源古老，珍稀物种丰富。

1. 我国生物多样性特点

我国具有丰富和独特的生物多样性，它有如下特点。

（1）物种丰富 我国有高等植物 3 万余种，其中在全世界裸子植物 15 科 850 种中，中国就有 10 科，约 250 种，是世界上裸子植物最多的国家之一。中国有脊椎动物 6347 种，占世界总数近 14%。

（2）特有属、种繁多 高等植物中特有种最多，约 17 300 种，占中国高等植物总种数的 57% 以上。6347 种脊椎动物中，特有种 667 种，占 10.5%。

（3）区系起源古老 由于中生代末中国大部分地区已上升为陆地，第四纪冰期又未遭受大陆冰川的影响，许多地区都不同程度保留了白垩纪、第三纪的古老残遗部分。如松杉类世界现存 7 个科中，我国有 6 个科；动物中大熊猫、白鳍豚、扬子鳄等都是古老孑遗物种。

（4）栽培植物、家养动物及其野生亲缘的种质资源非常丰富 我国是水稻和大豆的原产地，品种分别达 5 万个和 2 万个。我国有药用植物 11 000 多种，牧草 4215 种，原产中国的重要观赏花卉超过 30 属 2238 种。中国是世界上家养动物品种和类群最丰富的国家之一，共有 1938 个品种和类群。

（5）生态系统丰富多彩 我国具有地球陆生生态系统，如森林、灌丛、草原和稀树草原、草甸、荒漠、高山冻原等各种类型，由于不同的气候和土壤条件，又分各种亚类型 599种。海洋和淡水生态系统类型也很齐全，目前尚无统计数据。

（6）经济价值高 我国的生物多样性还具有经济物种多的特点：药材植物 4773 种，淀粉原料植物 300 种，纤维原料植物 500 种，油脂植物 800 种，香料植物 350 种，珍贵用材树种 300 种，已开发利用的真菌 800 多种，药材动物 740 种，有经济价值的野生动物 200 种，其中仅毛皮兽就有 70 多种。我国是世界三大栽培植物起源中心之一，除 20 多种农作物起源于我国以外，我国还拥有大量栽培植物的野生亲缘种，如野生稻、野生大麦、野生大豆、野生茶树和野生苹果等。我国常见的栽培作物有 50 多种，果树品种 1 万余个，畜禽 400 多种，居世界首位。

2. 我国生物多样性保护面临的问题

我国的生物多样性为我国国民经济的发展提供了充实的物质基础和可靠的环境保证，因此，它在我国经济建设中处于十分重要的地位。但是，我国的生物多样性存在着两方面的问题：一是人均生物资源占有量居世界落后水平，例如，我国森林与草地的人均占有量分别只有世界人均占有量的 20％和 30％；二是人口的增长和不合理的资源开发，使我国的生物多样性受到了严重的损失。

我国的森林资源尤其是宝贵的原始林，由于长期遭到乱砍滥伐、毁林开荒以及森林火灾和病虫害等的危害，致使每年减少 5000km² 森林。草原由于超载放牧、毁草开荒以及鼠害等影响，退化面积为 870 000km²。森林和草原的破坏使我国占总种数 15％～20％的动植物物种受到威胁。许多贵重药材如野生人参、野生天麻等濒临灭绝。

近百年来，我国约有 10 余种野生动物绝迹，如高鼻羚羊、麋鹿、野马、犀牛、新疆虎等。目前，大熊猫、金丝猴、东北虎、雪豹、白鳍豚等 20 余种珍稀野生动物也面临着灭绝的危险，甚至一些过去的常见种如黄羊等也已沦为稀有种。我国有关部门早在 1988 年就公布了《国家重点保护野生动物名录》，确定国家重点保护动物 335 种，其中一级 97 种，二级 238 种。另外，由于种群数量减少或灭绝，致使我国种质资源因缩小或消失而丧失了许多遗传基因。外来种的引进和单纯追求高产，致使许多古老的土著品种遭受排挤而逐步减少甚至灭绝，如北京油鸡的数量剧减、定县猪已经灭绝。

三、生物多样性保护的措施

生物多样性保护主要包括就地保护、迁地保护、开展生物多样性保护的科学研究、制定生物多样性保护的法律和政策，以及开展生物多样性保护方面的宣传和教育等。下面简介其中的就地保护和迁地保护。

中国是世界上生物多样性最丰富的国家之一，也是世界 8 个作物起源中心之一，在漫长的农牧业发展过程中，培育和驯化了大量经济性状优良的作物、果树、家禽、家畜物种和数以万计的品种。因此，中国的生物多样性在世界生物多样性中占有重要地位，保护好中国的生物多样性不仅对中国社会经济持续发展、对子孙后代具有重要意义，而且对全球的环境保护和促进人类社会进步也会产生深远的影响。

我国十分重视生物多样性保护。我国政府积极参与了《生物多样性公约》的起草、修订和谈判，并且率先制订了《生物多样性保护行动计划》，组织编写了《生物多样性国情研究报告》《中国履行生物多样性公约国家报告》。多年来，我国政府和有关部门在生物多样性保护方面开展了大量工作，取得了显著成绩，也受到国际社会的称赞。

1. 制定了生物多样性保护的国家战略和行动计划

为了履行《生物多样性公约》，中国提出了实施生物多样性保护和可持续利用的国家战略。1992 年 11 月提出的环境与发展十大对策，确定了中国社会经济的可持续发展战略。1994 年 7 月国务院发布的《中国 21 世纪议程》、八届人大四次会议审议通过的《中华人民共和国国民经济和社会发展"九五"计划和 2010 年远景目标纲要》、1996 年发布的《国务院关于环境保护若干问题的决定》以及 1998 年开始启动的《全国生态环境建设规划》等都体现了国家可持续发展战略，提出了中国生物多样性保护的基本方针、政策、目标和优先领域，强调要尽快查明我国生物资源家底和濒危物种现状，进一步加强对生物多样性的保护和合理利用，发展自然保护区和风景名胜区，并加强对其的保护、建设和管理。

为落实上述战略，有关部门还制订了一些部门和跨部门的生物多样性保护行动计划。如中国环境保护行动计划（1996—2000 年）；国家环境保护"九五"计划和 2010 年远景目标；中国生物多样性保护行动计划；中国自然保护区发展规划纲要（1996—2010 年）；全国环境宣传教育行动纲要（1996—2010 年）；生物多样性科学研究计划和实施行动；中国环境保护21 世纪议程；中国跨世纪绿色工程规划等。

2. 制定了一系列保护生物多样性的法律法规

近 10 年来，为了遏制生物多样性锐减的趋势，中国制定了一系列与生物多样性保护有关的法律法规，初步形成了生物多样性保护的法律法规体系。在中国宪法中规定，国家保障自然资源的合理利用，保护珍贵的动物和植物。禁止任何组织或者个人用任何手段侵占或者破坏自然资源。在刑法中，增加了破坏环境资源罪。另外，中国制定了一些生物多样性保护的相关法律，主要有《环境保护法》《海洋环境保护法》《森林法》《草原法》《渔业法》《野生动物保护法》《水土保持法》等。为有效实施这些法律，还制定了《自然保护区条例》《野生动物保护条例》等 20 余件行政法规。各地各部门也制定了相关的地方法规和部门规章。这些法律法规的制定，使生物多样性保护有法可依、有章可循。在完善生物多样性立法体系的同时，也加大了执法力度，查处了一批破坏生物多样性的违法犯罪行为，并对犯罪分子予以严惩。

3. 加强了生物多样性保护设施建设

（1）就地保护　就地保护是指以各种类型的自然保护区（包括风景名胜区、森林公园）的形式，将有价值的自然生态系统和野生生物生境保护起来，以便保护其中各种生物的繁衍与进化，是生物多样性保护中最为有效的一项措施。自然保护区可以分为自然生态系统类的保护区和野生生物类的保护区等。自然生态系统类的保护区能够有效地保护森林、草地、湿地和水域等多种生态系统。任何一个有效保护了自然生态系统的保护区，必然会很好地保护其内部的所有物种。因此说，所有自然生态系统类的保护区，都会对保护区内的野生物种提供保护。此外，我国还设有专门保护某种或某些种野生生物的野生生物类自然保护区。总之，自然保护区在保护我国生物多样性方面起到了十分重要的作用。

我国于 1956 年在广东省肇庆市的鼎湖山，建立了第一个自然保护区——鼎湖山自然保护区。到 2001 年底，我国已有各类自然保护区 1551 个，国家级 171 个，面积达 1.45 亿公顷，占国土面积的 14.44％左右。林业系统建立的自然保护区达 909 处，其中国家级自然保护区有 155 处，总面积 1.03 亿公顷，占国土面积的 10.63％。这些自然保护区保护着我国70％的陆地生态系统种类、80％的野生动物和 60％的高等植物，也保护着约 2000 万公顷的原始天然林、天然次生林和约 1200 万公顷的各种典型湿地。2017 年底，我国有自然保护区2750 个，大致占陆域国土面积 14.9％，其中国家级自然保护区 463 个。这样使得一大批具有重要科学、经济、文化价值的生态系统，特别是国家公布的"重点保护野生动物名录"和"重点保护野生植物名录"中 70％的野生动植物都在保护区内得到有效保护。

在重视自然保护区建设的同时，自然保护区管理也得到加强。针对自然保护区管理工作中的某些问题，1998 年国务院办公厅还发出了《关于进一步加强自然保护区管理工作的通知》。

（2）**迁地保护**　迁地保护只能对单一的物种进行保护，它主要适用于对受到高度威胁的物种进行紧急抢救，以避免该物种的灭绝。对于植物来说，迁地保护主要是将濒危物种迁移到植物园、珍稀濒危植物迁地保护基地或繁育中心。对于动物来说，迁地保护主要是将濒危物种迁移到动物园、珍稀濒危动物迁地保护基地或繁育中心，进行保护和繁殖，或划定区域实行天然放养。如泰国对鲜鱼的养殖。

在迁地保护方面，我国已建立 171 个动物园、111 个植物园和 200 多个野生动植物繁育中心，这些设施在野生动植物保护和繁殖方面发挥了积极作用。在遗传多样性的保护方面，中国建立了一批现代化遗传资源保存设施。如中科院在北京建立了微生物菌种保存库，收集保护活菌 9 万多株；中国农科院在北京建立了作物种质资源长期保存库，目前已保存 30 多万份种质材料等。这些保护设施的建立，有效地保护了中国的遗传资源。

（3）**建立全球性的基因库**　例如为了保护作物的栽培种及其会灭绝的野生亲缘种，建立全球性的基因库网。现在大多数基因库储藏着谷类、薯类和豆类等主要农作物的种子。

 **思考题**

1. 什么是生物的多样性？其包括哪些方面？

2. 生物自然分类法的依据是什么？分类的阶层及命名如何？五界分类系统包括哪些？特征如何？

3. 细菌和真菌的特征各是什么？它们与人类有何关系？

4. 为什么在苔藓植物中没有高大的植物体？

5. 苔藓、蕨类、种子植物的配子体有何相似之处？又有什么不同？

6. 被子植物为什么能成为当今植物界最繁盛的类群？

7. 比较植物界各大类群的特征，说明植物进化的趋势。

8. 试述脊椎动物与无脊椎动物的区别与联系。

9. 动物的进化趋势有哪些？简述各类动物间的进化关系。

10. 哺乳动物有哪些重要的进步特征？为什么说哺乳动物是最高等的脊椎动物？

11. 生物多样性保护的重要意义有哪些？我国生物多样性保护面临的问题有哪些？你认为应采取哪些措施？

第八章

生物与环境

🔔 **学习目标**

1. 理解种群、群落、生态系统的概念和基本特征；
2. 掌握生态系统的结构和功能；
3. 了解生态平衡及可持续发展策略。

地球上的一切生命形式，包括植物、动物、微生物等，都有自己不同的生存环境，其生存和发展都与环境密切相关。一方面生物要从环境中不断地获取物质和能量，从而受到环境的限制；另一方面生物的生命活动又能不断地改变环境。生物与环境是相互影响、相互依存而不可分割的统一体。研究生物及其生存环境之间相互关系和作用规律的科学称为生态学。生态学作为一门科学诞生于 19 世纪，最初人们只是从个体和群体两个方面来研究生物与环境的关系。随着科学的发展，生态学家们认识到生物及其环境之间的普遍联系，提出了"生态系统"的概念，表明生物与环境不能分离。近 20 年来，由于人类对环境问题的日益重视，生态学得到了飞速的发展，在研究领域上不断拓宽，出现了"人类生态学""资源生态学""污染生态学""农业生态学"等应用性较强的学科分支。人们还试图用生态学的观点和方法解决各种环境问题，提出了"生态工程"的理论，对社会的发展起着越来越重要的指导作用。

第一节 个体与环境

一、环境与生态因子

1. 环境

环境是指某一特定生物体或生物群体以外的空间及直接或间接影响该生物体或生物群体生存的所有事物的总和。环境是针对某一特定主体或中心而言的，离开这个主体或中心也就无所谓环境，因此环境是相对的意义。在环境科学中，一般以人类为主体，环境是指围绕着人群的空间以及其中可直接或间接影响人类生活和发展的各种因素的总和。在生物科学中，一般以生物为主体，环境是指围绕着生物体或群体的空间及其中一切事物的总和。

2. 生态因子

生态因子是指环境中对生物的生长、发育、生殖、行为和分布有着直接或间接影响的环境要素，如温度、湿度、食物、氧气、二氧化碳和其他相关生物等。生态因子实际上是环境因子中对生物起作用的因子，是生物生存不可缺少的环境条件，也称生物的生存条件。环境因子是指生物体外部的全部环境要素。

生态因子依其性质可归纳为以下五类。

(1) 气候因子 如阳光、温度、湿度、降雨、风、气压、雷电等。

(2) 土壤因子 土壤是岩石风化后在生物参与下所形成的生命与非生命的复合体，包括土壤结构、土壤有机和无机成分的理化性质及土壤生物等。

(3) 地形因子 如地面的起伏、山脉的坡度和阴坡或阳坡等。

(4) 生物因子 包括生物之间的各种相互关系，如捕食、寄生、竞争和共生等。

(5) 人为因子 把人为因子从生物因子中分离出来是为了强调人的作用的特殊性和重要性。人类的活动对自然界和其他生物的影响越来越大，并越来越带有全球性，分布在地球各地的生物都直接或间接地受到人类活动的巨大影响。

二、生态因子对生物的影响

在各类生态因子中，气候因子对生物的影响尤为重要，因为气候因子决定了一个区域环境中的温度、光照、降水与湿度等其他一些控制生物活动的最重要和最直接的因子。

1. 水

水是生态因子中的重要因素。生命起源于水中，水是任何生物体不可缺少的组成成分，也是生物体内代谢活动的介质，同时由于水的热容量大，可以为生物创造一个非常稳定的温度环境。因此，水是生物生存必不可少的条件，没有水就没有生命。

一般说来，植物体都含有 $60\%\sim80\%$ 的水分，有时可达 90% 以上。动物体含水量一般也在 75% 以上。例如水母含水量约为体重的 95%，软体动物为 $80\%\sim92\%$，鱼类为 $80\%\sim85\%$，蛙为 80%，鸟类为 70%，哺乳类为 75%。任何一种生物，当体内水分含量低到一定程度时，生命活动便不能正常进行，甚至造成死亡。缺水对有机体的威胁比饥饿更严重。

水是一种溶剂，生物体内一切生物化学过程必须在水中进行。动植物体内有关营养物质的吸收和运输、呼吸作用的进行以及细胞内一系列的生化过程都必须有水参加。植物需要通过根部不断吸收水分进行光合作用和蒸腾作用；一部分低等水生动物能直接以体表吸收水分，陆生动物则通过饮水而获得。一些昆虫的发育与空气中的湿度密切相关。

根据植物对水的依赖程度可把植物分为以下几种生态类型。

(1) 水生植物 水生植物是指植物体或多或少沉没于水中的植物。其特征为体内有发达的通气系统；叶片常呈带状、丝状，极薄；植物体具有较强的弹性和抗扭曲能力以适应水的流动。根据其沉没于水中的程度分为以下 3 类。

① 沉水植物。植物体全部沉在水面下生活，在水面上看不到植株。这类植物只有在开花时，才把花柄伸出水面，在水面上开放、传粉。如苦草、金鱼藻等。

② 浮水植物。植物体漂浮于水面上生活，或者植株的叶面漂浮在水面，其余部分，如根和茎则沉于水面下。这种类型的植物，其整个生长期植株可随水流漂移，没有固定的地点，如遇大风时，可被吹向一侧，甚至堆积在一起。如浮萍、满江红等。

③ 挺水植物。植物体下部沉没于水中，根深深扎在水下泥里，而植株上部则穿出水面，挺立在空气中。如睡莲、芦苇、香蒲等。

(2) 陆生植物 陆生植物包括湿生、旱生、中生植物三种类型。

① 湿生植物。湿生植物是适应于生长在过度潮湿地区的植物。这类植物叶大而薄，光

滑，根系不发达，抗旱能力差，不能长时间忍受缺水，生长在森林下层或日光充足但土壤水分饱和的环境中，如蕨类、兰科植物、水稻和半边莲等。

② 旱生植物。在干旱环境中生长，能忍受较长时间干旱并且在此种情况下仍能维持水分平衡和正常生长的一类植物。这类植物茎粗壮，叶子很小，甚至特化为刺，通常分布在干热草原和荒漠地区，如骆驼刺、仙人掌和景天等。

③ 中生植物。中生植物是适于生长在中等湿度地方的植物。其形态结构和适应性均介于湿生植物和旱生植物之间，是种类最多、分布最广、数量最大的陆生植物。

水在大陆上的分布是限制陆生生物分布的重要因素。干旱沙漠地区与雨量充沛的热带雨林相比，动植物的种类和数量有很大差别；热带和亚热带地区在雨季和旱季，动植物的种类和数量也会发生周期性的变化，这些都是水对生物影响的例证。

2. 温度

温度是一种无时无处不在起作用的重要生态因子，它直接或间接影响生物的生长发育、生活状态、繁殖和分布状况。整个地球上温度变化的幅度相当大，而生物能够生存的温度范围则相对比较小。除极个别特例外，在 0℃ 以下或 50℃ 以上，控制生化反应的酶都会失活，生物体内的新陈代谢不能正常进行。生物生存的温度一般为 0～50℃；最适温度一般为 20～25℃；个别生物在极低或极高的温度条件下仍可生存，如某些线虫可忍受 -273℃ 的低温、一些细菌和蓝绿藻能生活在 90℃ 的温泉中。

生物能够生长发育的温度范围称为有效温度范围。对于植物来说，在有效温度范围内，随着温度的上升，生长速度加快，达到最适温度时，生长最快，以后温度再升高，生长速度便减慢下来。如橡胶树幼苗，当温度在 20℃ 以下时，生长缓慢，28～29℃ 时，生长最快，31℃ 时，生长速度开始下降。对于昆虫来说，在有效温度范围内，外界温度与发育温度成正比，与完成发育期所需要的时间成反比。较高级的恒温动物，环境温度对它们的作用要比低等动物和植物小得多。因为恒温动物具有调节体温的机制，其体温保持相对稳定而不随环境温度发生变化。但是，周围环境的低温，可以延缓恒温动物的性成熟，因而寿命可以更长，同时身体也可以长得更大一些。大多数鸟类和哺乳类，同类的个体生活在北方寒冷地区的比生活在南方温暖地区的体形要大，其身体突出部分如四肢、尾巴和外耳等在低温环境中有变小变短的趋势。如北极狐的外耳明显短于热带

图 8-1　北极狐与大耳狐

的大耳狐（图 8-1）。

对生物影响最大的是极端温度。所谓极端温度是指生物生存的温度极限，超过这个极限，生物就会死亡，极端温度包括最高温度和最低温度。

低温对生物的伤害可分为冷害和冻害。冷害是指喜温生物在 0℃ 以上的温度条件下受害或死亡。例如海南岛的热带植物丁子香在气温降至 6.1℃ 时叶片便受害，降至 3.4℃ 时顶梢干枯，受害严重；当温度从 25℃ 降到 5℃ 时，金鸡纳就会因酶系统紊乱使过氧化氢在体内积累而引起植物中毒；热带鱼，如鳉，在水温 10℃ 时就会死亡，原因是呼吸中枢受到冷抑制而缺氧。冷害是喜温生物向北方引种和扩展分布区的主要障碍。冻害是指冰点以下的低温使

生物体内形成冰体而造成的损害。冰体的形成会使原生质膜发生破裂和使蛋白质失活与变性。当温度降至-3℃或-4℃时，植物受害主要是由于细胞膜破裂引起的；当温度下降到-8℃或-10℃时，植物受害则主要是由于生理干燥和水化层的破坏引起的。动物对低温的耐受极限随种而异，少数动物能够耐受一定程度的身体冻结，这是动物避免低温伤害的一种适应方式，例如摇蚊在-25℃的低温下可以经受多次冻结而能保存生命。一些潮间带动物在-30℃的低温下暴露数小时后，虽然体内90%的水都结了冰，但冰晶一般只出现在细胞外面，当冰晶融化后又能恢复正常状态。

温度超过生物适宜温区的上限后就会对生物产生有害影响，温度越高对生物的伤害作用越大。高温可减弱光合作用，增强呼吸作用，使植物的这两个重要过程失调。例如马铃薯在温度达到40℃时，光合作用等于零，而呼吸作用在温度达到50℃以前一直随温度的上升而增强，但这种状况只能维持很短的时间。高温还可破坏植物的水分平衡，加速生长发育，促使蛋白质凝固和导致有害代谢产物在体内的积累。高温对动物的有害影响主要是破坏酶的活性，使蛋白质凝固变性，造成缺氧、排泄功能失调和神经系统麻痹等。动物对高温的忍受能力依种类而异。哺乳动物一般都不能忍受42℃以上的高温；鸟类体温比哺乳动物高，但也不能忍受48℃以上的高温。多数昆虫、蜘蛛和爬行动物能忍受45℃以下的高温，温度再高就有可能引起死亡。

当温度不适时，有些动物如鱼类和鸟类，会出现洄游和迁徙现象，以寻觅最适温度的环境。不能找到最适温度条件的生物，则通过增强自身对极端温度的适应度过不良的环境，如动物的冬眠和植物的抗冻反应。

另外，温度对生物的分布也存在着很大的影响。因为每种生物的生长、分布都需要一定的热量，同时还要受高温或低温的限制。例如梨、苹果、桃等不能在热带地区栽培，同样，香蕉、荔枝不能在温带地区栽植；企鹅、北极熊生活在冰天雪地的极地，而蟒蛇、鳄鱼则生活在赤日炎炎的赤道带。

3. 光

"万物生长靠太阳"，说明没有阳光也就没有生命。光是太阳的辐射能以电磁波的形式投射到地球表面的辐射线。到达地球表面的太阳辐射约为全部太阳辐射的47%，在全部太阳辐射中，红外光占50%~60%，紫外光约占1%，其余的是可见光。由于波长越长增热效应越大，所以红外光可以产生大量的热。紫外光对生物和人有杀伤和致癌的作用，但它在穿过大气层时大部分将被臭氧层中的臭氧吸收。可见光具有最大的生态学意义，因为只有可见光才能在光合作用中被植物利用。在可见光谱中，波长为620~760nm的红光和波长为435~490nm的蓝光对光合作用最为重要。植物利用太阳光进行光合作用，制造有机物，因此地球上一切生物生活所必需的全部能量都直接或间接地来源于太阳光。

（1）光照强度对生物的影响

① 光照强度影响着水中生物的分布。光在水中的穿透性限制着植物在海洋中的分布，只有在海洋表层的透光带内，植物的光合作用量才能大于呼吸消耗量。在透光带的下部，植物的光合作用量刚好与植物的呼吸消耗量相平衡之处就是所谓的补偿点。如果海洋中的浮游藻类沉降到补偿点以下而又不能很快回升到表层时，这些藻类便会死亡。生活在开阔大洋和沿岸透光带中的植物主要是单细胞的浮游植物。以浮游植物为食物的浮游动物也分布在这里。但是，动物的分布并不局限于水体的上层，甚至在几千米以下的深海中也生活着各种各样的动物，这些动物靠海洋表层生物死亡后沉降下来的残体为生。

② 光照强度影响着陆生植物的分布。各种植物对光的需要量即对光照强度的适应范围是不同的，有些植物喜欢生长在阳光充足的空旷地方或森林中的最上层，而有些植物只有在阴暗处或森林的最下层才能找到。据此，可将植物分为阳性植物、阴性植物和耐阴植物三种类型。适应于强光照地区生活的植物称阳性植物，常见种类有松、杨、蒲公英、柳等。适应于弱光照地区生活的植物称阴性植物，常见种类有人参、酢浆草、红豆杉等。既能在有光的地方生长，又能在较荫蔽的地方生长的植物称耐阴植物，常见种类有胡桃、侧柏、党参等。

③ 光照强度对动物的活动也有重要影响。光也是对动物的生存、行为和分布具有直接作用的重要因素之一。不同动物对光强反应不一样。有的动物适应于在较弱光度下生活，为夜行性动物，如黄鼬等；有的则适应于在较强光度下生活，是昼行性动物，例如许多鸟类只有在度过黑夜之后的清晨才开始鸣啭和觅食；第三类动物在拂晓或黄昏时分活动，如蝙蝠等，为晨昏性动物。

（2）生物的光周期现象　地球上不同纬度地区，在植物生长季节里每天昼夜长短比例不同，对植物的开花结实具有明显的影响，这叫做光周期现象。根据植物对光周期反应的不同，可分为长日照植物、短日照植物和中间性植物。长日照植物在生长过程中有一段时间每天需要有12h以上的光照时数才能开花，光照时间越长，开花越早。短日照植物，每天光照时数在12h以下才能开花，在一定范围内黑暗期越长，开花越早。中间性植物，对光照长短没有严格要求，只要生存条件适宜就可开花结实。研究植物的光周期现象对于园艺工作中植物的引种驯化、花期控制等具有重要意义。

动物也有明显的光周期现象。在脊椎动物中，鸟类的光周期现象非常明显，很多鸟类的生殖和迁移都是由日照长短的变化引起的。由于日照长短的变化是地球上最严格和最稳定的周期变化，所以是生物节律最可靠的信号系统。日照长度的变化对哺乳动物的生殖和换毛也具有明显的影响，有些种类是随着春天日照长度的逐渐增加而开始生殖的，如雪貂、野兔和刺猬等，这些种类可称为长日照兽类。还有一些种类总是随着秋天短日照的到来而进入生殖期，如鹿和山羊，这些种类属于短日照兽类。实验表明，雪兔换白毛也完全是对秋季日照长度逐渐变短的一种生理反应。鱼类和昆虫也有明显的光周期现象。

4. 生物之间的相互关系

地球上没有任何一种生物孤立地生存于非生物环境中，对某一特定的生物来说，周围对它产生影响的生物便成为一个很重要的生态因素。引起生物之间形成一定关系的主要因素是食物、居住空间、领地和配偶等。生物间特定的关系有利于个体的生存和种族的延续。生物之间的关系错综复杂，有着千丝万缕的联系，形成相互制约、相互依存的生命之网，各种生物个体都是此网中的一员，它既影响其他的生物个体，同时又受到其他生物个体的影响。通常将生物之间的关系分为种内关系和种间关系两类。

（1）种内关系　种内关系是指同一物种之间的关系，最常见的有种内互助和种内斗争。

① 种内互助。种内互助是指同种个体间为了共同防御敌害、获得食物及保证种族生存和延续而进行的互相帮助、相互协调的行为。如社会性群体生活中分工合作、互相帮助的蚂蚁、蜜蜂；飞蝗、鱼类、鸟类的群居生活；野牛联成群，以有效地抵制捕食者的侵袭等。

② 种内斗争。种内斗争是指同种个体之间由于食物、栖所、寻找配偶或其他生活条件的矛盾而发生斗争的现象。如密度过大植物种群内，个体间为水分、营养物质而发生的争夺；两只雄梅花鹿为争夺雌性配偶而发生的决斗等。种内斗争的结果，一方面是使参与竞争的个体受损，甚至会导致死亡；另一方面是使群居过程逐渐完整，并使某些动物种群内形成

一定的"等级"制度。

（2）种间关系 种间关系是指不同物种种群之间的相互作用所形成的关系。生物种间关系十分复杂，概括起来主要有以下几种主要形式。

① 互惠。互惠是指两种生物共居在一起，对双方都有一定程度的利益，但彼此分开后，各自又都能够独立生活。这是一种比较松懈的种间合作关系。海洋甲壳动物蟹类的背部常附生着多种腔肠动物，如寄居蟹和海葵。有些学者也把它称为互生关系。

② 共生。共生是物种之间相依为命的一种互利关系，如果失去一方，另一方便不能生存。如地衣（是单细胞藻类和真菌的共生体）；丝兰和法兰蛾；白蚁和多鞭毛虫。

③ 共栖。共栖是指对一方有利，对另一方无利也无害的一种种间关系，又称偏利。如双锯鱼和海葵，偕老同穴和俪虾。

④ 寄生。寄生指一种生物生活在另一种生物的体内或体表，并从后者摄取营养以维持生活的种间关系。前者称寄生物，后者称寄主。生物界的寄生现象十分普遍，几乎没有一种生物是不被寄生的，连小小的细菌也要受到噬菌体的寄生。在寄生关系中，一般寄生物为小个体，寄主为大个体，以小食大。而且大都为一方受益，一方受害，甚至引起寄主患病或死亡。同时寄生双方又互为条件，相互制约，共同进化。寄生是生物种间的一种对抗性的相互关系。

⑤ 捕食。捕食指一种生物以另一种生物为食的种间关系。前者谓之捕食者，后者谓被捕食者。例如，兔和草类、狼和兔等都是捕食关系。在通常情况下，捕食者为大个体，被捕食者为小个体，以大食小。捕食的结果，一方面能直接影响到被捕食者的种群数量，另一方面也影响到捕食者本身的种群变化，两者关系十分复杂。捕食也是一种种间的对抗性相互关系。

⑥ 竞争。物种之间由于争夺有限生存条件（如阳光、水分、空间）或生活资源（营养、食物）而存在的相互排斥的关系。竞争的结果是使一个物种战胜另一物种，甚至导致一种物种完全被排除。如大草履虫和双小核草履虫的竞争；欧洲百灵被引进北美后与当地百灵的竞争；农田中杂草与农作物间的竞争等。

可见，生物种间关系按性质可归并为两类，一是种间互助性的相互关系，如互惠、共栖、共生等；二是种间对抗性的相互关系，如寄生、捕食、竞争等。应该指出的是，所有这些关系都是生物界长期进化的结果。

第二节 种 群 生 态

一、种群的概念和特征

1. 种群的概念

种群是占据一定空间和时间的同一物种个体的集合体。如一个池塘内的鲫鱼；黄山的马尾松等。种群是由不同年龄和不同性别的个体组成，彼此可以互配进行生殖并将其性状遗传给后代个体。即同一种群内成员彼此都可以进行基因的交流。因此，种群是物种具体的存在单位、繁殖单位和进化单位。一个物种通常可以包括许多种群，不同种群之间存在着明显的地理隔离，长期隔离就有可能发展为不同的亚种，甚至产生新的物种。例如在湖泊和河流中生存的鲤鱼由于陆地的隔离而形成一个个不同的自然种群；岛屿上的兽群被海水隔绝及绿洲中的兽群被沙漠包绕等均可形成不同的自然种群。在同一种群内，基因可以自由交流；在不同种群之间，基因交流因隔离而不能进行。

2. 种群的特征

种群由个体组成，但不等于个体的简单相加，而是通过复杂的种内关系构成的统一整体。从个体到种群，除了统计学上的特征以外，还出现了如空间分布格局、种群行为、遗传变异和生态对策等新特征。一般来说，自然种群具有三个特征：①空间特征，即种群具有一定的分布区域和分布方式。②数字特征，即单位面积（或空间）上的个体数量是随时间而发生变动的。种群具有一定密度、出生率、死亡率、年龄结构和性别比例。③遗传特征，即种群具有一定的基因组成，以区别于其他物种，并具有随着时间进程改变其遗传特性的能力。本节只做部分介绍。

(1) 种群的大小和密度　某种生物在一定空间中个体数目的多少称为种群的大小；在单位空间中的个体数目，则叫做种群密度。它们的变动范围很大，因物种与环境条件不同而异。通过测定种群密度可获知种群的动态、种群与其环境资源和生态条件的关系以及用于估算生物量和生产力。

(2) 种群的出生率和死亡率　种群出生率是种群中单位数量的个体在单位时间内新产生的个体数目。死亡率是指种群中单位数量的个体在单位时间内死亡的个体数目。出生率和死亡率是影响种群增长的最重要因素，在一定时期内，只要种群的出生率大于死亡率，种群的数量就会增加，反之则下降。

(3) 种群的年龄结构和性别比例　种群的年龄结构是指一个种群中各年龄期的个体数目占总个体数的比例。各年龄的个体数目因种群发展状况而有所改变。根据生育年龄和其他各年龄级个体的多少，可将种群的年龄结构分为增长型、稳定型和衰退型三类（图8-2）。

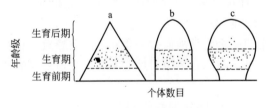

图 8-2　种群年龄结构的类型
a—增长型；b—稳定型；c—衰退型

① 增长型。种群中幼年个体很多，老年个体很少，其出生率大于死亡率。这样的种群正处于发展时期，种群密度会越来越大，是一个迅速增长的种群。

② 稳定型。种群中各年龄期的个体数目比例适中，其出生率与死亡率大致平衡。这样的种群正处于稳定时期，种群密度在一段时间内会保持稳定。

③ 衰退型。种群中幼年个体较少，而老年个体较多，其出生率小于死亡率。这样的种群正处于衰退时期，种群密度会越来越小。

由此可见，研究种群的年龄组成，对于了解种群的密度、预测种群数量的变化趋势和采取相应的管理措施等具有重要意义。

种群的性别比例是指种群中雌雄个体数目的比例。大多数生物种群都倾向于雌性、雄性比保持1：1。但是出生的时候，往往雄性多于雌性，而到了老年组则雌性多于雄性。性别比例在一定程度上影响着种群密度，是与种群动态有关的重要结构特征之一。例如，利用人工合成的性引诱剂诱杀害虫的雄性个体，破坏了害虫种群正常的性别比例，就会使很多雌性个体不能完成交配，从而使害虫的种群密度明显降低。

(4) 种群的空间分布　由于自然环境的多样性，以及种内、种间个体之间的竞争，每一种群在一定空间中都会呈现出特有的分布形式。一般把种群个体的水平分布归纳为均匀分布、随机分布和集群分布三种基本类型（图8-3）。

均匀分布　　　　　　集群分布　　　　　　随机分布

图 8-3　种群个体的水平分布

① 均匀分布。均匀分布是指个体间在空间呈等距离分布，各个体间存在自我生存的小圈。如菌落中的细菌表现为大致均匀的分布。但在自然界中，个体均匀分布的现象是极少见的，通常只有在农田或人工林中出现这种分布格局。

② 随机分布。随机分布是种群内个体在空间的位置不受其他个体分布的影响，同时每个个体在任意空间分布的概率是相等的。该分布在自然界比较罕见。森林中地面上的某些蜘蛛类以及海岸潮汐带的一些蚌类似乎具有随机的分布。

③ 集群分布。集群分布是指种群内个体既不随机也不均匀，而是成团成块的分布。自然界中，这种分布形式较为普遍。如森林中各个树种或林下植物多呈小簇丛或团片状分布；人聚集在城市生活；蚜虫聚集在植物的顶部取食等。这种分布是动植物对环境差异发生反应的结果，同时也受生殖方式和社会行为的影响。

影响个体水平分布形式的因素是很多的，主要决定于物种的生物学特性和环境条件的状况。

二、种群数量及其制约因素

1. 种群的数量和增长规律

种群的数量是指在一定面积或空间中某一个物种的个体总数，也可称为种群大小或种群密度。种群的数量总在不断变动着，这主要取决于种群的出生率和死亡率的对比关系。单位时间内出生率与死亡率之差为增长率。

种群增长是种群动态的主要表现形式之一，它是指随着时间的变化，一个种群个体数目的增加。如果一个种群的个体之间没有竞争，不受环境资源限制，并无天敌与疾病和个体的迁入与迁出等因素存在时，种群数量将呈指数式增长，增长曲线呈"J"形（图 8-4）。然而，环境资源是有限的，所以种群不可能长期连续呈指数式增长。随着种群个体数量的增加，加剧了个体之间对有限空间和其他生活必需资源的种内竞争，同时天敌的捕食、种间竞争、疾病、不良气候条件以及生物的年龄变化等必然影响到种群的出生率和存活数目，从而降低种群的实际增长率。当种群个体的数目接近于环境所能支持的最大值，即环境负荷量极限值时，种群将不再增加而保持在该值左右。在这种有限制的环境条件下，种群增长过程的曲线为逻辑斯谛曲线或称"S"形增长曲线（图 8-4）。一般认为，这种增长动态是自然种群最普遍的形式。

如上所述，在自然情况下，种群的数量一般是稳定在一

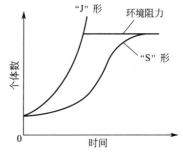

图 8-4　种群增长型曲线

定的范围内。除人为作用外，正常种群很少出现长时间的数量过多或过少的情况。这是由于环境阻力的存在，特别是与种群密度有关的种内限制因素作用的结果。例如当种群密度增大时，空间和资源减少，种内竞争加强；或因密度大，疾病容易传染和某些生物的性机能失调等原因，使个体数量下降。森林的自疏现象和作物过分密植时部分植株死亡都是常见事例。

2. 种群数量的制约因素

种群的数量变动是繁殖率和死亡率、迁入和迁出这两组过程的综合结果。因此，凡是影响种群繁殖率、死亡率和迁移的因素，都会影响种群数量的变化。如气候、食物、被捕食、传染病等。目前世界上的生物种群大多已达到动态平衡的稳定期。其原因为：一方面许多物理的和生物的因素都能影响种群的出生率和死亡率；另一方面种群具有自我调节的能力，通过调节而使种群保持平衡。

影响种群个体数量的因素很多，可以分为外界环境因素和种内因素两个方面，前者包括气候因素、土壤因素、营养条件、生物因素、化学因素、空间体积及污染因素等；后者主要指种群的自动调节能力、种群增长率及种群的遗传结构等。也可将各种因素区分为密度制约因素和非密度制约因素。

(1) 密度制约因素　有些因素的作用是随种群密度而变化的，这种因素称为密度制约因素。营养、食物、病虫害、空间、竞争等都会制约个体密度。如传染病在密度大的种群中更容易传播，因而对种群数量的影响就大；种内斗争在密度大的种群中更加剧烈，对种群数量的影响也就更大。

密度制约因素对种群数量变化的影响是通过反馈调节来实现的。当种群数量超过环境容纳量时，密度制约因素的作用增强，使出生率下降，死亡率增加，从而使种群的增长受到抑制。当种群数量降低到环境容纳量以下时，密度制约因素的作用减弱，从而使种群增长加快。例如食物是一种密度制约因素，当旅鼠过多时，草原植被遭到破坏，旅鼠种群由于缺乏食物而使数量下降；旅鼠数量减少后，植被又逐渐恢复，旅鼠种群的数量又随之恢复。

(2) 非密度制约因素　有些因素对种群数量起限制作用，但是作用的强度与种群密度无关，这样的影响种群数量变化的因素叫做非密度制约因素。例如风、雨、雪、气温及其他一些自然灾害等都会对种群数量的变化产生影响，但是影响的大小与种群密度无关。

非密度制约因素虽然没有反馈作用，但它们对种群数量变化的影响，是可以通过密度制约因素的反馈机制来调节的。例如当由于某种自然灾害使种群数量下降时，食物等密度制约因素的作用就会减弱，从而使种群的出生率回升，种群数量还可以恢复到原来的水平。

值得强调的是，在现代社会，人类活动对自然界中种群数量变化的影响越来越大。一方面，随着种植业和养殖业的发展，受人工控制的种群数量在不断增加；另一方面，砍伐森林、猎捕动物和环境污染等，使许多野生动植物的种群数量急剧减少。这种现状和发展趋势，将会给人类社会的可持续发展带来影响。

第三节　生物群落

一、生物群落的概念和特征

1. 群落的概念

在自然界中，任何一个种群都不是单独存在的，而是与其他种群通过种间关系紧密联系的。在一定时间内，生活在一定区域内的各种生物种群的集合叫做生物群落，简称群落。例如，在一片农田中，既有作物、杂草等植物，也有昆虫、鸟、鼠等动物，还有细菌、真菌等微生物，所有这些生物共同生活在一起，彼此之间相互联系、相互影响，共同组成了一个生物群落。可见，群落是种群的集合体，是一个比种群更复杂、更高一级的生命组织层次。

群落并不是任意物种的随意组合，生活在同一群落中的各种物种是经过长期历史发展和自然选择而保存下来的，它们彼此之间的相互作用不仅有利于它们各自的生存和繁殖，而且也有利于保持群落的稳定性。

2. 群落的基本特征

群落具有一定的结构、一定的种类构成和一定的种间相互关系，并可在环境条件相似的不同地段出现相似的群落。不同的环境存在着不同的群落，其原因在于群落的基本特征不同。群落的基本特征包括物种组成、群落结构、优势种群、动态变化、种间关系及群落的稳定性等方面。

（1）物种组成的多样性 任何一个生物群落都包含着很多生物种类，都是由一定的植物、动物、微生物种群组成的，即构成群落的生物组成具有多样性。一个群落中种类成分的多少及每种个体的数量，是度量群落多样性的基础。在一定区域内，环境条件越优越，组成群落的物种就越丰富，群落结构也就越复杂，其群落越稳定。因此物种的多样性是群落生物组成结构的重要指标，它不仅可以反映群落组织化水平，而且可以通过结构与功能的关系间接反映群落功能的特征。我们在研究群落的时候，首先应识别组成群落的各种生物并列出它们的名录，这是了解一个群落中物种多样性的最简单的方法，也是认识群落特征最基本的要求。

（2）植物生长型和群落层次性 在生物群落中，各个生物种群分别占据了不同的空间，使群落具有一定的结构。在垂直方向上，生物群落具有明显的分层现象，即群落的层次性。群落层次性主要是由植物的生长型决定的。生长型是指植物的外貌特征。组成群落的各种植物常常具有极不相同的外貌，可以把它们分成不同的生长型如乔木层、灌木层、草本层和苔藓层等，这些不同的生长型将决定群落的层次性。一个群落往往具有多个层次，尤其在热带雨林中最为复杂。决定植物群落地上部分分层的环境因素主要是光照、温度和湿度条件，而决定地下分层的主要因素是土壤的物理和化学性质，特别是水分和养分。由此可见，群落的层次性是植物群落与环境条件相互联系的一种特殊形式。完全发育的森林群落具有典型的群落层次性，可以明显划分为乔木层、灌木层、草本层、苔藓和地衣层。

（3）优势现象 在组成群落的成百上千个物种中，可能只有少数物种能够凭借自己的大小、数量和活力对群落产生重大影响，这些种类就称为群落中的优势种。优势种具有高度的生态适应性，它的存在对群落的结构和群落环境的形成有明显的控制作用，常常影响着其他生物的存活和生长。

（4）相对数量 群落中各种生物的数量是不一样的，测定物种间的相对数量可以采用物种的多度、密度、盖度、频度、体积和重量等指标。种的多度表示某一种在群落中个体数的多少或丰富程度，通常多度为某一种类的个体数与同一生活型植物种类个体数的总和之比。密度指单位面积上的植物个体数，它由某种植物的个体数与样方面积之比求得。盖度指植物在地面上覆盖的面积比例，表示植物实际所占据的水平空间的面积。频度是指某一种类的个体在群落中水平分布的均匀程度，表示个体与不同空间部分的关系，为某种植物出现的样方数与全部样方之比。

（5）营养结构　指群落中各种生物之间的取食关系和各自所处的位置，这种取食关系决定着物质和能量的流动方向，也决定了群落中各物种的相对数量和比例及其变化。群落中各物种的取食顺序所决定的物质和能量的流动方向通常为：植物→草食动物→肉食动物→顶级肉食动物。另外，微生物通常也可参与到上述关系的各个阶段，取食顺序及物质和能量的流动方向为：动植物尸体与有机碎屑→微生物→动物。

（6）动态特征　生物群落是生态系统中具有生命的部分，生命的特征是不停地运动，群落也是如此。其运动形式包括季节动态、年际动态、演替与演化。

二、生物群落的结构

相对稳定的生物群落其重要特征之一是具有一定的空间结构。群落中各种生物在空间上的配置状况，即为群落的结构。生物群落的结构包括垂直结构和水平结构等方面。

1. 垂直结构

群落的垂直结构指群落在垂直方面的配置状态，其最显著的特征是成层现象，即在垂直方向分成许多层次的现象。层的数目依群落类型不同有很大差异。森林的层次比草本植物群落的层次多，表现也最清楚。大多数温带森林至少有 3～4 个层（图 8-5）。最上层是由高大的树种构成的乔木层；乔木层之下尚有灌木层、草本层和由苔藓、地衣构成的地被层。在地面以下，由于各种植物根系所穿越的土壤深度不同，形成了与地上层相应的地下层。热带雨林的种类成分十分复杂，群落的层数也最多。多数农业植物群落仅有一个层。群落的成层性保证了植物在单位空间中可更充分地利用自然环境条件。如在发育成熟的森林中，上层乔木可以充分利用阳光，而林冠下为那些能有效利用弱光的下木所占据，林下灌木层和草本层能够利用更微弱的光线，草本层往下还有更耐荫的苔藓层。

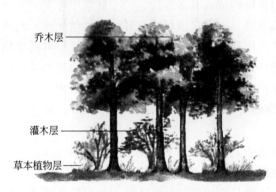

乔木层
灌木层
草本植物层

图 8-5　群落的垂直结构

生物群落中动物的分层现象也很普遍。动物分层主要与食物有关，其次还与不同层次的微气候条件有关。例如，鹰、猫头鹰、松鼠等动物，大多在森林的上层活动；大山雀、柳莺等小鸟在灌木层活动；而鹿、獐、野猪等动物则在地面活动；在枯枝落叶层和土壤中，还有许多低等动物如蚯蚓、马陆等以及许多微生物。

在水域环境中，水生生物群落也具有成层现象，这主要决定于阳光、温度、食物和含氧量等。例如在对淡水鱼类进行混合放养的湖泊或池塘中，鲢鱼在水的上层活动，吃绿藻等浮游植物；鳙鱼栖息在水的中上层，吃原生动物、水蚤等浮游动物；草鱼栖息在水的中下层，以水草为食；青鱼栖息在水域的底层，吃螺蛳、蚌等软体动物；鲤鱼和鲫鱼也生活在水域底层，是杂食性的鱼。

2. 水平结构

群落的水平结构指群落的水平配置状况或水平格局，其主要表现特征是镶嵌性。镶嵌性即植物种类在水平方向不均匀配置，使群落在外形上表现为斑块相间的现象。具有这种特征的群落叫做镶嵌群落。在镶嵌群落中，每一个斑块就是一个小群落，小群落具有一定的种类成分和生长型组成，它们是整个群落的一小部分。例如，在森林中，在乔木的基部及其他被树冠遮住的阴暗地方，有一些苔藓和其他阴性植物生存，而在树冠的间隙或其他光照较充足的地方，则有较多的灌木和草丛。

三、生物群落的类型和分布

地球各地因气候、地形和其他环境条件的不同而分布着不同类型的生物群落，其中主要的陆地生物群落有热带雨林、温带落叶阔叶林、北方针叶林、草原、荒漠、冻原等；水域生物群落包括淡水生物群落和海洋生物群落。

1. 热带雨林

热带雨林主要分布在亚洲东南部、非洲中部和西部以及南美洲和大洋洲以北的赤道附近。那里终年高温多雨，丰富的热量和季节分配均匀而又充足的水分为生物的生存提供了优越条件。为此热带雨林的植物种类极为丰富，生长繁茂，整个热带雨林的树种可达几千种（图 8-6）。热带雨林的垂直分层非常明显，仅乔木就有四五层之多，林内还有极其丰富的藤本植物和附生植物。群落外貌终年常绿。热带雨林的动物种类也很丰富，尤其以爬行类、两栖类和昆虫的数量与种类最多，营树栖生活的灵长目动物也比较多，而大型食草动物比较贫乏。与其他陆地生物群落相比，热带雨林既有的生物种类最

图 8-6 热带雨林

多。我国的热带雨林主要分布于台湾南部、海南岛和西双版纳等地，种类组成和结构比较简单，已属雨林的北部边缘类型。

2. 温带落叶阔叶林

温带落叶阔叶林主要分布在北美、西欧、中欧的温带湿润海洋性气候地区，在我国主要分布于华北和东北沿海地区。这些地区湿度较大，四季分明，夏季炎热多雨，冬季寒冷干燥。温带落叶阔叶林以阔叶乔木为主，植物种类很多，主要有栎树、山毛榉、槭树、椴树、桦树等树种，它们具有宽而薄的叶片，秋冬落叶，春夏长叶，故这类森林又叫做夏绿林（图 8-7）。群落的垂直结构一般具有四个非常清楚的层次：乔木层、灌木层、草本层和苔藓、地衣层。藤本和附生植物极少。温带落叶阔叶林中优势的草食性动物是鹿，肉食性动物为黑熊。此外，林中还有多种多样的鸟类、爬行类动物和昆虫等。

图 8-7 温带落叶阔叶林

3. 北方针叶林

北方针叶林主要分布在北半球高纬度的温带到亚寒带地区，我国东北的大兴安岭地区分布的便是典型的针叶林。北方针叶林主要由常绿的针叶树如松、杉、柏等树种所组成，林下植被不发达，地表具有很厚的枯枝落叶层和腐殖质层。此林中的动物较多，如野鸡、松鼠、鹿、狼、熊、各种鸟类和昆虫等。北方针叶林蕴藏着丰富的木材资源和林副产品。

4. 草原

根据草原的组成和地理分布，可分为温带草原和热带草原两类。热带草原主要分布在非洲、南美洲和大洋洲的热带季节性干旱地区。此区域的特点是在高大禾草等草本植物的背景上常散生一些不高的乔木，故被称为稀树草原（图 8-8）。温带草原主要分布在欧亚大陆、南美洲、北美等地，我国的黄河中游、内蒙古和东北大兴安岭以西也有大片的温带草原，属

于温带大陆性气候地区的旱生草本植物群落。其乔木很少，以草本植物为主。代表动物有羚羊、黄羊和各种鼠类等。温带草原土壤肥沃，有利于发展畜牧业和农业。

5. 荒漠

主要分布在亚热带和温带极端干燥少雨的地区，在北半球形成一条明显的荒漠地带。我国的荒漠分布于西北和内蒙古地区，南半球的智利、澳大利亚和南非也有分布。荒漠地区为极端大陆性气候，降水量极少，且不稳定，土质极贫瘠。植物稀少，代表性植物

图 8-8　热带草原

是仙人掌和仙人球类。动物多夜间活动，主要有骆驼、袋鼠、鸵鸟等。

6. 冻原

冻原又叫做苔原，为典型的寒带生态系统，分布于北极圈以南北冰洋的严寒地带。气候严寒，冬季寒冷漫长，夏季凉爽短促，土壤终年冻结。植被贫乏，典型的植物是地衣，偶然有很矮小的植物和苔草。动物种类也贫乏，主要有驯鹿、麝牛、北极狐、北极熊、狼和旅鼠等。

7. 淡水生物群落

淡水生物群落包括江河、溪流、湖泊、沼泽、池塘和水库等类型，其中的植物包括浮游藻类、漂浮植物和挺水植物，动物包括各种鱼、虾、蟹、蛤、螺、蚌等。一些爬行类和两栖类动物栖息在沿岸地带。

8. 海洋生物群落

广阔的海洋由于各部分的深度、光照、盐分和生物种群结构不同，可进一步划分为海岸带、浅海带和远洋带等类型。不同的海洋带分布的海藻类植物和海洋动物的类群差别很大。

海岸带位于陆地和海洋交界处，有机物质比较丰富。生物成分复杂多样，植物以绿藻、褐藻与红树类植物为主；动物以浮游动物、鱼类和螺、蚌、牡蛎、蚶、贝、沙蚕等底栖生物为多。

浅海带由于阳光射入和来自陆地较丰富的营养物质，具有较多的海洋生物种类和较高的生产力，藻类繁盛，鱼虾产量高，是海洋资源最丰富的区域。

远洋带海水的营养物质含量少，生物生产力较低，但仍然有各种浮游藻类、鱼、虾、水母和鲸等。远洋带受污染较少，相对面积大，总体资源量相当大。

生活在海底带的生物与其他类型群落的种类差异很大，它们几乎全是异养生物，有海绵、软体动物、甲壳动物和棘皮动物等（图 8-9）。

图 8-9　海洋生物群落

四、生物群落的演替

地球上各处的环境一直处于不断的变化之中，因此生物群落是一个随着时间的推移而发展变化的动态系统。在群落的发展变化过程中，一些物种的种群消失了，另一些物种的种群随之而兴起，最后，这个群落会达到一个稳定阶段。像这样随着时间的推移，一个群落被另一个群落代替的过程，就叫做群落的演替。演替达到的最终相对稳定状态，就是顶级群落。

1. 演替的类型

群落的演替包括初级演替和次级演替两种类型。在一个起初没有生命的地方开始发生的演替，叫做初级演替。例如，在从来没有生长过任何植物的裸地、裸岩或沙丘上开始的演替，就是初级演替。在原来有生物群落存在，后来由于各种原因使原有群落消亡或受到严重破坏的地方开始的演替，叫做次级演替。例如，在弃耕的农田上、在发生过火灾或过量砍伐后的林地上开始的演替，就是次级演替。

2. 演替的过程

群落的演替是一个长期的过程，是一个有规律的、有一定方向的和可以预测的自然过程。从岩石表面开始的初级演替过程经过地衣植物群落阶段、苔藓植物群落阶段、草本植物群落阶段、灌木植物群落阶段和乔木植物群落阶段。在这个演替系列中，地衣和苔藓植物群落阶段延续的时间最长；草本植物群落阶段演替的速度相对最快；灌木和乔木植物群落阶段演替的速度相对较慢。演替的结果形成了森林，森林便成为一个更加稳定的顶级群落。一个湖泊完整的初级演替可以包括裸底阶段、沉水植物阶段、浮叶根生植物阶段、挺水植物阶段、湿生草本植物阶段、灌木阶段和森林阶段（图 8-10）。

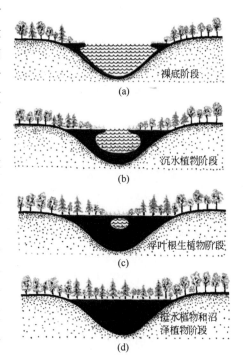

图 8-10　群落的演替

次级演替也要经过一定的过程，如从被废弃的农田到形成树林，要经过数十年的时间。一片农田被弃耕以后，很快就会长满一年生的杂草。有了一年生杂草的覆盖，土壤的条件会得到初步改善，一些多年生的杂草会接踵而至，这样经过几年的时间，一些小灌木就会出现。起初，灌木只是一簇簇地分散地长在草地上，由于灌木年年结实，灌木丛逐渐扩大，一些小的乔木开始出现，草地就随之消失了。再经过一段时间，乔木越来越多，遮盖了灌木，使灌木减少，乔木便蔚然成林了。

3. 研究群落演替的意义

在自然界里，群落的演替是普遍现象，而且是有一定规律的。人们掌握了这种规律，就能根据现有情况来预测群落的未来，从而正确地掌握群落的动向，使之朝着有利于人类的方向发展。例如，在草原地区，应该科学地分析牧场的载畜量，做到合理放牧。如果载畜量过大，就会造成牧草的过度消耗，引起群落的演替——优质牧草逐渐减少，甚至消耗殆尽，杂草就会取而代之。因此，应该采取措施防止出现这种有害的群落演替趋势。我国已实施大规模退耕还林、退田还湖、退牧还草等重要政策，并从 2003 年 1 月起开始实施《退耕还林条例》，其目的在于使群落的演替有利于人类的生存和发展。

在群落的演替方面，近年来生态学家越来越重视生物入侵的问题，所谓生物入侵是指某种生物从原来的分布区域扩展到一个新的通常也是遥远的地区，在新的区域内生存和扩散，并对新地区的环境和生物的多样性造成严重的影响或威胁。科学家们特别呼吁，要防止人们有意或无意地从一个地区或国家将某种有害的物种带到另一个地区或国家，由此造成环境或经济的损害。

第四节　生态系统

一、生态系统的概念和组成

1. 生态系统的概念

生态系统是指在一定空间范围内生物（包括个体、种群和群落）与非生物（包括阳光、空气、水、矿物质和养分）通过能量流动与物质循环过程共同结合成的一个生态学单位。系统是指彼此间相互作用、相互依赖的事物有规律地联合的集合体，是有序的整体。一般认为，构成系统至少要有 3 个条件：①系统是由许多成分组成的；②各成分间不是孤立的，而是彼此互相联系、互相作用的；③系统具有独立的、特定的功能。

地球上的森林、草原、荒漠、海洋、湖泊、河流等，不仅它们的外貌有区别，生物组成也各有其特点，其中生物和非生物构成了一个相互作用、物质不断循环、能量不停流动的生态系统。按生物要素为主体可以划分为森林生态系统、草原生态系统、农田生态系统等，也可以按无机环境特征划分为湖泊生态系统、荒漠生态系统、热带生态系统、城市生态系统等。生态系统可以小到一滴水，因为在这滴水中包含了几个低等植物、动物和微生物，也包括这些生物的环境；大到地球表面，例如陆地生态系统就指全球陆地上的生物群落和它的环境，同样水生生态系统就是水生生物群落和所有水域组成，而生物圈就是地球表面的一个最大的生态系统。

2. 生态系统的组成

生态系统是自然界最复杂的一个系统，任何一个大小不等的系统，不论它是陆生的或者是水生的，都由两个部分的四种基本成分所组成（图 8-11）。两个部分就是非生物部分的环境和生物部分的生物群落。

（1）非生物部分的环境　非生物部分的环境是生态系统中生物生活的场所和物质、能量的源泉，包括气候因子如太阳光辐射能、温度及其他生物因素，无机物质如碳、氮、水、氧、二氧化碳及矿质盐类等，有机物质如蛋白质、碳氢化合物、脂类及腐殖质等。

（2）生物部分的生物群落　生物部分的生物群落是由各种生物组成的，根据它们取得营养和能量的方式以及在能量流动和物质循环中所发挥的作用，可以分为生产者、消费者、分解者三大类群。生产者、消费者和分解者的划分是以功能为依据的功能单位，而非分类的概念。

① 生产者。生产者属于自养生物，主要是指绿色植物，它们能利用光合作用将无机物

图 8-11 海洋生态系统

转化成有机养料。同时也包括一些能进行化能合成作用的细菌等微生物，它们也能够以无机物合成有机物。生产者在生态系统中的作用是进行初级生产或称为第一性生产，因此它们就是初级生产者或称为第一性生产者，其产生的生物量为第一生产量。生产者的活动是从环境中得到二氧化碳和水，在太阳光能或化能的作用下合成碳水化合物。因此太阳辐射能只有通过生产者，才能不断地输入到生态系统中转化为化学能亦即生物能，成为消费者和分解者生命活动中唯一的能源。

② 消费者。消费者属于异养生物，是指那些以其他生物或有机物为食物的动物，它们直接或间接地以植物为食。根据食性不同，可以区分为草食动物和肉食动物两大类。草食动物称为第一级消费者，它们吞食植物而得到自己需要的食物和能量，这一类动物如一些昆虫、鼠类、野猪、大象等。草食动物又可被肉食动物所捕食，这些肉食动物称为第二级消费者，如瓢虫以蚜虫为食、黄鼠狼吃鼠类等，这样，瓢虫和黄鼠狼等又可称为第一级食肉者。又有一些捕食小型肉食动物的，如狐狸、狼、蛇等，称为第三级消费者或第二级肉食者。又有以第二级肉食动物为食的如狮、虎、豹、鹰鹫等猛兽猛禽，这就是第四级消费者或第三级肉食者。寄生物是特殊的消费者，但某些寄生植物如桑寄生等，由于能自己制造食物，所以属于生产者。而杂食类消费者是介于草食动物和肉食动物之间的类型，既吃植物，又吃动物，如鲤鱼、熊等。人的食物也属于杂食性。

③ 分解者。分解者也是异养生物，主要是各种细菌和真菌，也包括某些原生生物及腐食性动物如食枯木的甲虫、白蚁，以及蚯蚓和一些软体动物等。它们把复杂的动植物残体分解为简单的化合物，最后分解成无机物归还到环境中去，被生产者再利用。分解者在物质循环和能量流动中具有重要的意义，因为大约有 90％ 的陆地初级生产量都必须经过分解者的作用而归还给大地，再经过传递作用输送给绿色植物进行光合作用。所以分解者又可称为还原者。

可见，无生命成分的环境、生产者、消费者和分解者构成了生态系统中的四个单元（图8-11）。其中生物群落是它的核心，而绿色植物又是核心中的核心，因为它是一切物质和能量的制造者和根本储存者。一个生态系统往往是上述四种成分在能量流动与物质循环过程中通过复杂的营养关系紧密结合、相互影响的共同体。

二、生态系统的营养结构

生态系统的营养结构是以营养为纽带，把生物和非生物紧密地结合起来，构成以生产者、消费者和分解者为中心的三大功能类群，它们和环境之间发生密切的物质循环。各种类型的生态系统，它们的营养方式是不相同的，但生态系统中的物质却处于经常不断的循环之中，能量则在各营养组之间不断进行流通。

1. 食物链和食物网

生产者所固定的能量和物质，通过一系列取食和被食的关系在生态系统中传递，各种生物按照其食物关系排列的链状顺序称为食物链。不同的生态系统分别由不同的生物构成食物链。例如猫头鹰吃田鼠，田鼠吃植物，就是简单的食物链；又如水体生态系统的食物链：浮游植物→浮游动物→草食性鱼类→肉食性鱼类。在一个生态系统内有许多食物链，由于一种消费者往往不只吃一种食物，而同一种食物又可以被不同种消费者所食，因此，根据能量作用关系，各个食物链又相互紧密地联系在一起形成复杂的网状结构，这就是食物网。图 8-12是一个陆地生态系统的部分食物网。食物网能够更准确地反映生态系统中各种生物的取食关系。

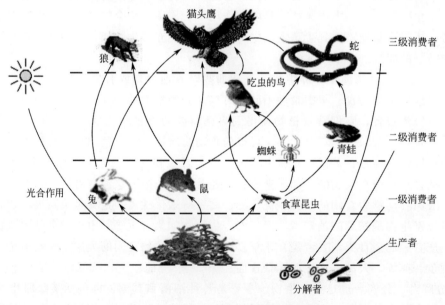

图 8-12　陆地生态系统的部分食物网

生态系统中的食物链不是固定不变的，它不仅在进化历史上有所改变，在短时间内也有改变。动物在个体发育的不同阶段里，食物的改变（例如青蛙）就会引起食物链的改变。动物食性的季节性特点、杂食性动物，或在不同年份里，由于自然界食物条件改变而引起主要食物组成变化等，都能使食物网的结构有所变化。

一般来说，具有复杂食物网的生态系统，一种生物的消失不至于引起整个生态系统的失调，但是食物网简单的生态系统功能上起关键作用的种，一旦消失或者受严重破坏，就可能引起这个系统的剧烈波动。例如，如果构成苔原生态系统食物链基础的地衣，由于大气中二氧化硫的含量超标，会导致生产力毁灭性破坏，整个生态系统遭灾。

2. 营养级和生态金字塔

生态学中将食物链中各个环节上所有生物种的总和，称为营养级。例如，绿色植物和所有的自养生物作为生产者都位于食物链上的起点，共同构成第一营养级；所有以生产者为食的动物都属于第二营养级，即草食动物营养级；第三营养级包括所有以草食动物为食的肉食动物。以此类推，还可以有第四营养级（即二级肉食动物营养级）和第五营养级。生态系统中的生物种类繁多，不同等级的消费者从不同的生物中得到食物，由于很多动物不只是从一个营养级的生物中得到食物，如第三级食肉者不仅捕食第二级食肉者，同样也捕食第一级食肉者和草食者，所以它可以属于几个营养级。而最后达到人类是最高级的消费者，他不仅是各级的食肉者，而且又以植物作为食物。所以各个营养级之间的界限是不明显的。

生态系统中的能量流动是单向的，通过各个营养级的能量是逐级减少的。当物质和能量通过食物链由低向高流动时，高一级的生物不可能利用低一级生物的全部能量和有机物，通常利用率仅在10％左右。因此食物链就不可能无限加长，营养级通常只有4～5级。每一营养级总是依赖于前一营养级的能量，逐级向上，每一级有机体的数目越来越少，通常都和一个金字塔的图形相似，形成一种"金字塔营养级"。一种经典的金字塔叫做生产力金字塔或能流金字塔，它把通过各个营养级的能量流，由低到高画成图表示，可以成为一个金字塔形。能量金字塔以净生产力来表示，它可以更为准确地表示营养级之间能流传递的有效性，具有更重要的意义。而如果以各营养级的生物量或个体数目来表示，则可以得到生物量金字塔。

三、生态系统中的能量流动

生态系统的基本功能之一是能量流动。能量是生态系统的动力，是一切生命活动的基础。一切生命活动都伴随着能量的变化，没有能量的转化，也就没有生命和生态系统。能量的最初来源是太阳，它是生态系统的动力。除太阳能外，还有其他能量，如潮汐能、风能、化学能等。在人工生态系统中，还加入了大量的辅助能量，如农业生产中使用的化肥（化学能）、机械（机械能）、电力（电能）等辅助能量。食物链（食物网）是生态系统能量流动的渠道。

1. 生态系统中的初级生产

在生态系统的成分中，起主导作用的是初级生产者。太阳辐射的能量通过具有叶绿素的植物进行光合作用而进入生态系统，它们吸收太阳能，把简单的无机物质、二氧化碳和水同化为富能的碳水化合物，这些化合物一部分供给自身生长和代谢的能量需要，因此生产者是自养的，而产品的另一部分维持着生态系统内除生产者以外的全部有机体的生命活动，所以消费者和分解者都是异养的。因此，生态系统生产力的高低和大小，首先决定于总初级生产力。

初级生产就是植物光合作用的过程，总初级生产是总光合作用中固定的总太阳能，净初级生产是指总初级生产减去植物呼吸作用所遗留的有机物质储存的能量。净初级生产对于人类和其他动物才具有实际的利用价值，由此得到的能量和物质，可以供给利用，或经矿化作用而成为地质上储存的能量如煤和石油等。

初级生产力的估算是根据太阳的有效光能，也就是能量被固定的速率，以地球表面单位面积和单位时间内光合作用所产生的有机物质或干重来表示。生物量则是物质生产的总量，以单位面积上的重量来表示。

生态系统中的初级生产除决定于吸收光能的大小外，还受其他环境因子的影响。

2. 生态系统中的次级生产

次级生产是指除初级生产之外的其他有机体的生产，即消费者和分解者利用初级生产量进行同化作用，表现为动物和微生物的生长、繁殖和营养物质的储存。从理论上讲，初级生产量可以全部被消费者所利用，转化为次级生产量。但实际上不是这样，因为不可得、不可食和消费者种群密度或其他原因，净生产量只有一部分被利用。即使已取食的，也有相当一部分不能被消化吸收，而以粪便、尿或发酵气体等形式排出体外。已消化吸收的部分，除去呼吸消耗，剩余能量则转化为次级生产量。

3. 生态系统中的能量传递

对生态系统中的能量流动可以从种群、食物链和生态系统三个层次上来进行研究。能量流动以食物链作为主线，将绿色植物与消费者之间进行能量代谢的过程有机地联系在了一起（图8-13、图8-14）。

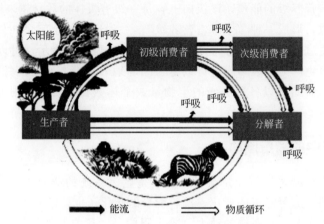

图 8-13　生物圈中能量流动和物质循环

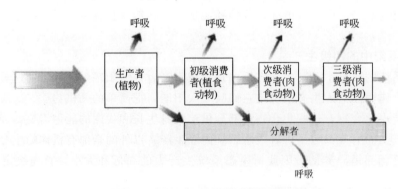

图 8-14　生态系统的能量流动图解

在生态系统中能量有两种存在形式，一种为动能，是生物及其环境之间通过传导和对流的形式互相传递和转化的一种能量，包括热和辐射；另一种为潜能，是蕴藏在光合产物化学键内的处于静态的能量，它只能通过取食关系在生物之间传递和转化。

（1）热量在生态系统中的传递规律　热力学第一定律和第二定律适用于生态系统中能量的传递和转化。热力学第一定律又称能量守恒定律，是指自然界中能量不会凭空产生和消失，只会发生转化，总能量守恒，例如生态系统通过光合作用获得的能量，实际上是环境中太阳辐射所转化的能量。

能量传递遵从热力学第二定律，即生态系统中当能量以食物形式在生物之间传递时，能量不可能100%传递和转化，必然会有一部分能量以热的形式消散，使系统的熵和无序性增加，系统的稳定性下降，而生态系统是一个开放系统，它要保持稳定就必须有负熵的不断输入，即不断输入物质和能量，并不断排出熵，熵就是不能用于有效工作的能量。太阳是生态系统能量流动的第一推动者，因此，生态系统要维持正常的功能，就必须永远有太阳能的输入，用来平衡各营养级生物维持生命活动的消耗，能量热力学定律可以很好地解释生态系统中能量的传递和转化，决定着生态系统利用能量的限度，同时还决定着食物链的环节、营养级数以及各级数上生物的数量。由于一种消费者往往不只吃一种食物，而同一种食物又可以被不同种消费者所食，因此，根据能量作用关系，每一个食物链一般只有4～5个营养级，因为每一个消费者最多只能转变食物能量中的5%～20%成为自己的原生质。

在这种能量转移的关系中，初级生产者是唯一的能量来源，在生态系统中，它的个体数目最多，生物量最大，生产力也最高，消费者不能从太阳光得到能量，它们依次以前一营养级的有机体为能源。这样，能量随着营养级由下而上逐级按梯度递减，每一营养级大约以10%的比率输送给上一级，这就是能量流动中的"十分之一定律"。

（2）生态系统中能流的特点

① 单向性。生态系统内能量单向流动，主要表现在以下三个方面。

a. 太阳能以光能的形式输入生态系统以后，不再以光能的形式返回；

b. 自养生物被异养生物摄食后，能量就由自养生物流到异养生物体内，也不能再返回给自养生物；

c. 从总的能流途径而言，能量只是一次性流经生态系统，是不可逆的。

② 递减性。经过各个营养级的能量逐级递减，根据通过各营养级的能流量，由低到高就构成了一个能量锥体或能量金字塔（图8-15）。

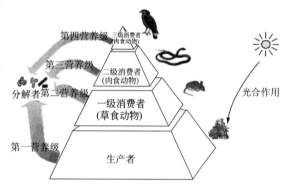

图8-15　能量金字塔示意图

③ 能量的质量逐渐提高。能量流动的另一个趋势是把低质量能转化为高质量能，从太阳能固定到生态系统后能流的过程实际上就是一个低质能向高质能转化的过程。

④ 变动性。与物理系统不同，生态系统的能量是不断变化的，它取决于输入端和输出端消化率与新生物量的产生速度等因素，因此，处于动态变化中。

四、生态系统的物质循环

除了能量流动外，生态系统的另一功能是物质循环，生命的存在就依赖于能量流动和物质循环，二者是密切联系、不可分割的，它们构成一个统一的功能单位。物质循环就是生物地球化学循环，但和能量的单方向进行的方式不同，它是循环的，各种有机物质最终经过分解者分解成无机物返回到环境中去，这些无机物被生产者重新吸收又变成有机物，周而复始，无穷无尽地进行再循环。

1. 物质循环的模式

生态系统的物质循环是指无机化合物和单质通过生态系统的循环运动。生态系统中的物质循环可以用库和流通两个概念来加以概括。库是由存在于生态系统中的某些生物或非生物成分中的一定数量的某种化合物所构成的。对于某一种元素而言，存在一个或多个主要的蓄库。在库中，该元素的数量远远超过正常结合在生命系统中的数量，并且通常只能缓慢地将该元素从蓄库中放出。物质在生态系统中的循环实际上是在库与库之间彼此流通的。在单位时间或单位体积的转移量就称为流通量。

在物质循环中，周转率越大，周转时间就越短。如大气圈中二氧化碳的周转时间为一年左右（光合作用从大气圈中移走二氧化碳）；大气圈中分子氮的周转时间则需 100 万年（主要是生物的固氮作用将氮分子转化为氨氮为生物所利用）；而大气圈中的水的周转时间为10.5 天，也就是说，大气圈中的水分一年要更新大约 34 次。在海洋中，硅的周转时间最短，约 800 年，钠最长，约 2.06 亿年。

2. 物质循环的类型

生物有机体在生活过程中，大约需要 30～40 种元素。其中如 C、O、H、N、P、K、Na、Ca、Mg、S 等元素的需要量很大，称为大量元素；另一些元素虽然需要量极少，但对生命是不可缺少的，如 B、Cl、Co、Cu、I、Fe、Mn、Mo、Se、Si、Zn 等，叫做微量元素。这些基本元素首先被植物从空气、水、土壤中吸收利用，然后以有机物的形式从一个营养级传递到下一个营养级。当动植物有机体死亡后被分解者生物分解时，它们又以无机形式的矿质元素归还到环境中，再次被植物重新吸收利用。每一化学元素在生物地球化学循环中，都各具有其独特性，它们对生命的作用各不相同，根据循环的属性，可以分成以下三种主要的循环类型。

一是液态循环，以水的形式进行，这种循环具有局限性，但没有液态循环就没有生命。二是气态循环，它把大气和海洋联系了起来，因此具有全球性。凡属于气体型的物质及其分子或某些化合物必以气体形式参与循环过程。属于气体循环的物质主要有氧、二氧化碳、氮、氯、溴、氟等。三是沉积型循环，主要存在于岩石圈和土壤圈中，由于风化作用使岩石本身分解出物质参与了生态系统循环。沉积型循环的主要储存库是土壤、沉积物和岩石圈，这类物质循环的全球性不如气体型循环表现得那么明显。属于沉积型循环的物质主要有 P、Ca、K、Na、Mg、Mn、Fe、Cu、Si 等，其中 P 是较典型的沉积型循环物质。

(1) 水循环　水循环是水分子从水体和陆地表面通过蒸发进入到大气，然后遇冷凝结，以雨、雪等形式又返回到地球表面的运动。水循环的生态学意义在于通过它的循环为陆地生物、淡水生物和人类提供淡水来源。水的生态意义是多方面的，最重要的是组成有机体，一切生物的体重中，水约占 70%。它是活动氢的主要来源，又是生态系统中能量流动和物质循环的介质，既是生命活动所需，又是养分转移的主要原因。水是地质变化的动因，它侵袭一个地方，又在另一个地方沉积，因此影响到养分的分布，起着运输溶解盐分和气体的作用。但是水对生态系统的最根本意义是起着能量传递和利用的功能。

水循环的主要途径是地球表面与大气通过降雨量和蒸发量之间的相互转化。水在太阳能的作用下，历经蒸发、凝缩、流动等过程，在地球上进行循环。水的循环经常保持稳定状态，因为总的降雨量和总的蒸发量保持了平衡。但是在陆地上降水量大于蒸发量，在海洋中则蒸发量大于降水量，使二者得到了平衡（图 8-16）。生态系统中所有的物质循环都是在水循环的推动下完成的，因此，没有水的循环，也就没有生态系统的功能，生命也将难以维持。

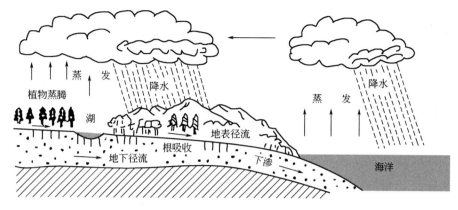

图 8-16　水循环示意图

（2）碳循环　碳循环在所有养分循环中可能是最简单的一种，但对生命的意义却十分重要。碳对生物和生态系统的重要性仅次于水。绿色植物通过光合作用，把大气中的二氧化碳和水合成为糖类等有机物。生产者合成的含碳有机物被各级消费者所利用。生产者和消费者在生命活动过程中，通过呼吸作用，又把二氧化碳释放到大气中。生产者和消费者的遗体被分解者所利用，分解后产生的二氧化碳也返回到大气中。另外，由古代动植物遗体变成的煤和石油等，被人们开采出来后，通过燃烧把大量的二氧化碳排放到大气中，也加入到生态系统的碳循环中。由此可见，碳在生物群落与无机环境之间的循环主要是以二氧化碳的形式进行的。大气中的二氧化碳能够随着大气环流在全球范围内运动，因此，碳循环具有全球性。

碳循环的基本路线是从大气储存库到植物和动物，再从动植物通向分解者，最后又回到大气中去。除了大气以外，碳的另一个储存库是海洋。二氧化碳在大气圈和水圈之间的界面上通过扩散作用而互相交换着，如果大气中二氧化碳发生局部短缺，就会引起一系列的补偿反应，水圈里溶解态的二氧化碳就会更多地进入大气圈。同样，如果水圈里的碳酸氢根离子在光合作用中被植物耗尽，也可从大气中得到补充。总之，碳在生态系统中的含量过高或过低，都能通过碳循环的自我调节机制而得到调整，并恢复到原来的平衡状态。森林也是生物碳库的主要储存库，相当于目前地球大气含碳量的三分之二。

（3）磷循环　磷是构成生物有机体的另一重要元素。磷的主要来源是磷酸盐类岩石和含磷的沉积物（如鸟粪等）。它们通过风化和采矿进入水循环，变成可溶性磷酸盐被植物吸收利用，进入食物链。以后各类生物的排泄物和尸体被分解者微生物所分解，把其中的有机磷转化为无机形式的可溶性磷酸盐，接着其中的一部分再次被植物利用，纳入食物链进行循环；另一部分随水流进入海洋，长期保存在沉积岩中，结束循环。

五、生态平衡和人类社会可持续发展的策略

1. 生态平衡的概念和特点

（1）生态平衡的概念　生态平衡是指在一定时间内生态系统中的生物和环境之间、生物各个种群之间，通过能量流动、物质循环和信息传递，使它们相互之间达到高度适应、协调和统一的状态。也就是说，当生态系统处于平衡状态时，系统内各组成成分之间保持一定的比例关系，能量、物质的输入与输出在较长时间内趋于相等，结构和功能处于相对稳定状

态，在受到外来干扰时，能通过自我调节恢复到初始的稳定状态。在生态系统内部，生产者、消费者、分解者和非生物环境之间，在一定时间内保持能量与物质输入、输出动态的相对稳定状态。

生态平衡包括生态系统内两个方面的稳定：一方面是生物种类（即动物、植物、微生物）的组成和数量比例相对稳定；另一方面是非生物环境（包括空气、阳光、水、土壤等）保持相对稳定。

（2）生态平衡的特点

① 生态系统具有相对稳定性。自然生态系统经过由简单到复杂的长期演替，最后形成相对稳定状态，发展至此，其物种在种类和数量上保持相对稳定；能量的输入、输出接近相等，即系统中的能量流动和物质循环能较长时间保持平衡状态。例如，热带雨林就是一种发展到成熟阶段的群落，结构复杂，单位面积里的物种多，各自占据着有利的环境条件，彼此协调地生活在一起。

② 生态系统具有内部调节能力。生态系统在受到外来干扰之后，能通过自身的调节而维持其相对稳定的状态。例如，当水体生态系统受污染时，一些生物可能受害或死亡，如果污染不十分严重，经过一段时间的自净后，就又重新恢复到正常状态。又如，森林被砍伐一部分后，能通过自我更新和演替逐渐复原。但是，生态系统的自我调节能力又是有限的，如过多的污染物进入水体，就会使该生态系统遭受严重破坏，长时间无法复原。森林若被过量砍伐也将难以恢复。一般来说，结构和功能比较复杂的生态系统抵抗外界干扰的能力较强。

③ 生态平衡是动态平衡。生态平衡是一种动态平衡，在这种平衡系统内部时时刻刻发生着各种物质循环和能量流动，它的各项指标，如生产量、生物的种类和数量，都不是固定在某一水平，而是在某个范围内变化。但总体来看，系统保持稳定，生物数量没有剧烈变化。

生态平衡是整个生物圈保持正常的生命维持系统的重要条件，为人类提供适宜的环境条件和稳定的物质资源。

2. 生态平衡的破坏

一个生态系统的调节能力是有限度的。外力的影响超出这个限度，生态平衡就会遭到破坏，生态系统就会在短时间内发生结构上的变化，比如一些物种的种群规模发生剧烈变化，另一些物种则可能消失，也可能产生新的物种。但变化的总的结果往往是不利的，它削弱了生态系统的调节能力。这种超限度的影响对生态系统造成的破坏是长远性的，生态系统重新回到和原来相当的状态往往需要很长的时间，甚至造成不可逆转的改变，这就是生态平衡的破坏。

破坏生态平衡的因素有自然因素和人为因素。自然因素如水灾、旱灾、地震、台风、山崩、海啸等。由自然因素引起的生态平衡破坏称为第一环境问题。由人为因素引起的生态平衡破坏称为第二环境问题。人为因素是造成生态平衡失调的主要原因。

作为生物圈一分子的人类，对生态环境的影响力目前已经超过自然力量，而且主要是负面影响，成为破坏生态平衡的主要因素。人类对生物圈的破坏性影响主要表现在三个方面：一是大规模地把自然生态系统转变为人工生态系统，严重干扰和损害了生物圈的正常运转，农业开发和城市化是这种影响的典型代表；二是大量取用生物圈中的各种资源，包括生物的和非生物的，严重破坏了生态平衡，森林砍伐、水资源过度利用是其典型例子；三是向生物圈中超量输入人类活动所产生的产品和废物，严重污染和毒害了生物圈的物理环境和生物组分，包括人类自己，化肥、杀虫剂、除草剂、工业三废和城市三废是此种影响的代表。

3. 生态平衡的建立

生态系统也像人一样，有一个从幼年期、成长期到成熟期的过程。生态系统发展到成熟阶段时，它的结构、功能，包括生物种类的组成、生物数量比例以及能量流动、物质循环，都处于相对稳定状态，这就是生态平衡的建立。比如，水塘里的鱼靠浮游动植物生活，鱼死后，水里的微生物把鱼的尸体分解为化合物，这些化合物又成为浮游动植物的食物，浮游动物靠浮游植物为生，鱼又吃浮游动物。这样，在水塘里，微生物-浮游动植物-鱼之间建立了一定的生态平衡。

人类从自然界中受到启示，发挥主观能动性，为了更加有利于自己的生存而维护适合人类需要的生态平衡，如建立自然保护区等；或打破不符合自身要求的旧平衡，建立新平衡，使生态系统的结构更合理、功能更完善、效益更高。我国珠江三角洲一带的"桑基池塘"，使桑、蚕、鱼的生产相互促进，是农业生态平衡的成功例子；此外，我国人民把北大荒改造成"北大仓"，也是一个重建高质量生态平衡的典型。

4. 可持续发展的理论与战略

生态系统的平衡往往是大自然经过很长时间才建立起来的动态平衡。一旦受到破坏，有些平衡就无法重建，带来的恶果可能是人类无法弥补的。因此人类要尊重生态平衡，帮助维护这个平衡，而绝不要轻易去破坏生态平衡。尤其是在以人类活动为生态环境中心，按照人类的理想要求建立的生态系统中，如城市生态系统、农业生态系统等极其不稳定，人类在系统中既是消费者又是主宰者，人类的生产、生活活动必须遵循生态规律和经济规律，才能维持系统的稳定和发展。

为了人类的自身利益和维持全球生态系统的平衡，20世纪80年代初，联合国世界环境与发展委员会提出了可持续发展的理论与战略。可持续发展是指"既能满足当代人的需求，又不对后代人的需求能力构成威胁的发展过程"。可持续发展是一种全新的发展观念和模式，它不是指单纯的经济发展，而是生态、经济、社会三种维度相互联系成的系统整体的发展，可持续发展的核心是：当代的经济增长不能破坏后人生存与发展的环境，一个国家（或一个地区、一群人）的发展不能损害其他国家（或其他地区、其他人）的利益。

可持续发展包含两个重要的内涵：一是需要，指满足人类基本需要和提高生活质量的需要，将基本需要放在特别优先的地位来考虑；二是限制，指人类的发展和需要应以地球上资源的承受能力为限度，通过人类技术的进步和管理活动，对发展进行协调与限制，要对环境满足眼前和将来需要的能力施加限制，以求与自然环境容量相适应。没有限制的发展，便不能持续。生态持续发展是可持续发展的保障，经济持续发展是可持续发展的手段，社会持续发展是可持续发展的最终目标。

人类的发展是离不开自然环境的，但是地球、环境也是有一定的承载能力的，人类的发展不应该超出自然的这个承载能力。人与自然环境的协调是人类生存和发展必须遵循的规律，由于人类认识的局限性，自进入工业革命以来，人类一味地追求经济上的片面发展，于是就违背了规律。这个规律一旦被违背，人类就会受到惩罚。人类应该明确经济的发展应该是对自然的利用和保护的统一。生态经济是可持续发展的重要实现形式，生态经济理论为可持续发展提供了理论基础。生态经济是建立在生态平衡和持续基础上的健康的经济发展，鼓励对环境有利和对环境友好的经济活动，不单纯片面用国民经济总产值作为衡量发展的唯一标准，而是用包括生态环境和维护生物多样性的多项指标来衡量发展。

　　可持续发展在未来高度的物质文明、精神文明中将成为现实，只有真正科学地解决"人与自然的和谐共存"的问题，在人类科学技术生态化水平上达到人与自然关系的真正的和谐，打破以自我为中心的观念，从长远利益去考虑，要尊重自然、善待自然，利用自然界的客观规律科学地发展经济，同时能合理地开发、利用、保护环境资源，才能达到生态环境保护与可持续发展之目的。

　　"绿水青山就是金山银山"，对我国生态环境和经济发展产生了深远的影响。2016年5月，联合国环境大会（UNEA）发布了《绿水青山就是金山银山：中国生态文明战略与行动》，指出以"绿水青山就是金山银山"为导向的中国生态文明战略为世界可持续发展理念的提升提供了"中国方案"和"中国版本"。

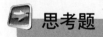 **思考题**

1. 什么是生态因子？它包括哪些要素？它们对生物的影响各是什么？
2. 种群有哪些特征？其生长方式有哪些特点？
3. 什么是密度制约和非密度制约因素？它们是如何影响和调节种群数量的？
4. 地球上主要有哪些群落类型？它们各自有什么特征？
5. 什么是生态系统？其包括哪些成分？
6. 生态系统中的生产者、消费者和分解者各自有什么功能？
7. 为什么说生态系统越复杂，其稳定性就越好？
8. 为什么生态系统中的能量流动具有单向性特征？
9. 请从能量金字塔和生物量金字塔角度解释为什么要控制人口快速增长。
10. 请讨论，我们每一个人为维持生态平衡和可持续发展可以做些什么？

实训指导

实训 1　生物组织中还原糖、脂肪、蛋白质的鉴定

【目的】

掌握鉴定生物组织中还原糖、脂肪、蛋白质的基本方法。

【原理】

1. 还原糖的鉴定原理

生物组织中普遍存在的还原糖种类较多，常见的有葡萄糖、果糖、麦芽糖。它们的分子内都含有还原性基团（游离醛基或游离酮基），因此叫做还原糖。蔗糖的分子内没有游离的半缩醛羟基，因此叫做非还原性糖，不具有还原性。本实验中，用斐林试剂只能检验生物组织中还原糖存在与否，而不能鉴定非还原性糖。

斐林试剂由质量浓度为 $0.1g/mL$ 的氢氧化钠（NaOH）溶液和质量浓度为 $0.05g/mL$ 的硫酸铜（$CuSO_4$）溶液配制而成，二者混合后，立即生成淡蓝色的氢氧化铜 [$Cu(OH)_2$] 沉淀。在加热的条件下，氢氧化铜与加入的葡萄糖能够生成砖红色的 Cu_2O 沉淀，而葡萄糖本身则氧化成葡萄糖酸。其反应式如下：

$$CH_2OH—(CHOH)_4—CHO+2Cu(OH)_2 \longrightarrow$$
$$CH_2OH—(CHOH)_4—COOH+Cu_2O\downarrow+2H_2O$$

用斐林试剂鉴定还原糖时，溶液的颜色变化过程为：浅蓝色→棕色→砖红色（沉淀）。

2. 脂肪的鉴定原理

苏丹Ⅲ染液遇脂肪反应的颜色为橘黄色。

3. 蛋白质的鉴定原理

鉴定生物组织中是否含有蛋白质时，常用双缩脲法，使用的是双缩脲试剂。双缩脲试剂的成分是质量浓度为 $0.1g/mL$ 的氢氧化钠溶液和质量浓度为 $0.01g/mL$ 的硫酸铜溶液。在

碱性溶液（NaOH）中，双缩脲（$H_2NOC—NH—CONH_2$）能与Cu^{2+}作用，形成紫色或紫红色的络合物，这个反应叫做双缩脲反应。由于蛋白质分子中含有很多与双缩脲结构相似的肽键，因此，蛋白质可与双缩脲试剂发生颜色反应。

【器材】

1. 材料

（1）可溶性还原糖的鉴定实验　选择含糖量较高、颜色为白色或近白色的植物组织，以苹果、梨为最好。

（2）脂肪的鉴定实验　选择富含脂肪的种子，以花生种子为最好（实验前浸泡3～4h）。

（3）蛋白质的鉴定实验　可用浸泡1～2天的黄豆种子（或豆浆、鸡蛋蛋白）。

2. 试剂

①斐林试剂（A：0.1g/mL的NaOH溶液；B：0.05g/mL的$CuSO_4$溶液）；②苏丹Ⅲ染液（称取0.1g苏丹Ⅲ干粉，溶于100mL体积分数为95%的酒精中，待全部溶解后再使用）；③双缩脲试剂（A：质量浓度为0.1g/mL的NaOH溶液。取10g NaOH放入容量瓶或有刻度的烧杯中，加水至100mL，待充分溶解后倒入试剂瓶中，配成质量浓度为0.1g/mL的NaOH溶液，瓶口塞上胶塞，贴上标签。B：质量浓度为0.01g/mL的硫酸铜溶液）；④体积分数为50%的酒精溶液；⑤蒸馏水等。

3. 器具

剪刀、解剖刀、双面刀片、试管、试管架、试管夹、大小烧杯、小量筒、滴管、玻璃漏斗、酒精灯、三脚架、石棉网、火柴、研钵、石英砂、纱布、载玻片、盖玻片、毛笔、吸水纸、显微镜等。

【内容和步骤】

1. 还原糖的鉴定步骤

（1）选材　选取一苹果，洗净、去皮、切块，取5g放入研钵中。

（2）制备组织样液　在研钵中加入少许石英砂，再加入5mL水，将苹果研磨成浆。

（3）过滤　将玻璃漏斗插入试管中，漏斗上垫一层纱布，注入组织样液2mL并过滤。

（4）加斐林试剂2mL　在装有组织样液的试管中加入斐林试剂2mL，由斐林试剂A液和B液充分混合而成，不能分别加入。

（5）将试管水浴加热，煮沸2min　观察试管中溶液颜色的变化情况。

2. 脂肪的鉴定步骤

（1）取2～3粒浸泡过的花生种子去皮，置于研钵中研磨成泥状待用。

（2）用镊子取少许泥状花生种子组织于载玻片上，滴2~3滴苏丹Ⅲ染液，染色2～3min。

（3）用吸水纸吸去组织周围的染液，再滴上2滴体积分数为50%的酒精溶液，洗去浮色。

（4）用吸水纸吸去组织周围的酒精，再滴上1～2滴蒸馏水，盖上盖玻片，压片制成临时装片。

（5）在低倍镜下寻找组织附近已着色的圆形小颗粒，为了观察得更清楚，可以用高倍镜进行观察。

3. 蛋白质的鉴定步骤

（1）取几粒浸泡过的黄豆，去皮，切成薄片。

（2）将黄豆薄片放进研钵中，加少许石英砂和5mL蒸馏水，充分研碎。

（3）将玻璃漏斗插入试管中，在漏斗上垫上一层纱布，过滤黄豆组织研磨液。

（4）取2支试管，分别向2支试管加入豆浆和蒸馏水各2mL，再分别向2支试管中加入2mL双缩脲试剂A（质量浓度为0.1g/mL的氢氧化钠溶液），摇匀，注意观察溶液的颜色变化。

（5）再向2支试管加入3～5滴双缩脲试剂B（质量浓度为0.01g/mL的硫酸铜溶液），摇匀，注意观察溶液的颜色变化。

【注意事项】

1. 还原糖的鉴定实验

（1）选择含糖量较高、颜色为白色或近白色的植物组织，以苹果、梨为最好。

（2）斐林试剂要两液混合均匀且现配现用。

2. 脂肪的鉴定实验

（1）选择富含脂肪的种子，以花生种子为最好（实验前浸泡3～4h）。

（2）该试验成功的关键是获得只含有单层细胞理想薄片。

（3）滴苏丹Ⅲ染液染色2～3min，时间不宜过长，以防细胞的其他部分被染色。

3. 蛋白质的鉴定实验

（1）可用浸泡1～2天的黄豆种子（或豆浆、或鸡蛋蛋白稀释液）。

（2）双缩脲试剂的使用，一定要先加入A液（即0.1g/mL的NaOH溶液），再加入双缩脲试剂B液（即0.01g/mL的$CuSO_4$溶液）。

【思考题】

1. 鉴定还原糖、脂肪、蛋白质的基本原理是什么？

2. 鉴定还原糖、脂肪、蛋白质应注意哪些问题？

实训2　光学显微镜的使用、细胞观察与生物绘图技能训练

【目的】

1. 了解普通光学显微镜的构造和各部分的功能，学习和掌握显微镜的使用技术。

2. 学习生物切片的观察方法，掌握真核细胞的基本结构。

3. 学习并掌握生物绘图的基本技能。

【器材】

双目显微镜，动植物显微切片，擦镜纸等。

【内容和步骤】

一、光学显微镜的使用

1. 普通光学显微镜的构造

显微镜种类繁多，结构也很复杂，但其基本结构均由机械部分和光学系统两部分组成。

（1）机械部分　显微镜机械部分由精密而牢固的零件组成，主要包括镜座、镜臂、载物

台、镜筒、物镜转换器和调焦装置等。

① 镜座　显微镜的底座，用以支撑镜体，其上装有反光镜或照明光源。

② 镜柱　连在镜座上的短柱，上连镜臂。

③ 镜臂　镜中的支架弯臂，是取放显微镜时手握的部位。直筒显微镜镜臂和镜柱连接处有活动关节，可使显微镜在一定范围内后倾（一般不超过 30°），以便于观察。但在观察水装片时不宜倾斜。

④ 镜筒　连接在镜臂上，其上端放置目镜、下端与物镜转换器相连。双筒斜式的镜筒，两镜筒距离可以根据两眼间距离来调节。

⑤ 物镜转换器　镜筒下端的圆盘，其上装有不同倍数的物镜。可以自由转动，以便更换物镜。

⑥ 载物台　放置切片的平台，中央有一个通光孔，其上有固定玻片的压片夹或标本移动器。有的显微镜载物台下装有聚光镜或光圈，以调节光线的强弱。

⑦ 调焦装置　镜臂两侧有粗、细调焦螺旋各一对，其作用是调节焦距，以便得到清晰物像。调节轮大的一对是粗调焦螺旋，每旋转一周可使镜筒升降 10mm，用于低倍物镜观察；小的一对是细调焦螺旋，每旋转一周可使镜筒升降 0.1mm，用于高倍物镜观察。使用时，必须先用低倍镜，后用高倍镜。

（2）光学部分　由成像系统和照明系统组成，包括物镜、目镜、反光镜（或内置光源）和聚光器。

① 物镜　又叫接物镜，安装在物镜转换器的孔上，一般有 3 个放大倍数不同的物镜，即低倍物镜（10×或 4×等）、高倍物镜（40×或 65×）和油镜（100×）。油镜一般在观察微生物时使用，使用油镜时，玻片与物镜之间需加入折射率大于 1 的香柏油作为介质。

物镜上标有"40/0.65 160/0.17"字样：40 表示物镜放大倍数；0.65 表示镜口率（反映镜头分辨力的大小，单位是 mm），其数值越大，工作距离越小，分辨力越高。160 表示镜筒的长度（单位是 mm）；0.17 表示要求盖玻片的厚度（单位是 mm）。

② 目镜　又叫接目镜，安装在镜筒上端，其作用是将物镜放大所成的像进一步放大。目镜放大倍数有 5×、10×、15×等。目镜内可安装"指针"，也可安装测微尺。显微镜的放大倍数为物镜放大倍数与目镜放大倍数之乘积。

③ 聚光器　安装在载物台下方的聚光器架上，由聚光镜和彩虹光圈（可变光阑）组成。聚光镜可以使光汇集成束，增强被检物体的照明。通过拨动彩虹光圈的操作杆，可使光圈扩大或缩小，借以调节通光量。有的聚光器下方还有一个滤光片托架，根据镜检需要可放置滤光片。构造简单的显微镜无聚光器，仅有光圈盘，其上有若干个大小不同的圆孔，使用时选择适当的圆孔，对准通光孔。

④ 反光镜　反光镜的作用是把光源投射来的光线向聚光镜反射。反光镜有平、凹两面，平面镜反光，凹面镜兼有反光和聚光的作用。一般前者在光线充足时使用，后者在光线不足时使用。装有内置光源的显微镜，只要打开电源开关，使用光亮调节器即可。

2. 普通光学显微镜的使用

（1）取放及清洁　拿取显微镜时，必须一手握紧镜臂，一手平托镜座，然后轻轻放在实验台上。左侧距桌边以 5～10cm 处为宜，以便腾出右侧位置进行观察记录或绘图。检查镜的各部分是否完好，并用纱布或绸巾揩抹干净。擦镜头要用擦镜纸或软绸巾，千万不要用手去摸镜头的透镜部分。不使用时，要用绸巾或纱布盖好。

（2）对光　对光时，先将低倍物镜对准通光孔，用左眼或双眼观察目镜。同时调节反光镜或打开内置光源并调节光强，使镜下视野内的光线明亮、均匀又不刺眼。

（3）放片　把玻片标本放在载物台上，使盖玻片朝上并使要观察的部分对着通光孔中心，用压片夹将玻片固定。

（4）低倍镜使用　转动粗调焦螺旋，使镜筒下降至物镜距玻片5mm处，接着用左眼（或双眼）注视镜筒，再慢慢用粗调焦螺旋上升物镜，直到看见清晰的物像为止。

（5）高倍镜使用　使用高倍接物镜时，首先要在低倍镜下选好欲观察的目标，并将要放大观察的部分移至视野的中央，然后再把高倍物镜头转至中央，一般便可粗略看到物像，再转动细调焦螺旋，直至物像清晰为止。如光线不亮，可调节光亮度。由于高倍镜使用时与玻片之间距离很近，因此，操作时要特别小心，以防镜头碰击玻片。

（6）油镜使用　油镜一般在观察微生物时才使用。使用时首先在高倍镜下将要观察的部分移至视野中央，上升镜筒约1.5cm，然后转油镜至工作位置。在盖玻片要观察的位置上滴一滴香柏油，慢慢下降镜筒，使之与油滴接触，然后慢慢调节细调焦螺旋上升镜筒到物像清晰。因油镜工作距离非常小（约为0.2mm），所以这步操作要特别小心，防止镜头压碎玻片。

（7）调换玻片　观察时如需调换玻片，要将高倍镜换成低倍镜，取下原玻片，换上新玻片，重新从低倍镜开始观察。

（8）使用后整理　观察完毕后，上升镜筒，取下玻片，将物镜转离通光孔呈非工作状态，按原样收好显微镜。

（9）使用注意事项　①显微镜是精密仪器，使用时一定要严格遵守操作规则，不许随意拆修。②观察时，坐姿要端正，双目同时张开，切勿睁一眼、闭一眼或用手遮挡一只眼。③观察玻片时，一定要按先低倍、后高倍物镜的顺序使用。细调焦螺旋是在观察到物像而不够清晰时使用，切忌沿同一方向不停地转动细调焦螺旋。④随时保持显微镜清洁。观察临时装片时，一定要将盖玻片四周溢出的水或其他液体用吸水纸吸干净，以免污染镜头。已被污染的镜头要用镜头纸擦拭。

二、动植物细胞基本结构观察

用显微镜观察各种动植物组织器官切片标本，以了解动植物细胞的形态特征及其功能。

1. 洋葱鳞叶表皮细胞的观察

取洋葱鳞叶表皮细胞制片，先用低倍物镜观察，可见表皮为一层细胞，其细胞多为近长方形。选择形状较规则、结构清晰的细胞移至高倍镜下观察，可分辨细胞壁、细胞质、细胞核结构。如把光线调暗一些，可见细胞内较亮的部分，即液泡。幼小细胞的液泡小，数目多；成长的细胞通常只有一个大液泡，占细胞的大部分。由于大液泡的形成，细胞核位于一侧，高倍镜下还可看见核仁。通过调节细调焦轮可使细胞的不同层次依次成像，以加深对细胞立体结构的理解。

2. 柿子胚乳细胞的观察

取柿子胚乳细胞切片，先低倍镜观察后转入高倍进行观察。在高倍镜下可观察到细胞呈多边形，初生细胞壁很厚，细胞原生质体呈圆形、往往被染成深色或制片时已丢失变成空腔。调节细调焦轮，注意观察许多穿过细胞壁的细丝，即胞间连丝。

3. 叶肉细胞的观察

取叶片结构永久切片，注意观察叶肉细胞中的叶绿体。

4. 人血涂片的观察

观察成熟的红细胞以及各类白细胞的形态，并与植物细胞进行比较。

5. 小肠横切片的观察

观察小肠壁内表面单层柱状上皮细胞，该细胞形状细长，似柱状，其卵圆形核靠近基部。

三、生物绘图方法

1. 要求

细胞和组织绘图是根据显微镜下的观察内容绘制的。因此，首先要充分观察了解所绘材料的特点、排列及比例，然后选择有代表性的典型部位进行绘图，要客观真实地反映材料的自然状态。换言之，生物绘图要求具备高度的科学性和真实感，要形态正确、比例适当、清晰美观。

2. 基本步骤

① 绘图要用黑色硬铅笔，不要用软铅笔或有色铅笔，一般用 2H 铅笔为宜。

② 根据绘图纸张大小和绘图的数目，安排好每个图的位置及大小，并留好注释文字和图名的位置。

③ 将图纸放在显微镜右方，依观察结果，先用轻淡小点或轻线条画出轮廓，再依照轮廓一笔画出与物像相符的线条。线条要清晰，比例要准确。较长的线条要向顺手的方向运笔，或把纸转动再画。同一线条粗细相同，中间不要有断线或开叉痕迹，线条也不要涂抹。

④ 图的明暗及浓淡应用细点表示，不要采用涂抹方法。点细点时，要点成圆点，不要点成小撇。圆点要点得圆、点得匀。

⑤ 绘好图之后，用引线和文字注明各部分名称。注字应详细、准确，且所有注字一律用平行引线向右一侧注明，同时要求所有引线右边末端在同一垂直线上。在图的下方注明该图名称，即某种植物、某个器官的某个制片和放大倍数。注意：所有绘图和注字都必须使用 2H 型铅笔，不可以用钢笔、圆珠笔或其他笔。

⑥ 绘出的图需为理想结构，观察时要把混杂物、破损、重叠等现象区别清楚，不要把这些现象绘上。整个图要美观、整洁，还要特别注意准确性。

【思考题】

1. 显微镜的构造分哪几部分？各部分有什么作用？
2. 使用低倍镜及高倍接物镜观察切片时，应特别注意什么问题？
3. 如何计算显微镜的放大倍数？你现在所用的显微镜可以放大多少倍？
4. 使用显微镜过程中，应做好哪些保养工作？
5. 绘 1~2 个洋葱鳞叶表皮细胞图并引线注明各部分名称。

实训 3　生物临时装片的制作与细胞有丝分裂的观察

【目的】

1. 初步学会制作临时装片，进一步熟练使用显微镜。
2. 学会辨别细胞的基本结构。

3. 识别细胞有丝分裂的各个时期，进一步理解有丝分裂的特征。

【器材】

1. 材料

洋葱根尖纵切永久切片、洋葱、成熟的番茄。

醋酸洋红染色液：将 100mL 45％醋酸加热煮沸约 30s 后，移去火苗，徐徐加入 1～2g 洋红，待全部溶解后再煮沸 1～2min，在煮沸醋酸洋红染色液中悬置数枚锈铁钉（防止溶液溢出），以增强染色性能。配制的染色液过滤后储存于棕色试剂瓶中备用。

2. 试剂

酒精、蒸馏水、0.9％生理盐水、稀碘液、固定离析液（浓盐酸和 95％酒精按 1：1 体积比配制）等。

3. 器具

显微镜、消毒牙签、镊子、滴管、纱布、吸水纸、载玻片、盖玻片、擦镜纸、玻璃杯、解剖针、培养皿、小剪刀等。

【内容和步骤】

一、生物临时装片的制作

1. 人体口腔上皮细胞装片的制作

（1）擦拭玻片　载玻片和盖玻片在使用前均要擦拭干净：用左手拇指和食指夹住玻片的两边，右手拇指和食指衬两层纱布夹住玻片的一半，进行擦拭，然后再擦拭另一半，如玻片太脏，可用纱布蘸水或酒精擦拭，再用干纱布擦干。

（2）制作临时装片　用滴管在洁净的载玻片的中央滴一滴生理盐水；用凉开水漱口再取一根消毒牙签在自己的口腔壁轻轻刮几下；把牙签上附有碎屑的一端，放在载玻片上的生理盐水中均匀涂抹，再盖上盖玻片。加盖玻片时应先使一侧接触水滴，另一侧用解剖针拖住慢慢放下，以免产生气泡，如水分过多，需用吸水纸吸去多余的水分。

（3）显微观察　在盖玻片的一侧加稀碘液，用吸水纸从盖玻片的另一侧吸引，使染液将标本全部浸湿；将临时装片放在载物台上，先在低倍显微镜下观察人的口腔上皮细胞，注意观察细胞的形状，缩小光圈，辨认细胞膜，然后再用高倍显微镜放大，在细胞膜里着色较浅的是细胞质、着色较深的是细胞核。

2. 番茄果肉细胞装片的制作

取成熟的番茄，用水冲洗干净，切开番茄，把成熟的番茄果肉放在培养皿内，让汁液流出（汁液中有均匀的离散细胞）。用滴管吸取汁液，滴在载玻片上，盖上盖玻片，即可在显微镜下观察。

用显微镜观察番茄果肉细胞，可以看到细胞里含有红黄色的小颗粒，这是一种质体，叫做有色体。番茄细胞里的有色体含有胡萝卜素（一类黄色或红橙色的色素），所以呈红黄色。

二、细胞有丝分裂的观察

1. 洋葱根尖的培养

实验课前的 3～4 天，取洋葱一个，注意：洋葱要选择底盘大的，避免使用新采收的洋葱；剥去外层老皮，用刀削去老根，不要削掉"根芽"。放在广口瓶或烧杯上，瓶内装满清水，放置在光照处。注意每天换水 1～2 次，使洋葱的底部总是接触到水。待根长到 5cm 时，取生长健壮的根尖制片观察。

2. 装片的制作

① 解离　剪取根尖 2～3mm（最好在每天的 10～14 点取根，因此时间是洋葱根尖有丝分裂高峰期），立即放入盛有固定离析液的小烧杯中，在室温下解离 3～5min，使细胞离散。

② 漂洗　待根尖酥软后，用镊子取出，放入盛有清水的培养皿中漂洗约 10min，分三次进行。

③ 染色　把洋葱根尖放进盛有醋酸洋红染色液的培养皿中，染色 3～5min。

④ 制片　取一干净载玻片，在中央滴一滴清水，将染色的根尖用镊子取出，放入载玻片的水滴中，并且用镊子尖把根尖弄碎，盖上盖玻片，在盖玻片上再加一载玻片。然后，用拇指轻轻地压载玻片。慢慢取下后来加上的载玻片，即制成装片。

3. 洋葱根尖有丝分裂的观察

把制成的洋葱根尖装片先放在低倍镜下观察，找到分生区的细胞图像；找到分生区的细胞后，再换上高倍镜，仔细观察找到处于有丝分裂前期、中期、后期、末期和间期的细胞。注意观察各个时期染色体、纺锤丝、核膜和核仁的变化特点。由于间期长，视野中多数细胞均处于此时期，易于观察。在同一视野中，很难找全各个时期的细胞，可以慢慢地移动装片，在不同视野下寻找。也可直接用洋葱根尖永久切片进行观察。

【思考题】

1. 制作临时装片有哪些注意事项？
2. 绘出人体口腔上皮细胞简图。
3. 绘出洋葱根尖细胞有丝分裂各个时期的简图。

实训 4　徒手切片的制作

【目的】

1. 掌握徒手切片的原理和制作技术。
2. 了解永久制片的简易制作过程。

【原理】

徒手切片法就是直接用手拿刀（双面刀、单面刀或剃刀）将新鲜材料切成薄片，然后染上颜色，做成临时标本片的方法。这种方法适用于制作尚未完全木质化的器官切片。其优点是工具简单、方法简单易学、所需时间短，即切即观察，可以看到自然状态下的形态与颜色；若需染色制成永久制片，所需时间也不长。

【器材】

1. 材料

幼嫩植物各部分，根据季节选择材料；支持物（通草、萝卜或马铃薯）。

2. 试剂

10％番红水溶液、0.5％固绿（用 95％的酒精配制）、酒精（100％、95％、80％、70％、50％）、二甲苯、蒸馏水、甘油、中性树胶等。

3. 器具

显微镜、刀片、小培养皿、镊子、毛笔、吸水纸、纱布、载玻片、盖玻片等。

【内容和步骤】

1. 在培养皿中盛上蒸馏水

2. 切片

操作方法视材料而定。

① 如果所切的材料大小、硬度适中，像一般草本植物的根、茎、叶、柄等，可直接用手拿着材料切。

② 如果材料太小、太软或太薄，像叶片、小根、小茎之类，就要用支持物夹着材料来切。萝卜或胡萝卜的储藏的根、马铃薯的块茎或通草等均可用作支持物。切片时，先把支持物切成小块或小段，并从中间劈开一小段，再把材料切成适当的长度或大小，夹入支持物内进行切片。切片的方向有三种切面：垂直于茎或根的长轴而切的切面是横切面；通过中心而切的纵切面是径向切面；垂直于半径而切的纵切面是切向切面，也叫弦切面。如要材料的横切面则直夹入支持物内，要纵切面则横夹。

③ 如果材料太硬，像木本植物的茎或木材，切片很困难，需先进行软化处理。软化的方法是将材料切成小块，用水反复煮沸，然后放入50％甘油液中（用蒸馏水配制），经数周后取出切片。浸润时间的长短随材料的大小和硬度而定。

切片时，如切草本植物的幼茎，先将材料切成长约3cm小段。用左手三个指头夹住材料，并使其高于手指之上，拿正，以免刀口切伤手指。右手持刀片，平放在左手的食指之上，刀口向内，且与材料断面平行，左手不动，然后右手用臂力（不要用腕力），自左前方向右后方拉刀滑行切片，既切又拉，充分利用刀锋，把材料切成正而平的薄片。

连续切下数片后，用湿毛笔将切片从刀片上轻轻地移入盛水的培养皿中。切到一定数量后，进行选片。

3. 装片与观察

将选好的材料制成临时装片，放置显微镜下进行观察。徒手制作的切片可以直接在光镜下观察，也可以经过简易的染色，以使结构看得更清楚。常用的染料有：10％番红水溶液（碱性染料，适用于染木化、角化、栓化的细胞壁）、0.5％固绿（酸性染料，能将细胞质、纤维素细胞壁染成鲜艳绿色，着色很快，注意掌握着色时间，一般为20～30s）。若想永久保存，可选择一些切片进一步通过固定、染色、脱水（梯度酒精脱水0.5～2min，50%-70%-80%-95%-100%，2次）、透明（1/2无水酒精＋1/2二甲苯，2次）及封藏（中性树胶）等步骤，做成永久玻片标本。

【注意事项】

1. 在切片过程中要注意刀片与材料始终带水。这样一则增加刀的润滑；二则可以保持材料湿润，不至于因失水而使细胞变形及产生气泡。

2. 刀片用后应立即擦干水分，在刀口上涂上凡士林或机油包好以免生锈。

3. 选片时用毛笔在培养皿中挑选出正而薄的切片，进行临时装片，放置显微镜下观察。如果是支持物夹着切的，选片时应先将支持物的切片选出后再进行选片。如果切片需要染色和保存下来，则切片先要固定。

【思考题】

1. 切片时，要注意哪些方面？

2. 什么样的切片是好的切片？

实训 5　植物组织、器官结构的观察

【目的】

1. 了解各类植物组织的分布、形态结构特征、功能及相互区别。

2. 观察和认识双子叶植物和单子叶植物根、茎、叶的结构。

3. 观察和认识花药、花粉胚囊和子房的构造。

【器材】

1. 洋葱根尖纵切制片、毛茛幼根横切面永久制片、水稻根横切制片、棉花老根横切制片。

2. 南瓜茎纵切制片、葡萄茎离析制片、苜蓿幼茎横切制片、玉米茎横切制片、蚕豆茎横切制片、椴树茎横切制片、杨树茎横切制片。

3. 丁香属植物芽纵切制片。

4. 天竺葵叶或其他叶片横切制片、女贞叶横切制片、小麦叶横切制片、天竺葵叶下表皮制片、鸢尾叶下表皮制片。

5. 不同发育时期的百合花药横切制片、常见植物的花粉粒、不同发育时期的百合子房横切制片。

6. 新鲜的白菜叶、新鲜梨果实。

7. 试剂：蒸馏水、碘液等。

8. 器具：显微镜、载玻片、盖玻片、镊子、刀片、吸水纸、擦镜纸、纱布块、滴管等。

【内容和步骤】

一、植物组织的观察

1. 分生组织

取洋葱根尖纵切制片（示范），在低倍镜下观察原分生组织和初生分生组织。原分生组织在根的生长点最先端，细胞体积小、细胞壁薄、细胞质浓、细胞核大，无液泡或具多数小液泡，细胞为等径的多面体。原分生组织后方区域是初生分生组织，二者之间无明显界限。

2. 薄壁组织

广泛存在于植物体中，其共同结构特点是细胞体积大、近圆形、细胞壁薄、有大液泡、有发达的细胞间隙。取各类叶横切制片观察叶肉细胞，其细胞体积大、圆柱状、内含叶绿体，是薄壁组织中最重要的一类，称同化组织。

3. 保护组织

保护组织分布植物体表，有保护作用。

（1）初生保护组织结构　取新鲜的白菜叶，撕取其下表皮制成临时装片或取天竺葵叶下表皮制片（示范）观察双子叶植物表皮结构。高倍镜下，可见表皮细胞形状不规则，排列紧密彼此镶嵌，无细胞间隙。表皮层上分布有多个气孔器，每个气孔器由一对肾形的保卫细胞和中间的气孔组成。保卫细胞中含有叶绿体。有的植物表皮上分布有表皮毛或腺毛。另取鸢尾叶下表皮制片（示范）观察单子叶植物表皮结构。高倍镜下，可见表皮细胞为狭长形状，排列整齐，有许多气孔器分布。

（2）次生保护组织结构　取椴树茎或杨树茎横切制片观察周皮结构。显微镜下可见周皮由数层扁平细胞组成，包括木栓层（死细胞）、木栓形成层与栓内层。其中木栓层属于次生

保护组织，木栓形成层属于侧生分生组织，栓内层属于薄壁组织。在局部区域木栓形成层向外分裂产生薄壁细胞，形成次生通气组织，即皮孔。

4. 机械组织

机械组织细胞特点是细胞壁部分或全部加厚。

（1）厚角组织　取蚕豆茎横切制片观察厚角组织。蚕豆茎表皮下方具棱角的部分即为厚角组织，其细胞壁在细胞的角隅处加厚，是生活细胞。

（2）厚壁组织　取葡萄茎离析制片，可观察到许多被染成红色的长梭形木纤维细胞，其细胞壁为全部加厚的次生壁，并大多木质化。再在新鲜梨果肉靠近中部的部分挑取一个沙粒状的组织置于载玻片上，用两片载玻片将其压碎，滴一滴碘液盖上盖玻片，制成临时制片观察。梨果肉细胞较大、近圆形，包围着颜色较暗的细胞群，这些细胞为多边形，细胞壁异常加厚，细胞腔很小，具有明显的纹孔沟，称为石细胞。

5. 输导组织

取南瓜茎纵切制片观察。显微镜低倍镜下可观察到被染成红色的、具有各种花纹的成串管状细胞，它们是多种类型的导管。每个导管分子，均以端壁形成的穿孔相互连接，上下贯通。高倍镜下可见导管依花纹不同区分为螺纹导管和网纹导管。前者管径较小，细胞壁具有螺旋形加厚并木质化的次生壁；后者管径较大，具有网状加厚并木质化的次生壁。再在镜下木质部的两侧找到染成蓝色的韧皮部，在此处可见一些口径较大的长管状细胞，即为筛管细胞。筛管细胞也是上下相连，高倍镜下可见连接的端壁所在处稍微膨大、染色较深，即为筛板，有些还可见到筛板上的筛孔。筛管无细胞核，其细胞质常收缩成一束，离开侧壁，两端较宽，中间较窄，这就是通过筛孔的原生质丝，比胞间连丝粗大，特称为联络索。在筛管旁边紧贴着一至几个染色较深、细长的伴胞。伴胞细胞质浓，具细胞核。另在上述的葡萄茎离析制片中可观察到梯纹导管。

6. 分泌结构

取各类叶片横切制片（示范），观察叶表皮上有多细胞构成的腺毛结构，主脉薄壁细胞中有圆形空洞，此即为分泌腔结构。

二、植物器官结构的观察

1. 根的结构观察

（1）根尖的形态　取洋葱根尖永久制片，在低倍镜下进行观察。根尖由四部分组成，自下而上依次是根冠、分生区、伸长区和成熟区。

（2）根的初生结构

① 双子叶植物根的初生结构。取毛茛幼根横切面永久制片置于显微镜下，由外向内观察。根的最外层为表皮，细胞排列紧密，有时能看到根毛；根初生结构的大部分为皮层，其靠外侧几层细胞小，排列紧密，叫外皮层，往内有数层排列疏松的薄壁细胞，再向内细胞逐渐变小，皮层最内一层细胞排列紧密，上有凯氏带；皮层以里的部分是维管柱，包括中柱鞘、初生木质部、初生韧皮部和形成层，紧靠内皮层的1~2层细胞为中柱鞘，初生木质部呈辐射状排列，导管的管壁较厚，初生韧皮部位于两初生木质部辐射角之间，由筛管和伴胞组成，初生木质部和初生韧皮部之间的1~2层薄壁细胞为形成层。

② 单子叶植物根的初生结构。取水稻根横切制片在低倍显微镜下观察，由外向内依次为表皮、皮层和维管柱三部分。再换用高倍显微镜观察各部分，尤其是皮层。

（3）根的次生结构　取棉花老根横切制片先在低倍显微镜下由外向内依次观察，注意分清楚周皮、韧皮部、形成层、次生木质部和初生木质部。然后再换用高倍显微镜观察各部分。最外面的几层细胞是周皮，包括木栓层、木栓形成层和栓内层。木栓层呈扁方形，为没有细胞核的死细胞，木栓形成层和栓内层为具有原生质体的活细胞；韧皮部（次生）由薄壁细胞组成，韧皮射线呈喇叭口状；形成层位于木质部和韧皮部之间，为1～2层扁长方形的薄壁细胞；次生木质部是横切面的主要部分，常被染成红色，孔径大的为导管、小的为管胞和木纤维；初生木质部位于根的中心，呈星芒状。

2. 茎的结构观察

（1）茎尖的结构　取丁香属植物芽纵切制片置于显微镜下观察。从茎尖的最尖端往下依次为：最外层的原表皮，原表皮下为细胞近乎等径的顶端分生组织，再往下细胞径向伸长，为伸长区。

（2）双子叶植物茎的结构

① 初生结构。取苜蓿幼茎横切制片置于显微镜下观察，由外向内依次为表皮、皮层和维管柱。茎最外方排列紧密的单细胞就是表皮，呈方形或长方形，外壁覆有角质层，用高倍镜可观察到茎表皮上的保卫细胞和气孔；皮层位于表皮以内、维管柱以外，为多层细胞，散有小型分泌腔。

② 次生结构。取椴树茎横切制片置于显微镜下观察，仔细辨认和区分周皮、韧皮部、形成层、木质部和髓。

（3）单子叶植物茎的结构　取玉米茎横切制片置于显微镜下观察，区别单子叶植物和双子叶植物茎结构的异同点。

3. 叶的结构观察

（1）双子叶植物叶的结构　取女贞叶横切制片置于显微镜下观察。表皮覆盖于叶片的上下两面，由一层排列整齐、紧密的长方形活细胞构成，外有角质层，表皮细胞之间有成对较小的保卫细胞，保卫细胞间有气孔；紧靠上表皮的柱状细胞是栅栏组织，富含叶绿体，靠近下表皮的是细胞形状不规则、间隙较大的海绵组织，叶绿体含量较少，它们共同构成叶肉；叶脉中近上表皮的为木质部，近下表皮的是韧皮部。

（2）单子叶植物叶的结构　取小麦叶横切制片于显微镜下进行观察，可见单子叶植物的叶也是由表皮、叶肉和叶脉三部分构成。注意区别和双子叶植物叶结构的异同。

4. 花药结构的观察

取不同发育时期的百合花药横切制片于显微镜下进行观察，可见花药呈蝶形，两侧各有两个花粉囊，中间有药隔相连，在药隔中可以看到自花丝通入的维管束。换高倍镜观察，花药由外至内依次为表皮、纤维层、中层、绒毡层和药室。

在成熟花药结构中，中层和绒毡层细胞已经消失，纤维层细胞壁出现明显的加厚条纹，同侧两个花囊在连接处开裂而成为一室。

5. 花粉粒的观察

用镊子夹取常见植物的花粉粒，分别制成临时装片，在高倍显微镜下观察，注意不同植物花粉粒的形状、大小、外壁花纹及萌发孔。

6. 子房的结构观察

取不同发育时期的百合子房横切制片在低倍显微镜下进行观察，百合子房是由三个心皮组成的三子房室和中轴胎座，每室着生两个倒生胚珠，由心皮组成子房壁，具有内外表皮，表皮内为薄壁细胞，并分布有维管束。

【注意事项】

1. 在观察时一定要注意各种组织切片的比较和区别。

2. 在观察分生组织时，注意其细胞的形状及长宽比例。

【思考题】

1. 为什么根尖分生组织具有比茎端分生组织更多的分裂相？

2. 叶的表皮细胞为适应其保护功能在形态和结构上有何特点？

3. 厚角组织细胞是死细胞还是活细胞？其生理机能是什么？

4. 单子叶植物和双子叶植物根的初生结构有何异同？

5. 单子叶植物和双子叶植物茎和叶的结构有何异同？

6. 花药、花药胚囊及子房的结构各自有何特点？

实训 6　动物的基本组织观察

【目的】

了解动物体四类基本组织的形态结构及其功能。

【器材】

显微镜，四类组织的玻片标本（小肠、食道、膀胱、甲状腺、心肌、骨骼肌、肌腱、疏松结缔组织、软骨、硬骨、脊髓或小脑皮质、大脑皮质等组织切片）。

【内容和步骤】

一、上皮组织观察

这里主要是关于被覆上皮。

（1）单层柱状上皮　小肠上皮切片标本：由一层较高的棱柱形细胞并行排列组成，细胞核椭圆形，位于细胞基部。柱形细胞之间，可见细胞游离端染色很浅，细胞核位于基部的杯状细胞，且杯状细胞常因生理变化而有形态改变。小肠上皮细胞的游离端有明显的纹状缘。

（2）单层立方上皮　甲状腺切片标本：在显微镜下观察，其滤泡上皮细胞大致呈正方形，细胞核呈圆形，位于细胞中央，或略偏基部。

（3）复层扁平上皮　食道切片标本：在显微镜下观察，可见食道腔周围的细胞由数层组成，游离面的细胞为扁平状，中间部分呈多角形，底部细胞近短柱状。再取皮肤玻片标本，观察它与食道的复层扁平上皮有何区别。

（4）变移上皮　膀胱玻片标本：可见其表面的细胞体积大、呈扁平或梨形等多种形态，部分细胞有 2 个核。深层细胞多呈多角形，且较小，底层细胞呈矮柱状。这种上皮的细胞层数与细胞形态，可随膀胱生理状态的改变而改变。

二、结缔组织观察

（1）疏松结缔组织　疏松结缔组织的铺片标本如下。

① 胶原纤维。被染成浅红色，呈束状，且波纹状分散于基质内，交互排列。

② 弹性纤维。混杂在胶原纤维之间，染成深紫色，不成束，呈彼此交叉的细纤维。

③ 成纤维细胞。紧贴于胶原纤维束，细胞呈多突起，扁平状，是细胞核大呈卵圆形的

细胞。

④ 巨噬细胞。或称组织细胞，染色质颗粒较粗，着色较深，胞核较小，这种细胞具有吞噬能力，因此有防御功能。

组织中还有细胞质着色很浅，细胞核染成蓝色，形态难以区分的各类细胞。

（2）致密结缔组织　腱的纵切标本：置于显微镜下观察，可见大量平行排列的胶原纤维束，成纤维细胞成行排列在纤维束之间，细胞体成长方形，细胞核近圆形。

（3）软骨组织　透明软骨玻片标本：软骨的基质呈相同的均匀颜色，基质中有许多圆形或卵圆形的陷窝，称为胞窝。常常可见 2 个或 4 个胞窝并列在一起，胞窝内有软骨细胞，胞核染色较深，呈椭圆形，细胞质染色浅。标本固定后，细胞收缩，胞窝可见到空隙。组成软骨的纤维是胶原纤维，但在基质中未见到，因为透明软骨的胶原纤维的折射率与基质相同，因而活体时透明，固定染色后不能看到。

（4）骨组织　长骨横切磨片标本：许多不规则圆形或椭圆形的同心环状结构——哈弗系统，中间的空腔——哈弗管，为神经、血管的通道。在哈弗系统之间为不规则的骨间板。哈弗管之间及内、外环骨板之间斜行的，没有骨板环绕的导管——浮克曼管，即横向的血管。哈弗系统骨板间的梭形裂隙为骨陷窝，骨细胞存在其中。骨陷窝之间有大量的骨小管，多数的骨小管与骨板垂直。骨细胞借着骨小管，与哈弗管内的血管进行营养物质和代谢产物的交换。

三、肌肉组织观察

肌肉组织是由特殊的肌细胞构成。肌细胞细而长，呈纤维状，故亦称肌纤维。根据肌纤维的形态和功能，可将肌肉组织分为平滑肌、骨骼肌和心肌。

1. 平滑肌（小肠横切标本）

低倍镜：找到肌层（以苏木素-伊红染色，肌层为深红色）。肌层由内环行和外纵行的平滑肌纤维组成。

高倍镜：内层肌纤维呈长梭形，彼此镶嵌排列成环行。胞核蓝紫色，呈椭圆或棒状。外层的纵肌，因平滑肌纤维是镶嵌排列的，所以在横切面上切到的肌纤维并不都在一个平面上，故有的有核，有的无核，且大小也各不相同。

2. 骨骼肌（骨骼肌玻片标本）

低倍镜：骨骼肌的肌纤维集合成束，每束肌纤维由结缔组织膜分隔，这个膜称为肌束膜。如标本切得较完整，还可看见肌内膜和肌外膜，前者为分隔每条肌纤维的结缔组织膜，后者是包围整个肌肉组织的结缔组织。

高倍镜：骨骼肌纤维呈长圆柱形，有许多核，位于肌纤维的周边，呈卵圆形。将视野光强度调暗些，可见每条纤维上有明暗相间的横纹，这就是明带和暗带。

油镜：明带中有一条极细的黑线把明带均分为二，这就是 Z 线，在暗带中也有一条浅色的窄带，这就是 H 带。

3. 心肌

取心肌的切片标本，在显微镜下详细观察，并比较心肌与骨骼肌和平滑肌在形态结构方面的异同点。

四、神经组织（脊髓切片标本）观察

低倍镜：中央染色较深的部分是灰质，蝴蝶状，中间的小孔是中央管。蝴蝶形区域比较

狭窄的突起为后角（即背角），较宽的突起为前角（即腹角）。包围在灰质周围，染色较浅的部分为白质。

高倍镜：灰质前角可见形态不同、大小不一的神经细胞，有一个囊泡状的大核。胞体向外突的部分，为胞突。

【思考题】

1. 绘制一段小肠上皮。

2. 总结四类基本组织的结构特点与主要功能。

实训 7 叶绿体色素的提取、分离及理化性质

【目的】

1. 学习叶绿体色素的提取和分离。

2. 了解叶绿体色素的理化性质。

【原理】

叶绿体色素溶于有机溶剂，故可用乙醇、丙酮等有机溶剂提取。根据不同色素在液相与固定相中具有不同的分配系数而得以分离。

【器材】

新鲜菠菜叶或其他绿色叶片。

蒸馏水、95％乙醇、碳酸钙、石英砂、纯净汽油、苯、醋酸铜粉末、50％醋酸、氢氧化钾-甲醇溶液、醋酸铜溶液等。

天平、剪刀、研钵、漏斗、培养皿、蒸发皿、滤纸、电热吹风机、小烧杯、试管、酒精灯、铁三脚架、石棉网、移液管、滴管、玻璃棒等。

【内容和步骤】

1. 叶绿体色素的提取和荧光现象的观察

取新鲜菠菜叶 2～3g，剪碎后放入研钵，加少量石英砂及碳酸钙粉，加 5mL 95％乙醇，研磨成匀浆，再加 5mL 95％乙醇提取 3～5min，过滤后的提取液置于试管中。对叶绿体色素提取液观察透射光和反射光的颜色，解释其原因。

2. 叶绿体色素的分离

① 取一张长约 5cm、宽度比培养皿高度略低的滤纸条，用滴管吸取叶绿素提取液滴在纸条的一边，使色素扩展的宽度限制在 0.5cm 以内，用电热吹风机吹干后，再重复操作数次，然后将纸沿着长轴卷成纸捻，这样使得有叶绿体色素的一边恰在纸捻的一端。

② 取一张圆形滤纸，在滤纸的圆心戳一圆形小孔，将纸捻带有色素的一端插入圆形滤纸的小孔中，与滤纸刚刚平齐。

③ 在培养皿中放蒸发皿，蒸发皿内加入适量汽油和 2～3 滴苯，将插有纸捻的圆形滤纸平放在培养皿上，使滤纸的下端（无色素的一端）浸入汽油中，迅速用同一直径的培养皿盖上。此时，叶绿体色素在推动剂的推动下沿着滤纸向四周移动，不久即可看到被分离的各种色素的同心圆环。

④ 待汽油将要到达滤纸边缘时，取出滤纸，待汽油挥发后，用铅笔标出各种色素的位

置和名称。

3. 叶绿体色素的其他理化性质

将提取的叶绿体色素溶液用 95％乙醇稀释一倍，进行以下实验。

（1）皂化作用（叶绿素与类胡萝卜素的分离）　用移液管吸取叶绿体色素提取液 5mL 放入试管中，加入 1.5mL 20％氢氧化钾-甲醇溶液，充分摇匀。稍候，加入 5mL 苯，摇匀，再沿试管壁慢慢加入 1.5mL 蒸馏水，轻轻混匀（不要激烈摇荡），静置在试管架上，可看到溶液逐渐分为两层，下层是乙醇的溶液，其中溶有皂化叶绿素 a 和叶绿素 b，上层是苯溶液，其中溶有胡萝卜素和叶黄素。

（2）H^+ 和 Cu^{2+} 对叶绿素分子中 Mg^{2+} 的取代作用

① 取 2 支试管，第一支试管加叶绿体色素提取液 2mL，作为对照。第二支试管中加叶绿体色素提取液 5mL，再加入数滴 50％醋酸，摇匀，观察溶液的颜色变化。

② 当溶液变褐色后，倒出一半于另一试管中，加入醋酸铜粉末少许，于酒精灯上微微加热，观察溶液的颜色变化，与未加醋酸铜的一半相比较。

③ 另取醋酸铜溶液 20mL 左右，加于烧杯中。取较小的新鲜菠菜叶或其他植物叶 2 片，放入溶液中，用酒精灯缓缓加热，观察并记录叶片的颜色变化，直至颜色不再变化为止。解释原因。

（3）光对叶绿素的破坏作用

① 取 4 支小试管，其中两支各加入 5mL 用水研磨的叶片匀浆，另外两支加入 2.5mL 叶绿体色素乙醇提取液，并用 95％乙醇稀释 1 倍。

② 取 1 支装有叶绿体色素乙醇提取液的试管和 1 支装有水研磨叶片匀浆的试管，放在直射光下，另外 2 支放到暗处，40min 后对比观察颜色有何变化，解释其原因。

③ 另取本实验中用圆形滤纸进行色谱分离成的色谱一张，通过圆心裁成两半，一半放在直射日光下，另一半放在暗处，半小时后比较两张色谱上的四种色素的颜色各有何变化，解释其原因。

实训 8　植物呼吸速率的测定

【目的】

学习用小篮子法测定植物的呼吸速率。

【原理】

植物呼吸时会放出 CO_2，利用 $Ba(OH)_2$ 溶液吸收植物样品呼吸过程中释放出的 CO_2。实验结束时用已知浓度的草酸溶液滴定 $Ba(OH)_2$ 溶液，从空白和样品二者消耗草酸溶液之差即可计算出植物样品的呼吸速率。

【器材】

萌发的小麦或水稻等种子。

蒸馏水、0.05mol/L $Ba(OH)_2$ 溶液［称取 $Ba(OH)_2$ 8.6g 溶于 1000mL 蒸馏水中］、指示剂（0.1％相同浓度、等量的中性红和次甲基蓝混合溶液，pH＝7.0；或 1％的酚酞溶液）、1/44mol/L 草酸溶液（准确称取重结晶的草酸 2.8652g，溶于蒸馏水中定容至 1000mL，每毫升该溶液相当于 1mg 的 CO_2）。

带橡皮塞的 500mL 广口瓶、温度计、酸滴定管、干燥管、用纱制作的小篮、天平、计时器。

【内容和步骤】

① 取一个 500mL 的广口瓶，瓶口用打有三孔的橡皮塞塞紧，一孔插一盛碱石灰的干燥管，使呼吸过程中进入的空气无 CO_2，一孔插温度计，另一孔直径约 1cm，用一小橡皮塞塞紧，供滴定时用。瓶塞下面挂一纱小篮，装发芽的小麦种子 20～30g。

② 在广口瓶内，加 0.05mol/L 的 $Ba(OH)_2$ 溶液 20mL，立即塞紧瓶塞，并用熔化的石蜡（或凡士林）密封瓶口，防止漏气。每 10 分钟左右，轻轻地摇动广口瓶，破坏溶液表面的 $BaCO_3$ 薄膜，以利于对 CO_2 的吸收。

③ 1h 后，小心打开瓶塞，迅速取出小篮，加入 2 滴指示剂，立即重新塞紧瓶塞。然后拔出小橡皮塞，把滴定管插入小孔中，用 1/44mol/L 的草酸溶液滴定，直到绿色转变成紫色或红色再变为无色为止，记录滴定碱液所耗用的草酸溶液的体积（mL）。

④ 另取 500mL 广口瓶一个，用相同的但经沸水彻底煮死的种子，按上述步骤进行重复操作，以此作为对照。

⑤ 计算：

$$呼吸速率(强度)[mg/(g \cdot h)] = \frac{V_0 - V_1}{植物样品鲜重(g) \times 时间(h)}$$

式中，V_0 和 V_1 分别为煮死种子和发芽种子滴定时所消耗的草酸溶液的体积（mL），每毫升 1/44mol/L 草酸溶液相当于 1mg 的 CO_2。

实训 9　萘乙酸对植物根、芽生长的影响

【目的】

了解生长素及人工合成的类似物质对植物生长的影响作用。

【原理】

生长素及人工合成的类似物质如萘乙酸（NAA）等对植物生长有很大的调节作用，在不同浓度下对植物生长的效应也不同。一般来说，低浓度的生长素促进生长，高浓度时则抑制生长。通常根对生长素比芽更敏感。本实验根据该原理来观察不同浓度的萘乙酸在种子萌发过程中对植物根、芽生长的影响。

【器材】

小麦种子。

蒸馏水、10mg/L NAA 溶液、0.1％升汞（取 0.1g $HgCl_2$ 溶于 100mL 水）。

恒温箱、培养皿、移液管、镊子、滤纸、尺子等。

【内容和步骤】

1. 小麦种子的消毒与催芽

取发芽率和纯度都较高的小麦种子 150 粒，用 0.1％升汞消毒 15min，再用自来水和蒸馏水各冲洗 3 次，置于 22℃的恒温箱中催芽 2 天。

2. 配制不同浓度的 NAA 溶液

取洁净干燥培养皿 7 套，分别编上 1~7 号。在 1 号培养皿中加入 10mL 10mg/L NAA 溶液，然后从其中吸取 1mL 放入 2 号培养皿中，加 9mL 蒸馏水混匀后配制成为 1mg/L NAA 溶液。再从 2 号培养皿中吸取 1mL 放入 3 号培养皿中，加 9mL 蒸馏水混匀后配制成为 0.1mg/L NAA 溶液。依次操作直至稀释到 6 号培养皿（最后从第 6 号培养皿中取出 1mL 弃之）。这样使 1~6 号培养皿中的 NAA 浓度依次为 10mg/L、1mg/L、0.1mg/L、0.01mg/L、0.001mg/L、0.0001mg/L。第 7 号培养皿中则加入 9mL 蒸馏水作为对照。

3. 播入小麦种子

在每一个培养皿中放入一张与培养皿底大小一致的滤纸，选取已萌动的小麦种子 20 粒，用镊子将其整齐地排列在培养皿中，使芽尖朝上并使胚的部位朝向同一侧，盖上盖后，放在 22℃ 的恒温箱中暗培养 3 天。

4. 测量与记录

测量、记录与统计不同 NAA 浓度对根、芽生长的影响。

实训 10　反射与反射弧的分析

【目的】

1. 学习脊蛙的制备。
2. 了解反射的特性与反射弧各环节的作用。

【原理】

1. 在反射弧完整的蛙身上，阈及阈上刺激可引起反射。刺激不同部位可通过不同的反射弧产生不同的反射；不同的刺激强度所引起的反射大小和范围也可不同。

2. 反射活动的结构基础是反射弧，包括感受器、传入神经、神经中枢、传出神经和效应器。反射弧的任何一个环节受损或功能受阻，都将使反射不能出现。

【器材】

蟾蜍或蛙（现在野生的蟾蜍和蛙较难见到，考虑到生态平衡，也不应捕捉。用人工养殖的牛蛙代替，效果很好）。

0.5%、1%、1.5% 硫酸溶液，2% 普鲁卡因。

常规手术器械一套、蛙板、挂蛙支架、浸蜡纸片、滤纸片、纱布、培养皿、烧杯。

【内容和步骤】

1. 反射的测定

① 制备脊蛙。用探针通过枕骨大孔划断脑与脊髓的联系，并捣蛙毁脑，保留脊髓。

② 等脊蛙休克过去，将脊蛙用钩挂住下颌悬挂于支架上。

③ 用 0.5%、1% 和 1.5% 的硫酸溶液分别刺激后肢的中趾趾端，观察出现了什么反射、反射的大小及反射时的长短。注意：a. 刺激时浓度必须先小后大，每次的刺激时间和面积保持相等。b. 每次刺激完后马上用清水洗去硫酸，擦干并间隔 15s 以上。

④ 用蘸有 0.5%、1% 和 1.5% 硫酸溶液的滤纸分别贴在蛙的背侧，观察项目与注意事

项同③，并比较③与④的不同。

2. 反射弧的分析

① 将做完上述实验的蛙取下，在右侧踝关节处，将皮肤作一环形切口后，剥去下趾皮肤。将蛙挂回支架，用1%硫酸刺激除尽皮肤的右中趾，结果又为如何？此时用镊子用力夹剥去皮肤的右踝关节稍靠下的肌肉处，结果如何？

② 将蛙再取下，背卧于蛙板上，顺腿剪开左大腿中部的皮肤，用玻璃针分离肌肉和结缔组织，暴露坐骨神经，在神经下穿一用生理盐水浸湿的丝线，并垫一浸蜡小纸片。将蛙挂回支架，用1%的硫酸刺激左中趾，看能否出现屈肌反射？轻轻提起穿过坐骨神经的丝线，将坐骨神经提起，用一浸过2%普鲁卡因的小细棉条包在坐骨神经上，每隔1min用1%硫酸刺激左中趾，屈肌反射是否出现？

③ 当左后肢刚刚不能出现屈肌反射时，立即用浸过1.5%的硫酸滤纸贴在左侧背部的皮肤上，同侧后肢可出现搔爬反射。请思考为什么？

④ 用探针捣毁脊髓，各种反射均消失。这又是为什么？

【注意事项】

每次用硫酸刺激后马上用清水冲洗干净，擦干后休息片刻再进行下一次刺激。

实训 11　DNA 的粗提取与鉴定

【目的】

1. 学会 DNA 的粗提取和鉴定的方法。
2. 观察提取出来的 DNA 物质的颜色和形状。

【原理】

DNA 在氯化钠溶液中的溶解度是随着氯化钠浓度的变化而改变的，在一定范围内随着氯化钠浓度的增加而增大。当氯化钠的浓度为 2mol/L 时，DNA 的溶解度最大，浓度为 0.14mol/L 时，DNA 的溶解度最低。利用这一原理可以使溶解在氯化钠溶液中的 DNA 析出。

DNA 不溶于 95% 的乙醇溶液，而细胞中的某些物质则可以溶于乙醇溶液。利用这一原理，可以进一步分离提取出含杂质较少的 DNA。

二苯胺反应有一定的专一性，它只能与 DNA 的脱氧核糖反应生成蓝色物质，因此，二苯胺可以作为鉴定 DNA 的试剂。

【器材】

1. 材料

活鸡或鲜鸡血。

2. 试剂

(1) 95% 的冷乙醇溶液（实验前置于冰箱内冷却 24h）、蒸馏水、0.1g/mL 柠檬酸钠溶液、2mol/L 氯化钠溶液、0.015mol/L 氯化钠溶液。

(2) 二苯胺试剂

A 液：把 1.5g 的二苯胺加入 100mL 的冷醋酸中，然后再加入 1.5mL 浓硫酸中。完成后注入棕色瓶保存备用。

B 液：体积分数为 0.2％的乙醛溶液。

使用时按 0.1mL B 液加入 10.0mL A 液的比例配制，A、B 溶液应在使用时即时配制，因为二苯胺试剂不稳定容易变色，影响实验结果。

3. 器具

离心机、恒温水浴锅、漏斗、玻璃棒、滤纸、滴管、量筒（100mL、10mL 各 1 个）、烧杯（100mL 2 个，50mL、500mL 各 2 个）、大试管 2 个、试管夹、塑料纱布、洗瓶等。

【内容和步骤】

1. 制备鸡血细胞液

取 80mL 0.1g/mL 的柠檬酸钠溶液（抗凝剂）置于 500mL 烧杯中。将宰杀活鸡流出的鸡血（约 150mL）注入烧杯，同时用玻璃棒搅拌使溶液充分混合，以免凝血。然后，将血液倒入离心管内，用 1000r/min 的离心机离心 2min，此时血细胞沉淀于离心管底部。实验时，用吸管除去上清液，留下鸡血细胞液备用。

2. 提取鸡血细胞的细胞核物质

将制备好的鸡血细胞液 10mL 注入 50mL 烧杯中。向烧杯中加入蒸馏水 20mL，同时用玻璃棒充分搅拌 5min，使血细胞加速破裂。然后，用放纱布的漏斗将血细胞液过滤至 500mL 的烧杯中。此为第一次过滤，取其滤液备用。

3. 溶解细胞核内的 DNA

加 40mL 2mol/L 氯化钠溶液于上述滤液中，并摇动烧杯，使其混合均匀，这时 DNA 在溶液中呈溶解状态。鸡血提取液制成。

4. 析出 DNA 的黏稠物

向鸡血提取液中，沿烧杯内壁缓缓加入蒸馏水，同时用玻璃棒不停地轻轻搅拌，这时烧杯中有丝状物出现，继续加入蒸馏水，溶液中出现的黏稠物会越来越多。当黏稠物不再增加时停止加入蒸馏水（这时溶液中氯化钠的浓度相当于 0.14mol/L）。注意观察丝状物呈什么颜色。

5. 过滤含 DNA 的黏稠物

用放有多层纱布的漏斗，把步骤 4 中的溶液滤至 500mL 的烧杯中，此为第二次过滤，这时含 DNA 的黏稠物被留在纱布上备用。

6. 将 DNA 的黏稠物再溶解

尽可能用少量的蒸馏水把依附在纱布上的丝状物冲至 50mL 烧杯中，向烧杯内注入 20mL 2mol/L 的氯化钠溶液。用玻璃棒不停地搅拌，使黏稠物尽可能多地溶解于溶液中。

7. 过滤含有 DNA 的氯化钠溶液

进行第三次过滤，用放有两层纱布的漏斗过滤步骤 6 中的溶液于 100mL 烧杯中，取其滤液，DNA 溶于滤液中，备用。

8. 提取含杂质较少的 DNA

在步骤 7 中滤过的溶液中，加入 50mL 95％的冷乙醇溶液（使用冷却的乙醇对 DNA 的凝集效果较佳），并用玻璃棒搅拌，溶液中会出现含杂质较少的丝状物。直至 DNA 停止析出。用玻璃棒将丝状物卷起，并用滤纸吸取上面的水分。这种丝状物的主要成分就是 DNA。注意观察丝状物是什么颜色的。

9. DNA 的鉴定

取两支大试管分别标上 A、B，各加入 5mL 0.015mol/L 的氯化钠溶液，将少量丝状物放入 B 试管中，用玻璃棒搅拌，使丝状物溶解。然后，向 A、B 试管中各加入 4mL 的二苯胺试剂。混合均匀后，将试管置于沸水中加热 5min，待试管冷却后，观察并比较两支试管中溶液颜色的变化。判断有无 DNA。

步骤 9 中的 2 支试管中溶液颜色的变化说明了什么？

【思考题】

1. 提取鸡血中的 DNA 时，为什么要除去血液中的上清液？
2. 步骤 2 和步骤 4 中都需要加入蒸馏水，两次加入的作用相同吗？为什么？
3. DNA 的直径约为 20×10^{-10} m，实验中出现的丝状物的粗细是否表示 1 个 DNA 分子直径的大小？
4. 为什么不用猪血、狗血？

实训 12 果蝇唾液腺染色体制片与观察

【目的】

1. 练习解剖果蝇幼虫、分离唾液腺的方法。
2. 掌握唾液腺染色体的制片技术。
3. 了解唾液腺染色体的特点。

【原理】

果蝇等幼虫期的唾液腺细胞很大，其中的染色体称为唾液腺染色体。果蝇唾液腺染色体是永久性间期染色体，由于间期染色体不螺旋化，而且不断地进行复制，细胞并不进行分裂，这样就使得唾液腺染色体变成了巨大的染色体（多线染色体），唾液腺染色体比果蝇的其他体细胞染色体要长 100～200 倍，体积大上千倍。唾液腺染色体处于体细胞染色体联会配对状态，配对时所有染色体的着丝点聚集在一起形成染色中心。同源染色体的两条臂紧密结合，自由伸展。因此唾液腺细胞染色体数观察不到是 $2n$ 的染色体数，只能观察到从染色中心向空间伸展的染色体臂。与其他细胞染色体相比的另一个特点是，唾液腺染色体经染色后其上有深浅不同、宽窄不一的带纹，这些带纹的数目和位置是恒定的，代表着种的特征和一些基因的位置。由于这些带纹的存在，如染色体上发生缺失、重复、倒位、易位等则很容易在唾液腺染色体上识别出来。

【器材】

野生果蝇。

0.75％生理盐水、1mol/L HCl、蒸馏水、石炭酸品红、鲜酵母等。

显微镜、解剖器、载玻片、盖玻片、解剖镜、酒精灯等。

【内容和步骤】

1. 材料的准备

（1）野生型果蝇的招捕 准备几个干净的透明容器如玻璃瓶，把梨切成 4～6 块（腐烂发酵的水果也可以）放进一只瓶内，瓶口用塑料薄膜和橡皮筋圈扎紧，在薄膜的中央用铅笔穿一个小孔，然后把瓶子放在温暖的背风处（阳台或窗口外）。一两天内即可招捕到果蝇的成虫。当看到瓶内有几只雌雄果蝇活动时，立即用一团棉花将瓶口薄膜中央的小孔堵住，以防成虫向外飞逃，并带回实验室内。

（2）肥大三龄幼虫的简易培养　培养肥大三龄幼虫的两个要点如下所述。

① 培养温度应控制在 $16\sim18℃$ 为宜。

② 饲料中应补加酵母菌。取洁净并经消毒的培养瓶一个，将鲜酵母放在清水中溶化成乳状鲜酵母液，把切好的梨块的表面沾匀鲜酵母液，放在培养瓶里，可将此瓶放在 $20\sim25℃$ 的温暖处，待一两天后酵母菌就会大量繁殖，从瓶中散发出发酵的香味。这时将已招捕来的果蝇成虫 $5\sim10$ 对放进瓶里繁殖。从此时起，温度应控制在 $16\sim18℃$ 为宜。15 天后，瓶内陆续出现肥大三龄幼虫（成虫可放飞或移瓶）。为了让果蝇幼虫长得肥大更便于操作，在实验前的一天，将溶解好的酵母液添加在培养基中，添加的数量因培养基的情况而定，一般为 $0.5\sim1mL$。

2. 剥离果蝇幼虫的唾液腺

取一洁净的载玻片，滴上 1 滴 0.75% 生理盐水。在瓶壁上挑选肥大的充分发育的三龄幼虫放在生理盐水中，唾液腺位于幼虫食道的两侧，长度占身体总长的 $1/4\sim1/3$。解剖时把载玻片放在解剖镜或放大镜下，一手用解剖针压住头部（外形似一个黑色小点），压住的地方越小越好，同时，用镊子夹住幼虫身体 $1/2$ 处，轻轻地将幼虫的头部自身体拉开。唾液腺随同内脏一起拉出。如果头部拉断，腺体没有拉出，可以用解剖针从镊子附近的腹部缓缓地向头端挤压，也可压出唾液腺。唾液腺为双叉形半透明的囊状腺体并附有不透明的白色脂肪等，在生理盐水中无论怎样触动它都不会发生形状改变。在显微镜下观察，其由单层细胞构成，细胞形状不规则，细胞轮廓清晰，细胞大，细胞核也大，甚至可以看清细胞核是由染色体卷缩在一起形成的。唾液腺拉出后，剔除腺体周围乳白色的脂肪组织和身体的残留部分，只留唾液腺在载玻片上。

3. 解离

用滤纸条吸净唾液腺周围的其他物质，然后将唾液腺放入 $1mol/L$ HCl 溶液中，解离 $2\sim3min$，以松软组织利于细胞破裂，使染色体散开。

4. 水洗

解离后的唾液腺用蒸馏水（或 0.4% 的生理盐水）洗 $3\sim4$ 次，水洗时要注意不要把唾液腺弄丢，水洗要彻底，目的是洗去盐酸，以免影响染色效果。另外水洗过程也是细胞低渗过程，使唾液腺细胞膨胀。

5. 染色

水洗后，用滤纸条将唾液腺周围清除干净，然后在唾液腺上滴一滴石炭酸品红，染色 $5min$，如果气温太低，可把载玻片放在酒精灯上来回移动加温（不可煮沸），以加速染色。

6. 压片

在染色好的材料上盖上盖玻片，再用二三层滤纸吸去盖玻片周围溢出的染液，最后在材料位点上用手掌用力压片，使细胞中染色体散开，压片时注意不能移动盖玻片，必要时再压一次。

7. 观察

先用低倍镜观察，找到分散好的染色体图像后换高倍物镜观察。观察多线染色体的特征：巨大；体细胞中同源染色体配对，所以细胞中染色体只可以观测出半数（n）；各染色体的异染色质的着丝粒部分互相靠拢形成染色中心；在染色体臂上有明显深浅不同、宽窄不同、粗细也不同的带纹，各自对应排列，这意味着基因的排列。在染色体臂的不同部位有时会出现疏松区（胀泡），这是转录活性区。

【思考题】

1. 你利用身边的材料怎样招捕野生型果蝇？

2. 培养果蝇肥大三龄幼虫的温度范围是多少？

3. 在果蝇唾液腺巨大染色体制片过程中，使用 1mol/L HCl 解离和用蒸馏水水洗的目的分别是什么？

4. 能够使果蝇唾液腺巨大染色体着色的石炭酸品红属于碱性染料，还是酸性染料？

参 考 文 献

[1] 吴庆余. 基础生命科学. 2版. 北京：高等教育出版社，2006.

[2] 吴相钰，陈阅增. 普通生物学. 2版. 北京：高等教育出版社，2005.

[3] 顾德兴. 普通生物学. 北京：高等教育出版社，2000.

[4] 钱凯先. 基础生命科学导论. 北京：化学工业出版社，2008.

[5] 北京大学生命科学学院编写组. 生命科学导论. 北京：高等教育出版社，2000.

[6] 田清睐. 普通生物学. 北京：海洋出版社，2000.

[7] 张惟杰. 生命科学导论（公共课）. 北京：高等教育出版社，2003.

[8] 靳德明. 现代生物学基础. 北京：高等教育出版社，2000.

[9] 黄诗笺. 现代生命科学概论. 北京：高等教育出版社，2001.

[10] 陆瑶华. 生命科学基础. 济南：山东大学出版社，2001.

[11] 张惟杰. 生命科学导论. 3版. 北京：高等教育出版社，2016.

[12] 宋思扬，等. 生物技术概论. 4版. 北京：科学出版社，2018.

[13] 裘娟萍，钱海丰. 生命科学概论. 北京：科学出版社，2004.

[14] 翟中和. 细胞生物学. 北京：高等教育出版社，2000.

[15] 王金发. 细胞生物学网络课程. 中山大学生命科学院，2006.

[16] 高信曾. 植物学（形态、解剖部分）. 2版. 北京：高等教育出版社，1987.

[17] 王衍安，龚维红. 植物与植物生理. 北京：高等教育出版社，2004.

[18] 陆时万，吴国芳，等. 植物学：上、下册. 2版. 北京：高等教育出版社，2011.

[19] 杨世杰. 植物生物学. 北京：科学出版社，2003.

[20] 王衍安. 植物与植物生理实训. 北京：高等教育出版社，2004.

[21] 何凤仙. 植物学实验. 北京：高等教育出版社，2000.

[22] 杨继. 植物生物学实验. 北京：高等教育出版社，2000.

[23] 张雨奇. 动物学. 2版. 长春：东北师范大学出版社，1999.

[24] 张之健. 生物化学. 上海：华东师范大学出版社，2001.

[25] 王玢，左明雪. 人体及动物生理学. 2版. 北京：高等教育出版社，2001.

[26] 李合生. 现代植物生理学. 北京：高等教育出版社，2002.

[27] 杨秀平. 动物生理学. 北京：高等教育出版社，2002.

[28] 刘凌云，郑光美. 普通动物学. 4版. 北京：高等教育出版社，2013.

[29] 潘瑞炽. 植物生理学. 5版. 北京：高等教育出版社，2004.

[30] 陈守良. 动物生理学. 4版. 北京：北京大学出版社，2013.

[31] 尚玉昌. 动物行为学. 北京：北京大学出版社，2005.

[32] 朱军. 遗传学. 3版. 北京：中国农业出版社，2005.

[33] 黄裕泉. 遗传学. 北京：高等教育出版社，1990.

[34] 汪矛. 植物生物学实验教程. 北京：科学出版社，2003.

[35] 赵遵田，苗明升. 植物学实验教程. 北京：科学出版社，2004.

[36] 李博，等. 生态学. 北京：高等教育出版社，2000.

[37] 杨继. 植物生物学. 2版. 北京：高等教育出版社，2000.

[38] 沈萍. 微生物学. 北京：高等教育出版社，2000.

[39] 贺学礼. 植物学. 2版. 北京：科学出版社，2019.

[40] 田兴军. 生物多样性及其保护. 北京：化学工业出版社，2005.

[41] 张训蒲，朱伟义. 普通动物学. 北京：中国农业出版社，2000.

[42] 左明雪. 人体解剖生理学. 北京：高等教育出版社，2005.

[43] 王瑞元. 运动生理学. 北京：人民体育出版社，2003.

[44] 胡声宇. 运动解剖学. 北京：人民体育出版社，2003.

[45] 杨安峰. 脊椎动物学. 北京：北京大学出版社，1994.

[46] 黄群策. 禾本科植物无融合生殖的研究进展. 武汉植物学研究，1999：17（增）：39-44.

[47] 高建伟，等. 植物无融合生殖研究进展. 生物工程进展，2000，20（5）：43-47.

[48] 周晓燕. 被子植物的无融合生殖. 临沂师范学院学报，2003，25（3）：58-61.

[49] 王永飞，等. 单子叶植物无融合生殖的研究进展. 植物学通报，2002，19（5）：530-537.

[50] 母锡金，等. 被子植物的无融合生殖和它的应用前景. 作物学报，2001，27（5）：590-594.

[51] 王学慧. 被子植物的无融合生殖研究方法. 临沂师范学院学报，2002，24（3）：54-56.

[52] 张菊平. 园艺植物遗传学. 北京：化学工业出版社，2016.

[53] 姚志刚，等. 遗传学. 2版. 北京：化学工业出版社，2015.

[54] 吕秋凤. 动物学. 北京：化学工业出版社，2017.

[55] 赵玉娥，等. 生物化学. 3版. 北京：化学工业出版社，2017.

[56] 刘文辉，等. 微生物与免疫学. 2版. 北京：化学工业出版社，2019.